2019年河南省重点项目改革成果(项目编号:2019SJGLX047)

PUTONG WULI SHIYAN
普通物理实验

主　编　刘平安
副主编　魏　凌　王晓娟　刘越峰
编　委　付春玲　邹炳芳　王　茜
　　　　刘　恺　郁彩艳

河南大学出版社
·郑州·

图书在版编目(CIP)数据

普通物理实验/刘平安主编.--郑州:河南大学出版社,2021.5(2023.8重印)
ISBN 978-7-5649-4720-0

Ⅰ.①普… Ⅱ.①刘… Ⅲ.①普通物理学-实验-高等学校-教材 Ⅳ.①O4-33

中国版本图书馆 CIP 数据核字(2021)第 093640 号

责任编辑　朱建伟　陈国剑
责任校对　李亚涛
封面设计　陈盛杰

出版发行	河南大学出版社
	地址:郑州市郑东新区商务外环中华大厦2304号
	邮编:450046
	电话:0371-86059712(高等教育出版分社)
	0371-86059713(营销部)
	网址:hupress.henu.edu.cn
排　版	郑州市今日文教印制有限公司
印　刷	郑州市运通印刷有限公司
版　次	2021年5月第1版　　　　　　印　次　2023年8月第4次印刷
开　本	787mm×1092mm　1/16　　　印　张　20.25
字　数	480 千字　　　　　　　　　　定　价　48.00 元

(本书如有印装质量问题,请与河南大学出版社营销部联系调换)

前　言

普通物理实验是一门为理工医等专业学生开设的一门必修课,是学生进入大学后系统学习基本实验知识、实验方法和实验技能的开端。该课程以一些涵盖重要物理概念、原理的著名经典实验和在科学技术发展过程中有广泛应用的典型实验为教学内容,它不仅能使学生掌握如何用实验方法观察物理现象、研究物理规律,培养创新能力,更能使学生加深对物理概念的理解,培养他们理论联系实际、严谨认真的科学精神。教学实践表明,该课程对培养学生的学习兴趣非常重要,也是培养学生综合素质和创新意识的重要环节。

本教程是2017年河南大学教材资助项目,也是2019年度河南省高等教育教学改革研究与实践重点项目"大学物理实验教学标准化的研究与实践——河南省三所国家级示范中心联合研究"改革成果的总结。我们在总结多年来实验教学经验的基础上,结合教学改革成果,对传统的普通物理实验知识体系进行拓展,形成了全新的综合性、创新性实验教学标准化体系。本教程实施分层次教学,将收录的44个普通物理实验区分为"基础性实验""综合性实验"和"设计性实验"三部分,并将一些实验的内容明确为"基础与提高""进阶与高阶"。"进阶与高阶部分"(书中标注有△的内容)供学有余力的学生探究。

本书由刘平安主编。参加编写的编委有魏凌(前言,第一章,实验8、19、21、29、32、41、43),刘平安(第二章,实验18),王晓娟(实验14、15、23、24、26、37、38、39、42),刘越峰(实验1、13、20、22、25、31),付春玲(实验2、3、5、6),邹炳芳(实验4、7、9、10、12、28、40、44),王茜(实验17、30、34、附录),刘恺(实验11、27、33、35、36),郁彩艳(实验16)。

感谢物理与电子国家级实验教学示范中心的同行对本书编写提出了宝贵意见。在编写过程中参阅了兄弟院校的普通物理实验教材和讲义,在此一并致谢。

由于水平所限,书中难免有疏漏和谬误之处,恳请各位读者批评指正。

编者
2021年5月29日

目 录

第一章 绪 论 ……………………………………………………………………（1）
　§1.1 物理实验课的目的和任务 …………………………………………（1）
　§1.2 物理实验课的主要教学环节和要求 ………………………………（2）
第二章 测量误差与数据处理基础 ………………………………………………（4）
　§2.1 测量与误差 …………………………………………………………（4）
　§2.2 测量的不确定度和测量结果的表示 ………………………………（17）
　§2.3 有效数字及其运算规则 ……………………………………………（29）
　§2.4 实验数据处理 ………………………………………………………（32）
第三章 基础性实验 ………………………………………………………………（43）
　实验1 长度基本测量 ……………………………………………………（43）
　实验2 测定重力加速度 …………………………………………………（53）
　实验3 转动惯量的测量 …………………………………………………（61）
　实验4 碰撞实验——验证动量守恒定律 ………………………………（67）
　实验5 拉伸法测金属杨氏模量 …………………………………………（73）
　　实验5.1 光杠杆法测金属杨氏模量 …………………………………（73）
　　实验5.2 CCD法测金属杨氏模量 ……………………………………（80）
　实验6 液体表面张力系数的测定 ………………………………………（85）
　　实验6.1 用焦利氏秤法测液体的表面张力系数 ……………………（85）
　　实验6.2 用力敏传感器法测液体的表面张力系数 …………………（90）
　实验7 弦振动规律的研究 ………………………………………………（95）
　实验8 用落球法测量液体的黏滞系数 …………………………………（100）
　实验9 金属线膨胀系数的测定 …………………………………………（104）
　实验10 冷却法测定金属的比热容 ………………………………………（107）
　实验11 混合法测液体比汽化热 …………………………………………（111）
　实验12 薄透镜焦距的测量 ………………………………………………（115）
　实验13 利用分光计测玻璃折射率 ………………………………………（120）
　实验14 光的等厚干涉——牛顿环和劈尖实验 …………………………（128）
　实验15 阿贝折射计测液体折射率 ………………………………………（133）
　实验16 电子束的聚焦与偏转 ……………………………………………（135）
　实验17 霍尔效应的研究 …………………………………………………（144）

实验 18　亥姆霍兹线圈磁场的测定 …………………………………………………… (149)
　实验 19　示波器的原理与使用 …………………………………………………… (154)
　实验 20　线性及非线性电阻伏安特性曲线的测绘 ………………………………… (165)
　实验 21　用电位差计测量电池的电动势和内阻 …………………………………… (172)
　实验 22　电桥法测电阻 …………………………………………………………… (179)
　　实验 22.1　惠斯通电桥测中值电阻 ……………………………………………… (179)
　　实验 22.2　用开尔文电桥测电阻 ………………………………………………… (183)

第四章　综合性实验 ………………………………………………………………… (187)
　实验 23　光的衍射实验 …………………………………………………………… (187)
　实验 24　超声光栅测液体中的声速 ……………………………………………… (192)
　实验 25　光电效应测定普朗克常数 ……………………………………………… (197)
　实验 26　阿贝成像原理和空间滤波 ……………………………………………… (202)
　实验 27　非线性电路混沌实验 …………………………………………………… (207)
　实验 28　声速的测定 ……………………………………………………………… (214)
　实验 29　电表的改装与校正 ……………………………………………………… (218)
　实验 30　RLC 串联电路谐振特性研究 …………………………………………… (222)
　实验 31　热敏电阻和集成电路温度传感器 ……………………………………… (227)
　实验 32　铁磁材料动态磁滞回线的测定 ………………………………………… (232)
　实验 33　非平衡电桥的原理与使用 ……………………………………………… (238)
　实验 34　交流电桥实验 …………………………………………………………… (244)
　实验 35　光敏传感器光电特性实验 ……………………………………………… (249)
　实验 36　周期电信号的傅里叶分解合成实验 …………………………………… (260)
　实验 37　偏振光的观测与研究 …………………………………………………… (270)
　实验 38　迈克尔逊干涉仪的调整和使用 ………………………………………… (275)
　实验 39　用双棱镜测光波波长 …………………………………………………… (284)
　实验 40　用旋光仪测定糖溶液的浓度 …………………………………………… (288)
　实验 41　单色仪的定标 …………………………………………………………… (292)

第五章　设计性实验 ………………………………………………………………… (297)
　实验 42　望远镜与显微镜的组装及放大率的测定 ……………………………… (297)
　实验 43　设计组装万用表 ………………………………………………………… (300)
　实验 44　不良导体导热系数的测量 ……………………………………………… (304)

附　录 ……………………………………………………………………………… (308)
　附录 1　中华人民共和国法定计量单位 ………………………………………… (308)
　附录 2　常用物理数据 …………………………………………………………… (310)

第一章 绪 论

§1.1 物理实验课的目的和任务

"自然科学理论不能离开实验的基础,特别是物理学,它是从实验开始的。""物理学是以实验为本的科学。"前一句是丁肇中的名句,后一句源自杨振宁的题词。从两位诺贝尔物理学获奖者的论述可以看出,实验在物理学的发展史上有着重要的地位和作用。物理学是研究物质结构和相互作用以及它们运动规律的科学,是一切自然科学的基础。物理学本质上是一门实验科学,物理学理论的建立无不依赖于实验结果的总结或经过实验的检验,而物理实验本身则必须以理论为指导。物理实验创造了物理学本身,也改变了人们的生活和工作方式。

普通物理实验是理、工、医等专业学生的必修基础课,内容涵盖力学、热学、光学、电磁学等部分。作为进入大学的第一门实验课程,普通物理实验是本科生接受系统实验方法和实验技能训练的开端,是培养学生科学实验能力、提高科学素养的重要基础课。具体来说,普通物理实验有三个方面的目的和任务。

1. 学习掌握"三基"。通过对实验现象的观察、分析和对物理量的测量,对物理原理的运用,使学生掌握物理实验的基本知识、基本方法和基本技能,加深其对物理学基本原理的理解。

2. 培养实验能力。

① 借助教材、仪器说明书或网上资料,正确调整和使用常用仪器,使学生具有初步的动手实践能力。

② 运用物理学理论对实验现象进行初步分析判断,使学生具有一定的思维判断能力。

③ 正确记录和处理实验数据,绘制实验曲线,说明实验结果,撰写合格的实验报告,并能运用计算机处理实验数据,使学生具备一定的书面表达能力。

④ 根据实验要求,确定实验方法,合理选择实验仪器,拟定具体的实验步骤,使学生具有一定的综合设计能力。

⑤ 通过初步的研究性实验和设计性实验训练,强化创新意识,促进创新思维,使学生具有一定的科技创新能力。

3. 提高科学实验素养。在物理实验过程中,培养学生实事求是的科学作风、严肃认真的工作态度、主动进取的探索精神、相互协作的团队意识和爱护公物的优良品质,为后续课程的学习,乃至终身教育奠定良好的基础。

§1.2　物理实验课的主要教学环节和要求

物理实验是学生在教师指导下,独立进行的一项实践活动。要有效地学习、完成一个实验,学生应该根据物理实验课的特点和要求,认真对待实验教学的各个环节。

一、课前预习

实验课前,应认真阅读实验教材和国家级实验教学示范中心网站上的实验指导,查阅相关资料,做到以下四个方面:

1. 明确实验的目的和任务。
2. 基本弄懂实验原理和实验内容。
3. 对所用仪器的工作原理、工作条件、操作规程、使用注意事项等有所了解。
4. 写出预习报告。内容包括实验名称、实验目的、实验仪器、简要实验原理和记录表格等。

对未完成预习报告者,教师有权停止其实验或将其实验成绩做降档处理!

二、课堂实验

课堂实验是整个实验教学的核心环节,主要是通过实验操作观察实验现象、测量并记录实验原始数据——这是科学实验的基本功,应做到:

1. 携带实验教材、预习报告等有关资料进入实验室。
2. 认真听取教师的指导性讲解,明确实验的重点和难点。
3. 熟悉仪器,切实掌握仪器的正确使用事项。然后按照拟定的实验步骤,独立实施实验操作。要严肃认真,仔细观察实验现象。要学会分析和排除实验故障,若发现仪器有问题而无法排除时,应及时报告老师并填写实验故障报告单。
4. 记录完整、准确的实验数据。包括与实验有关的物理量(如室温、气压、相对湿度等)、仪器设备型号、精度等级、允许误差及量程等,每次测量的物理量数值、有效数字和单位等原始数据。原始数据可以删除或再测量,但绝不允许抄袭或篡改。

实验完毕后,应将记录数据交给指导教师审查签字。指导教师审查无误后,整理好仪器,填写实验记录单后方可离开。

三、实验报告

实验报告是对实验过程及结果全面评价的书面总结,是积累知识和进行学术交流的依据,是实验不可或缺的重要环节。实验课后应对实验数据及时处理,用示范中心提供的实验报告册书写,并在规定的时间内提交给指导教师或投递到报告箱里。

1. 实验报告必须独立完成。要做到字迹工整、文理通顺、数据齐全、图表规范、问题讨论认真、书面整洁。

2. 实验报告分两次完成。预习报告应在上实验课前写好,其余部分可以在实验课后完成。

3. 完整的实验报告应包括下列项目:

① 实验名称、实验者姓名、实验日期等信息。

② 实验目的。简单地写明本次实验的目的。

③ 实验原理。简要叙述实验原理,列出基本公式并说明公式及其中各物理量的意义,绘制重要的原理图(电路图或光路图)。

④ 实验仪器。认真抄录主要仪器及其型号、精度等有关参数。

⑤ 实验内容。简明扼要地写出实验研究的内容、重要步骤及实验注意事项。

⑥ 数据记录与处理。按要求设计形式合理的表格,将整理好的原始数据填入表格内,再根据每个实验的具体要求进行数据处理。计算待测量,须写明所用公式再代入数据。要求计算不确定度的,必须给出每个直接测量量的不确定度及总不确定度的计算方法、计算过程和计算结果。最后,给出完整的结果表述。

⑦ 结果分析与讨论。认真分析、讨论本次实验的结果及问题,并对实验中的问题和实验方法提出改进设想和建议。

第二章 测量误差与数据处理基础

物理实验的任务,不仅要定性地观察物理现象,还要对物理量的大小进行定量测量,找出它们之间的内在联系。

由于实验方法的不完善、实验设备的精度局限、实验条件的不理想等多种因素影响,测量结果总存在误差,所有测量只能做到相对精确。所以,对一个测量结果,不仅要给出被测对象的量值(包括数值和单位),还要对量值的可靠性进行评价。一个没有误差评定(不确定度计算)的测量结果是没有价值的。进行误差分析有两方面的指导作用:其一是通过分析误差产生的原因及其具有的性质,采用合理的方法减小或消除误差的影响;其二是优化实验设计,根据实验结果的误差要求,选择测量方法、测量器具和测量条件,以最经济的方式,获得合理的实验结果。

测量误差、有效数字、不确定度和常用数据处理方法等实验基本知识,不仅在每一个物理实验中都会用得到,而且也是许多科学实验中必不可少的工作。

§2.1 测量与误差

§2.1.1 测量及其分类

物理量是量度物理属性或描述物体运动状态及其变化过程的量。所谓测量,就是用合适的工具或仪器,通过科学的方法,将被测物理量与选作标准量的同类物理量直接或间接地进行比较,确定它是标准量的多少倍。这个倍数即为被测物理量的数值,这个标准量称为被测物理量的单位,二者以相乘的形式构成物理量的量值。

一、基本单位

作为比较标准的测量单位,其大小是按照一定的科学依据人为规定的。在我国境内,物理学上各种物理量的单位,都采用中华人民共和国法定计量单位——它是以 1971 年第十四届国际计量大会上确定的国际单位制(SI)单位为基础,加上我国选定的一些非 SI 单位构成的(参见附录 1)。国际单位制由 SI 单位和 SI 单位的倍数单位两部分构成,其中 SI 单位又分为 SI 基本单位和 SI 导出单位(包括 SI 辅助单位在内的具有专门名称的 SI 导出单位和组合形式的 SI 导出单位)两部分。SI 基本单位有 7 个:长度,米(m);质量,千克(kg);时间,秒(s);电流强度,安培(A);温度,开尔文(K);物质的量,摩尔(mol);发光强度,坎德拉(cd)。SI 导出单位是用基本单位以代数形式表示的单位,其单位符号中的乘和除采用数学符号,例如速度的 SI 单位为米每秒(m/s)——属于这种形式的单位称为组合单位。某些 SI 导出单位具有国际计量大会通过的专门名称和符号,使用这些专门名称并用它们表示其他导出单位,往往更为方便、准确。SI 单位弧度和球面度称为 SI 辅助单位,它们也是具有专门名称的导出单位,且具有专门的符号。

二、测量的分类

1. 测量分为直接测量和间接测量。

① 由仪器或量具直接与待测物理量进行比较读数,称为直接测量。例如,用米尺测量物体的长度、用天平测物体的质量、用电流表测量电流强度等。

② 在大多数情况下,需要借助一定的函数关系,由一个或多个直接测量量计算出所要求的物理量,称为间接测量。例如:钢球的体积 V 可由直接测得的直径 d,用公式 $V=\dfrac{1}{6}\pi d^3$ 计算得到;若要测球体密度 ρ,还要用天平直接称量球体的质量 m,再用公式 $\rho=\dfrac{m}{V}$ 算出。

随着测量技术的提高,一些间接测量量也可以通过直接测量得到。比如:通过称量液体质量和体积求得密度,就是间接测量;用密度计测量液体的密度,就是直接测量。

2. 对重复的多次测量,根据测量条件的异同,又可分为等精度测量和不等精度测量。

① 如果每次测量的条件都相同(同一测量者、同一种测量方法、同一套仪器、同一实验环境),那么就没有理由判定某一次测量比另一次测量更准确,只能认为每一次测量都具有相同的精度级别。这种重复的多次测量就称为等精度测量。

② 在诸多测量条件中,只要有一个发生了变化,就难以保证各次测量的精度相同,这样的测量就称为不等精度测量。

不等精度测量不能用一般求平均值的办法,而需要加权平均,让误差小的测量在结果中占比例大些。一般进行重复测量时,要尽量保持等精度测量。

§2.1.2 误差及其分类

一、真值、约定真值

任何物理量在一定客观条件下都具有不以人的意志为转移的固定大小,这个客观大小称为该物理量的真值,用 μ 表示。

真值是一个理想概念。一般来说,真值是不知道的,也是无法测得的,在以下几种情况下可以找到近似真值和理论真值——称之为约定真值。

1. 由国际计量大会约定的值(或公认的值)可以作为近似真值。如各种基本物理常数,基本单位标准。

2. 由高一级仪器校验过的计量标准器的量值,也可以为近似真值。
3. 理论真值是指由理论计算所得的量值,如三角形内角和为180°、圆周率 π 等。
4. 在理想条件(无系统误差和无限多次测量)下,多次测量的算术平均值可作为近似真值,或称为真值的最佳估计值。

二、误差的定义

实际测量中,任何一种物理量的测量值 x 与真值 μ 之间总会或多或少地存在一定的差,这个差值定义为测量误差 ε,简称误差。即

$$\varepsilon = x - \mu 。 \tag{2-1-1}$$

ε 表示了测量值偏离真值的大小与方向,又称绝对误差。

深入分析便可发现,仅仅根据绝对误差的大小还难以评价一个测量结果的可靠程度。比如,对两个长度分别为 1 000 mm 和 10 mm 的工件进行测量,测量误差均为 0.5 mm,测量结果的可靠程度一样吗?显然不一样。再如,对一长度 1 000 m 的测量误差为 1 m,对另一长度 100 cm 的测量误差为 1 cm,哪个测量结果更可靠一些?显然,前者的准确度远大于后者。为了能更好反映测量的准确度和评价测量结果的可靠性,引入了相对误差的概念,其定义为绝对误差与真值之比,常用百分数来表示,即

$$E_r = \frac{\varepsilon}{\mu} \times 100\% 。 \tag{2-1-2}$$

由于真值不可知,一般测量只能取约定真值。通常是将多次测量的算术平均值 $\bar{x}$ 作为近似真值,此时,测量误差称偏差或残差,即

$$\Delta x = x - \bar{x} 。 \tag{2-1-3}$$

相对误差则改为

$$E_r = \frac{\Delta x}{\bar{x}} \times 100\% 。 \tag{2-1-4}$$

误差自始至终存在于一切测量过程中,这一事实已为人们所公认,称为误差公理。实验者要分析测量中可能产生各种误差的因素,尽可能消除其影响,并对测量结果中未能消除的误差做出评价。

三、误差的分类

误差的产生有多方面的原因,按误差的性质、来源和服从的规律可分为偶然误差、系统误差和粗大误差三大类。

(一)系统误差

在相同条件下多次测量同一物理量,测量值对真值的偏离(包括大小和方向)总是相同的,或按照一定的规律变化,这类误差称为系统误差。系统误差是由于实验系统的原因在测量过程中造成的,从基础实验教学的角度出发,其来源大致有以下几种。

1. 仪器误差。主要是由于仪器本身的缺陷、灵敏度和分辨能力的限制所产生的。比如:刻度尺的每一个毫米刻度都偏小,测量结果都将偏大,带来示值误差;电表的指针在测量

前不指零、螺旋测微计的零点没对齐,带来零值误差;天平的两臂不等长、惠斯通电桥两个比例臂示值相等、但实际上不相等,都会造成仪器机构误差;电学实验中,由开关、导线等附加电阻引入测量附件误差;另外还有示零仪表存在灵敏阈等产生的误差。

2. **环境误差**。主要是测量环境(如气压、温度、湿度、电磁场等)发生改变时产生的。比如,在 20 ℃条件下校准的仪器拿到 -20 ℃环境中使用。

3. **方法误差**。主要是实验方法的不完善,所用理论与实验条件不相符等产生的误差。比如:利用单摆测重力加速度,所用公式 $T=2\pi\sqrt{l/g}$ 成立的条件之一是摆角趋于零,而实际是以小于 5°来代替;伏安法测电阻时电流表的内接或外接都存在误差。

4. **个人误差**。主要是测量者的分辨能力、感觉器官的不完善和生理变化、固有习惯、反应的快慢等因素引起的误差。比如按动秒表时有滞后或超前的倾向,对准标志线读数时总是偏左或偏右、偏上或偏下等。

5. **按一定规律(指非统计规律)变化的误差**。比如:分光计、旋光仪的偏心引起角度的测量存在周期性的误差;在干电池供电的电学实验中,分别测量两串联电阻的电压 U_1、U_2,并由电压之比求得电阻之比。因为干电池在工作时,电流是均匀下降的,依次测定电压 U_1、U_2 时电路电流有些不同,所以产生有规律的误差。

系统误差是影响测量结果准确度的最主要因素,具有确定性的特征。系统误差无法用增加测量次数的方法来减小或消除。

原则上,系统误差应予以消除或修正,但它的发现和消除却没有一种普遍适用的方法,主要靠对具体问题作具体的分析与处理。通常的做法是:首先,对实验依据的原理、方法、测量过程和所用仪器等可能引起误差的因素逐一进行分析,查出系统误差源;其次,通过改进实验方法和实验装置,以及校准仪器等方法对系统误差加以补偿、抵消;最后,在数据处理中对测量结果进行一些必要的修正,以抵消或尽可能减小系统误差对测量结果的影响。

换个角度讲:对于已定系统误差,在测量结果中引入修正量(比如螺旋测微计的零点修正);对有些未定系统误差,可采用合适的测量方法(比如交换法、补偿法、异号抵消法)对误差进行补偿和消除;而有些未定系统误差,实验中不能确切地掌握其大小和方向,但也没有必要去掌握它的规律,只需要估计它的极限范围(比如量程为 U_0 的 0.5 级电压表,在被测量的范围内,测量值 U 的最大误差为 $\pm U_0 \times 0.5\%$)。

(二) 随机误差

在消除了系统误差或系统误差已减小到可以忽略的前提下进行随机误差的分析。

随机误差又称偶然误差,指在相同条件下,对同一物理量多次重复测量中,其测量误差的绝对值和符号以不可预知的方式变化——时大时小、时正时负,在测量次数少时,显得毫无规律,具有随机性。随机误差是由于人的感觉器官的灵敏程度的限制、仪器精密度的限制以及周围环境的起伏变化和各种不稳定因素的干扰造成的,无法避免,也不能消除。

大量一般测量的实践表明,系统误差对测量结果的影响显著地大于随机误差的影响。随机误差和系统误差并不存在严格的界限,在一定条件下,它们可以相互转化。比如一批天平砝码的制造误差,对于厂家来说,它是随机误差,对于使用者来说,它又是系统误差。又如测量对象的不均匀性(如小球、金属丝直径等),既可以当作随机误差,又可以当作系统误差。

有时随机误差和系统误差混在一起,也难于严格加以区分。例如测量者使用仪器时的估读误差往往既包含有随机误差,又包含有系统误差。这里的随机误差是指他每次读数时偏大或偏小的程度是互不相同的,系统误差是指他读数时又总是有偏大或偏小的倾向。

（三）粗大误差

粗大误差是由于测量者的过失（如使用方法不正确、实验方法不合理、粗心大意等），或测量条件发生突变而引起的误差,简称粗差。其特点是误差值很大且没有规律,还具有人为性,初学者容易产生这种误差。

粗大误差使实验结果远离物理规律,它的出现必将明显地歪曲测量结果,应当努力将其从测量结果中鉴别出来并予以剔除。要强化测量者严谨的科学态度和实事求是的工作作风,细心观测、认真读取、记录数据,重复测量,并采用多人合作等措施;要注意保证实验条件和环境的稳定性,尽可能避免实验环境和条件的突变导致粗差的产生。

§2.1.3 随机误差的分布

所谓分布,是指数据散布的"形状"。对每次测量来说,随机误差具有偶然性,但当测量次数较多时,会发现随机误差是按一定的统计规律分布的,即一组数据的散布会取不同的形式,或称为不同的概率分布。常见的有正态分布、均匀分布、三角分布等。本教程主要介绍前两种分布。

一、正态分布

正方向误差和负方向误差出现的次数大体相等,数值较小的误差出现的次数较多,数值很大的误差在没有错误的情况下通常不出现。这一规律在测量次数越多时表现得越明显,它就是一种最典型的分布规律——正态分布规律。随机误差的其他分布,如多项分布、二项分布、泊松分布、χ^2 分布、F 分布、t 分布等,当 n 趋近于无穷时,它们都趋向于正态分布。

1795 年,德国数学家高斯从数学上推导出了测量值 x_i 随机误差 $\delta = x_i - \mu$ 出现概率的密度分布函数 $f(\delta)$,后人称之为高斯误差分布函数,也称正态分布函数。图 2-1-1 是随机误差概率密度分布图,具体函数为

$$f(\delta) = \frac{1}{\sigma\sqrt{2\pi}} e^{-\delta^2/2\sigma^2}。 \quad (2\text{-}1\text{-}5)$$

其中,μ 表示 x 出现概率最大的值,在消除系统误差后,μ 为真值。σ 称为标准误差,它反映了测量值的离散程度,其表达式为

$$\sigma = \lim_{n \to \infty} \sqrt{\frac{1}{n}\sum_{i=1}^{n}(x_i - \mu)^2}。 \quad (2\text{-}1\text{-}6)$$

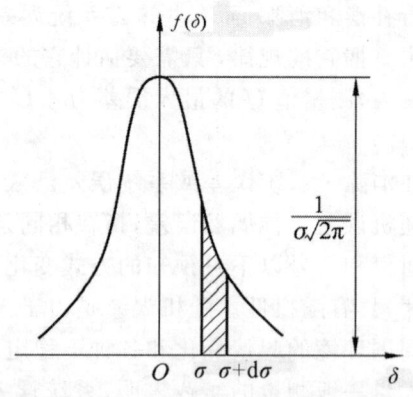

图 2-1-1　随机误差概率分布图

第二章 测量误差与数据处理基础

σ 小，说明这一组测量的重复性好、精密度高；反之，就表示测量值很分散，测量的精密度低。如图 2-1-2 所示。

（一）统计特征

从分布曲线还可以看出，正态分布有如下统计特征：

1. 单峰性。绝对值小的误差出现的概率大，而绝对值大的误差出现的概率小，误差的概率与误差的大小有关。

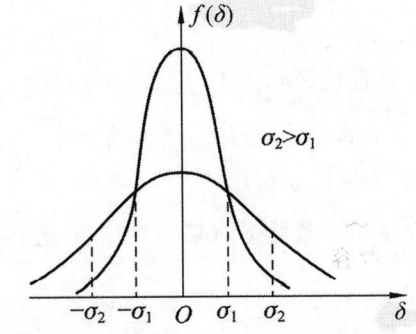

图 2-1-2 标准误差表示测量值的离散程度

2. 对称性。绝对值相等的正、负误差出现的概率大致相等，即概率曲线关于纵轴对称。

3. 有界性。绝对值非常大的正负误差出现的概率趋于零，即误差的绝对值不会超过一定的界限。

4. 抵偿性。正负误差的代数和为零。

（二）置信概率

测量值的正态分布曲线如图 2-1-3 所示，定义 $\xi = \int_{x_1}^{x_2} f(x) \, \mathrm{d}x$，表示变量 x 在 (x_1, x_2) 区间出现的概率，称为置信概率。则

$$\xi = \int_{\mu-\sigma}^{\mu+\sigma} f(x) \, \mathrm{d}x = 0.683, \tag{2-1-7}$$

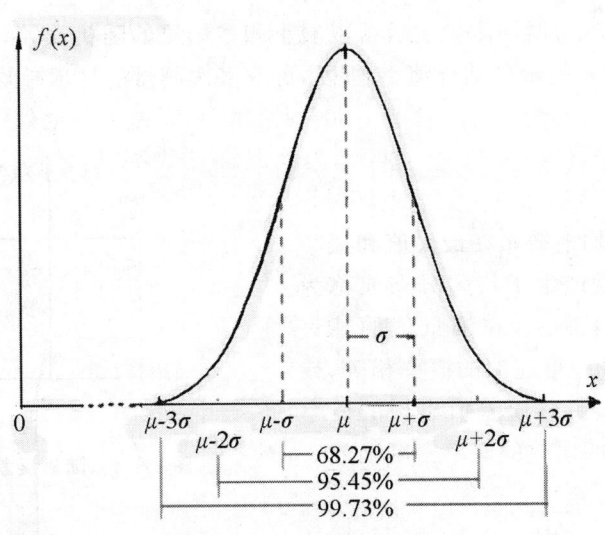

图 2-1-3 测量值正态分布图

说明对任意一次测量，其测量值 x 出现在区间 $(\mu-\sigma, \mu+\sigma)$ 的可能性为 0.683。

如果扩展置信区间为 $(\mu-2\sigma, \mu+2\sigma)$，则其置信概率增大到

$$\xi = \int_{\mu-2\sigma}^{\mu+2\sigma} f(x) \, \mathrm{d}x = 0.954; \qquad (2\text{-}1\text{-}8\mathrm{a})$$

如果扩展置信区间为 $(\mu - 3\sigma, \mu + 3\sigma)$，则其置信概率增大到

$$\xi = \int_{\mu-3\sigma}^{\mu+3\sigma} f(x) \, \mathrm{d}x = 0.997 \text{。} \qquad (2\text{-}1\text{-}8\mathrm{b})$$

（三）算术平均值

设在相同条件下对某物理量 X 进行了 n 次测量，测量值分别为 $x_1, x_2, \cdots, x_n$，其算术平均值

$$\bar{x} = \frac{x_1 + x_2 + \cdots + x_n}{n} = \frac{1}{n} \sum_{i=1}^{n} x_i \text{。} \qquad (2\text{-}1\text{-}9)$$

设测量值中没有系统误差，则每一个测量值的随机误差

$$\delta_i = x_i - \mu \text{。} \qquad (2\text{-}1\text{-}10)$$

n 次测量的随机误差平均值

$$\bar{\delta} = \frac{1}{n} \sum_{i=1}^{n} (x_i - \mu) = \bar{x} - \mu \text{。} \qquad (2\text{-}1\text{-}11)$$

由于各测量值的误差有正有负，相加时有部分将相互抵消，n 越大，相互抵消的部分越多，平均值 $\bar{x}$ 的误差 $\bar{\delta}$ 就越小。当误差值没有系统误差时，在相同条件下，若测量次数 $n \to \infty$，则有

$$\bar{\delta} = \frac{1}{n} \sum_{i=1}^{n} \Delta x_i = 0, \qquad (2\text{-}1\text{-}12)$$

$$\bar{x} = \mu \text{。} \qquad (2\text{-}1\text{-}13)$$

由此可见，在相同条件下，增加测量次数可以减小测量结果的随机误差，并且多个测量值的算术平均值 $\bar{x}$ 是真值 μ 的最佳估计值。所以，可取多次测量的算术平均值作为待测物理量的测量结果。

二、均匀分布

当测量值非常平均地散布在最大值和最小值之间的范围内时，就产生了均匀分布或称为矩形分布。如图 2-1-4 所示，在测量值的某一范围内，测量结果取任一可能值的概率相等，或者说在某一误差范围内，各误差值出现的概率相等。服从均匀分布的误差的概率密度函数

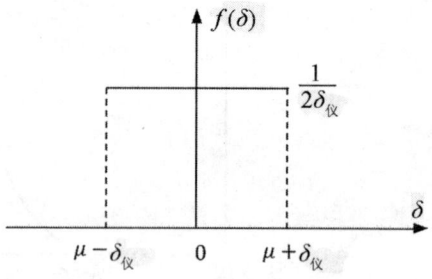

图 2-1-4 随机误差均匀分布图

$$f(\delta) = \frac{1}{2\delta_{\text{仪}}} \text{。} \qquad (2\text{-}1\text{-}14)$$

在区间外，误差出现的概率为零。

均匀分布的平均值、标准误差、标准偏差及平均值的标准偏差的计算方法与正态分布相同。

随机误差服从均匀分布的例子有：由仪表分辨率限制所产生的示值误差，因为在分辨力

范围内的所有测量参考值出现的概率相同;对于数字式仪表,由最小计量单位限制引起的误差(截尾误差);在对测量数据的处理中,修约引起的误差;指示仪表指针调零不准所引起的误差;数学用表的数据位数限制所产生的误差等。

§2.1.4 随机误差的估算

一、有限次测量列的标准偏差

测量列就是一组测量值。在 $n \to \infty$ 时,随机误差遵循正态分布规律,其标准误差可以用式(2-1-6)计算。但实际测量时,实验次数往往只有有限的 n 次,随机误差分布偏离正态分布较多,服从 t 分布。另外,由于真值 μ 是未知的,只能以算术平均值 $\bar{x}$ 作为真值 μ 的最佳估计值来进行计算,式(2-1-6)改为

$$\sigma_x = \sqrt{\frac{1}{n-1} \sum_{i=1}^{n} (x_i - \bar{x})^2}。 \qquad (2\text{-}1\text{-}15)$$

式(2-1-15)又叫贝塞尔公式。σ_x 称为标准偏差,是表征测量值 x_i 对其平均值分散程度的参数,其意义为任一次测量的结果落在 $(\bar{x} - \sigma_x)$ 到 $(\bar{x} + \sigma_x)$ 区间的概率为 0.683。

二、有限次测量算术平均值的标准偏差

多个测量值的算术平均值 $\bar{x}$ 最接近真值,因此更希望知道 $\bar{x}$ 对真值的离散程度。用平均值的标准偏差 $\sigma_{\bar{x}}$ 表示 $\bar{x}$ 对真值的离散程度,它与测量列的标准偏差 σ_x 之间的关系为

$$\sigma_{\bar{x}} = \frac{\sigma_x}{\sqrt{n}} = \sqrt{\frac{1}{n(n-1)} \sum_{i=1}^{n} (x_i - \bar{x})^2}。 \qquad (2\text{-}1\text{-}16)$$

$\sigma_{\bar{x}}$ 的物理含义是待测物理量有限 n 次测量的平均值 $\bar{x}$ 处于 $\bar{x} \pm \sigma_{\bar{x}}$ 区间内的概率为 0.683。

因为 $\sigma_{\bar{x}}$ 仅为标准偏差 σ_x 的 $1/\sqrt{n}$,可见平均值 $\bar{x}$ 的可靠性大于测量列中任一测量值 x_i,且 $\sigma_{\bar{x}}$ 随着测量次数 n 的增大而减小(但并非无限减小),而使测量列的算术平均值 $\bar{x}$ 越来越接近待测量的真值。尽管从数学上说 $n \to \infty$ 时,$\sigma_{\bar{x}} \to 0$,即测量次数无穷多时,平均值可视作真值,但测量的精度主要还取决于仪器的精度、测量方法、环境和测量者等因素。因此,在实际测量中,单纯地增加测量次数是没有必要的。

三、单次直接测量的标准偏差估算

测量实践中,有时由于条件的限制无法进行多次测量,或者由于仪器的精密度差,或者被测对象不稳定,多次测量的结果并不能反映随机性,此时多次测量已失去意义,有时是对测量的准确度要求不高,只需单次测量即可。这时应如何估算测量结果的标准偏差呢?

(一)仪器的示值误差限

国家技术标准或检定规程规定的计量器具最大允许误差或允许基本误差,经适当的简化称为仪器误差限,用 $\delta_{仪}$ 表示。它代表在正确使用仪器的条件下,仪器示值与被测量真值

之间可能产生的最大误差的绝对值,因此也称示值误差限,用 δ_m 表示,其置信概率为 1。

若仪器没有标明示值误差,对照国家标准和我国制定的相应的计量器具的检定标准和规定,考虑物理实验教学的要求,下面作简要的介绍或约定。

1. 在长度测量类中,最基本的测量工具是直尺、游标卡尺、螺旋测微计等,除具体实验另有说明外,约定:

① 一般米尺的仪器误差限按其最小分度值的一半估算。

② 游标卡尺的仪器误差限一律取卡尺分度值。

③ 0～25 mm 及 25～50 mm 的一级千分尺的仪器示值误差限为 0.004 mm。

2. 在质量测量类中,主要工具是天平。天平的测量误差包括示值变动性误差、分度值误差和砝码误差等。单杠杆天平按精度分为十级,砝码按精度分为五等,一定精度级别的天平要配用相应等级的砝码。在简单实验中,约定:取天平的最小分度值作为仪器误差限。

3. 在时间测量类中,停表是物理实验中常用的计时仪表。对较短时间的测量,约定:取停表的最小分度值作为仪器误差限。对石英电子秒表,其最大偏差 $\leqslant \pm (5.8 \times 10^{-6} t + 0.01 \text{ s})$,其中 t 是时间的测量值。

4. 在温度测量类中,常用的测量仪器包括水银温度计、热电偶温度计和电阻温度计等。约定:水银温度计的仪器误差限按其最小分度值的一半估算。

5. 在电学测量类中,国家标准电学仪器大多是根据准确度大小划分等级,其仪器误差限可通过准确度等级的有关公式给出。

① 电磁仪表,如指针式电流、电压表,

$$\delta_{仪} = \alpha \cdot A_m。$$

式中,A_m 是电表的量程,α 是以百分数表示的准确度等级。一般电表精度分为 5.0、2.5、1.5、1.0、0.5、0.2、0.1 七个级别。

② 直流电阻器(包括标准电阻、电阻箱),其准确度等级分为 0.5、0.2、0.1、0.05、0.02、0.01、0.005、0.002、0.001、0.0005 等级别。

实验室使用的电阻箱,其优点是阻值可调,但接触电阻和接触电阻的变化要比固定的标准电阻大。一般按不同度盘分别给出准确度级别,同时给出残余电阻(即各度盘开关取零时,连接点的电阻)的数值。仪器误差限按不同度盘允许误差限之和加上残余电阻阻值来估算,即

$$\delta_{仪} = \sum_i \alpha_i \cdot R_i + R_0。$$

式中,R_0 是残余电阻阻值,R_i 是第 i 个度盘的示值,α_i 是相应电阻的准确度等级。

对于 ZX21 型 0.1 级电阻箱,因没有标出每一个度盘的准确度等级,故约定:各度盘的准确度等级都取为 0.1,残余电阻 $R_0 = 0.005(N+1)$,式中 N 是实际所用十进制电阻盘的个数。则其允许误差限

$$\delta_{仪} = \alpha_i \cdot R + R_0 = 0.1\% \times R + 0.005(N+1)。$$

式中,R 是个度盘电阻值之和。由于残余电阻很小,可以舍去,故直接取

$$\delta_{仪} = 0.1\% \times R。$$

(二)仪器的灵敏阈

仪器的灵敏阈指足以引起仪器示值可察觉变化的被测量的最小变化值。例如指针改变量为 0.2 分度值时,人眼可刚刚察觉到,则 0.2 分度值对应的物理量大小即为指针仪表的灵敏阈。

灵敏阈越小,仪器的灵敏度越高。一般来说,测量仪器的灵敏阈值小于示值误差限,而示值误差限小于最小分度值。例如:1 级千分尺的最小分度为 0.01 mm,示值误差限为 0.004 mm,灵敏阈值为 0.002 或 0.001 mm。

注 若由于多次使用,仪器的灵敏阈变大,超过仪器示值误差限时,仪器示值误差应由灵敏阈来代替。

(三)仪器的标准误差

前边所指的仪器误差限是一种极限误差,而不是测量值的估计误差,置信概率为 1 而不是 0.683。测量时,应将这种极限误差转换成测量值的估计标准误差,使之能合理地给出测量结果的误差范围。

仪器的标准误差与仪器误差限的关系一般为

$$\sigma_{仪} = \frac{\delta_{仪}}{C}。$$

其中,C 叫作置信系数,取值约定如下。

1. 当仪器的误差在 $[-\delta_m, \delta_m]$ 范围内,没有根据确定其具有不对称性和多峰性时,可认为误差服从均匀分布,这时 $C=\sqrt{3}$。例如主要由量化误差引起的数字式仪表的误差、主要由螺旋空程及螺距引起的螺旋测微计的误差、灵敏阈为 0.1 s 并经过检定的停表测量误差、判断平衡的误差、常用的 0.5 级和 1.0 级电表的测量误差等,均服从均匀分布,置信系数 $C=\sqrt{3}$。

当仪器只给出误差限而未给出相应的置信概率时,一般可以当作均匀分布处理。

2. 若仪器的误差中相互独立的随机误差和未定系统误差数目较多,且其值较小,则通常可近似认为服从正态分布。这时,$C=3$。

3. C 的取值还可根据测量中所用仪器的制造说明书、检定证书或手册及其他信息来源直接计算。

四、异常数据的判别与剔除

测量结果中含有粗大误差,对实验结果会产生较大影响,应进行判别并剔除。判别测量列是否含有粗大误差的准则有多种,常用的有拉依达准则、肖维涅准则、格拉布斯准则等。

(一)拉依达准则

拉依达准则即 $3\sigma_x$ 准则:凡偏差大于 $3\sigma_x$ 的数据就应舍弃。其根据是,对于服从正态分布的随机误差而言,测量列中任一测量值的偏差落在 $\pm 3\sigma_x$ 内的概率为 99.73%,即 $-3\sigma_x <$ 误差 $< 3\sigma_x$ 的概率是 0.27%,对于有限次测量,这种可能性是微乎其微,属于小概率事件。因此将 $3\sigma_x$ 称为极限误差,超过 $3\sigma_x$ 就可认为是粗大误差,应予以剔除。

拉依达准则较简明,但只是在测量次数较大时才适用。一般应使 $n \geqslant 10$,数据少于 10

个时此准则无效。其检测流程如下：

① 对一测量列 $x_1, x_2, \cdots, x_n$，先求算术平均值 $\bar{x}$，再求标准偏差 σ_x。
② 逐一计算 $|x_i - \bar{x}|$。凡 $|x_i - \bar{x}| > 3\sigma_x$ 的值即视为粗大误差，予以剔除。
③ 对剩余的 $n-1$ 个数据重新进行上述判断，直到 $|x_i - \bar{x}| \leqslant 3\sigma_x$，即视为无坏值。

例 1 对某物体进行 15 次测量，测量值 x_i 如下所示，试检测其中是否有坏值。

11.42	11.44	11.40	11.43	11.42
11.43	11.40	11.39	11.30	11.43
11.42	11.41	11.39	11.40	11.39

解 ① 计算 $n=15$ 个测量值的算术平均值和标准偏差。

$$\bar{x} = \frac{1}{n}\sum_{i=1}^{n} x_i = 11.405;$$

$$\sigma_x = \sqrt{\frac{1}{n-1}\sum_{i=1}^{n}(x_i - \bar{x})^2} = 0.034,$$

$$3\sigma_x = 0.102。$$

② 逐一检测，发现 $|11.30 - 11.405| = 0.105 > 0.102$。所以，11.30 为坏值，应剔除。
③ 余下 $n=14$ 个数据继续检测。

$$\bar{x} = \frac{1}{14}\sum_{i=1}^{14} x_i = 11.412;$$

$$\sigma_x = \sqrt{\frac{1}{14-1}\sum_{i=1}^{14}(x_i - \bar{x})^2} = 0.018,$$

$$3\sigma_x = 0.054。$$

14 个测量值均满足 $|x_i - \bar{x}| < 3\sigma_x$ 条件，无坏值。

（二）肖维涅准则

只要测量次数在 4 以上，即可使用肖维涅准则。其检测流程如下：

① 先求算术平均值 $\bar{x}$，再求标准偏差 σ_x。
② 逐一计算 $|x_i - \bar{x}|$，凡是 $|x_i - \bar{x}| > C_n\sigma_x$ 的数据视为坏值。其中，C_n 称为肖维涅系数，具体取值见表 2-1-1。

表 2-1-1 肖维涅系数

n	C_n	n	C_n	n	C_n
5	1.65	12	2.03	19	2.22
6	1.73	13	2.07	20	2.24
7	1.80	14	2.10	25	2.33
8	1.86	15	2.13	30	2.39
9	1.92	16	2.15	40	2.49
10	1.96	17	2.17	50	2.58
11	2.00	18	2.20	100	2.81

应当指出的是，若按肖维涅准则判别出测量数据中有两个以上测量值含有粗大误差时，

则仅先剔除含有最大误差的测量值,然后重新计算判别。

（三）格拉布斯准则

格拉布斯准则是 1960 年以后才提出的,是公认可靠性最高的一种异常数据取舍的准则：只要测量次数不小于 3 次即可使用此准则,凡是不能满足 $\bar{x}-G_n\sigma_x \leqslant x_i \leqslant \bar{x}+G_n\sigma_x$ 的数据即视为坏值,剔除。重新计算,直到无坏值为止。其中,G_n 称为格拉布斯系数,具体取值见表 2-1-2。

表 2-1-2　格拉布斯系数

n	G_n	n	G_n	n	G_n
3	1.15	13	2.33	23	2.62
4	1.46	14	2.37	24	2.64
5	1.67	15	2.41	25	2.66
6	1.82	16	2.44	26	2.68
7	1.94	17	2.48	27	2.70
8	2.03	18	2.50	30	2.74
9	2.11	19	2.53	35	2.81
10	2.18	20	2.56	40	2.87
11	2.23	21	2.58	45	2.91
12	2.28	22	2.60	50	2.96

例 2　测得一组长度值（单位：cm）：

$$98.28 \quad 98.26 \quad 98.24 \quad 98.29 \quad 98.21$$
$$98.30 \quad 98.97 \quad 98.25 \quad 98.23 \quad 98.25$$

利用格拉布斯准则判断其中是否有坏值。

解　① 计算算术平均值和标准偏差：

$$\bar{x}=98.328 \text{ cm},$$
$$\sigma_x=0.227 \text{ cm}。$$

查格拉布斯系数表知,$n=10, G_{10}=2.18$。计算得

$$\bar{x}-G_{10}\sigma_x=97.833 \text{ cm},$$
$$\bar{x}+G_{10}\sigma_x=98.823 \text{ cm}。$$

可以看出,98.97 不在 $(\bar{x}-G_{10}\sigma_x) \leqslant x_i \leqslant (\bar{x}+G_{10}\sigma_x)$ 范围内,应舍去。

② 舍去 98.97 后重新计算算术平均值和标准偏差：

$$\bar{x}=98.257 \text{ cm},$$
$$\sigma_x=0.029 \text{ cm}。$$

查格拉布斯系数表知,$n=9, G_9=2.11$。计算得

$$\bar{x}-G_9\sigma_x=98.196 \text{ cm},$$
$$\bar{x}+G_9\sigma_x=98.318 \text{ cm}。$$

所有数据均在上述范围内,已无坏值。

§2.1.5 定性评价测量误差的三个概念

定性评价测量结果的好坏,常常用到精密度、准确度、精确度三个概念,但这三个词的含义不同,使用时应加以区别。

一、精密度

精密度是对测量结果重复性的评价,用来反映随机误差的影响程度,它表示等精度测量条件下,各测量值的相互接近程度。用公式表示为 $x_i - \bar{x}$。

测量的精密度高,是指测量的数据比较集中,重复性好,随机误差较小,但系统误差的大小却不明确。

二、准确度

准确度(又称正确度)是对测量数据的平均值偏离真值的程度的评价,反映系统误差的影响程度,也可以说表示测量值与真值的接近程度。用公式表示为 $\bar{x} - \mu$。

测量的准确度高,是指测量数据的平均值偏离真值较小,测量结果的系统误差较小,但数据分散的情况(即随机误差的大小)并不明确,精密度不一定高。

三、精确度

精确度是指测量数据集中于真值附近的程度,是对测量结果的随机误差和系统误差的综合评定。用公式表示为

$$(x_i - \bar{x}) + (\bar{x} - \mu) = x_i - \mu。$$

测量的精确度高,是指测量数据都集中在真值附近,系统误差和随机误差都比较小。当随机误差小到可以忽略不计时,精确度等于准确度;当系统误差小到可以忽略或得到修正消除时,精确度等于精密度。两者都高,精确度就高;两者之一低或都低,则精确度低。

用打靶时,弹着点的情况为例,说明这三个不同概念的意义,如图 2-1-5 所示。

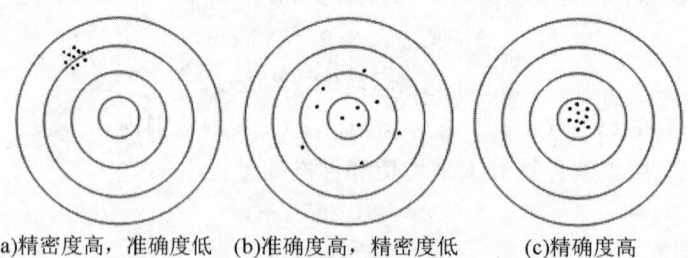

(a)精密度高,准确度低　　(b)准确度高,精密度低　　(c)精确度高

图 2-1-5　精密度、准确度和精确度示意图

由于翻译的原因,个别书中将精确度称为准确度,而将这里的准确度改称为正确度,注意区分。另外,"精度"这个词也经常出现在各类实验书中,通常是指精确度。但说仪器的精度时,指的是仪器能分辨的物理量的最小值。

§2.2 测量的不确定度和测量结果的表示

测量的目的是为了得到被测量的真值,由于测量误差的存在,导致测量结果偏离真值,而每次测量结果的误差又具有随机性,使得测量结果不能定量给出,具有不确定性。

1993 年,国际计量局(BIPM)等 7 个国际组织公布了《测量不确定度表示指南 ISO1993(E)》,简称"GUM",它代表了国际上在评定测量结果可靠性方面的约定做法,是误差理论发展的一个重要成果。

§2.2.1 测量的不确定度

一、测量不确定度定义

从词义来看,测量不确定度意味着对测量结果的可靠性和有效性的怀疑程度或不能肯定的程度。其正式定义为:表征合理地赋予被测量之值的分散性,与测量结果相联系的参数。

定义表明,一个完整的测量结果不仅要标明其量值大小,还要标出测量结果的分散性,即不确定度,以表明该测量结果的可信赖程度。用公式表示为

$$X = x \pm u_x 。 \tag{2-2-1}$$

式中:X 是被测物理量;x 是该物理量的测量值,可以是单次测量值、多次测量值或间接测量值;u_x 是一个恒正的物理量,称为不确定度。

式(2-2-1)的含义是:被测物理量 X 的测量结果并非一个确定的值,而是分散的无限个可能值所处的一个区间,即真值以一定的概率存在的范围,是测量结果不确定性的度量。或者说,上述范围以一定的概率包含真值。这里所说的"一定的概率"称为置信概率,而区间 $[x-u_x, x+u_x]$ 则称为置信区间。

在一定的测量条件下,置信概率与置信区间之间存在单一的对应关系:置信区间越大,置信概率越高;置信区间越小,置信概率越低。

为了比较两个以上测量结果精确度的高低,常常使用相对不确定度这一概念。其定义为

$$E_r = \frac{u_x}{x} \times 100\% 。 \tag{2-2-2}$$

因此,要完整表达一个物理量,必须要有数值、单位、不确定度及相对不确定度,还要标明置信概率的大小。

二、测量不确定度和误差的异同

（一）不确定度和误差的区别

测量误差和测量不确定度是误差理论中两个重要的概念，它们具有相同点，都是评价测量结果质量高低的重要指标。但它们又有明显的区别，必须正确认识和区分，以防混淆和误用。

1. 从定义来看，二者最根本的区别在于误差表示测量结果对真值的偏离，因此它是一个确定的值。而不确定度表明被测量之值的分散性，一般以分布区间的半宽表示，因此它表示一个区间。

2. 从分类来看，误差按自身特征和性质分为系统误差、随机误差和粗大误差，并可采取不同的措施来减小或消除各类误差对测量结果的影响。但由于各类误差之间并不存在绝对界限，故在分类判别和误差计算时不易准确掌握。测量不确定度不按性质分类，而是按评定方法分为 A 类评定和 B 类评定，两类评定方法不分优劣，按实际情况的可能性加以选用。由于不确定度的评定不管影响不确定度因素的来源和性质，只考虑其评定方法，从而简化了分类，便于评定与计算。

A 类不确定度与随机误差，B 类不确定度与系统误差，不存在简单的对应关系。"随机"与"系统"表示两种不同的性质，而"A 类"与"B 类"表示两种不同的评定方法。因此，简单地把 A 类不确定度对应于随机误差导致的不确定度，或简单地把 B 类不确定度对应于系统误差导致的不确定度的做法是错误的。

3. 从可操作性来看，误差的概念与真值相联系，而系统误差和随机误差又与无限多次测量的平均值有关，因此两者都是理想化的概念。实际上只能得到其估计值，因而误差的可操作性较差。不确定度则可以根据实验、资料、经验等信息进行评定，从而可以定量确定。

（二）不确定度和误差的联系

误差是不确定度的基础，研究不确定度首先要研究误差，只有对误差的性质、分布规律、相互联系及对测量结果的误差传递关系等有了充分的认识和了解，才能更好地估计各不确定度分量，正确得到测量结果的不确定度。

用测量不确定度代替误差表示测量结果，易于理解、便于评定，具有合理性和实用性。但测量不确定度的内容不能包罗更不能取代误差理论的所有内容，如传统的误差分析与数据处理等均不能被取代。客观地说，不确定度是对经典误差理论的一个补充，是现代误差理论的重要内容之一，但它还有待于进一步研究、完善与发展。

总之，测量不确定度和误差是两个不同的概念：误差是指测量值与真值之差，一般情况下，由于真值未知，所以它是未知的。不确定度的大小可以按一定的方法计算（或估计）出来。不确定度的评定方法需要数理统计和误差处理的知识，对于大学低年级的学生有一定的困难，本教程采用与国际上有关技术规范接近的、简化的、具有近似性的不确定度估计方法。

§2.2.2 不确定度的 A 类分量

用对观测列进行统计分析的方法来评定的标准不确定度称为不确定度的 A 类评定,又称为 A 类不确定度评定,简称 A 类不确定度。

A 类不确定度的特点是必须对被测量进行等精度测量,然后对测量列进行统计计算。

一、直接测量量的 A 类不确定度

在测量次数无限多时,用标准差 σ 来表示的测量不确定度称为标准不确定度,即 A 类不确定度为 σ,置信概率为 0.683。若为有限次等精度测量,随机误差分布偏离正态分布,服从 t 分布。

当要求提高置信概率为 P 时,置信区间则为 $[\bar{x}-t_P\sigma_{\bar{x}},\bar{x}+t_P\sigma_{\bar{x}}]$,其中 t_P 是 t 分布时与测量次数 n 和置信概率 P 有关的量(见表 2-2-1)。扩展不确定度的 A 类分量为

$$u_A = t_P \sigma_{\bar{x}} = t_P \sqrt{\frac{1}{n(n-1)} \sum_{i=1}^{n}(x_i - \bar{x})^2} = \frac{t_P}{\sqrt{n}} \sigma_x。 \tag{2-2-3}$$

表 2-2-1 $u_A = \dfrac{t_P}{\sqrt{n}} \sigma_x$ 的置信因子 t_P

t_P \ n \\ P	2	3	4	5	6	7	8	9	10	11	20	30	∞
0.683	1.84	1.32	1.20	1.14	1.11	1.09	1.08	1.07	1.06	1.05	1.03	1.02	1.00
0.954	12.70	4.30	3.18	2.78	2.57	2.45	2.36	2.31	2.26	2.23	2.09	2.05	1.96
0.997	63.70	9.93	5.84	4.60	4.03	3.71	3.50	3.36	3.25	3.17	2.86	2.76	2.58

当置信概率为 0.683 时,从表 2-2-1 可以看出,测量次数 5 次以上时,$u_A = t_P \sigma_{\bar{x}} \approx \sigma_{\bar{x}}$,即 A 类不确定度用平均值的标准偏差 $\sigma_{\bar{x}}$ 表示。

当置信概率为 0.954 时,$u_A = \dfrac{t_P}{\sqrt{n}} \sigma_x$,即标准偏差乘以 $\dfrac{t_P}{\sqrt{n}}$ 得到 A 类不确定度。$\dfrac{t_P}{\sqrt{n}}$ 的值可由表 2-2-2 给出。

表 2-2-2 置信概率为 0.954 时,置信因子 t_P 和 $\dfrac{t_P}{\sqrt{n}}$ 的值

测量次数 n	2	3	4	5	6	7	8	9	10	15	20	30
置信因子 t_P	12.70	4.30	3.18	2.78	2.57	2.45	2.36	2.31	2.26	2.14	2.09	2.05
$t_P/\sqrt{n}$ 值	8.99	2.48	1.59	1.24	1.05	0.93	0.84	0.77	0.72	0.55	0.47	0.37
$t_P/\sqrt{n}$ 近似值	9.0	2.5	1.6	1.2	1	1	1	1	1	$2/\sqrt{n}$	$2/\sqrt{n}$	$2/\sqrt{n}$

从表 2-2-2 可以看出,测量次数为 $6 \leqslant n \leqslant 10$ 时,$t_P/\sqrt{n} \approx 1$,$u_A \approx \sigma_x$,即置信概率为 0.954 时,A 类不确定度用标准偏差 σ_x 表示。实验测量一般取 6 次即可。

如果置信概率为100%,其对应的 u_x 就称为极限不确定度,用 ε 表示,这时式(2-2-1)写作

$$X = x \pm \varepsilon, \quad (2\text{-}2\text{-}4)$$

表示真值一定在 $[x-\varepsilon, x+\varepsilon]$ 中。

特别说明的是,对不确定度目前有尚未形成统一的认知。如置信概率取 0.683 还是 0.954,在不同高校的教材里都有不同的要求。本教程的处理原则是,标准不确定度的置信概率为 0.683,其 A 类不确定度就取平均值的标准偏差,置信概率须注明。如果置信概率提高到 0.954,则不确定度为扩展不确定度(又称展伸不确定度),其 A 类不确定度就用标准偏差,置信概率可以省略不写。

§2.2.3 不确定度的 B 类分量

当误差的影响仅使测量值向某一方向有恒定的偏离,这时不能用统计的方法评定不确定度,这一类的评定就是不确定度的 B 类评定。

一般情况下,应根据经验或其他非统计信息估计。一般测量中,往往已采用了一些必要的措施,使得系统误差减小到最低的程度,或对系统误差进行了修正,只需考虑测量仪器误差或测试条件不符合要求而引起的附加误差所带来的 B 类分量。

计算 B 类分量的数值时,先估计(包括查资料)仪器误差限,然后判定该误差服从的分布,最后还要看置信概率的要求,具体规则如下。

1. 当置信概率取 0.683 时,不确定度为标准不确定度,标准不确定度 B 类分量 u_B(即仪器的标准误差)与仪器误差限的关系一般为:$u_B = \dfrac{\delta_m}{C}$。其中,$C$ 为置信系数,对于正态分布 $C=3$,对于均匀分布 $C=\sqrt{3}$。

2. 当置信概率取 0.954 时,用仪器标定的最大允许误差 δ_m 来表述,即不确定度的 B 类分量 u_B 取仪器标定的误差限 δ_m。某些常用实验仪器的最大允许误差 δ_m 见表 2-2-3。

表 2-2-3 某些常用实验仪器的最大允许误差

仪器名称	量程	最小分度值	最大允差
钢板尺	150 mm	1 mm	±0.10 mm
	500 mm	1 mm	±0.15 mm
	1 000 mm	1 mm	±0.20 mm
钢卷尺	1 m	1 mm	±0.8 mm
	2 m	1 mm	±1.2 mm
游标卡尺	125 mm	0.02 mm	±0.02 mm
		0.05 mm	±0.05 mm
螺旋测径器(千分尺)	0~25 mm	0.01 mm	±0.004 mm

续表 2-2-3

仪器名称	量 程	最小分度值	最大允差
七级天平(物理天平)	500 g	0.05 g	0.08 g(接近满量程) 0.06 g(1/2 量程附近) 0.04 g(1/3 量程附近)
三级天平(分析天平)	200 g	0.1 mg	1.3 mg(接近满量程) 1.0 mg(1/2 量程附近) 0.7 mg(1/3 量程附近)
普通温度计(水银或有机溶剂)	0～100 ℃	1 ℃	±1 ℃
精密温度计(水银)	0～100 ℃	0.1 ℃	±0.2 ℃
电表(0.5 级)			量程×0.5%
电表(0.1 级)			量程×0.1%
数字万用电表			$\alpha U_x + \beta U_m$ 其中:U_x 为测量值,即读数;U_m 为满度值,即量程;α、β 对不同的测量功能有不同的数值。通常将 βU_m 用"字数"表示,如"2 个字"等

§2.2.4 合成不确定度

测量结果的不确定度是各种来源不确定度的综合效应,由于来源不止一个,所以各种来源不确定度的综合,就称为合成不确定度。例如用螺旋测微计测钢球的直径,不确定度的来源有:① 重复测量读数(A 类评定);② 螺旋测微计的固有误差(B 类评定)。又如,用天平称一物体的质量,不确定度的来源有:① 重复测量读数(A 类评定);② 天平不等臂(B 类评定);③ 砝码标称值的误差(B 类评定);④ 空气浮力引入的误差(B 类评定)。

由不同来源分别评定的不确定度要合成为测量值的不确定度,首先要明确一点,测量结果所含 A 类不确定度和 B 类不确定度分量之间是相互独立的,在合成时是等价的;其次是合成的方法,由于各来源的误差的符号不一定相同(有正有负),采用简单的算术相加可能增大合成值,国际上统一约定,采用方和根法。

若 A 类分量有 n 个,B 类分量有 m 个,则

$$u_x = \sqrt{\sum_{i=1}^{n} u_A^2 + \sum_{j=1}^{m} u_B^2} \quad \text{。} \tag{2-2-5}$$

对不确定度进行合成时,应全面分析影响结果的各种因素。最好能列出影响测量结果的所有不确定度分量的来源。对不能忽略的分量,要不重复,不遗漏。

若一个直接测量的 A 类不确定度只有一个,B 类不确定度分量主要考虑仪器误差 δ_m,

则式(2-2-5)简化为

$$u_x = \sqrt{u_A^2 + u_B^2}. \tag{2-2-6}$$

1. 合成标准不确定度 $u_x = \sqrt{u_A^2 + u_B^2} = \sqrt{\sigma_x^2 + \left(\dfrac{\delta_m}{C}\right)^2}$，置信概率 $P = 0.683$。

2. 合成扩展不确定度 $u_x = \sqrt{u_A^2 + u_B^2} = \sqrt{\sigma_x^2 + \delta_m^2}$，置信概率 $P = 0.954$。

§2.2.5 测量结果的表示

一、测量结果的表达形式

若用不确定度表征测量结果的可靠程度，则测量结果需写为下列标准形式：

$$\left.\begin{aligned} x &= \bar{x} \pm u_x, \\ E_r &= \dfrac{u_x}{\bar{x}} \times 100\%, \\ P &= 0.683 \text{ 或 } 0.954。 \end{aligned}\right\} \tag{2-2-7}$$

若采用置信概率 $P = 0.683$，须在结果中注明；若采用置信概率为 0.955，P 可以省略不写。

二、不确定度的数值修约

（一）修约原则

修约原则1：如果不确定度的第1位有效数字大于等于3，只保留1位有效数字。

例如：$x = 2.11 \pm 0.493$ 应该写为 $x = 2.1 \pm 0.5$。

修约原则2：均值位数允许但依据原则1只能保留1位，此时要修约不确定度，而且平均值的位数也要重新确定。

修约原则3：有时可以保留2位：① 不确定度的第1位有效数字小于3；② 平均值的位数允许。

（二）进位原则

进位原则1：只保留1位有效数字，第2个有效数字如果不为零则需要进位。

例如：$x = 1.11 \pm 0.020\,1$，根据均值修约不确定度，发现不需要进位，应该写为 $x = 1.11 \pm 0.02$；$x = 1.11 \pm 0.023\,1$，根据均值修约不确定度，发现需要进位，应该写为 $x = 1.11 \pm 0.03$。

进位原则2：依据修约原则3可以保留2个有效数字，第3个有效数字不为零也需要进位。

例如：$x = 1.111 \pm 0.213$，先根据进位原则2得到 0.22，再根据修约原则2重新确定平均数，最后，$x = 1.11 \pm 0.22$。

再如：$x = 2.11 \pm 0.193$，不确定度的第1位有效数字小于3，平均值精确到0.01，恰好允许不确定度保留2位。考虑进位原则2，最后写成 $x = 2.11 \pm 0.20$。

（三）修约原则与进位原则的综合运用

① 符合修约原则 1—进位原则 1—修约原则 2；
② 不符合修约原则 1—修约原则 3—进位原则 2；
③ 不符合修约原则 1—位数不允许，不符合修约原则 3—进位原则 1。

例如：$x=2.1\pm0.193$，不确定度的第 1 位有效数字小于 3，但平均值的精度到 0.1，不允许保留 2 位，故采用进位原则 1，最后写为 $x=2.1\pm0.2$。

§2.2.6　直接测量结果的不确定度评定

一、多次测量

设对待测量 X 在相同条件下做 n 次等精度测量，所得的各次测量值为 $x_1, x_2, \cdots, x_n$。要求置信概率为 0.683 时，不确定度估算步骤如下：

① 求测量列的算术平均值。

$$\bar{x}=\frac{1}{n}\sum_{i=1}^{n}x_i。$$

② 修正已知的系统误差，得到测量值。
③ 用贝塞尔公式计算标准偏差。

$$\sigma_x=\sqrt{\frac{1}{n-1}\sum_{i=1}^{n}(x_i-\bar{x})^2}。$$

④ 依据异常值判别准则，剔除坏值，直至无坏值。
⑤ 计算平均值的标准偏差。

$$\sigma_{\bar{x}}=\sqrt{\frac{1}{n(n-1)}\sum_{i=1}^{n}(x_i-\bar{x})^2}。$$

⑥ 在置信概率为 0.683 时，$u_A=\sigma_{\bar{x}}$；根据仪器标定的最大允差 δ_m 确定 $u_B=\delta_m/C$。
⑦ 由 u_A、u_B 计算合成不确定度。

$$u_x=\sqrt{u_A^2+u_B^2}=\sqrt{\sigma_{\bar{x}}^2+\left(\frac{\delta_m}{C}\right)^2}。$$

⑧ 计算相对不确定度。

$$E_r=\frac{u_x}{\bar{x}}\times100\%。$$

⑨ 给出测量结果。

$$x=\bar{x}\pm u_x,$$
$$E_r=\frac{u_x}{\bar{x}}\times100\%,$$
$$P=0.683。$$

注　如置信概率为 0.954，上述计算步骤不同的是：

$$u_A = \sigma_x, u_B = \delta_m;$$
$$u_x = \sqrt{u_A^2 + u_B^2} = \sqrt{\sigma_x^2 + \delta_m^2}.$$

二、单次测量

当无法进行多次测量时(参见§2.1.4中"单次直接测量的标准偏差估算"),就无法评定 A 类不确定度了。尽管 u_A 依然存在,但在单次测量的情况下,往往 δ_m 要比 u_A 大得多。按照微小误差原则:只要 $u_A < \frac{1}{3} u_B$(或 $\sigma_x < \frac{1}{3} \delta_m$),在计算不确定度时,就可以忽略 u_A 对总不确定度的影响。所以,对单次测量,u_x 可简单用 δ_m(置信概率 0.954)或 δ_m/C 表示。

仪器误差限 δ_m 取法一般有两种:一种是仪器标定的示值误差(最大允差)$\delta_仪$,一般写在仪器的标牌或说明书上;另一种是根据不同仪器、测量对象、环境条件、仪器灵敏阈等估计一个极限误差 $\delta_估$。两者中取数值较大的作为 δ_m 值。

三、直接测量数据处理举例

例 3 使用示值误差为 0.02 cm 的钢板尺,测某长度 6 次,结果如下表所示。试用标准不确定度表示测量结果。

n	1	2	3	4	5	6
x/cm	29.18	29.19	29.27	29.25	29.26	29.24

解 $n = 6, \delta_m = 0.02$ cm。故

$$\bar{x} = \frac{1}{n} \sum_{i=1}^{n} x_i = 29.232 \text{ cm};$$

$$\sigma_x = \sqrt{\frac{1}{n-1} \sum_{i=1}^{n} (x_i - \bar{x})^2} = 0.1008 \text{ cm},$$

$$3\sigma_x = 0.3024。$$

表中 6 个量均满足 $|x_i - \bar{x}| < 3\sigma_x$,未发现坏值。

$$\sigma_{\bar{x}} = \frac{\sigma_x}{\sqrt{n}} = \sqrt{\frac{1}{n(n-1)} \sum_{i=1}^{n} (x_i - \bar{x})^2} = 0.0168 \text{ cm} = 0.017 \text{ cm},$$

$$u_B = \frac{\delta_m}{\sqrt{3}} = 0.012 \text{ cm};$$

$$u_x = \sqrt{\sigma_{\bar{x}}^2 + u_B^2} = 0.021 \text{ cm},$$

$$E_r = \frac{u_x}{\bar{x}} \times 100\% = 0.068\%。$$

用标准不确定度表示的结果为

$$x = (29.23 \pm 0.02) \text{cm},$$
$$E_r = 0.068\%,$$
$$P = 0.683。$$

§2.2.7 间接测量不确定度评定

一、不确定度的传递

间接测量是通过一定的函数式由直接测量的测量值计算得到的。显然,把各直接测量结果的最佳值代入函数式就可得到间接测量结果的最佳值。由于直接测量有不确定度,其不确定度必然影响到间接测量结果的不确定度。这种影响大小可以由相应的函数式计算出来,这就是不确定度的传递。

二、不确定度传递的基本公式

设间接测量量 N 与直接测量量的函数关系为

$$N = f(x, y, z, \cdots)。 \tag{2-2-8}$$

式中,$x, y, z, \cdots$ 是相互独立的直接测量量,其不确定度分别为 $u_x, u_y, u_z, \cdots$。这些直接测量量的不确定度按照函数关系传递,使间接测量量 N 也有相应的不确定度 u_N。

由于不确定度都是微小的量,相当于数学中的"增量"。因此,间接测量的不确定度的计算公式与数学中的全微分公式基本相同。不同之处是:

① 要用不确定度符号 $u_x, u_y, u_z, \cdots$ 替代微分符号 $\mathrm{d}x, \mathrm{d}y, \mathrm{d}z, \cdots$;

② 要考虑到不确定度合成的统计性质,一般用方和根形式进行合成。

本教程中用以下两式来简化计算间接测量量的不确定度:

$$u_N = \sqrt{\left(\frac{\partial f}{\partial x}\right)^2 u_x^2 + \left(\frac{\partial f}{\partial y}\right)^2 u_y^2 + \left(\frac{\partial f}{\partial z}\right)^2 u_z^2 + \cdots}, \tag{2-2-9}$$

$$E_N = \frac{u_N}{N} = \sqrt{\left(\frac{\partial}{\partial x}\ln f\right)^2 u_x^2 + \left(\frac{\partial}{\partial y}\ln f\right)^2 u_y^2 + \left(\frac{\partial}{\partial z}\ln f\right)^2 u_z^2 + \cdots}。 \tag{2-2-10}$$

式(2-2-9)是间接测量量的不确定度计算公式。式(2-2-10)是间接测量量的相对不确定度传递计算公式,它是先对式(2-2-8)两边取自然对数,然后求其偏微分,再代入式(2-2-9)得到的。

注 对于以加减为主的函数,先用式(2-2-9)求出 u_N,再用 $E_N = u_N/\overline{N}$ 求相对不确定度较为方便;而对于乘除运算为主的函数,则先用式(2-2-10)计算相对不确定度 E_N,再用 $E_N = u_N/\overline{N}$ 求不确定度 u_N 比较方便。表 2-2-4 给出了常用函数采用方和根合成的不确定度传递公式。

三、间接测量量不确定度表示的一般步骤

① 求出间接测量量的最佳值 $\overline{N} = f(\overline{x} + \overline{y} + \overline{z} + \cdots)$。

② 求出各直接测量量的不确定度 $u_x, u_y, u_z \cdots$。

③ 依据 $N = f(x, y, z, \cdots)$ 的关系求出 $\dfrac{\partial f}{\partial x}, \dfrac{\partial f}{\partial y}, \cdots$ 或 $\dfrac{\partial}{\partial x}\ln f, \dfrac{\partial}{\partial y}\ln f, \cdots$。

表 2-2-4 常用函数采用方和根合成的不确定度传递公式

函数表达式	传递（合成）公式	函数表达式	传递（合成）公式
$N = x + y$	$u_N = \sqrt{u_x^2 + u_y^2}$	$N = \sqrt[k]{x}$	$\dfrac{u_N}{N} = \dfrac{1}{k}\dfrac{u_x}{x}$
$N = x - y$	$u_N = \sqrt{u_x^2 + u_y^2}$	$N = \ln x$	$u_N = \dfrac{u_x}{x}$
$N = xy$	$\dfrac{u_N}{N} = \sqrt{\left(\dfrac{u_x}{x}\right)^2 + \left(\dfrac{u_y}{y}\right)^2}$	$N = \sin x$	$u_N = \lvert \cos x \rvert u_x$
$N = x/y$	$\dfrac{u_N}{N} = \sqrt{\left(\dfrac{u_x}{x}\right)^2 + \left(\dfrac{u_y}{y}\right)^2}$	$N = \dfrac{x^k y^m}{z^n}$	$\dfrac{u_N}{N} = \sqrt{\left(\dfrac{k}{x}\right)^2 u_x^2 + \left(\dfrac{m}{y}\right)^2 u_y^2 + \left(\dfrac{n}{z}\right)^2 u_z^2}$ $= \sqrt{k^2\left(\dfrac{u_x}{x}\right)^2 + m^2\left(\dfrac{u_y}{y}\right)^2 + n^2\left(\dfrac{u_z}{z}\right)^2}$
$N = kx$	$u_N = ku_x,\ \dfrac{u_N}{N} = \dfrac{u_x}{x}$		

④ 用
$$u_N = \sqrt{\left(\dfrac{\partial f}{\partial x}\right)^2 u_x^2 + \left(\dfrac{\partial f}{\partial y}\right)^2 u_y^2 + \left(\dfrac{\partial f}{\partial z}\right)^2 u_z^2 + \cdots}$$

和
$$E_N = \dfrac{u_N}{\overline{N}} = \sqrt{\left(\dfrac{\partial}{\partial x}\ln f\right)^2 u_x^2 + \left(\dfrac{\partial}{\partial y}\ln f\right)^2 u_y^2 + \left(\dfrac{\partial}{\partial z}\ln f\right)^2 u_z^2 + \cdots}$$

求出 u_N 和 E_N。

⑤ 给出实验结果：
$$N = \overline{N} \pm u_N,$$
$$E_N = \dfrac{u_N}{\overline{N}} \times 100\%。$$

例 4 已知空心圆柱体的内径 $d_1 = (2.880 \pm 0.004)\text{cm}$，外径 $d_2 = (3.600 \pm 0.004)\text{cm}$，高度 $h = (2.575 \pm 0.004)\text{cm}$。求空心圆柱体的体积，并用不确定度表示实验结果。

解 空心圆柱体的内径 $d_1 = \overline{d}_1 \pm u_{d_1} = (2.880 \pm 0.004)\text{cm}$，外径 $d_2 = \overline{d}_2 \pm u_{d_2} = (3.600 \pm 0.004)\text{cm}$，高度 $h = \overline{h} \pm u_h = (2.575 \pm 0.004)\text{cm}$，则空心圆柱体的体积
$$\overline{V} = \dfrac{\pi}{4}(\overline{d}_2^2 - \overline{d}_1^2)\overline{h} = 9.436\ \text{cm}^3。$$

对 $V = \dfrac{\pi}{4}(d_2^2 - d_1^2)h$ 两边取自然对数，然后分别对 d_1、d_2、h 求偏导，得
$$\dfrac{\partial}{\partial d_1}\ln V = \dfrac{-2d_1}{d_2^2 - d_1^2},\quad \dfrac{\partial}{\partial d_2}\ln V = \dfrac{2d_2}{d_2^2 - d_1^2},\quad \dfrac{\partial}{\partial h}\ln V = \dfrac{1}{h}。$$

$$E_V = \dfrac{u_V}{\overline{V}} = \sqrt{\left(\dfrac{2d_2 u_{d_2}}{d_2^2 - d_1^2}\right)^2 + \left(\dfrac{-2d_1 u_{d_1}}{d_2^2 - d_1^2}\right)^2 + \left(\dfrac{u_h}{h}\right)^2} = 0.8\%,$$
$$u_V = \overline{V} E_V \approx 0.08\ \text{cm}^3。$$

故实验结果为
$$V = (9.44 \pm 0.08)\text{cm}^3,$$

$$E_V = 0.8\%.$$

例 5 测金属丝电阻率的原理公式为 $\rho = \pi d^2 R/4l$。其中,金属丝长度的测量结果 $l \pm u_l = (3.000 \pm 0.005)$m,直径的测量结果 $d \pm u_d = (0.136 \pm 0.001)$mm。用电桥测电阻的结果为 $R \pm u_R = (105.5 \pm 0.1)\Omega$。求:① 电阻率;② 推导出电阻率的相对合成不确定度公式;③ 电阻率的测量结果。

解 由 $l \pm u_l = (3.000 \pm 0.005)$m,$d \pm u_d = (0.136 \pm 0.001)$mm,$R \pm u_R = (105.5 \pm 0.1)\Omega$,得:

①
$$\bar{\rho} = \pi d^2 R / 4l = 5.11 \times 10^{-7} \, \Omega。$$

②
$$E_\rho = \frac{u_\rho}{\bar{\rho}} = \sqrt{\left(\frac{\partial}{\partial d}\ln\rho\right)^2 u_d^2 + \left(\frac{\partial}{\partial R}\ln\rho\right)^2 u_R^2 + \left(\frac{\partial}{\partial l}\ln\rho\right)^2 u_l^2} =$$
$$\sqrt{4\left(\frac{u_d}{d}\right)^2 + \left(\frac{u_R}{R}\right)^2 + \left(\frac{u_l}{l}\right)^2} = 1.5 \times 10^{-2} = 1.5\%,$$
$$u_\rho = \bar{\rho}\, E_\rho = 8 \times 10^{-9} \, \Omega\text{m}。$$

③实验结果为
$$\rho = (5.11 \pm 0.08) \times 10^{-7} \, \Omega\text{m},$$
$$E_\rho = 1.5\%。$$

§2.2.8 不确定度均分原理与线性合成法则

用不确定度传递公式不但可以计算间接测量量的不确定度,还可以分析主要误差来源。在设计性实验中,常常根据对测量不确定度的要求设计实验方案,选择仪器和实验环境。这就要用到不确定度均分原理。

不确定度均分原理又称误差等分配原则,即:在间接测量中,每个独立测量量的不确定度都会对最终结果的不确定度有贡献,可认为测量结果的合成不确定度中 $\left(\dfrac{\partial f}{\partial x_i}\right)^2$ 或者 $\left(\dfrac{\partial}{\partial x_i}\ln f\right)^2$ 的每一项都大致相等。

在设计实验时,往往只需粗略估计不确定度的大小,可采用较为保守的线性(算术)合成法则,不确定度用最大不确定度代替(仅用于设计,不用于数据处理),即

$$\left.\begin{array}{l}\Delta N = \left|\dfrac{\partial f}{\partial x}\right| \cdot \Delta x + \left|\dfrac{\partial f}{\partial y}\right| \cdot \Delta y + \left|\dfrac{\partial f}{\partial z}\right| \cdot \Delta z + \cdots, \\ \dfrac{\Delta N}{N} = \left|\dfrac{\partial}{\partial x}\ln f\right| \cdot \Delta x + \left|\dfrac{\partial}{\partial y}\ln f\right| \cdot \Delta y + \left|\dfrac{\partial}{\partial z}\ln f\right| \cdot \Delta z + \cdots。\end{array}\right\} \quad (2\text{-}2\text{-}11)$$

此时,不确定度均分原理认为测量结果中的 $\left|\dfrac{\partial f}{\partial x}\right|$ 或 $\left|\dfrac{\partial}{\partial x}\ln f\right|$ 的每一项都大致相等。

选择测量仪器的方法是:通过待测的间接测量量与各直接测量量的函数关系,导出不确定度传递公式,并按照"不确定度均分"原理将对间接测量量的不确定度要求均匀分配给各直接测量量,再由此选择精度和量程合适的仪器。

一般来说,这样做比较经济合理:对测量结果影响较大的物理量,应采用精确度较高的仪器;对测量结果影响不大的物理量,不必追求高精度仪器。

例 6 测边长为 $a=10$ mm 的立方体体积 V。要求 V 的标准差小于等于 0.6%,用下列哪种游标卡尺最恰当:① 10 分度;② 20 分度;③ 50 分度。

解
$$V=a^3=1\,000 \text{ mm}^3,$$
$$E_V=\left(\frac{\partial}{\partial a}\ln V\right)u_a=\frac{3u_a}{a}。$$

由条件 $E_V \leqslant 0.6\%$,得
$$u_a \leqslant \frac{a}{3}\times 0.6\% \leqslant 0.02 \text{ mm}。$$

即要求 $\delta_{\text{仪}}=u_a\sqrt{3} \leqslant 0.03$ mm。10 分度游标卡尺的精度为 0.1 mm,20 分度游标卡尺的精度为 0.05 mm,都大于测量要求 0.03 mm,故不再考虑范围内。而 50 分度的游标卡尺精度为 0.02 mm,已经超过了测量要求 0.03 mm,所以合适的仪器为 50 分度的游标卡尺。

例 7 单摆法测重力加速度,实验要求如下:

(1) 用不确定度均分原理设计一个单摆装置,测量本地的重力加速度 g,测量精度 $\dfrac{u_g}{g}<1\%$。

① 根据不确定度均分原理自行设计实验方案,合理选择测量仪器和方法;

② 根据设计方案,用单摆装置测量本地的重力加速度。

(2) 对重力加速度 g 的测量结果进行不确定度分析,检验实验结果是否达到设计要求。

解 (1) 在摆角小于 $5°$ 时,单摆法测重力加速度的公式为
$$g=\frac{4\pi^2 L}{T^2}。$$

式中,T 是单摆的周期,L 是悬挂点到摆球最低端的长度。$L=l+\dfrac{d}{2}$,l 是摆线长度,d 是摆球直径。两边取自然对数,得
$$\ln g=\ln 4\pi^2+\ln L-\ln T^2。$$

偏微分,带入线性(算术)合成法则公式(式(2-2-11))得
$$\frac{\delta_g}{g}=\left|\frac{\delta_L}{L}\right|+\left|\frac{2\delta_T}{T}\right|。$$

若要求 $\dfrac{\delta_g}{g}<1\%$,则需要 $\dfrac{\delta_L}{L}\leqslant 0.5\%$,$\dfrac{2\delta_T}{T}\leqslant 0.5\%$。同样,若要求 $\dfrac{\delta_L}{L}\leqslant 0.5\%$,则需要 $\dfrac{\delta_l}{l}\leqslant 0.25\%$,$\dfrac{\delta_d}{d}\leqslant 0.25\%$。

如果选择 $L\approx 1$ m 的单摆,则 $\delta_L=L\times 0.5\%=5$ mm,$\delta_l=2.5$ mm。长度为 2 m 的钢卷尺的最大允差为 1.2 mm,所以选择 2 m 钢卷尺测量长度即可满足测量要求。

小球直径 d 一般不超过 2 cm,则 $\delta_d=d\times 0.25\%=0.05$ mm。50 分度游标卡尺的最大

允差为 0.02 mm，可以满足测量要求。

长度为 1 m 的单摆周期约为 2 s，$\delta_T = T \times 0.25\% = 0.005$ s。若用精度为 0.01 s 的电子秒表且需手动计时，因人开关秒表的反应误差最大值为 0.2 s，则用累积放大法来满足测量要求，测量次数

$$n = \frac{0.2 \text{ s} + 0.01 \text{ s}}{\delta_T} = 42 (\text{次})。$$

考虑其他因素，测量次数可设为 50 次。

(2) 需实际测量，然后计算其不确定度看是否满足 $\frac{u_g}{g} < 1\%$。

§2.3 有效数字及其运算规则

§2.3.1 有效数字与读数规则

一、有效数字

实验所处理的数字有两种：一种是不确定度为零的准确值，如测量的次数，公式中的纯数等；另一种是测量值。测量值总有不确定度，因此它的数值就不应无止境地写下去。例如测量值 $\rho = 0.962\ 34$ g·cm^{-3}，其不确定度 $u_\rho = 0.003$ g·cm^{-3}。可见小数点后第 3 位的"2"已是可疑的，在它后面的数字就没有表示出来的必要，故上面的结果就写成 $\rho = (0.962 \pm 0.003)$ g·cm^{-3}。这个测量结果中的最后一位数字"2"称为可疑数字，其前的数字"9""6"称为可靠数字。

通常规定，测量结果中的可靠数字与保留的 1 位（最多 2 位）可疑数字称为测量结果的有效数字。有效数字的多少，表示了测量所能达到的准确程度。这与所用的测量工具有关，当被测物理量和测量仪器选定后，测量值的有效数字位数就已经确定了。

二、有效数字的读数规则

测量就要从仪器上读数，读数包括仪器上指示的全部确定的数字和能够估计出来的数字。

1. 以分度为依据的仪器，一般读到最小分度所在位——准确位，在最小分度之间可估计 1 位——可疑位。

米尺、螺旋测微计、指针式电表等是需要估读的，一般估读到最小分度值的 1/2～1/10。例如分度是 1 mm 的尺子，测量时一定要估测到 0.1 mm 位；分度是 0.01 A 的安培计，测量时一定要估测到 0.001 A 位。但有的指针式仪表，它的分度较窄，而指针较宽（大于分度的 1/5），要读到最小分度的 1/10 有困难，这种情形下可以读到分度的 1/5 甚至 1/2。

有时读数的估计位,就取在最小分度位。例如,仪器的最小分度值为 0.5,则 0.1~0.4,0.6~0.9 都是估计的,不必估到下一位。

2. 游标类量具,读到卡尺分度值。多不估读,特殊情况估读到游标分度值的一半。

3. 数字式仪表及步进读数仪器,不需估读。

4. 特殊情况:直读数据的有效数字由仪器的灵敏阈决定。例如在电桥实验中调节电阻时,调节"0.1 Ω""1 Ω"挡电阻检流计没有反应,调节"10 Ω"挡仪器才刚有反应,这种情形下只记录"10 Ω"挡数值,后边补零。

§2.3.2　有效数字的基本性质

1. 有效数字的位数随着仪器的精度(最小分度值)而变化。一般来说,有效数字位数越多,相对误差越小,测量仪器的精确度越高。

2. 有效数字的位数与小数点的位置无关。以第 1 个不为零的数字为标准,它左边的 0 不是有效数字,而它右边的 0 是有效数字。如 0.021 6 是 3 位有效数字,0.021 6 0 是 4 位有效数字。作为有效数字的 0,不可省略不写。例如,不能将 0.021 60 cm 写成 0.021 6 cm,因为它们的准确程度是不同的。

在十进制单位中,有效数字的位数与单位变化无关。例如,测某物体长度为 10.2 cm,可以变换为 0.102 m,也可以变换成 0.000 102 0 km,它们都是 4 位有效数字;

3. 有效数字的科学记数法。虽然有效数字与小数点的位置或单位无关,但提倡采用国际单位制,对数量级很大或数量级较小的测量值,采用科学记数法,即写成 $(\pm m \times 10^{\pm n})$ 的幂次形式。其中,m 为 1~9 之间的整数,n 为任意整数。

§2.3.3　有效数字的运算规则

既然有效数字包含可疑数字,则它的运算如同间接测量结果的计算一样,也存在误差传递问题。有效数字不要少算,也不要多算。少算带来附加误差,多算也没有必要,不可能因此而减少误差。

一、计算不确定度的有效数字运算规则

实验后计算不确定度,根据不确定度确定有效数字是正确的基本方法。

不确定度只取 1 位或 2 位有效数字,测量值的有效数字是到不确定度的末位为止,即测量值有效数字的末位和不确定度的末位对齐。例如,用单摆测得某地的重力加速度为

$$g = (978.5 \pm 1.8) \text{cm} \cdot \text{s}^{-2}.$$

不确定度取 2 位,测量值的有效数字的末位是和不确定度的末位"8"同一位的"5"。

二、不计算不确定度的有效数字运算规则

实验后不计算不确定度时,测量结果有效数字位数按以下法则粗略地确定。

(一) 有效数字总的运算法则

1. 可靠数字与可靠数字运算,结果为可靠数。
2. 可疑数字与任何数运算,结果为可疑数字,但进位数为可靠数。

(二) 有效数字一般运算法则

1. 加减法运算。诸量相加(或相减)时,其和(或差)数在小数点后所应保留的位数与诸数中小数点后位数最少的一个相同。例如:
$$72.1 + 0.718 = 72.0,$$
$$72.1 - 0.718 = 71.4。$$

2. 乘除法运算。一般情况下,积或商的有效位数和参与乘除运算的诸因子中有效数字最少的一个相同。如果乘法运算有进位,应该多保留1位;除法运算的结果有退位,应该少保留1位。例如:
$$23.1 \times 2.2 = 51,$$
$$23.1 \times 8.4 = 194(2乘8有进位),$$
$$237.5 \div 0.10 = 2.4 \times 10^3(用科学记数法可保持有效位数和0.10的位数相同),$$
$$76.000 \div 38.0 = 2.0(整除后退了1位)。$$

3. 乘方、开方运算。乘方、开方运算结果的有效数字与其底的有效数字位数相同。例如:
$$125^2 = 1.56 \times 10^4,$$
$$\sqrt{100} = 10.0。$$

4. 函数运算。函数运算的位数应根据不确定度传递公式来确定。在物理实验中,为了简便和统一起见,对常用的对数函数、指数函数和三角函数作如下规定。

① 对数函数运算结果,小数点后面的位数取成与真值的位数相同(即整数部分不计入有效数字位数)。例如:
$$\ln 19.83 = 2.9872,$$
$$\log 1.983 = 0.2973。$$

② 指数函数运算结果写成科学记数法表达式后,小数点后的位数取成与指数中小数点后的位数相同(包括紧接小数点后的零)。例如:
$$e^{9.14} = 9.32 \times 10^3。$$

③ 三角函数的有效数字取法为:将自变量欠准位变化1,运算结果产生差异的最高位就是应保留的有效数字的最后一位。例如:
$$\sin 30°02' = 0.500\ 503\ 748,$$
$$\sin 30°03' = 0.500\ 755\ 559。$$

两者差异出现在小数位第4位上,故 $\sin 30°02' = 0.500\ 5$。

5. 常数运算。物理公式中不确定度为零的准确值,它不是由实验测量得出的,不适用有效数字的运算规则。例如,圆柱体的体积
$$V = \frac{1}{4}\pi d^2 l。$$

式中，1/4 不是测量值，在确定 V 的有效数字时，仅需由其他测量值的有效数字的多少来决定运算结果的有效数字，不必考虑 1/4 的位数。

物理公式中的一切近似常数，如 π、e、g、$\sqrt{3}$、1/3 等，与测量值一起运算时，为了防止引入计算误差，一般取这些近似常数与测量值的有效数字位数相同。例如：圆周长 $l=2\pi r$，当 $r=2.356$ mm 时，π 应取 3.142。

在计算器和计算机普及的今天，数值运算的中途无须过于关注有效数字运算的取位规则，多取几位或者干脆不进行取舍就是了。一种比较简单的取位方法是：和参与运算的位数最多的有效数字的位数相同，计算的最后进行一次取舍即可。

§2.3.4 有效数字的修约规则

运算结果应只保留有效数字，其他数字应舍去。要舍弃的数字的第 1 位应按如下修约规则（舍入口诀）处理："4"舍"6"入"5"看右，"5"后有数进上去，尾数为"0"向左看，左数奇进偶舍弃。

1. 要舍去的第 1 位数是"1""2""3""4"时就舍去，是"6""7""8""9"时就进 1。
2. 要舍去的一位是"5"，就要看"5"后是否还有不为"0"的数，有则进 1，没有则将保留的最后一位凑成偶数。

① 要保留的最后一位是奇数，舍去"5"进 1；
② 要保留的最后一位是偶数，舍去"5"不进 1。

例如，将下列数字全部修约为 4 位有效数字：

1.11840000→1.118（尾数≤4）；
1.11860000→1.119（尾数≥6）；
1.11859999→1.119，　1.11850001→1.119（尾数＝5，但 5 右面还有不为 0 的数）；
1.11750000→1.118，　1.11850000→1.118（尾数＝5，但 5 右面尾数为 0 则凑偶）。

§2.4 实验数据处理

实验的数据处理不单纯是数学运算，而是要以一定的物理模型为基础，以一定的物理条件为依据，通过对数据的整理、分析和归纳计算，去粗取精，去伪存真，从中得到最终的明确实验结论和找出实验的规律。大学物理实验中要求掌握的常用数据处理方法有列表法、作图法、逐差法和最小二乘法等。

§2.4.1 列表法

列表法是数据处理最基本的方法。在记录和处理数据时，将数据按一定的规律列成表格,既有助于简单而明确地表示出物理量之间的关系和规律,也有助于检验和发现实验中的问题。

数据表格没有统一的格式,但在设计表格时应注意以下几点。

1. 要写明数据表格的名称,必要时还应提供有关参数。例如所引用的物理常数,实验时的环境参数(温度、湿度、大气压等),测量仪器的误差限等。

2. 数据表格的项目栏(表头)设计要合理、简单明了,便于记录原始数据,便于揭示物理量之间的相互关系。在项目栏中应标明各物理量的名称、符合、单位及量值的数量级,不要将物理量的单位及数量级重复记在各数据后。

3. 数据表格可分为原始记录表格和实验数据表格两种。

① 原始数据记录表格用于实验进行过程中,其表格的设计一般以待测物理量和设定的测量条件值为主。表格中的数据必须忠实于原始测量结果、符合有关的标准和规则。要能正确反映测量结果的有效数字。原始数据的记录不要随意修改,如果数据记录有错或有疑问,应在此数据上画一条斜杠,以供备查。把修正的数据写在旁边。

② 实验数据表格中除了原始测量数据外还应包括有关计算结果(包括一些中间计算结果),如平均值、不确定度等。

§2.4.2 作图法

实验的目的通常是研究两个物理量之间的数量关系,这种关系有时可用公式表示。而在没有完全掌握实验的规律或很难用一个简单的解析函数表示物理量之间的关系时,只能用实验曲线来形象、直观和简便地表达物理量间的变化关系,这就是图示法。如能根据已做好的曲线,用解析方法进一步求得曲线所对应的函数关系、经验公式,以及其他参数值等,这就是图解法。图示法和图解法统称作图法,是一种广泛用于处理实验数据的方法,在科学技术上很有用处。

一、图示法

图示法简明直观,它不仅显示出物理量之间的相互关系、变化趋势,而且可从图线上看出变化的极大值、极小值、转折点、周期性和某些奇异性。例如,通过内插法或外推法,可以从图线上直接读出没有进行观测点的数值。其作用如下:

① 如果图线是依据测量数据绘出的平滑曲线,则作图法有多次测量取平均值的效果。

② 在图线上能方便地发现实验中的个别测量错误,并根据图线对实验的误差进行分析。

③ 在图示基础上,用图解法可方便地求出实验需要的某些结果。例如对直线,可从图线上求出斜率和截距等,也就是找到了物理量的某些重要参数。

(一) 图线种类

在物理实验中遇到的图线大致有三种。

1. 物理量的关系曲线、元件的特性曲线、仪器仪表的定标曲线等。这类曲线一般是光滑连续的曲线或直线。

2. 仪器仪表的校准曲线。这类图线的特点是两物理量之间并无简明的函数关系,其图线是无规则的折线。

3. 计算用图线。这类图线是根据较精密的测量数据经过整理后,精心细致地绘制在标准图纸上,以便计算和校对。

(二) 作图规范与格式

为了使图线"简明、直观、准确",符合原始测量数据,对作图提出了规范和格式要求。

1. 坐标纸的选择。常用的坐标纸有直角坐标纸、单对数坐标纸、双对数坐标纸、极坐标纸等。应根据实验图线的性质研究作图参量,选用不同的坐标纸。

坐标纸的大小要根据实验数据的有效数字和对测量结果的需要来确定。原则上应能包含所有的实验点,并且尽量不损失实验数据的有效数字位数,即图纸上的最小格与实验数据的有效数字的最小准确数字位对应。

2. 坐标轴的确定与坐标分度的注明。以横坐标表示自变量,以纵坐标表示因变量,在坐标纸上画出坐标轴,并用箭头表示出方向,注明坐标轴所代表的物理量名称(或符号)及单位。在坐标轴上每隔一定间距,用整齐的数字标明物理量的数值,即标注坐标分度。合理选轴、正确分度是作图效果的关键。

① 在注明坐标分度时应注意:坐标轴的分度应使每个实验点的坐标值都能正确迅速、方便地找到,凡是难以直接读数的分度值都是不合理的。常用 1 大格(10 mm)代表 1、2、5、10 个单位,而不代表 3、6、7、9 个单位;也不用 3、6、7、9 个小格(1 mm)代表 1 个单位。

② 做出的图线最好充满整个图纸而不是偏于一边或一角。例如,直线与横轴的夹角控制在 $45°\pm10°$ 范围内为宜。纵横坐标的长度按 4∶5 或 6∶4 匹配较好;坐标轴的起点不一定从零开始,一般用低于实验数据最小值的某一整数作为起点、用高于实验数据最大值的某一整数作为终点进行坐标分度。

3. 测量标志点的标出。用标志点"＋"标出各测量点坐标位置,"＋"用直尺和削尖的 HB 铅笔清楚地画出,并将其交点落在实验测量数据对应的坐标位置上。在同一张图上同时要画几条曲线时,各条曲线应采用不同的标志符号表示,如"＋""×""⊕""⊙"。禁止采用"·",因为它容易与图纸上的缺陷点等混淆而发生差错。

4. 实验图线的连接。用直尺、曲线板、尖的 HB 铅笔,根据实验点的分布趋势作光滑连续的曲线或直线(除校准曲线外,一般不连成折线)。因为测量值有误差,所以图线不一定通过所有的实验点,但要求线的两旁实验点分布均匀,且离图线较近。如果有个别数据点偏离曲线较远,则应在认真分析后将其舍弃或重新测量校对之。

在有经验有把握的前提下,可以将实验所得的图线向着本次实验数据范围以外的区域(按原有的规律)延伸并且用虚线画出,以区别范围内的图线。

注 实验图线不能随意延伸,不能认为在某范围内得到的规律可以通用于另一范围。例如,金属的电阻、温度关系在低温和高温下并不是线性的,因此不能将室温下测量的结果延伸到极低温和高温区域。

5. 图注与说明。在图纸上的明显位置标明图线的名称、作者、作图日期和必要的简短说明(如实验条件、数据来源、图注等)。如图 2-4-1 所示,图线的名称要正确完整,不要随意简化,以免意义不清。

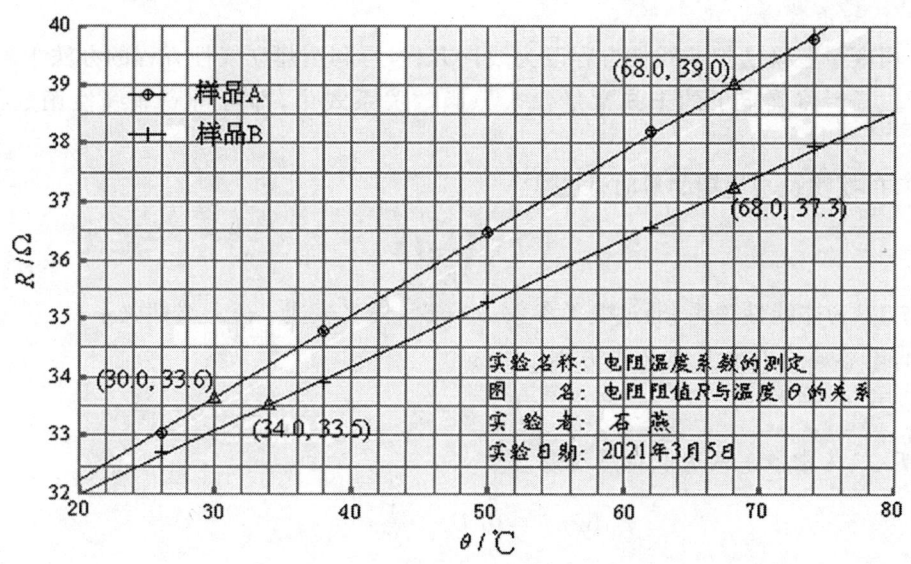

图 2-4-1　电阻温度系数的测定结果

二、图解法

根据已做好的实验曲线,运用解析几何的知识求解图线上的各种参数,得到曲线方程即经验公式的方法,称为图解法。

当图线类型为直线时,用图解法求解参数极为方便。直线图解的步骤如下:

① 选取解析点。在直线上取两点 $A(x_1,y_1)$、$B(x_2,y_2)$,用与实验数据点不同的记号将它们表示出来,并在旁边注明其坐标值(注意书写正确的有效数字),见图 2-4-1。为了减小相对误差,所取两点应在实验范围内尽量彼此远离,但不能取原始实验数据。

② 计算直线的斜率和截距。将所取解析点 A 与 B 的坐标值代入直线方程 $y=a+bx$,解得直线的斜率 b 和截距 a。

$$b = \frac{y_2 - y_1}{x_2 - x_1},$$

$$a = \frac{x_1 y_2 - x_2 y_1}{x_1 - x_2}.$$

如果坐标轴的起点为零,直线的截距也可以从图中直接读出。

注　解析所得斜率和截距都是有单位的物理量,所以,不能用纵坐标和横坐标的几何长度比值来求斜率。

三、曲线改直线

许多物理量之间的关系不一定是线性的,实验曲线也非直线。比如抛物线,双曲线,指数曲线等,要想直接建立非线性方程的经验公式,往往是困难的。但由于直线能够精确绘制,便于求解物理量,故经常通过适当的数学变换将曲线改成直线,这称为曲线的改直。

(一) 已知函数表达式

可以用变量替换法把非线性方程改为线性方程,再利用建立线性方程的办法求解,求出未知常量。最后将确定了的未知常量代入原函数关系式中,即可得到非线性函数的经验公式。

例如,单摆摆长与周期的等时性公式

$$l = \frac{gT^2}{4\pi^2},$$

式中,l 与 T^2 为非线性关系,通过变换参数 $x = T^2$,使之变成 $l - x$ 线性关系。

再如,电容通过电阻 R 的放电方程

$$u_C = E e^{\frac{-t}{RC}}.$$

式中,E、R、C 为常数。两边取自然对数,得

$$\ln u_C = \ln E - \frac{1}{RC} t 。$$

作 $\ln u_C - t$ 图得直线,斜率为 $-\frac{1}{RC}$、截距为 $\ln E$。

(二) 未知函数表达式

根据测量数据做出图线,拟合经验公式。

复杂曲线可以分段拟合经验公式。

四、作图法的局限

1. 虽然作图法能直观反映测量量之间的关系,求解一些参数简捷方便,但是精密度高的数据不便于使用。

2. 受到坐标纸的限制,作图法因连线等问题,结果较为粗略,容易引入人为误差。因为难以恰当地估算(直线)a、b 值的误差,所以作图法处理数据一般不计算误差。

3. 作图法不适用于 3 个及以上的变量。

§2.4.3 逐差法

逐差法是物理实验中常用的数据处理方法之一,一般用于等间距线性变化测量中所得数据的处理。

一、适用条件

1. 函数具有 $y = a + bx$ 的线性关系(或代换后是线性关系)。

2. 自变量 x 是等间距变化的,测量次数为偶数。

二、基本做法

（一）逐项相差

为验证 y 与 x 是否呈线性关系，可以做符合测量：等差地改变自变量 x 进行多次测量，得出 n 个相应的 y 值，用测量数据 y 的后项与前项逐个相减后。若在实验误差范围内差值为"恒量"，则证明 y 与 x 呈线性关系。

（二）隔项相差

实验中，常常会遇到等间隔地测量线性连续变化的物理量，求其间隔平均值的问题。如"拉伸法测金属杨氏模量"实验中，金属丝因受到 F 的作用力而伸长 Δl，利用光杠杆将金属丝的伸长转化为望远镜中标尺刻度的变化。假设在金属丝下端增加 1 kg，2 kg，…，7 kg 的砝码时，金属丝端点在标尺上的读数分别为 $n_1, n_2, \cdots, n_7$。设金属丝原长时标尺的读数为 n_0，若按一般常用方法求金属丝在 1 kg 砝码作用下望远镜中标尺读数的平均变化，则

$$\overline{N} = \frac{(n_2 - n_1) + (n_3 - n_2) + \cdots + (n_7 - n_6)}{7} = \frac{(n_7 - n_1)}{7}。$$

可以看出，所有中间测量值彼此抵消，只剩首尾两个数据起作用，因此未能达到利用多次测量来减少偶然误差的目的。

为了保持多次测量的优点，需要在数据处理方法上做一些变化。将测量值（因变量）依顺序均分为前后两组，实行对应项测量数据之差作因变量的多次测量值，然后求出最佳值——平均值。即

$$4\overline{N} = \frac{(n_4 - n_0) + (n_5 - n_1) + (n_6 - n_2) + (n_7 - n_3)}{4}。$$

这样，就充分利用了测量数据。这种处理数据的方法就称为逐差法。

在逐差法中每个数据在平均值中都起了作用，采用逐差法将保持多次测量的优越性。

§2.4.4 最小二乘法（线性回归）

在研究物理量 x、y 之间的函数关系时，对它们进行直接测量，并记录到两组数据 $(x_1, x_2, \cdots, x_n)$ 和 $(y_1, y_2, \cdots, y_n)$。如前所述，使用作图法，将实验结果画成图线，可以形象地表示出物理规律，也可以比较简便地取得有关物理量间的经验公式。如果它们是线性关系，则图线为直线，方程式为 $y = a + bx$，并可以从图线上求得斜率 b 和截距 a 的值。但由于绘制图线有一定的主观随意性，往往会引入附加误差，且同一组数据用图解法往往会得出不同的结果。采用最小二乘法则可确定一条最佳直线，从而准确地求得两个测量值之间的线性函数关系（即经验公式）。由实验数据求经验公式，称之为方程的回归。本教程仅讨论实验中常用的一元线性回归，即直线拟合问题。

最小二乘法是一系列近似计算中最为准确的一种，是所有从事科学研究的人员应该具备的必要知识。

一、适用条件

在回归分析中,总是假定:
① 自变量 x 没有测量误差,是准确的;
② 因变量 y 是通过等精度测量得到的含有随机误差的测得值;
③ 在 y 的测得值中,粗大误差和系统误差已被排除。

二、原理

最小二乘法原理是:若能找到一条最佳拟合曲线,那么各测量值与这条拟合曲线上对应点之差的平方和为最小。

若已知函数的形式为 $y=a+bx$(最佳经验公式),式中只有一个自变量 x。实验测得数据 (x_i, y'_i), $i=1,2,\cdots,n$。用这 n 组数据作图,如图 2-4-2 所示,对应于每一个 x 值,实验测得值 y'_i 和最佳经验公式的 y 值之间存在一个偏差 Δy_i,即

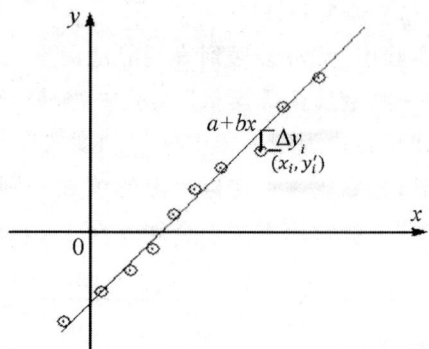

图 2-4-2　线性拟合图示

$$\Delta y_i = y'_i - y_i = y'_i - (a + bx_i)。 \quad (2\text{-}4\text{-}1)$$

根据最小二乘法原理,当 Δy_i 的平方和为最小时,由极值原理可求出 a 和 b,最终得到最佳拟合直线。

令 Δy_i 的平方和为 Q,则

$$Q = \sum_{i=1}^{n}(\Delta y_i)^2 = \sum_{i=1}^{n}(y'_i - a - bx_i)^2。 \quad (2\text{-}4\text{-}2)$$

式中:x_i 和 y'_i 是测量值,均是已知量;Q 实际上是待定参数 a 和 b 的函数。为使 Q 达到最小值,则 Q 对 a 和 b 的偏导数应为零,即

$$\left. \begin{array}{l} \dfrac{\partial Q}{\partial a} = -2\sum_{i=1}^{n}(y'_i - a - bx_i) = 0, \\[6pt] \dfrac{\partial Q}{\partial b} = -2\sum_{i=1}^{n}(y'_i - a - bx_i)x_i = 0。 \end{array} \right\} \quad (2\text{-}4\text{-}3)$$

引入 $\overline{x} = \dfrac{1}{n}\sum_{i=1}^{n}x_i$、$\overline{y'} = \dfrac{1}{n}\sum_{i=1}^{n}y'_i$、$\overline{x^2} = \dfrac{1}{n}\sum_{i=1}^{n}x_i^2$、$\overline{y'^2} = \dfrac{1}{n}\sum_{i=1}^{n}y'^2_i$、$\overline{xy'} = \dfrac{1}{n}\sum_{i=1}^{n}x_i y'_i$,可解得

$$\left. \begin{array}{l} b = \dfrac{\overline{x}\,\overline{y'} - \overline{xy'}}{\overline{x}^2 - \overline{x^2}}, \\[6pt] a = \overline{y'} - b\,\overline{x}。 \end{array} \right\} \quad (2\text{-}4\text{-}4)$$

用最小二乘法求得的常数 a 和 b 是"最佳"的,但不是没有误差。由于它们的误差估计比较复杂,本教程不做要求。

三、检验

在待定参数 a 和 b 确定后,为了判断所得结果是否合理,通常用相关系数来检验。对于一元线性回归,相关系数定义为

$$\gamma = \frac{\overline{xy} - \overline{x}\,\overline{y}}{\sqrt{(\overline{x^2} - \overline{x}^2)(\overline{y^2} - \overline{y}^2)}} 。 \tag{2-4-4}$$

1. γ 值总是在 0 与 ±1 之间。
2. γ 越接近 1,说明实验数据越符合求得的直线,或说明用线性函数进行回归比较合理。相反,如果 γ 越接近 0,说明用线性函数回归不妥,x 与 y 完全不相关,拟合无意义,必须用其他函数重新试探。
3. $\gamma > 0$ 回归直线的斜率为正,称为正相关;$\gamma < 0$ 回归直线的斜率为负,称为负相关。
4. 物理实验中一般要求 γ 绝对值达到 0.99 以上(2 个 9)。

方程的线性回归用手工计算是很麻烦的。不过,袖珍计算器上均有线性回归计算键,计算起来非常方便。使用 Excel 软件也很容易实现,请参照相关资料,这里不做赘述。

【探索与思考】

1. 指出下列情况是随机误差还是系统误差。
① 视差;
② 天平零点漂移;
③ 游标的分度不均匀;
④ 地磁场影响;
⑤ 电表接入误差;
⑥ 水银温度计毛细管不均匀;
⑦ 磁电式电表永久磁铁减弱;
⑧ 因天气变化引起米尺伸缩。

2. 指出下列记录中,按有效数字要求哪些有错误。
① 用米尺(最小分度为 1 mm)测物体长度:
3.2 cm   50 cm   60.00 cm   16.175 cm
② 用温度计(最小分度为 0.5 ℃)测温度:
68.50 ℃   31.4 ℃   100 ℃   14.73 ℃
③ 用电流表(最小分度为 0.05 A)测电流:
2.0 A   1.450 A   1.010 A   0.605 A   0.982 A

3. 按照不确定度理论和有效数字运算规则,试分析以下数据是否正确,并改正错误。
① 用钢直尺测得某长度为:16.3 cm,16.30 cm,16.300 cm;
② 有人说 0.2530 是 5 位有效数字,有人却说是 3 位有效数字;
③ 830 kg=0.83 t,830 kg=830 000 g,830 kg=8.3×10^5 g;

4. 为什么多次测量求算术平均值的方法可以减小随机误差?为什么在实际测量中并

非测量次数越多越好?

5. 指出下列各量为几位有效数字,再将各量改取成 3 位有效数字,并写成标准式。

① 2.085 0 cm;

② 2575.0 g;

③ 3.141 592 654 s;

④ 0.86249 m;

⑤ 0.0401 kg;

⑥ 979.436 cm·s^{-1}。

6. 按有效数字运算法则,算出下列各式之值。

① $99.3/2.000^2$;

② $(6.87+8.93)/(133.75-21.073)$;

③ $(25^2+943.0)/479.0$;

④ $\dfrac{1}{751.2}\left(\dfrac{1.36^2 \times 8.75 \times 480.0}{23.25-14.78} - 62.69 \times 4.186\right)$;

⑤ $\sin 20°26'$;

⑥ $\lg 480.3$;

⑦ $e^{3.250}$。

7. 若所用的计时器的最小单位为 0.000 1 s,测量小球从静止下落到某一高度的时间为:0.412 5,0.412 6,0.412 3,0.412 8,0.411 9,0.412 7,0.412 4。在相同的条件下,改用最小计时单位为 0.01 s 的秒表测量,多次测量的结果都是 0.41 s。这样测量,结果是否更准确?

8. 试正确表示下列测量结果,计算各次测量值的相对不确定度。

① $d_1=(10.800\pm 0.02)$ cm;

② $d_2=(10.800\pm 0.223)$ cm;

③ $d_3=(10.8\pm 0.002)$ cm;

④ $d_4=(10.8\pm 0.22)$ cm。

9. 求下列各式的不确定度传递(合成)公式。

① $V=\dfrac{4}{3}\pi r^3$;

② $g=2s/t^2$;

③ $a=\dfrac{d^2}{2s}\left(\dfrac{1}{t_2^2}-\dfrac{1}{t_1^2}\right)$;

④ $E=\dfrac{8FLR}{\pi d^2 DN}$;

⑤ $I(x)=I_0 e^{-\beta x}$;

⑥ $n=\dfrac{\sin\dfrac{A+D}{2}}{\sin\dfrac{A}{2}}$

10. $Z = \alpha + \beta + \gamma$。其中,$\alpha = (1.218 \pm 0.002)\Omega$;$\beta = (2.1 \pm 0.2)\Omega$;$\gamma = (2.14 \pm 0.03)\Omega$。试计算出 Z 的实验结果。

11. $U = IR$,今测得 $I = (1.00 \pm 0.05)\text{A}$,$R = (1.00 \pm 0.03)\Omega$。试算出 U 的实验结果。

12. 用一级螺旋测微计测量一个小钢球的直径(d/mm),测得数据如下。螺旋测微计的初始读数为 -0.006 mm,试求小钢球的体积。(注意:测量次数不够 6 次。)

9.345   9.346   9.347   9.346   9.347

13. 用 1 m 的钢卷尺通过自准法测某凸透镜的焦距 f 值 8 次得:116.5 mm,116.8 mm,116.5 mm,116.4 mm,116.6 mm,116.5 mm,116.7 mm,116.2 mm。试计算并表示出该凸透镜焦距的实验结果。

14. 计算 $\rho = \dfrac{4M}{\pi d^2 h}$ 的结果和不确定度,并分析直接测量值 M、d、h 的不确定度对间接测量值 ρ 的影响。其中 $M = (236.124 \pm 0.002)\text{g}$,$d = (2.345 \pm 0.005)\text{cm}$,$h = (8.21 \pm 0.01)\text{cm}$。

15. 有几组 x,y 测量值,x 的范围为 2.13~3.25,y 的范围为 0.1325~0.2105,用多大面积的坐标纸比较合适?原点取何值?

16. 对一定质量的空气,在一定温度下,测出水银柱高度 H(代表压强)和体积 V 之值(如下表所示),试作 $V - H$ 图。

H/mm	650.1	670.0	700.2	720.4	750.0	800.2	820.1	835.3	850.4
V/cm^3	14.95	14.37	13.88	13.42	12.90	12.13	11.98	11.58	11.42

17. 测得水在一定温度 t 时的表面张力系数 α 之值如下表所示。试绘制 $\alpha - t$ 图线,并求出 $t = 26.7$ ℃ 时的 α 值。

t/℃	10.0	20.0	30.0	40.0	50.0	70.0
$\alpha/(10^{-3}\text{N}\cdot\text{m}^{-1})$	74.22	72.75	71.18	69.56	67.91	64.40

18. 下表所示为测得一凸透镜的物距和像距的数据。绘制 $P - P'$ 图线,求出透镜焦距 f。

P/cm	−130.0	−110.0	−90.0	−70.0	−50.0	−45.0	−40.0	−35.0	−32.0
P'/cm	31.0	32.5	35.0	39.1	49.5	56.2	66.5	88.5	115.0

19. 用单摆法测重力加速度 g,实测值如下表所示。请按作图规则绘制 $L - T$ 图线和 $L - T^2$ 图线,并求出 g 值。

摆长 L/cm	61.5	71.2	81.0	89.5	95.5
周期 T/s	1.571	1.696	1.806	1.902	1.965

20. 对某实验样品(液体)的温度(t/℃),重复测量 6 次,得如下数据:20.43,20.40,20.42,20.41,19.10,20.43。试计算平均值,并判断其中有无过失误差存在。

21. 利用图解法,寻求水箱放水的规律(经验公式)$t = f(d, h)$。若水箱中注入深度为 h 的水量,由箱底部管径为 d 出水口放水,实验测得放完水箱中全部积水的时间 t 如下表所示。

d/cm \ t/s \ h/cm	30.0	10.0	4.0	1.0
1.5	73.0	43.5	26.7	13.5
2.0	41.2	23.7	15.0	7.2
3.0	18.4	10.5	6.8	3.7
5.0	6.8	3.9	2.2	1.5

① 绘制 $d-t$ 曲线、$1/d^2-t$ 曲线、$\lg d - \lg t$ 曲线（h 为常数）。

② 绘制 $h-t$ 曲线、$\lg h \sim \lg t$ 曲线（d 为常数）。

③ 从所作出的曲线簇中，你能否预测出：$d=4$ cm 和 6 cm 时所需的时间 t；当 $d=4$ cm、$h=20$ cm 时所需的时间 t'。

④ 能否得出上列曲线簇的具体函数形式（经验公式）$t=f(d,h)$。若能，请求用之计算出 ③ 中的 t 值，并与预测值进行比较，分析不同的原因。

22. 用最小二乘法对下表中数据进行直线拟合，求出 $y=a+\left(\dfrac{4\pi^2}{g}\right)\cdot x$ 中的 a、g 和相关系数 γ。

x	61.5	71.2	81.0	89.5	95.5	101.6
y	2.468	2.877	3.262	3.618	3.861	4.241

23. 在室温 23 ℃ 下，用共振干涉法测量超声波在空气中传播时的波长 λ。实验装置的游标示值误差为 0.002 cm，测量数据见下表。试用不确定度表示测量结果。

n	1	2	3	4	5	6
λ/cm	0.687 2	0.685 4	0.684 0	0.688 0	0.682 0	0.688 0

第三章　基础性实验

实验 1　长度基本测量

长度是最常用的基本物理量,长度测量是物理实验中最基本的物理测量之一。许多物理量的测量常常可以转化为对长度的测量,许多测量仪器上都装有游标或螺旋测微读数装置。因此,我们必须熟练掌握游标卡尺、螺旋测微计的原理和使用方法。

长度的测量方法和所用仪器,由长度的大小和对测量精度的要求所决定。普通的长度使用米尺、游标卡尺、螺旋测微计测量,特大或微小的长度则需要使用光学的方法进行测量。本实验探讨使用米尺、游标卡尺、螺旋测微计、测量显微镜及阿贝比长仪等量具的长度测量。

【实验目的】

1. 掌握游标卡尺、螺旋测微计的测量原理及使用方法。
2. 了解测量显微镜的调整和使用方法。
3. 了解阿贝比长仪的用法。
4. 学习正确读数及使用列表法记录和处理实验数据,熟悉误差的估算和实验结果的表达。

【实验仪器】

米尺;游标卡尺;螺旋测微计;测量显微镜;阿贝比长仪;待测物体。

【实验原理】

物理实验中常用的长度测量仪器有米尺、游标卡尺、螺旋测微计和测量显微镜等。长度测量仪器的规格一般用其量程和分度值表示。量程(或量限)是指仪器的测量范围,分度值是指该仪器一个最小格所代表的物理量的值(或相邻两刻线所代表的量值之差)。一般分度值越小,仪器精度越高。

一、米尺

米尺量程 0~1 000.0 mm,均匀分度,分度值 1.0 mm。用米尺测量物体的长度时,可以估读到分度值的 1/10(即 0.1 mm),但是最后一位是估计的。例如用米尺测量一张书桌的长度和宽度的数值分别为 68.36 cm 和 52.24 cm,其中的 68.3 和 52.2 是准确的,而最后一位数字 6 和 4 是估计值,也就是含有误差的测量值。根据有效数字的书写方法可知,用米尺作长度测量时,当用厘米作单位时,数值应读到小数点后第 2 位为止。实验室中常用的米尺为直尺和钢卷尺,使用米尺时应注意两点:

1. 减小视差。米尺有一定厚度,为减小视差,测量时应尽可能使待测物体与米尺刻度线贴紧,而且读数时应使待测物断面在两眼连线的垂直平分线上,如图 3-1-1(a)所示。若待测物体与米尺刻度线之间有了间隙或视线不垂直于刻度线,将会产生视差而引进读数误差,如图 3-1-1(b)所示。

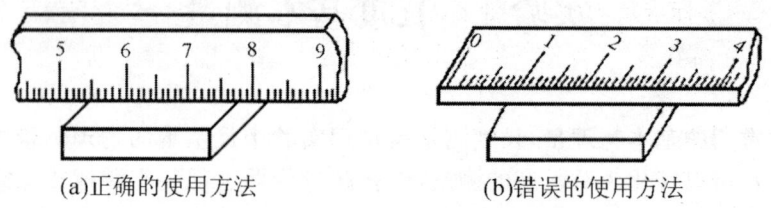

(a)正确的使用方法　　　　　　　　(b)错误的使用方法

图 3-1-1　米尺的使用

2. 因为米尺两端容易磨损,所以测量时常用米尺中间部分。选择某一刻度线作为起点,读取该物体两端所对的刻度值,两个读数之差就是待测物体的长度,如图 3-1-1(a)所示。

二、游标卡尺

使用米尺测量长度时,虽然可以读到十分之一毫米位,但这一位是估计的。为了提高测量精度,在米尺上附加一个刻度均匀且可以滑动的游标(又称副尺),即可巧妙地提高米尺的测量精度。这种由主尺和副尺(游标)组成的测长仪器叫作游标卡尺,简称卡尺,是一种比较精确的常用测量长度的量具。

游标卡尺的外形和结构如图 3-1-2 所示,主要由主尺 D 和可以沿主尺滑动的游标尺(副

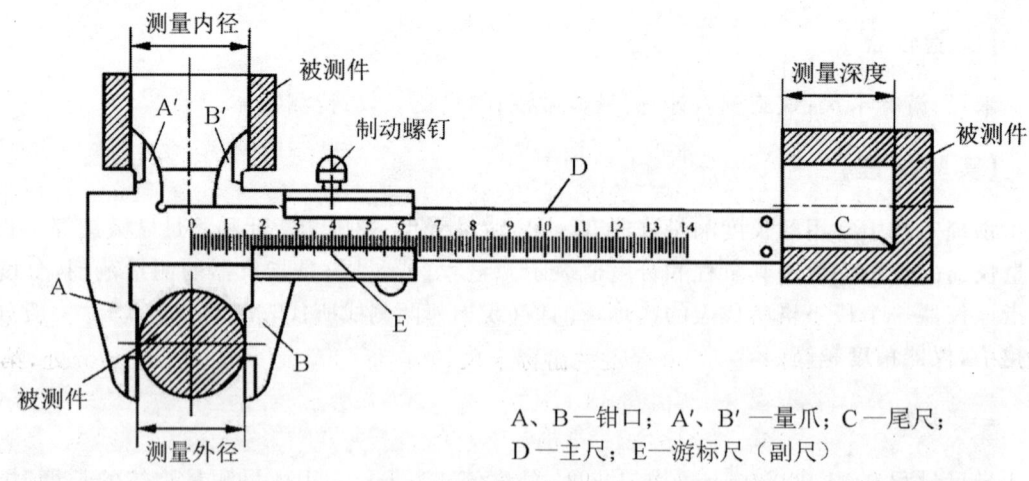

A、B—钳口；A′、B′—量爪；C—尾尺；
D—主尺；E—游标尺(副尺)

图 3-1-2　游标卡尺的结构

尺)E 组成。钳口 A、B,用于测量物体的外部尺寸;量爪 A′、B′,用于测量管的内径或槽宽;尾尺 C,用于测量槽或小孔的深度。

(一) 游标原理

游标卡尺的游标有 10 分度、20 分度和 50 分度等多种类型(现代生产和实验中常用 50 分度游标),它们的原理和读数方法都是一样的。游标卡尺的结构特点是:让游标上的 n 个分格的总长与主尺上 $(n-1)$ 个分格的总长相等。设主尺上的一个分格的长度为 a,游标一个分格的长度为 b,则有 $nb=(n-1)a$,主尺上 1 个分格与游标上 1 个分格的差值 $h=a-b=a/n$。游标卡尺的测量精度取其最小分度值,这里的 h 就是游标卡尺的最小分度值。

以 10 分度的游标卡尺为例,$n=10$。当它的钳口 A、B 合拢时,游标的零刻线与主尺的零刻线刚好对齐,游标上第 10 分格的刻线正好对准主尺上第 9 分格的刻线,如图 3-1-3(a)所示。则游标的 10 个分格的长度等于主尺上 9 个分格的长度,而主尺的分度值 $a=1$ mm,那么游标上的分度值 $b=9$ mm/10$=0.9$ mm。则其最小分度值 $h=1$ mm/10$=0.1$ mm。

若是 20 分度的游标卡尺,$n=20$,游标上的 20 个分格的长度正好等于主尺上 19 个分格的长度,如图 3-1-3(b)所示。$a=1$ mm,$b=19$ mm/20$=0.95$ mm,则此游标卡尺的最小分度值 $h=1$ mm/20$=0.05$ mm。

同理,50 分度的游标卡尺,$n=50$,$a=1$ mm,$b=49$ mm/50$=0.98$ mm,其最小分度值 $h=1$ mm/50$=0.02$ mm。

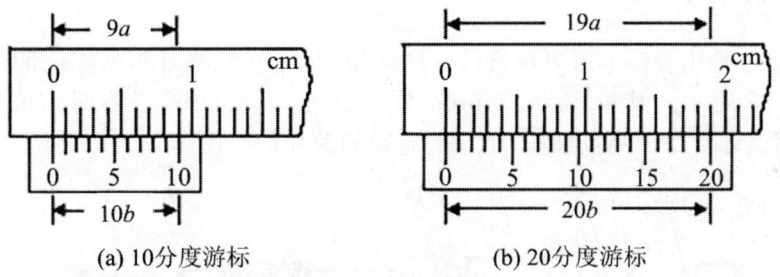

(a) 10 分度游标　　　　　　(b) 20 分度游标

图 3-1-3　游标原理

(二) 游标卡尺的读数方法

游标卡尺的分度值一般都刻在副尺上,使用 10 分度、20 分度和 50 分度的游标卡尺,可分别读到 0.1 mm、0.05 mm 和 0.02 mm,不允许估读。测量物体的长度时,主尺上的读数以游标的零刻线为准。故读数时应先从主尺上读毫米以上的整数值,再从游标上读出毫米以下的值。若游标上第 p 条刻线正好与主尺上某一刻线对齐,则读:$p\times$最小分度值。

图 3-1-4(a)所示 20 分度的游标卡尺,其游标的零刻线在主尺 42 mm 处,第 7 条刻线正好与主尺上的某一刻度线对齐,故毫米以下的读数为 7×0.05 mm$=0.35$ mm,最后读数为 42.35 mm。图 3-1-4(b)所示 50 分度的游标卡尺,其游标的零刻线在主尺 53 mm 处,第 48 条刻线与主尺上的刻线对齐,示值为 48×0.02 mm$=0.96$ mm,故最后读数为 53.96 mm。

参照图 3-1-4(b)可知,使用游标卡尺进行测量时,读数分为两步:① 从游标零线位置读出主尺的整格数;② 根据游标上与主尺对齐的刻线读出不足一分格的小数。二者相加即为测量值。

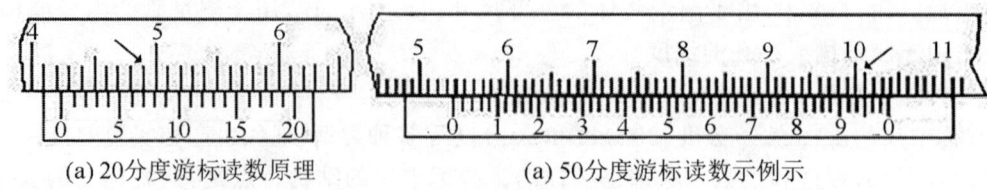

(a) 20分度游标读数原理　　　　　　(a) 50分度游标读数示例示

图 3-1-4　游标读数原理与示例

(三) 使用游标卡尺的注意事项

1. 使用游标卡尺测量物体时,应右手正握卡尺,左手持物。测内径时量爪 A′、B′ 与待测物轴线平行,测外径时钳口 A、B 与待测物轴线正交,测深度时主尺端面应与待测物端面吻合。

2. 使用游标卡尺测量待测物体前,应先检查零点。即合拢钳口,检查游标零刻线和主尺零刻线是否对齐。如果零刻线未对齐,应记下零点读数 x_0,称之为仪器的零点误差。应注意判断 x_0 的正负,多次测量时在其平均值中减去 x_0 即可。

3. 注意保护量爪,防止钳口磨损。为此,测量时不应将待测物卡得太紧,卡住待测物体后切忌来回挪动,也不能测量表面粗糙的物体。

4. 用完游标卡尺应将其紧固螺钉松开,放回盒内,不能乱丢乱放。

三、螺旋测微计

螺旋测微计是比游标卡尺更精密的长度测量仪器,实验室常用的螺旋测微计的外形与结构如图 3-1-5 所示。其量程为 25 mm,分度值为 0.01 mm,仪器的示值误差为 0.004 mm。螺旋测微计常用于测量细丝、小球的直径和薄片的厚度等。

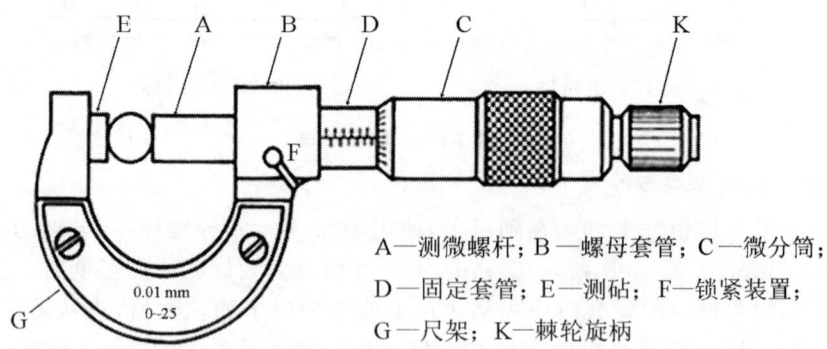

A—测微螺杆；B—螺母套管；C—微分筒；
D—固定套管；E—测砧；F—锁紧装置；
G—尺架；K—棘轮旋柄

图 3-1-5　螺旋测微计的结构

(一) 螺旋测微原理

螺旋测微计的螺母套管 B、固定套管 D 和测砧 E 都固定在尺架 G 上。固定套管 D 上刻有主尺,主尺上有一条横线称作读数准线,横线上方刻有表示毫米数的刻线,横线下方刻有表示半毫米数的刻线。测微螺杆 A 和微分筒 C、棘轮旋柄 K 连在一起。微分筒上的刻度通常为 50 分度。测微螺杆的螺距为 0.5 mm,当测微螺杆旋转 1 周时,它沿轴线方向前进或后退 0.5 mm,而每旋转 1 格时,它沿主轴线方向前进或后退 0.5 mm/50＝0.01 mm。可见该螺旋测微器的最小刻度值为 0.01 mm，即千分之一厘米，故又称千分尺。

（二）螺旋测微计的读数方法

使用螺旋测微计测量物体长度时，要先将测微螺杆 A 退开，将待测物体放在 E、A 的两个测量面之间。然后，转动棘轮旋柄 K 使测杆移动。当测杆与被测物（或砧台 E）相接后的压力达到某一数值时，棘轮将滑动并产生喀喀的响声，活动套管不再转动，测杆也停止前进。此时，即可读数。读数时，先将主尺上没有被微分筒前端遮住的刻度读出，再读出固定套管横线所对准的微分筒上的读数，还要估读一位，估计到最小分度值的十分之一，即 1 mm/1000。把主尺上读出的整数部分（$n \times 0.5$ mm）和从微分筒上读出的小于 0.5 mm 的数相加，即是测量值。具体测量方法如下。

1. 测量前应进行零点校正，实际测量待测物体时要从测量读数中减去零点读数。螺旋测微器的测杆 A 与测砧 E 相接时，活动套管上的零线应当刚好和固定套管上的横线对齐，而实际使用的螺旋测微器由于调整不充分或使用不当等原因，造成初始状态与上述要求不符，即有一个不等于 0 的零点读数。图 3-1-6 所示为两种零点读数的例子，要注意它们的符号不同：零点读数时顺刻度序列记为正值，反之为负值。

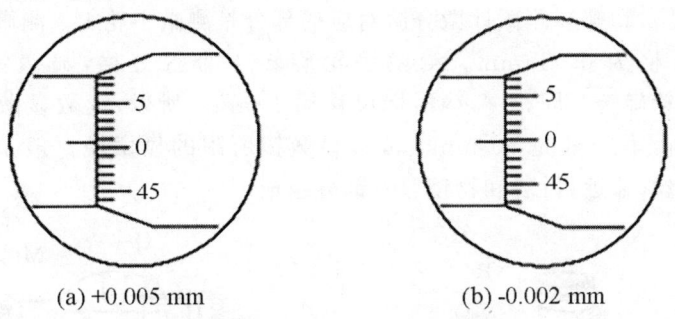

(a) +0.005 mm　　　　　　(b) -0.002 mm

图 3-1-6　螺旋测微计的零点读数

2. 读数时，从主尺读出整刻度值，0.5 mm 以下由微分套筒读出，并估读到 0.001 mm 量级。如图 3-1-7(a)所示，主尺上的读数为 5 mm，微分筒上的读数为 0.155 mm，其中 0.005 mm 是估读值，最后读数为 5.155 mm。

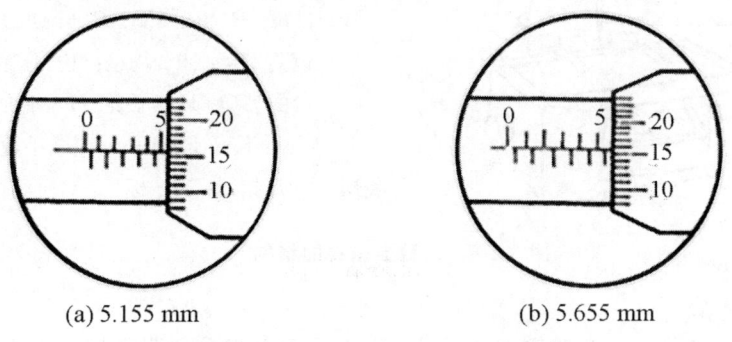

(a) 5.155 mm　　　　　　(b) 5.655 mm

图 3-1-7　螺旋测微计读数示例

3. 要特别注意主尺上的半毫米刻线，如果它露出到套筒边缘，主尺上就要读出 0.5 mm

的数。如图 3-1-7(b)所示,读数为 5.655 mm。

(三) 使用螺旋测微计的注意事项

1. 测量时必须使用棘轮。测量者转动螺杆时对被测物所加压力的大小会直接影响测量的准确度,因此螺旋测微计在结构上加一棘轮作为保护装置。当测微螺杆端面将要接触到被测物之前,千万不要直接拧微分筒,应旋转棘轮;接触上被测物后,棘轮就自行打滑,并发出"嗒嗒"声响,此时应立即停止旋转棘轮,进行读数。如不使用棘轮而直接拧微分筒去卡物体时,由于对被测物的压力不稳定而测量不准确,还会使螺纹发生形变和增加磨损,降低仪器的准确度。

2. 仪器用毕放回盒内之前,应将螺杆退回几圈,留出空隙,以免热膨胀使螺杆变形。

四、读数显微镜

(一) 原理

读数显微镜是将螺旋测微和显微镜组合起来的用于精确测量长度的仪器。它是最常用的助视光学仪器之一,主要用于观测微小物体。如图 3-1-8 所示,读数显微镜的测微螺距为 1 mm(即标尺分度),和螺旋测微计微分筒对应的部分是测微手轮 L。测微手轮的周边等分为 100 个分格,每格为 0.01 mm。测微手轮旋转 1 个等分格,显微镜就沿标尺移动 0.01 mm;测微手轮旋转 1 周,显微镜沿标尺移动 1 mm。所以,读数显微镜的测量精度也是 0.01 mm,它的量程一般是 50 mm。读数显微镜所附的显微镜一般是低倍的(20 倍左右),它由目镜、叉丝(靠近目镜)和物镜等三部分组成。

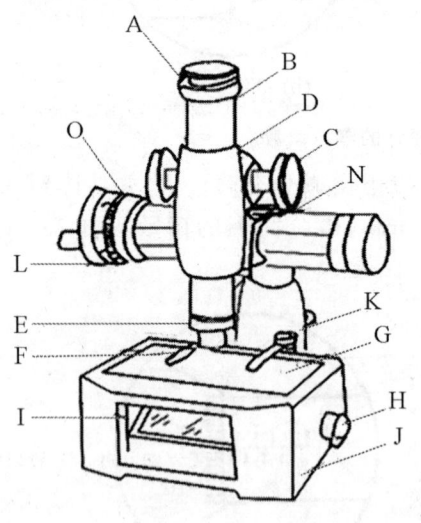
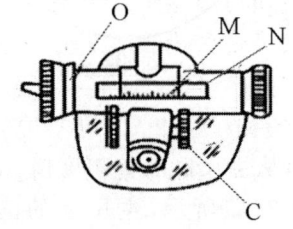

A—目镜；B—锁紧圈；C—调焦手轮；
D—镜筒支架；E—物镜；F—压紧片；
G—台面玻璃；H—手轮；I—平面镜；
J—底座；K—支架；L—测微手轮；
M—标尺指示；N—标尺；O—测微指示

图 3-1-8 读数显微镜的结构

(二) 测量与读数

1. 把铜丝或棉线置于显微镜筒的正下方,使从目镜中能看到明亮均匀的光照。

2. 调节读数显微镜的目镜,使测量十字叉丝清晰;转动调焦手轮 C 调节显微镜镜筒,使它与待测物体靠近,直至看清图像(由上而下进行调焦容易损坏物镜和被测物体,为操作规程所不允）。调节目镜系统，使叉丝横丝与读数显微镜的标尺平行，消除视差。平移读数显微镜镜筒，观察待测的铜丝或棉线左右是否都在读数显微镜的读数范围之内。

3. 转动测微手轮，使目镜中的十字叉丝的竖线对准被测物体的起点，从标尺 N 和测微手轮上的测微指示 O 读出数字 x_1。沿同一方向转动测微手轮移动显微镜镜筒，直至十字叉丝的竖线恰好停在被测物体的终点（快到测量点时要缓慢以防止过头），读出数字 x_2，则被测物体的长度 $l=|x_2-x_1|$。

（三）使用注意事项

1. 在松开每个锁紧螺丝时，必须用手托住相应部分，以免其坠落和受冲击。
2. 测量时要单向转动测微手轮，防止回程误差。由于螺丝和螺母不可能完全密合，其接触状态随螺旋转动方向的改变而改变，造成正反两方向的读数不同，由此产生的误差称回程误差。为防止此误差，测量时应向同一方向转动，使十字线和目标对准，若移动十字线超过了目标，就要多退回一些，重新再向同一方向转动。

五、阿贝比长仪

（一）原理

阿贝比长仪是基于阿贝原理而设计的精密计量仪器，主要用于测量两线之间的距离和平面两点之间的距离，其结构如图 3-1-9 所示。阿贝比长仪的工作平台可以呈水平状态也可呈 45°倾斜状态，锁紧螺钉 F 松开时工作平台可沿钢梁纵向平移，锁紧螺钉 F 锁紧后旋转微动手轮 M 可驱使平台横向移动。固定支架 G 左侧为对线系统（对谱系统），右侧为读数系统。对线系统由对线显微镜 A 和采光反射镜、看谱孔、谱板压紧弹簧及谱板纵向移动装置等组成。读数系统由读数显微镜 H 和采光反射镜、嵌在平台右侧的 200 mm 长的精密玻璃毫米标尺等组成。因两系统的显微镜是连成一体的，所以当工作平台在导轨上前后左右移动时，两显微镜相对于目标物来说是同位移变化的。使对线显微镜中的叉丝对准一个点，通过读数显微镜精确读出该点的坐标，测出多个点的坐标后，便可由两个点的坐标确定其间的距离。

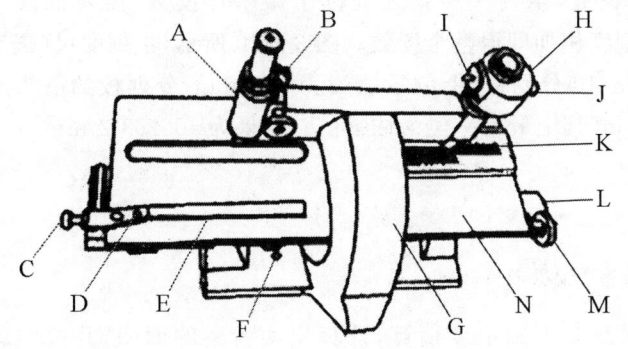

A—对线显微镜；B—调焦旋钮；
C—涡轮手柄；D—压紧弹簧螺钉；
E—谱板；F—锁紧螺钉；
G—固定支架；H—读数显微镜；
I—微米计转轮；J—调焦旋钮；
K—标尺；L—导轨；
M—微动手轮；N—工作台

图 3-1-9 阿贝比长仪的结构

(二) 测量与读数

本实验用阿贝比长仪测量两谱线间的距离。将谱板固定在工作台上,转动涡轮手柄 C、微动手轮 M,使其左右移动。当对线显微镜中的叉丝从对准一条谱线到另一条谱线时,读数显微镜对准的毫米尺上的两次读数之差即为谱线间的距离。根据阿贝提出的原理,只要待测对象和毫米尺精确地位于同一高度,置片台的滑动误差就不会影响测量精度。为了消除对准误差,可将底片转 180°再测量一遍。

在读数显微镜的视场中可看到主标尺(每分格为 1 mm)、副标尺(0.1 mm 分划板)和圆形标尺(螺旋微米计)三个标尺。当主标尺的零线和副标尺零线对齐时,表示零位置。所以,主标尺从零位置移过的距离,就由主副二标尺零线间的距离来确定。以毫米为单位,该距离的整数部分从主标尺上读出,毫米的下一位数从副标尺上读出,再往下的个位数就要由螺旋微米计读出。

如图 3-1-10 所示为读数显微镜的视场,旋转微米计手轮 I 可使圆刻度尺(分为 100 格)从小到大或由大到小旋转,随之运动的螺旋双线(阿基米德双线)则在副标尺上左右移动。副标尺右端有一箭头,是微米计读数的基准线。如果使螺旋双线与副标尺上各刻度线对正(即各刻度线都在双线的正中),这时箭头恰好指向刻度尺上的零,即微米计的零位置。当双线相对于副标尺移动 1 格时,圆形刻度尺恰好转一圈,即 100 分格。可知,圆形尺上每 1 分格代表 1 μm,可以估读到 0.1 μm。

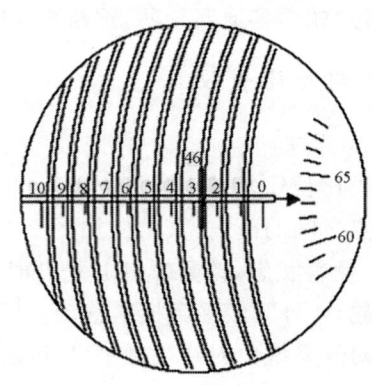

图 3-1-10 阿贝比长仪的读数示例

综上所述,阿贝比长仪的读数要点如下:①当对线显微镜中的叉丝对准一待测谱线时,主标尺上总有一条刻线落在副标尺的刻度范围内;②转动微米计手轮 I,使其某一段螺旋双线正好将主标尺的上述刻线夹在正中;③从这条刻度线读出以毫米为单位的整数值,从此刻线右边的副标尺刻度读出毫米的下一位数,从箭头所指之处读出微米计读数(需要估读一位),然后将主刻度线、副刻度线、微米刻度相加即得整个读数。图 3-1-10 所示,主刻尺(毫米刻度尺)读数为 46 mm,副刻度尺(1 mm/10 分划板)上的示值读为 0.2 mm,分划板的箭头所指圆刻度盘上的示值读数为 0.063 2 mm(其中最后一位为估读值),结果为 46.263 2 mm。

【实验内容】

一、用米尺测量实验桌的长度和宽度

只进行单次测量,不确定度按单次测量不确定度估算,计算出实验桌的面积,并按照单次测量误差计算方法计算误差。

二、用游标卡尺测烧杯的内径、外径、高及深度

分别测 5 次,应在各个不同部位、不同径向测值,求出其平均值及平均误差。若平均误差小于游标卡尺的最小误差,则以游标卡尺的仪器误差(游标卡尺的分度值)作为绝对误差。

三、用螺旋测微计测铜棒的直径

应在不同部位,不同径向测 5 次(测量时要在垂直交叉方向进行),应测出其螺旋测微计的初读数及末读数,求出直径的平均值及平均误差。若平均误差小于螺旋测微计的仪器误差,则以螺旋测微计的仪器误差(0.004 mm)作为绝对误差。

四、用读数显微镜测量金属丝的直径

重复测量 5 次,求出平均值及误差。

五、用阿贝比长仪测谱线间距

1. 将待测物(光谱、尺子等)放在工作台上,调节台下两反射镜,使左右两视场明亮。
2. 调节对线显微镜的目镜和物镜,使测量十字叉丝及谱线清晰;调节读数显微镜的目镜,使螺旋微米计刻度清晰。
3. 调节待测物,使待测物随工作台移动时上下叉丝汇合处能始终处于两个光谱的分界处,以保证测得的距离是两线间的垂直距离。
4. 调节叉丝,使之与待测物平行。移动谱板,依次测定各线位置。测每一条线时,都要使线位于叉丝双线的正中,然后再从读数显微镜中读出其位置读数。由各线的位置读数即可求出它们之间的距离。测量时应注意避免空程。
5. 要注意爱护仪器,使用完毕将主标尺盖好,用防尘罩罩好阿贝比长仪。

【数据记录与处理】

记录实验数据。依据第二章的不确定度知识,置信概率取 0.683,正确表示出各直接测量量的结果,计算各间接测量量的值并正确表示出结果。

一、用米尺测量实验桌的长度和宽度

表 3-1-1　实验桌的测量数据

米尺分度值:_____ mm

物理量	长度 l/m	宽度 h/m	面积 S/m^2
测量值			

实验结果:

$$l = \bar{l} \pm u_{\bar{l}} = \underline{\qquad\qquad};$$

$$h = \bar{h} \pm u_{\bar{h}} = \underline{\qquad\qquad};$$

$S = \overline{S} \pm u_{\overline{S}} = $ _____。

二、用游标卡尺测烧杯的内径、外径、高及深度

表 3-1-2 圆柱的测量数据

零点读数：_____；仪器误差：_____ 单位：_____

测量次数 n	外径 D	高度 H
1		
2		
3		
4		
5		

实验结果：

$D = \overline{D} \pm u_{\overline{D}} = $ _____；

$H = \overline{H} \pm u_{\overline{H}} = $ _____；

$V = \overline{V} \pm u_{\overline{V}} = $ _____。

三、用螺旋测微计测铜棒的直径

表 3-1-3 铜棒的测量数据

零点读数 D_0：_____；仪器误差：_____；单位：_____

测量次序	1	2	3	4	5
初读数/mm					
末读数/mm					
直径 D/mm					
$\overline{D}$/mm					

实验结果：

$D = \overline{D} \pm u_{\overline{D}} = $ _____。

四、用读数显微镜测量金属丝的直径

表 3-1-4 铜丝的测量数据

零点读数 D_0：_____；仪器误差：_____ 单位：_____

n	x_1	x_2	$D = \vert x_1 - x_2 \vert$
1			
2			
3			
4			
5			

实验结果：
$$D = \overline{D} \pm u_D = \underline{\qquad\qquad}。$$

五、用阿贝比长仪测谱线间距

表 3-1-5　谱线间距测量数据

仪器误差：_____；　单位：_____

n	1	2	3	4	5
x_1					
x_2					
$l = \lvert x_2 - x_1 \rvert$					
$\lvert \Delta l \rvert$					
$\bar{l}$					
$\overline{\Delta l}$					

实验结果：
$$l = \bar{l} \pm u_{\bar{l}} = \underline{\qquad\qquad}。$$

【探索与思考】

1. 分别用游标卡尺和千分尺直接测量约 2 mm 的铜线各得几位有效数字？

2. 一根铜丝的直径大约 0.05 mm，用什么仪器以及如何测量其直径，才能使其不确定度不大于 0.001 mm？

3. 试确定下列几种游标卡尺的分度值（精度值）并将它填入表格的空白处。

游标分度数（格数）	10	10	10	20	50
与游标分度数对应的主尺读数/mm	9	19	19	39	49
卡尺分度值/mm					

4. 分别判断下列数据是选用何种仪器测量的，仪器的最小分度值是多少。

2.206 cm；　61.25 cm；　1.3242 cm

5. 阿贝比长仪的各部件有哪些？各起什么作用？

6. 如何正确使用阿贝比长仪读数？

实验 2　测定重力加速度

地球上各地的重力加速度随各地区的地理纬度和海拔高度的变化而变化。在地球表面其值随纬度的增加而增大，赤道附近重力加速度最小，两极最大，但差别很小。在地面上的同一地点，随高度的增加而减小。一个常用的重力加速度 g 与纬度 Φ、海拔高度 H 关系的经验公式为

$$g = g_0 \cdot (1 + 0.005\,288\,\sin^2\Phi - 0.000\,006\,\sin^2 2\Phi - \alpha H).$$

式中，$g_0 \approx 9.780\,49\ \text{m/s}^2$ 为赤道上海拔高度为零时的重力加速度，$\alpha = 0.000\,308\,6\ \text{m}^{-1}$，海拔高度 H 的单位为 m。

重力加速度的准确测定，对物理学、地球物理学、重力探矿、空间科学等都具有重要意义。测定重力加速度的方法有很多种，包括自由落体法、单摆法、复摆法，以及用电磁打点计时器测重力加速度等。本实验探讨采用自由落体法测定重力加速度。

【实验目的】

1. 学会使用自由落体仪和计时仪。
2. 研究自由落体运动规律，利用落体法测量当地重力加速度。
3. 通过误差分析，学会选择最有利的测量条件减少测量误差。

【实验仪器】

自由落体仪及附件；MUJ-5C/5B 计时计数测速仪；HMS-2 通用电脑式毫秒计。

【实验背景】

最早测定重力加速度的是意大利天文学家、物理学家和工程师伽利略·伽利雷（1564—1642）。当时受到测量条件的限制，无法用直接测量运动速度的方法来寻找自由落体的运动规律。伽利略设想用斜面来"冲淡"重力、"放慢"运动，把速度的测量转化为对路程和时间的测量，并把自由落体运动看成倾角为 90°的斜面运动的特例，这就是经典物理实验之一——伽利略的斜面加速度实验。伽利略的斜面加速度实验是把真实实验和理想实验相结合的典范。

【仪器介绍】

自由落体仪由支柱、电磁铁、光电门和捕球器（小布兜）构成。支柱是一个有刻度尺的立柱，底座上有调节螺丝可用来调立柱竖直。立柱上端有一电磁铁，可用来吸住小球，电磁铁断电后，小钢球自由下落落入捕球器内。

计时计数测速仪与光电门、电磁铁吸球架由专用导线连接。两个光电门插入计时器的背面 P_2 一组插口，电磁铁插入计时器背面 P_1 的第 1 个插口。

一、MUJ-5C/5B 计时计数测速仪的功能与使用方法

MUJ-5B 计时计数测速仪的面板如图 3-2-1 所示，MUJ-5C 计时计数测速仪的面板与之仅存在布局的不同。这里仅介绍与本实验有关的功能。

（一）"功能"键

用于 S_1（计时 1）、S_2（计时 2）、a（加速度）、PZh（碰撞）、g（重力加速度）、T（周期）、J（计数）、XH（信号源）八种功能挡的选择或清除显示数据。

若按下"功能"键前光电门没遮过光，按"功能"键仪器将选择新的功能挡，或按下"功能"

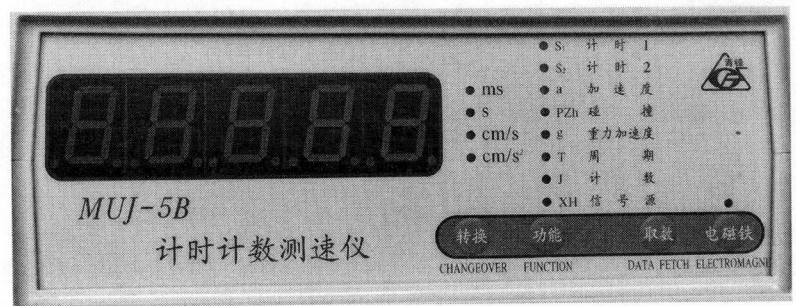

图 3-2-1　MUJ-5B 计时计数测速仪的面板

键不放可循环选择功能挡,直至所需的功能挡指示灯亮时,放开此键即可。若按下"功能"键前,光电门遮过光,按"功能"键则清零复位。

(二)"电磁铁"键

用于控制电磁铁的通、断。

(三)功能挡

S_1(计时1):测量对任一光电门的挡光时间。

S_2(计时2):测量对 P_1 或 P_2 端口光电门的两次挡光之间的时间间隔(而不是 P_1、P_2 端口各挡光一次)。当采用 S_2 挡双光电门计时方式时,断开电磁铁开关,小球下落,但计时器并未开始计时。当小球下落至第 1 个光电门时,计时器开始计时,再继续经过第 2 个光电门时,计时器停止计时,则显示的时间为小球下落经过两个光电门的时间间隔 t。两个光电门之间的间隔用 h 表示。

g(重力加速度):当接通电磁铁装置的电路后,按"功能"键选到此功能,电磁铁指示灯亮,吸上钢球。断开电磁铁开关,灯灭,同时计时器开始计时。当小球下落至第 1 个光电门时,计时器停止计时,记录的时间为断开电磁铁开关的瞬间到光电门之间的时间 t,该高度为 h。若在小球下落过程中装置 2 个光电门时,则小球下落 1 次可显示 2 个时间 t_1 和 t_2(分别为从断开电磁铁开关到两个光电门的时间),称为联动计时原理。所以,用 g 挡计时可装置 1 个光电门,也可装置 2 个光电门。

比较 S_2 挡和 g 挡计时方式的原理,可知:

1. 当采用 g 挡时,由于电磁铁存在剩磁,断开电磁铁开关,小球并未立即下落,但计时器已经开始计时,到小球经过光电门时停止计时,则显示的时间 t 大于小球从初始位置下落到光电门之间对应的 t',即 $t > t'$,所以测重力加速度产生了误差。并且由于临界位置(初始位置)难以准确确定,对小球下落 t 时间内的高度 h 难以准确确定,也对测重力加速度产生误差(系统误差)。为了减小测 h 的误差,改进的方法为下述测量方法中的测法二。

2. 当采用 S_2 挡的双光电门计时方式时,因为第 1 个光电门的位置与小球下落的初始位置有一小段间隔,所以此种计时方式既消除了临界位置不好确定导致的误差,又避免了剩磁因素的影响,则减小了测量 h 和 t 的误差,提高了测重力加速度的精度。

二、HMS-2 通用电脑式毫秒计的使用方法

HMS-2 通用电脑式毫秒计的面板如图 3-2-2 所示。

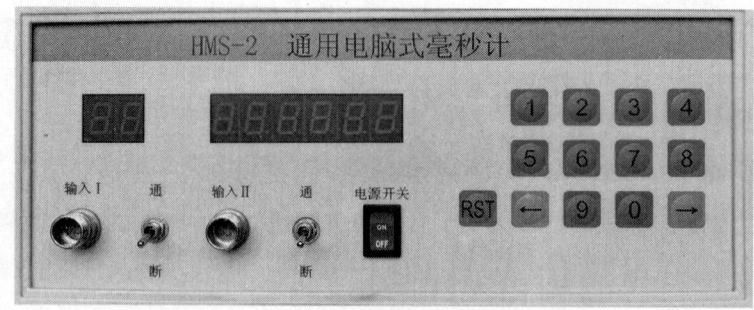

图 3-2-2　HMS-2 通用电脑式毫秒计的面板

1. 用专用连接线将光电门与毫秒计的输入口相连接。

2. 若用"输入Ⅰ",请将该输入口的通断开关打向"通",并将"输入Ⅱ"口的通断开关打向"断"(切记),反之亦然。若两输入口都需要输入信号,请将两通断开关都打向通。

3. 接通电源,仪器进入自检状态。版面显示"88 888888"4 次后,显示为"P0164",表明当前为 P0164 制式:每输入 1 个(光电)脉冲记 1 次时间,最多可记 64 个时间数据,小于 64 个也可以被储存和提取数据。建议本实验中,在 P0164 制式下,按"0""1""0""2"数码键,将制式改为 P0102。

4. 按一次"←"或"→"键,面板显示"00 000000"。此时仪器处于待计时状态,输入第 1 个脉冲则开始计时。

5. 64 个脉冲输入后自动停止(小于 64 的实验次数也可)。提取数据的方法如下:按"0""9"两数码键,则显示第 1 个脉冲到第 9 个脉冲之间的时间,依次类推。按"0""1"两数码键,则显示"000.000",表示计时开始的时间。按"→"键一次,则脉冲计时的个数递增 1,按"←"键则递减,以便于依次提取数据。

① 按"9"数码键两次,仪器又处于新的待计时状态,并把前次数据消除。

② 按复位键则仪器为接通电源后的重新启动。

【实验原理】

仅在重力作用下,物体由静止开始竖直下落的运动称为自由落体运动。由于受空气阻力的影响,自然界中的落体都不是严格意义上的自由落体。本实验对小球下落运动的研究,仅限于低速情形,因此空气阻力可以忽略,可视其为自由落体运动。根据自由落体公式

$$h = \frac{1}{2}gt^2,\qquad(3\text{-}2\text{-}1)$$

得

$$g = \frac{2h}{t^2}。\qquad(3\text{-}2\text{-}2)$$

只要测出落体下落的时间 t,以及对应 t 时间内下落的高度 h,就可由式(3-2-2)计算出重力加速度 g。

在物体下落过程中某一瞬间(此时速度为 $v_0 \neq 0$)开始计时,经过时间 t_1,下落高度为

第三章 基础性实验

$$h_1 = v_0 t_1 + \frac{1}{2} g t_1^2 。 \tag{3-2-3}$$

同一计时起点开始计时,经过时间 t_2,下落高度为

$$h_2 = v_0 t_2 + \frac{1}{2} g t_2^2 。 \tag{3-2-4}$$

由式(3-2-3)、式(3-2-4)可得

$$g = \frac{2\left(\dfrac{h_2}{t_2} - \dfrac{h_1}{t_1}\right)}{t_2 - t_1} 。 \tag{3-2-5}$$

使用 MUJ-5C/5B 计时计数测速仪,根据光电计时方式的不同,重力加速度测量方法有以下三种。

一、测法一

如图 3-2-3(a)所示,以小球下落瞬间(即 $v_0 = 0$)开始计时。

1. 用 S_2 挡,并用 2 个光电门。将光电门 E_1 置于被吸小球下边沿刚不挡光的位置 x_0,将光电门 E_2 置于 x_1 的位置,断开电磁铁开关,测量小球下落的时间 t_1 和对应的高度 h_1,则可由式(3-2-2)式算出 g。此方法关键是上光电门准确位置的确定(可以用 S_1 挡确定)。

2. 用 g 挡,仅用一个光电门。将光电门置于 x_1 位置。若仍用 g 挡时用两个光电门,将光电门 E_1 置于 x_1 位置,光电门 E_2 置于 x_2 位置,则小球下落一次可测两个时间 t_1、t_2,以及对应的高度 h_1、h_2,代入式(3-2-2)可以算出两个 g 值,关键仍是小球初始位置的准确确定(仍用 S_1 挡确定初始位置 x_0)。

用上述两种方法测量 g 的难点就是不容易准确确定下落高度 h 的大小。因为小球下落的初始位置难以准确确定,且小球下落经过光电门到达什么位置时才算挡住光是不容易确定的,所以时间 t 就测不准,这样会带来较大的测量误差。

二、测法二

如图 3-2-3(b)所示,仍以小球下落瞬间(即 $v_0 = 0$)开始计时。

用 g 挡,并用两个光电门。将光电门 E_1 放在 x_1 位置,将光电门 E_2 放在 x_2 位置,断开电磁铁开关,小球下落。测出小球下落的时间 t_1 和 t_2,并记下小球从初始位置 x_0 到 x_1 之间的距离 h_1 及 x_0 到 x_2 之间的距离 h_2。则有

$$h_1 = \frac{1}{2} g t_1^2 , \tag{3-2-6}$$

$$h_2 = \frac{1}{2} g t_2^2 。 \tag{3-2-7}$$

由式(3-2-6)、式(3-2-6)得

$$g = \frac{2(h_2 - h_1)}{t_2^2 - t_1^2} = \frac{2(x_2 - x_1)}{t_2^2 - t_1^2} 。 \tag{3-2-8}$$

这样,由立柱上的刻度直接读出 $h_2 - h_1$ 的值即可计算 g 值,减小了 h_1 和 h_2 的测量误差。

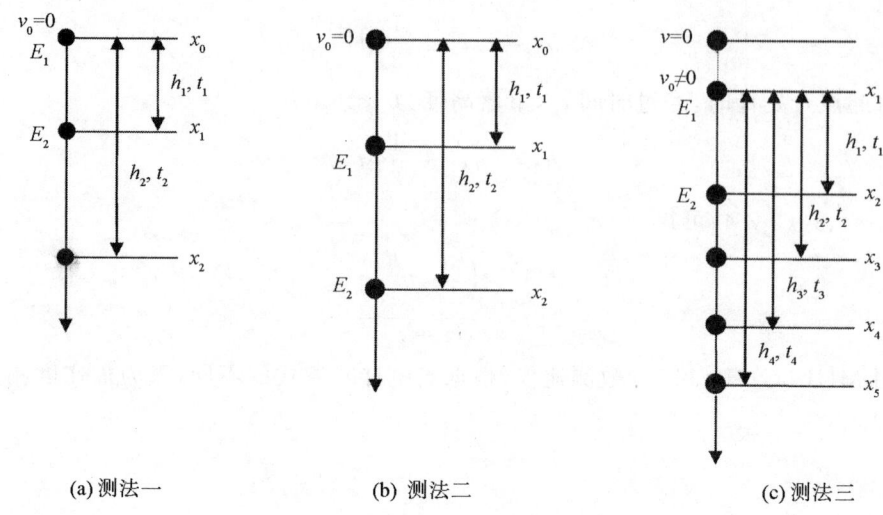

(a) 测法一　　　　　　(b) 测法二　　　　　　(c) 测法三

图 3-2-3　重力加速度测量方法

但此种方法不能消除剩磁因素的影响,为提高测量小球下落时间的准确性,可采用多次测量求其下落时间的平均值,以提高测量 g 的准确度。

三、测法三

如图 3-2-3(c)所示,在小球下落过程中某一瞬间(此时速度为 $v_0 \neq 0$)开始计时。

用 S_2 挡,并用两个光电门。将光电门 E_1 置于 x_1 位置,光电门 E_2 放在 x_2 位置,小球下落到 x_1 时具有速度 v_0,开始计时,下落时间 t_1,对应时间内下落高度为 h_1。保持上光电门位置 x_1 不变,将光电门 E_2 移至 x_3 位置,让小球再一次从初始位置下落,测得小球下落经两光电门的时间为 t_2,对应时间内下落高度为 h_2,将 h_1、t_1 和 h_2、t_2 代入式(3-2-5)即可算出 g。

与测法一、测法二相比,测法三测量的 h 和 t 准确度较高,但是测量和计算过程较为麻烦。

【实验内容】

一、使用 MUJ-5C/5B 计时计数测速仪和落体仪

(一) 仪器的组装

1. 参照仪器使用说明,将落体仪与计时计数测速仪连接好。
2. 将电磁铁吸引小球的装置、光电门、捕球器固定于立柱上。

(二) 仪器的调整

1. 调竖直。将重锤的线套旋入电磁铁轴的螺纹上,将第 1 个光电门置于 0.20 m 附近;光电门支架上的缺口与标尺对齐后,用后面的紧固螺钉固定,用眼睛看锤线是否经过光电门挡光孔。如果有偏差,调节电磁铁的位置即可。左右偏差转动电磁铁的支架,前后偏差调节电磁铁的铁心。电磁铁的位置调好后不能再动。用调节第 1 个光电门的方法将第 2 个光电门拉开至 1.40 m 附近固定好。调节底脚调节螺钉(在三角腿最下面),使重锤线在 x 和 y

轴两个方向处于上下两组光电门挡光孔正中,保证小球下落过程中遮光位置的准确性,以保证实验的精度。

2. 接通计时计数测速仪的电源,用 S_1 挡检查两光电门是否挡光计时(其方法是用手指在光电门中间上下晃动观察其是否计时)。

3. 用计时器 S_1 挡,准确调出初始位置 x_0(应反复多次调节),并记录该位置的标尺读数 x_0。初始位置的确定方法如下:按功能键选定 S_1 挡,将光电门 E_1 置于立柱稍靠上端;接通电磁铁开关,吸住小球;将光电门 E_1 缓缓由下往上移动直至球心等高处,然后眼睛盯住计时器,让此光电门再往下缓慢移动一微小距离直至计时器显示数据停止移动。此时,光电门 E_1 的位置可作为临界位置(即初始位置 x_0)。

(三) 测量

1. 用测法一测量 t、h,代入式(3-2-2)计算 g。
2. 用测法二测量 t_1、t_2,并记录光电门 E_1、E_2 的位置 x_1、x_2,代入式(3-2-8)计算 g。
3. 用测法三测量 h_1、t_1 和 h_2、t_2,代入式(3-2-5)式计算 g。

注 用测法三时,要求第 2 个光电门从 x_2 的位置开始每隔 20.00 cm 上移一次,并依次测出各对应的 t 和 h。

4. 每种方法要求至少测量 6 次,求 g 的平均值 $\bar{g}$ 并和标准值比较。

二、使用 HMS-2 通用电脑式毫秒计和落体仪△

运用测法三,步骤如下:

1. 仪器的组装。参见本节之一(一),将落体仪与毫秒计连接好。
2. 调竖直。参见本节之一(二)。
3. 接通通用电脑式毫秒计的电源开关。在毫秒计显示为"P0164"后,按"0""1""0""2"数码键,把 P0164 制式设置为 P0102 制式。按一下"→"键或"←"键仪器显示全为零,则可开始进行实验。
4. 电磁铁电源开关打向开,将小钢球送至电磁铁上,当仪器平稳以后,再将电磁铁电源开关打向关,则小球下落,实现对 h_2、t_2 的测量。
5. 保持上光电门位置不变,改变第 2 个光电门位置于 1.20 m 附近,仿照以上步骤得到 h_1、t_1。代入式(3-2-5)计算出 g,并和标准值进行比较。
6. 将第 2 个光电门从 1.20 m 附近的位置开始每隔 20.00 cm 上移一次,依次测出 6 组 t 和 h。
7. 将 6 组 t 和 h 分别代入式(3-2-5)计算出 $g_i(i=1,2,\cdots,6)$,求 g_i 的平均值 $\bar{g}$ 并和标准值比较。
8. 按"→"键或"←"键小球下落后,若毫秒计左面两位不显示"2"或右边显示数据比较大(超过了零点几秒),则需要重调支架竖直,直到铅垂线通过两光电门。测量时一定要保证支架稳定不晃动。

【注意事项】

1. 当采用测法一时应多次测量以准确确定初始位置 x_0,保证测量值 h 的准确性。

2. 每次测量中当小球被吸在电磁铁尖端时,必须待小球不晃动时才能断开电磁铁开关使其下落。

3. 当开启电磁铁开关,小球不能被吸住时,若电路连接没有问题,则可将小球往地面上摔几下(除去小球表面杂质),即可被吸住。

4. 使用 HMS-2 通用电脑式毫秒计时,如果只用一路输入口输入信号,另一路的通断开关必须打向断;若两输入口需要输入信号,请将两通断开关都打向通。

5. 在整个测量过程中严禁立柱晃动。

【数据记录与处理】

一、测法一

计算公式:$v_0=0$, $h=x-x_0$, $g=\dfrac{2h}{t^2}$。

表 3-2-1 测法一数据记录

$x_0=$ _____ cm

序号	h/cm	t/s			$\bar{t}$/s	$g/(\mathrm{m} \cdot \mathrm{s}^{-2})$	$\bar{g}/(\mathrm{m} \cdot \mathrm{s}^{-2})$
		1	2	3			
1	40.00						
2	60.00						
3	80.00						
4	90.00						
5	100.00						
6	120.00						

二、测法二

计算公式:$v_0=0$, $h=x_2-x_1$, $g=\dfrac{2(x_2-x_1)}{t_2^2-t_1^2}$。

表 3-2-2 测法二数据记录

序号	h/cm	t_1/s			$\bar{t}_1$/s	t_2/s			$\bar{t}_2$/s	$g/(\mathrm{m} \cdot \mathrm{s}^{-2})$	$\bar{g}/(\mathrm{m} \cdot \mathrm{s}^{-2})$
		1	2	3		1	2	3			
1	40.00										
2	60.00										
3	80.00										
4	90.00										
5	100.00										
6	120.00										

三、测法三

计算公式：$v_0 \neq 0$，$h_1 = x_{i+1} - x_i$，$h_2 = x_{i+2} - x_i$，$g = \dfrac{2\left(\dfrac{h_2}{t_2} - \dfrac{h_1}{t_1}\right)}{t_2 - t_1}$。

表格自拟。

四、误差处理

按各对应测量公式计算重力加速度 g，并计算相对误差 E_r。

$$E_r = \frac{|g_{标} - g|}{g_{标}} \times 100\%。$$

式中，$g_{标} = 9.8 \text{ m} \cdot \text{s}^{-2}$。

【探索与思考】

1. 实验中小球下落完毕，如果计时器不停止计时，原因是什么？
2. 如何测量小球下落过程中某处的瞬时速度？
3. 分析各种方法测 g 时产生误差的原因，并分析如何减小测量误差。

实验 3 转动惯量的测量

转动惯量是刚体转动时惯性的量度，是研究和描述刚体转动规律的一个重要物理量，其量值取决于物体的形状、质量分布及转轴的位置。刚体的转动惯量有着重要的物理意义，在科学实验、工程技术、航天、电力、机械、仪表等工业领域也是一个重要参量。

对于几何形状规则、质量分布均匀的刚体，可以直接用公式计算出它相对于某一确定转轴的转动惯量。对于外形复杂和质量分布不均匀的物体，可以通过实验的方法来精确地测定物体的转动惯量，因而实验方法就显得更为重要。测定转动惯量的实验方法较多，本实验利用"刚体转动惯量实验仪"采用转动法来测定刚体的转动惯量。

【实验目的】

1. 学会用智能转动惯量实验仪测定物体的转动惯量。
2. 验证刚体定轴转动定律和平行轴定理。

【实验仪器】

JM-3 智能转动惯量实验仪；电子天平；游标卡尺；水平仪；钢卷尺。

【实验背景】

转动惯量在生产和生活中应用十分广泛。在体育竞技运动如花样滑冰、跳水、短跑等中理解和掌握并合理利用刚体的转动惯量可以帮助运动员完成高难度动作、提高动作的艺术性,从而可以获得更好的竞技成绩。空中走钢丝是人们非常喜欢的杂技节目,演员在表演这个节目时会一直把手臂水平伸直或者横握一根细长的直杆,这里也应用到了转动惯量。又如,在工业生产中,常在机器转轮的外部加一个质量较大的转轮,以使机器的转速稳定。因为机器的转动惯量很大,外界力矩很难使机器产生角加速度,这样机器就可以稳定的转动了。人造地球卫星在轨道环境中飞行时,向阳面和背阴面的温差会引起太阳翼的变形,因此对航天科学家们而言,考虑各种情况下太阳翼的变形和转动惯量的变化,对于人造地球卫星控制具有实际意义。

【实验原理】

一、待测物转动惯量的理论公式

刚体定轴转动时的转动惯量定义式为

$$J = \sum \Delta m_i r_i^2 \text{。} \tag{3-3-1}$$

即刚体对某一转轴的转动惯量等于每个质元的质量与这一质元到转轴的距离二次方的乘积之和。转动惯量只与刚体的形状、质量分布以及转轴的位置有关,即它只与绕定轴转动的刚体本身的性质和转轴的位置有关,是刚体的固有属性。通常可认为刚体的质量是连续分布的,因此可把转动惯量由求和式改为积分式,即

$$J = \int r^2 \, dm \text{。} \tag{3-3-2}$$

由此可以得出:质量为 m、半径为 R 的圆盘绕几何中心轴转动的转动惯量理论值

$$J_{盘} = \frac{1}{2} m R^2; \tag{3-3-3}$$

质量为 m,内外半径分别为 $R_{内}$、$R_{外}$ 的圆环绕几何中心轴转动的转动惯量理论值

$$J_{环} = \frac{1}{2} m (R_{内}^2 + R_{外}^2) \text{。} \tag{3-3-4}$$

二、转动惯量的测量原理

根据刚体的定轴转动定律

$$M = J\beta, \tag{3-3-5}$$

只要测定刚体转动时所受的合外力矩 M 及该力矩作用下刚体转动的角加速度 β,则可计算出该刚体的转动惯量 J。这是恒力矩转动法测定转动惯量的基本原理和设计思路。

分析转动系统受力如图 3-3-1 所示。当砝码钩上放置一定的砝码时,由静止状态释放砝码,则在重力的作用下,砝码就会通过轻绳跨过光滑的滑轮带动转动系统加速转动。当砝

码绳脱离塔轮后,系统将只在摩擦力矩的作用下减速转动。

本实验中将待测刚体放在实验台上,随同实验台一起做定轴转动。设空实验台(未加待测刚体)转动时,其转动惯量为 J_0,加上被测刚体后的转动惯量为 $J_总$,由转动惯量的叠加原理可知,被测刚体的转动惯量为

$$J_测 = J_总 - J_0 。 \quad (3\text{-}3\text{-}6)$$

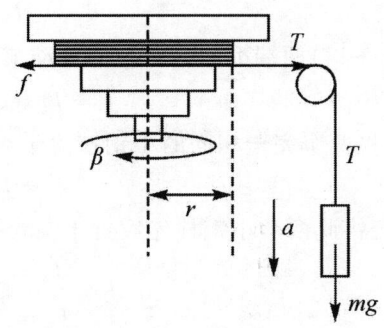

图 3-3-1　转动系统受力分析

实验时,先测出系统支架(空实验台)的转动惯量 J_0,然后将待测物放在支架上,测量出转动惯量为 $J_总$,利用上式计算出待测物体的转动惯量。

未加待测物时,由静止状态释放砝码,空台在恒外力矩作用下做匀加速转动,设角加速度为 β_1,摩擦阻力矩大小为 M,轻绳上张力为 T,绕线塔伦的半径 r,则由刚体的定轴转动定律有

$$Tr - M = J_0 \beta_1 。 \quad (3\text{-}3\text{-}7)$$

对质量为 m 的砝码,由牛顿第二定律得

$$mg - T = ma 。 \quad (3\text{-}3\text{-}8)$$

而

$$a = r\beta_1 。 \quad (3\text{-}3\text{-}9)$$

式中,g 为重力加速度。

当砝码绳脱离塔轮后,系统将只在摩擦力矩的作用下匀减速转动,则对空台来说就有

$$-M = J_0 \beta_2 。 \quad (3\text{-}3\text{-}10)$$

联立式(3-3-7)—式(3-3-10)得

$$J_0 = \frac{mgr}{\beta_1 - \beta_2} - \frac{\beta_1}{\beta_1 - \beta_2} mr^2 。 \quad (3\text{-}3\text{-}11)$$

同理,若在空台上放上待测圆盘后系统的转动惯量为 $J_总$,则

$$J_总 = \frac{mgr}{\beta_3 - \beta_4} - \frac{\beta_3}{\beta_3 - \beta_4} mr^2 。 \quad (3\text{-}3\text{-}12)$$

以上 β_2、β_4 是由摩擦力矩产生的角加速度,其值为负,因此式(3-3-11)、式(3-3-12)中的分母实为相加。由式(3-3-6)可得

$$J_盘 = J_总 - J_0 。 \quad (3\text{-}3\text{-}13)$$

同理放上待测圆环,将式(3-3-12)中的角加速度用 β_5、β_6 替换,同样可以算出圆环的转动惯量 $J_环$。

三、验证平行轴定理

平行轴定理:质量为 m 的刚体,对过其质心 C 的某一转轴的转动惯量为 J_C,则刚体对平行于该轴和它相距为 d 的另一转轴的转动惯量

$$J_{/\!/} = J_C + md^2 \text{。} \tag{3-3-14}$$

在式(3-3-14)两端都加上空台的转动惯量 J_0,则系统总转动惯量

$$J = J_0 + J_{/\!/} = J_0 + J_C + md^2 \text{。} \tag{3-3-15}$$

若将两个完全相同的小钢柱置于空台对称两小孔处,则此时系统总转动惯量

$$J = J_0 + 2J_C + 2md^2 \text{。} \tag{3-3-16}$$

所以,若将此两个小钢柱先后置于空台孔 1、1′和孔 2、2′处,则系统总转动惯量分别为

$$J_1 = J_0 + 2J_C + 2md_1^2, \tag{3-3-17}$$

$$J_2 = J_0 + 2J_C + 2md_2^2 \text{。} \tag{3-3-18}$$

以上两式作差得

$$\Delta J = J_2 - J_1 = 2m(d_2^2 - d_1^2) \text{。} \tag{3-3-19}$$

若证明上式成立,就间接验证了平行轴定理。

四、角加速度的测量原理

实验中直接测量的是时间和角位移,β 可由下列计算式间接得出。由刚体运动学可知,角位移 θ 和时间 t 有如下关系:

$$\theta = \omega_0 t + \frac{1}{2}\beta t^2 \text{。} \tag{3-3-20}$$

在一次转动过程中,刚体转过 θ_1、θ_2 时,对应的时间为 t_1、t_2,则有

$$\theta_1 = \omega_0 t_1 + \frac{1}{2}\beta t_1^2 \text{。} \tag{3-3-21}$$

$$\theta_2 = \omega_0 t_2 + \frac{1}{2}\beta t_2^2 \text{。} \tag{3-3-22}$$

由式(3-3-22)、式(3-3-22)得

$$\beta = \frac{2(\theta_2 t_1 - \theta_1 t_2)}{t_1 t_2 (t_2 - t_1)} \text{。} \tag{3-3-23}$$

本实验采用电脑式毫秒计自动记录。当刚体开始转动,且从某一遮光片通过光电门时开始计时,记录角位移和记录两遮光片过光电门的次数 k(脉冲数)。因为开始时,$t=0$,$k=1$,$\theta=0$,当另一遮光片再次通过该光电门时,$k=2$,刚体角位移 $\theta=\pi$。因此,当两遮光片通过光电门的总次数为 k 时,刚体角位移

$$\theta = (k-1)\pi \text{。} \tag{3-3-24}$$

设两遮光片通过光电门的总次数分别为 k_1、k_2,电脑毫秒计计时分别为 t_1、t_2,则由式(3-3-23)得

$$\beta = \frac{2[(k_2-1)\pi t_1 - (k_1-1)\pi t_2]}{t_1 t_2 (t_2 - t_1)} = \frac{2\pi[(k_2-1)t_1 - (k_1-1)t_2]}{t_1 t_2 (t_2 - t_1)} \text{。} \tag{3-3-25}$$

k_1 和 k_2 不一定取相邻的两个数,例如 k_2 取 6、k_1 取 4 或 k_2 取 5、k_1 取 3 均可(注意:k_1 和 k_2 的差值不宜太大,而且取成偶数,不要取成奇数)。实际测量时,β 可以从电脑毫秒计上直接读取,无需提取脉冲数及对应的时间用式(3-3-25)进行计算。

第三章 基础性实验

【仪器介绍】

JM-3 智能转动惯量实验仪由电脑式毫秒计和转动惯量实验仪组成。

电脑式毫秒计由 MCS-51 单片机、外围接口、光电开关等器件组成,采用操作系统计算程序固化存储的方式,能顺时序计下 64 个光电脉冲的时间,精确到十分之一毫秒。并可计算出等运动间距的角加速度,这些数据都被存储供提取。电脑式毫秒计的板面安排如图 3-3-2 所示。

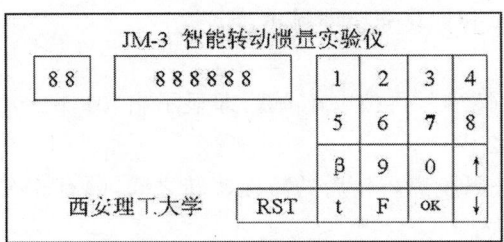 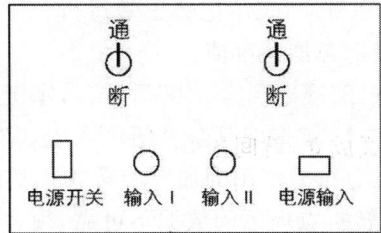

前面板　　　　　　　　　　　　　　后面板

RST—复位或重新开始按键；OK—回车键,各类操作确定按键；β—提取角加速度按键；
t—提取时间按键；↑—选择数据组递增按键；↓—选择数据组递减按键；F—软起动按键

图 3-3-2　电脑式毫秒计的面板

转动惯量实验仪由圆形承物台、绕线塔轮、挡光片和小滑轮组成。承物台转动时固定在其边缘并随之转动的挡光片,每转动半圈($\theta=\pi$)遮挡 1 次固定在底座圆周直径相对两端的光电门(只接通一路光电门),即产生一个光电脉冲送入通用电脑式毫秒计,通用电脑式毫秒计将记下时间和遮挡次数。计数从第 1 次挡光(第 1 个光电脉冲发生)开始计时、计数,并且可以连续记录,存储多个脉冲时间。塔轮上有 3 个不同半径的绕线轮。

【实验内容】

一、实验准备

1. 用电子天平分别测出砝码、圆盘、圆环的质量,用游标卡尺测出其中一个塔轮的直径(建议中间的塔轮)。

2. 将水平仪置于承物台合适位置,调节 JM-3 智能转动惯量仪底角螺钉,使仪器处于水平状态。

3. 用电缆将光电门与电脑式毫秒计相连,只接通一路。若用"输入Ⅰ"插孔输入,该通段开关接通,"输入Ⅱ"通段开关必须断开,该路光电门留作备用。

二、测空台的转动惯量

1. 将砝码固定在轻线的一端(线的长度最好是当砝码落地时,另一端刚好脱离塔轮)。线的另一端打个结,并将打结的一端塞入塔轮的缺口中。将线挨边平排无叠加地绕在已测直径的塔轮上,让线跨过滑轮,滑轮靠桌边放,线和砝码均不能碰到桌子。然后接通电源。

2. 通电后,电脑式毫秒计显示"PP－HELLO",3 s后进入模式设定等待状态F0164——前两位数表示几个输入脉冲编为1组(计时单位),"01"表示输入1个脉冲作为1次计时单元,"05"表示输入5个脉冲作为1次计时单元;后两位数表示每组脉冲的次数,"64"表示"组"×"数"≤64。

3. 在F0164等待状态,可按动数字键进行设定,如F0130,按"OK"键显示"88－888888"进入待测状态。

4. 让砝码由静止状态自由下落,当第1个光电脉冲通过时即开始计时,此时脉冲组(个)数数字跳动,表示记数正常运行。测量和计算完毕即显示"EE"。

5. 提取角加速度值:

① 按"β"键出现"××b"后,按数字键"0""1",再按"OK"键,即显示出"01,b±×.×××"数值。按"↑"键提取其余 β 值填入表 3-3-2 中;

② 在有拉力作用的加速旋转状态到砝码脱离塔轮后的减速旋转之间,隔有5次PASS,这表示该转折点周围的数据不可靠,须舍去;

③ 由式(3-3-11)算出空台转动惯量。

三、测圆盘的转动惯量

1. 加上圆盘,重复本节二之实验步骤,即可测出带有圆盘的系统总转动惯量 $J_{总}$。

2. 由式(3-3-13)算出圆盘的转动惯量 $J_{盘}$。

四、测圆环的转动惯量

1. 类比本节三,即可得出圆环的转动惯量 $J_{环}$。

2. 将测量值与理论值相比较,得出测量误差。

五、验证平行轴定理△

1. 将两个小圆柱分别对称放在图 3-3-3 所示的孔 1、1′及 2、2′处,重复本节二之实验步骤,分别测得系统的转动惯量 J_1、J_2。

2. 测出孔 1、1′中心的距离 $2d_1$ 及孔 2、2′中心的距离 $2d_2$。

3. 验证式(3-3-19)是否成立,从而验证平行轴定理。

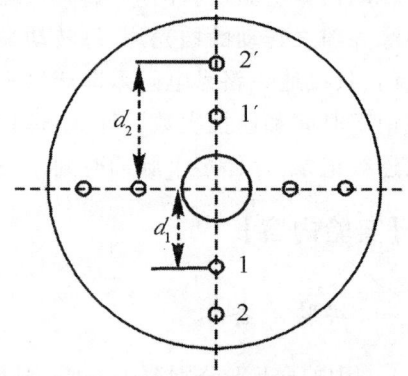

图 3-3-3 验证平行轴定理示意图

【数据记录与处理】

表 3-3-1 转动惯量实验仪与待测物体的相关参数($g=9.8\ \text{m/s}^2$)

砝码质量	绕线塔轮半径	圆盘		圆环			小圆柱质量	小孔中心到轴的距离	
		半径	质量	内半径	外半径	质量		d_1	d_2

表 3-3-2 转动惯量的测量数据

转动系统	拉力力矩	角加速度	提取的角加速度 β_i/(rad·s^{-2})						平均值 $\bar{\beta}$	转动惯量 J/(kg·m^2)
			1	2	3	4	5	6		
空台	有	β_1								
	无	β_2								
空台+圆盘	有	β_3								
	无	β_4								
空台+圆环	有	β_5								
	无	β_6								
空台+孔1	有	β_7								
	无	β_8								
空台+孔2	有	β_9								
	无	β_{10}								

【探索与思考】

1. 本实验中忽略了滑轮的质量及其转动惯量,由此使转动惯量的测量结果相对于理论值是偏大还是偏小？为什么？
2. 若圆环外径与圆盘的直径相等,而且质量相同,二者的转动惯量相同吗？为什么？
3. 本实验是如何检验转动定律和平行轴定理的？
4. 分析导致转动惯量的实验值与理论值不一致的原因有哪些？

实验4 碰撞实验——验证动量守恒定律

【实验背景】

气垫船之父——英国电子工程师克里斯托弗·科克雷尔(1910—1999),在船舶设计中发现海水的阻力降低了船只的速度,于是兴起了要"把船舶的外壳变为一层空气"的念头。在科克雷尔的精心设计下,世界上第一艘载人气垫船于1959年5月28日在英国诞生。利用高压空气在船底和水面(或地面)间形成气垫,使船体全部或部分垫升而实现高速航行的船。气垫是用大功率鼓风机将空气压入船底下,由船底周围的柔性围裙或刚性侧壁等气封装置限制其逸出而形成的。目前,气垫技术现在已广泛应用于各方面。

力学实验中,摩擦力的存在使实验结果的分析处理变得非常复杂。采用气垫技术能大大地减小了物体之间的摩擦,使得物体做近似无摩擦的运动,因此在机械、纺织、运输等工业领域都得到了广泛应用。利用气垫技术制造的气垫船、气垫输送线、空气轴承等,可以减小机械摩擦,从而提高速度和机械效率,延长使用寿命。

气垫导轨的基本原理是在导轨的轨面与滑块之间产生一层薄薄的气垫,使滑块"漂浮"在气垫上,从而消除接触摩擦。虽仍然存在着空气的黏滞阻力,但由于它极小可以忽略不计,所以滑块的运动几乎可以视为无摩擦运动。由于滑块做近似的无摩擦运动,再加上气垫导轨与电脑计数器的配套使用,时间的测量可以精确到 0.01 ms,就使气垫导轨上的实验精度大大提高,实验结果的相对误差小、重复性好。利用气垫导轨装置可以做很多力学实验,如测量物体的速度、验证牛顿第一定律,测量物体的加速度、验证牛顿第二定律,测量重力加速度,研究动量守恒定律,研究机械能守恒定律等。本实验用之于验证动量守恒定律。

【仪器介绍】

一、气垫导轨的整体结构

如图 3-4-1 所示,气垫导轨是一根长约 1.5 m(或 2 m)的三角形铝管。铝管的一端用堵头封死,另一端装有气管。气管与气源相连,可向进气管腔内送入压缩空气。导轨的两个向上的侧面上钻有两排等距离的喷气孔,喷气孔直径约 0.4 mm。压缩空气进入管腔后由喷气孔喷出。导轨两端还装有缓冲弹簧。

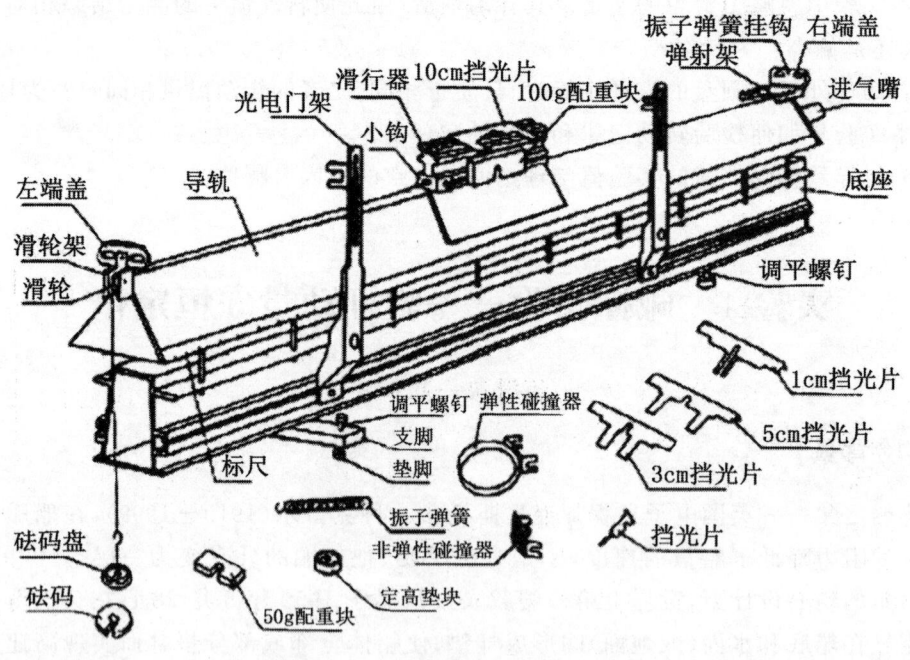

图 3-4-1 气垫导轨结构及其基本附件

整个导轨安装在工字铸铝梁上,在工字梁下面有用来调节导轨水平的螺栓,导轨单脚螺丝下面还可以垫上垫块来改变导轨的倾斜度。在工字梁侧面装有用以测量光电门位置的标尺,导轨的一端装有轻质滑轮。

滑块由合金铝制成,其内表面经过精密加工与气垫导轨的两个喷气侧面精确吻合,实验时将其放在气垫导轨上。当气垫导轨内的空气由小孔喷出时,在滑块与气垫导轨之间就形成一层很薄的气垫,使滑块"漂浮"在气垫上,因此滑块运动时受到的摩擦力很小。

二、气垫导轨的调节

1. 粗调(静态法)。打开气源把滑块在气垫导轨中央静止释放,观察滑块是否停在原处不动。若总往一处滑动,则气垫导轨倾斜,需调节单脚螺钉,直到滑块保持不动或稍有滑动,但无一定方向性,即可认为大致水平。

2. 细调(动态法)。接通毫秒计时器,中速推动滑块,使滑块在气垫导轨上来回运动。由于空气阻力的存在,一般通过第 2 个光电门的时间略大于第 1 个。调节单脚螺钉,使滑块左、右运动时,经过两个光电门之间的时间差小于 0.3 ms,则可认为气垫导轨水平已调好。

三、气垫导轨使用注意事项

1. 气垫导轨的轨面不许敲、碰,如果有灰尘污物,可用棉球蘸酒精擦净。
2. 滑块内表面光洁度很高,严防划伤,更不容许掉在地上。
3. 在导轨未通气的情况下,禁止将滑块放在导轨上滑动。
4. 及时关闭气源,防止气源和导气管过热。
5. 实验完毕后,先从气垫导轨上取下滑块,再关闭气源,以避免划伤气垫导轨。

四、计时系统

计时系统由光电门和 MUJ-5C/5B 计时计数测速仪(简称测速仪或计时器)组成。

气垫导轨的一侧安装有 2 个位置可以移动的光电门。光电门由 1 个光电二极管和 1 个聚光小灯泡组成,其中灯泡的光束对准光电二极管。光电二极管与 1 台光电计时器相连接,计时是由光电二极管和 U 型挡光片控制的。

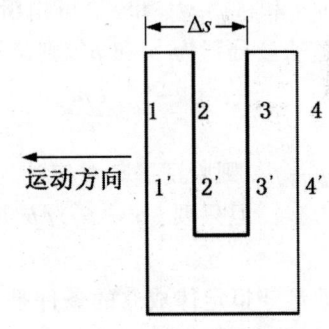

图 3-4-2 挡光片的结构

挡光片(见图 3-4-2)装在滑块上,随滑块一起在气垫导轨上运动。挡光片上有四条互相平行的边,均与滑块的运动方向垂直。当挡光片经过光电门时,当它的第 1 条边(11′,叫作第 1 挡光边)刚一挡光时,计时器记下这一时刻 t_1;当它的第 3 条边(33′,叫作第 2 挡光边)刚一挡光时,计时器又记下这一时刻 t_2。两次挡光的时间间隔为 $\Delta t = t_2 - t_1$,可由计时器显示出来。用游标卡尺测出 11′ 边与 33′ 边之间的垂直距离 Δs,则滑块经过光电门附近的平均速度 $\bar{v} = \dfrac{\Delta s}{\Delta t}$。

【实验目的】

1. 用碰撞特例验证动量守恒定律,并考察动能损耗情况。
2. 掌握一种简化处理数据的方法。

【实验仪器】

气垫导轨及其附件(滑块 2 个、U 型挡光片 2 个、配重块 1 块、尼龙搭扣 1 对、碰撞弹簧 1 个);气源;计时系统;电子天平。

【实验原理】

本实验是在一种特定的情形下检验动量守恒定律的正确性,并考察动能的损耗情况。这种特定的情形是:所研究的物体系只有两个可以看作刚体的滑块;滑块的运动限制在一条水平的直线上;滑块运动时的摩擦阻力可以忽略不计;两滑块的质心的连线与滑块运动方向平行;在碰撞的瞬间,两滑块的接触点在其质心连线上(称为对心碰撞,又称为正碰);在两滑块发生碰撞之前,其中一个保持静止状态。实验中要注意尽量满足这些条件。当我们用实验检验某一理论时,必须满足该理论所要求的实验条件。

动量守恒定律指出:若物体系在某个方向上不受外力,或者在该方向上所受外力之和为零,则此物体系在此方向上的总动量守恒。在水平的气轨上放置两个滑块 A 和 B,它们的质量分别为 m_A 和 m_B。先让滑决 B 保持静止状态,即碰撞前滑块 B 的速度 $v_B=0$;再让滑块 A 以速度 v_A 去碰滑块 B;碰撞后滑块 A 和 B 的速度分别为 v'_A 和 v'_B。若碰撞为对心碰撞,且略去滑块运动时所受到的阻力,根据动量守恒定律应有

$$m_A v_A = m_A v'_A + m_B v'_B. \tag{3-4-1}$$

本实验即根据式(3-4-1)来检验动量守恒定律,检验的方法如下:用天平称出滑块 A 和 B 的质量 m_A 和 m_B,v'_A 和 v'_B 可由滑块上的 U 形挡光片和光电计时器测出。若碰撞前、后两滑块的总动量分别为 p 和 p',则碰撞前后两滑块总动量的相对偏差

$$\frac{p-p'}{p} = \frac{m_A v_A - (m_A v'_A + m_B v'_B)}{m_A v_A} = 1 - \left(\frac{v'_A}{v_A} + \frac{m_B v'_B}{m_A v_A} \right). \tag{3-4-2}$$

若有 $p=p'$,则验证了动量定律。由于存在实验误差,由实验求出的 $(p-p')/p$ 一般并不恰好为零。但只要 $(p-p')/p$ 足够小(要小于实验误差),就可以认为验证了动量守恒定律。

动量守恒定律成立的条件是,物体系统不受外力或所受合外力为零。在此条件下,不论碰撞是弹性的或者非弹性的,动量守恒都成立;但是动能方面的情况就不同了。即使在碰撞过程中没有外力对系统做功,系统的总动能在碰撞过程中是否守恒还与碰撞的性质有关。若参与碰撞的物体是由弹性材料制成的,碰撞结束后物体没有发生形变,则物体系的总动能不变,这就是弹性碰撞;若物体具有一定的塑性,碰撞结束后有部分形变残留,则物体系的总动能就会有所损耗(转变为其他形式的能量)这就是非弹性碰撞。

若碰撞前、后两滑块的总动能分别为 E_k 和 E'_k,则碰撞过程中动能的损耗率为

$$\frac{E_k - E'_k}{E_k} = \frac{m_A v_A^2/2 - (m_A {v'_A}^2/2 + m_B {v'_B}^2/2)}{m_A v_A^2/2} =$$
$$1 - \left(\frac{{v'_A}^2}{v_A^2} + \frac{m_B {v'_B}^2}{m_A v_A^2} \right). \tag{3-4-3}$$

下面分两种情况讨论。

一、完全非弹性碰撞

完全非弹性碰撞后,两滑块粘在一起共同运动,因而有 $v'_A = v'_B$,通常用滑块 A 上的挡光片测量碰撞前、后的速度。设该挡光片的挡光宽度为 Δs_A,碰撞前、后的挡光时间分别为 Δt_A、$\Delta t'_A$,则式(3-4-2)、式(3-4-3)可写为:

$$\frac{p-p'}{p} = 1 - \frac{\Delta t_A}{\Delta t'_A}\left(1 + \frac{m_B}{m_A}\right), \tag{3-4-4}$$

$$\frac{E_k - E'_k}{E_k} = 1 - \left(\frac{\Delta t_A}{\Delta t'_A}\right)^2 \left(1 + \frac{m_B}{m_A}\right). \tag{3-4-5}$$

二、弹性碰撞

令滑块 B 上挡光片的挡光宽度为 Δs_B,滑块 A 和 B 上的挡光片在碰撞前、后的挡光时间分别为 Δt_A、$\Delta t'_A$ 和 $\Delta t'_B$。

1. 若 $m_A > m_B$,滑块 A 碰撞滑块 B 后,将继续沿原方向运动。这时,式(3-4-2)、式(3-4-3)可写为:

$$\frac{p-p'}{p} = 1 - \left(\frac{\Delta t_A}{\Delta t'_A} + \frac{m_B}{m_A}\frac{\Delta t_A}{\Delta s_A}\frac{\Delta s_B}{\Delta t'_B}\right), \tag{3-4-6}$$

$$\frac{E_k - E'_k}{E_k} = 1 - \left[\left(\frac{\Delta t_A}{\Delta t'_A}\right)^2 + \frac{m_B}{m_A}\left(\frac{\Delta t_A}{\Delta s_A}\right)^2\left(\frac{\Delta s_B}{\Delta t'_B}\right)^2\right]. \tag{3-4-7}$$

2. 若 $m_A < m_B$,滑块 A 碰撞滑块 B 后,将被反弹回来。设 $\Delta s'_A$ 是滑块 A 在碰撞后挡光片的宽度(注意,一般情况下 $\Delta s'_A \neq \Delta s_A$),由于 v'_A 的方向与前述方向相反,根据式(3-4-2)、式(3-4-3)有:

$$\frac{p-p'}{p} = 1 - \frac{\Delta t_A}{\Delta s_A}\left(\frac{m_B}{m_A}\frac{\Delta s_B}{\Delta t'_B} - \frac{\Delta s'_A}{\Delta t'_A}\right), \tag{3-4-8}$$

$$\frac{E_k - E'_k}{E_k} = 1 - \left[\left(\frac{\Delta s'_A}{\Delta t'_A}\right)^2 + \frac{m_B}{m_A}\left(\frac{\Delta s_B}{\Delta t'_B}\right)^2\right]\left(\frac{\Delta t_A}{\Delta s_A}\right)^2. \tag{3-4-9}$$

本实验在处理数据方面很有特色,它并不是要求算出物体系在碰撞前、后的总动量和总动能,而是要算出物体系总动量的相对偏差(即物体系在碰撞前、后总动量之差与其在碰撞前的总动量的比值)和物体系总动能的损耗率(即物体系在碰撞前、后总动能之差与其碰撞前的总动能的比值)这样的处理是一种相对比较,因为它与每次实验中动量或动能的具体数值无关因而更具有普遍意义。

【实验内容】

首先,将气垫导轨调至水平状态。然后,进行弹性碰撞和完全非弹性碰撞。

一、弹性碰撞

1. 在两滑块的端部装上碰撞弹簧。用电子天平称量两个滑块的质量 m_A 和 m_B。配重

块装在滑块 A 上，m_A 包括滑块 A 和配重块两个部分的质量。

2. 将光电门 1、2 的插头分别插在测速仪的 P_1、P_2 两个插孔上，测速仪的功能键选择"碰撞"挡。为减小因阻力造成的损失，两个光电门之间的距离应尽量小些，只要满足碰撞时两个滑块的挡光条都在两个光电门之间即可，一般约在 30~40 cm 之间。

3. 将滑块 B 放在两光电门之间靠近光电门 2 的地方，令其静止（$v_B=0$），中速轻推滑块 1，使两者做对心碰撞。测出两滑块碰撞前、后的速度，重复操作 3~5 次，注意速度的正负，分别计算出碰撞前、后的动量，动量的相对偏差和碰撞后动能的损耗率。其间，两个滑块的位置可以调换。

二、完全非弹性碰撞

1. 在两个滑块的端部装上尼龙搭扣，再次称量两滑块的质量。

2. 滑块 B 静止在两光电门之间，滑块 A 运动，碰撞后两滑块连在一起，测出两滑块碰撞前、后的速度。重复操作 4 次。分别计算出碰撞前、后的动量，动量的相对偏差和碰撞后动能的损耗率。

【注意事项】

1. 测量时要注意保证 $v_B=0$，尽量做到正碰，避免碰撞时滑块晃动。即使把气轨调到水平状态，由于气流的扰动，沿块 B 也不会绝对停止在气轨上某一确定位置。为了保持滑块 B 的正确位置，需要用手扶住它；而当滑块 A 到来的瞬间，再将手迅速撤回。这中间如果操作不当，便会给滑块 B 以附加的力，并使 $v_B \neq 0$，而且滑块 B 在碰撞前的位置也可能偏离预期的地点。另外，为保证正碰，滑块 A 的初速度大小也要适当。

2. 为了尽量减小摩擦阻力对实验结果的影响，光电门的位置具有关键性作用。每次实验时都要将光电门放到能记下最接近碰撞前、后的滑块速度的位置。也就是说，当滑块 A 上的挡光片刚一经过光电门，就应立即发生碰撞；当碰撞刚一结束，就能尽快地测出滑块在碰后的挡光时间。

【数据记录与处理】

表 3-4-1　非完全弹性碰撞实验数据

$m_A=$ _____ kg　　$m_B=$ _____ kg

次序	$v_A/(\text{m·s}^{-1})$	$v_A'/(\text{m·s}^{-1})$	$v_B'/(\text{m·s}^{-1})$	$\{m_A v_A\}/$ (kg·m·s^{-1})	$\{m_A v_A' + m_B v_B'\}/$ (kg·m·s^{-1})	动量百分差 E_r
1						
2						
3						
4						

表 3-4-2 完全非弹性碰撞实验数据

$m_A =$ _____ kg $m_B =$ _____ kg

次序	$v_A/(\text{m·s}^{-1})$	$v/(\text{m·s}^{-1})$	$(m_A v_A)/(\text{kg·m·s}^{-1})$	$((m_A + m_B)v)/(\text{kg·m·s}^{-1})$	动量百分差 E_r
1					
2					
3					
4					

【探索与思考】

1. 为什么要求挡光片与滑块运动方向平行,而且挡光边与滑块运动方向垂直?如果不平行或者不垂直会带来什么影响?
2. 碰撞前滑块 A 的速度 v_A 过大或过小有什么不好?
3. 调节气垫导轨时,如果不能做到滑块在各处都自由运动,原因是什么?

实验 5 拉伸法测金属杨氏模量

杨氏弹性模量是描述固体材料抵抗形变能力的重要物理量,是固体材料的纵向弹性模量,在一般工程设计中是一个常用的参数,是选定机械构造材料的重要依据之一。其测量方法有静态拉伸法、梁弯曲法、振动法、内耗法等,还出现了利用光纤位移传感器、莫尔条纹、电涡流传感器和波动传递技术(微波或超声波)等测量杨氏模量的实验技术和方法。本实验采用静态拉伸法测量金属丝的杨氏弹性模量。

对于金属丝(棒状物体)来说,在弹性形变范围内,其伸长量是非常小的,是一个比较难以测准的量。本实验采用两种方法测量微小形变,分别是光杠杆法和 CCD 法。

实验 5.1 光杠杆法测金属杨氏模量

【实验目的】

1. 掌握光杠杆法测量微小伸长量的原理。
2. 学会用光杠杆法测量金属丝的杨氏模量,并进一步熟悉千分尺、望远镜的使用。
3. 学会用逐差法处理实验数据。

【实验仪器】

YMC-1 杨氏模量测定仪(包括砝码、待测金属丝);光杠杆及望远镜尺组;螺旋测微器(千分尺),游标卡尺,钢卷尺等。

【实验背景】

英国医生、物理学家托马斯·杨(1773—1829)是光的波动说奠基人之一,他对弹性力学也有研究。

1678年,胡克于《弹簧》一文中向人们介绍了对弹性物体实验的结果,即胡克定律:线弹性材料受力之后,材料中的应力与应变(单位变形量)之间呈线性关系。19世纪初,在胡克做了不少实验工作的前提下,托马斯·杨总结了胡克等人的研究成果,指出:如果弹性体的伸长量超过一定限度,材料就会断裂,弹性力定律就不再适用了。明确地指出弹性力定律的适用范围,超出该适用范围的形变就叫作范性形变。1807年托马斯·杨依据胡克定律得出在物体的弹性限度内,应力与应变成正比,正应力与线应变之比称为材料的纵向弹性模量。后人为了纪念杨氏的贡献,把纵向弹性模量称为杨氏模量。

【实验原理】

一、杨氏模量的定义及物理意义

在外力作用下,固体发生的形状变化叫形变,形变分弹性形变和范性形变。本实验测量金属丝杨氏弹性模量是在金属丝的弹性范围内进行的,属于弹性形变的问题,最简单的弹性形变是在弹性限度内棒状物受外力后的伸长和缩短。

纵向拉伸是弹性形变中最简单的一种。设一根长度为 L、横截面积为 S 的金属丝,沿长度方向施加外力 F 后伸长了 ΔL,金属丝的弹性力与外力平衡。根据胡克定律:在弹性限度内应变 $\Delta L/L$ 与应力 F/S 成正比,即

$$\frac{F}{S} = E \frac{\Delta L}{L}。 \tag{3-5-1}$$

其中,比例系数 E 即为杨氏弹性模量(也称杨氏模量),单位为 $N \cdot m^{-2}$。对一定的材料而言,E 是一个物理常数,它反映的是物体发生弹性形变的难易程度。也就是说,杨氏模量仅取决于材料的性质,与物体的几何尺寸及外力作用的大小无关。

二、杨氏模量的测量

(一)光杠杆法测量微小长度变化量的原理

由式(3-5-1)可知,只要测量出等号右端的 F、L、S、ΔL 四个物理量,即可测定杨氏模量 E。显然,F、L、S 可用一般长度测量工具测出,而对于金属丝的微小伸长量 ΔL,使用一般的长度测量工具进行精确的测量是有困难的。这是因为 ΔL 很小,不能用直尺测量,也不便于用卡尺和千分尺测量。本实验采用根据光放大原理设计的光杠杆及望远镜尺组进行测量。

通常用杨氏模量测定仪测金属丝的杨氏模量。光杠杆由T型足架和小平面镜组成,形状如图3-5-1所示,测量时还必须加上读数系统的镜尺组(望远镜和标度尺)。在本实验中,光杠杆足架上的前两足应安放在杨氏模量测定仪固定平台上的同一沟槽内,后足尖则置于

金属丝下端的圆柱形夹头上。调整圆柱形夹头的位置使光杠杆的直杆水平，镜面竖直，即是二者互相垂直。当金属丝发生形变时，光杠杆的后足尖随之升降，镜面将向前或向后倾斜。在离镜面水平距离 65 cm 以外的望远镜中可以看到标尺的读数发生变化。

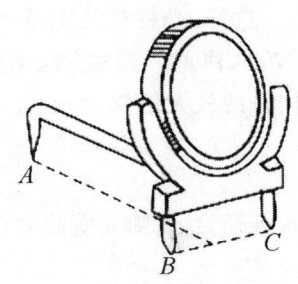

测量原理如图 3-5-2 所示。当金属丝被拉长了 ΔL 时，光杠杆的镜面向后仰 θ 角，后足尖绕前两脚连线也转过 θ 角，且有

图 3-5-1　光杠杆示意图

$$\tan\theta = \frac{\Delta L}{D}。 \quad (3\text{-}5\text{-}2)$$

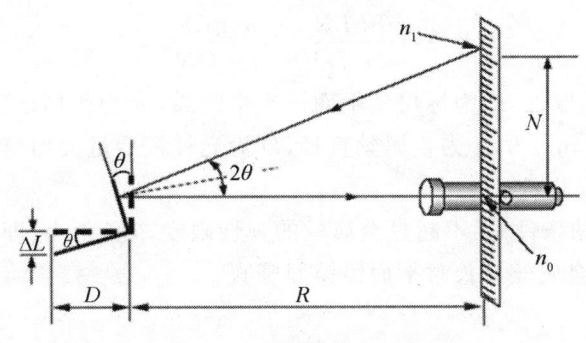

图 3-5-2　杨氏模量测量原理

式中，D 为光杠杆后足尖到两前脚连线的垂直距离。若金属丝原长时望远镜里标尺的读数为 n_0，金属丝伸长 ΔL 后读数为 n_1，则两次读数之差 $N = n_1 - n_0$。这时，镜面的法线也随之上仰 θ 角，所以入射光线和反射光线的夹角为 2θ。已知镜面到标尺的水平距离为 R，则

$$\tan 2\theta = \frac{N}{R}。 \quad (3\text{-}5\text{-}3)$$

因为 ΔL 很小，θ 角也很小，2θ 也很小，当角度用弧度表示时就有

$$\tan\theta \approx \theta, \quad (3\text{-}5\text{-}4)$$
$$\tan 2\theta \approx 2\theta。 \quad (3\text{-}5\text{-}5)$$

所以，

$$2\tan\theta \approx \tan 2\theta。 \quad (3\text{-}5\text{-}6)$$

代入式(3-5-2)、式(3-5-3)，得

$$2\frac{\Delta L}{D} = \frac{N}{R}, \quad (3\text{-}5\text{-}7)$$

即

$$\Delta L = \frac{DN}{2R}。 \quad (3\text{-}5\text{-}8)$$

可见，只要测出 D、R 和 N，就可以求出金属丝的微小伸长量 ΔL。

式(3-5-8)即为光杠杆测量微小伸长量的原理公式。实验时 R 远大于 D，则 N 必然远

大于 ΔL。这样,光杠杆就把原来不易测量的微小量 ΔL 转换成能在标尺上直接读出的数值较大的 N,这种光学放大方法不但可以提高测量的准确度,而且可以实现非接触测量。

光杠杆的放大倍数

$$\beta = \frac{N}{\Delta L} = \frac{2R}{D}。 \quad (3\text{-}5\text{-}9)$$

若金属丝直径为 d,则其横截面积

$$S = \frac{1}{4}\pi d^2。 \quad (3\text{-}5\text{-}10)$$

(二) 杨氏模量的测量公式

将式(3-5-8)和式(3-5-10)代入式(3-5-1),整理得

$$E = \frac{8FLR}{\pi d^2 DN} = \frac{8mgLR}{\pi d^2 DN}。 \quad (3\text{-}5\text{-}11)$$

式中,L 为待测金属丝原长,R 为标尺到平面镜水平距离,m 为所加砝码质量,g 为当地重力加速度值(通常取 $9.8~\mathrm{m/s^2}$),d 为金属丝直径,D 为光杠杆后足尖到前两足尖连线的垂直距离,N 为标尺读数的变化量。

式(3-5-11)成立的条件是:不超过金属丝的弹性限度,θ 角很小,即 $\Delta L \ll D$,$N \ll R$,标尺竖直,望远镜水平,金属丝原长时平面镜镜面竖直。

【仪器介绍】

杨氏模量测定仪的基本结构主要包括金属丝支架和砝码两部分:杨氏模量测定仪的底部有三个底脚,每个底脚都有调整螺丝,用于调节底座水平。在两根立柱之间有上下两个横梁。待测金属丝(长约 80 cm)的上端被上梁中间的圆柱形夹头夹牢,下端也用圆柱形夹头固定在工作平台的圆孔中,金属丝的最下端装有砝码托。

【实验内容】

一、杨氏模量测定仪的调整

1. 调节底脚螺丝,使仪器底座水平也即是使立柱竖直。
2. 在金属丝下方的砝码托上加上 2 个质量为 1 kg 的砝码,将金属丝完全拉直,检查圆柱体是否能在工作平台圆孔中自由滑动。

注 砝码托及最初的 2 个砝码不应计入所加作用力 $F = mg$ 之内。

二、光杠杆及望远镜尺组的调节

1. 将光杠杆按前述要求放好,即将其前两足尖放在平台的同一横槽内,后足尖放在平台圆孔中圆柱体夹头上,但不能与金属丝相碰。调整圆柱体夹头的上下位置,使光杠杆的直杆呈水平状态,然后调节平面镜镜面竖直。
2. 将望远镜尺组靠近光杠杆镜面的正前方,调节望远镜镜筒水平、标尺竖直,并调节望

远镜镜筒在立柱上的位置使其和光杠杆镜面等高且镜头正对平面镜镜面,同时使标尺面正对光杠杆镜面所在的竖直平面。然后,将望远镜尺组沿垂直镜面方向直线向后拉至距离镜面大于 65 cm 处。

3. 镜外找像。向右稍微移动望远镜尺组,从望远镜筒轴线方向观察光杠杆镜面,可以看到光杠杆镜中标尺的像。若没有标尺的像,可微调望远镜尺组的位置,直至可以看到光杠杆镜中标尺的像。注意此时眼睛、望远镜筒上方缺口、准星、镜中标尺的像在一条直线上。

4. 镜内找像。

① 调节望远镜的目镜调焦旋钮,使十字叉丝清晰。

② 调节望远镜的物镜调焦旋钮,使从目镜视场中能看到清晰的标尺像。若无,再观察望远镜筒上方缺口、准星与标尺的像是否在一条直线上,微调望远镜底座使三者在一条直线上,直至从目镜视场中能看到清晰的标尺像为准。最后,调节望远镜筒目镜下方微调螺钉,使目镜视场中十字叉丝的水平丝对准标尺像的某一整毫米刻度。

注 在实验测量过程中,不允许调节微调螺钉。

三、测量

1. 记下望远镜中标尺刻度的初始读数 n_0,然后轻轻地依次将 1 kg 砝码加到砝码托上,记录每次从望远镜中读得的标尺像读数 $n_i(i=1,2,\cdots,8)$。加砝码时要注意勿使砝码托摆动,并将砝码缺口交叉放置,以免整体重心偏移或砝码倒下。

2. 将砝码再轻轻依次取下,并记录每取下一个砝码时标尺像的读数 n_i'。

注 在增加或减少砝码的过程中,必须使金属丝形变稳定且不晃动后再读数。当金属丝荷重相同时,读数应基本相同,若差距很大,必须先找原因,再做实验。

3. 用钢卷尺测量光杠杆镜面到标尺的水平距离 R 和上下圆柱形夹头之间金属丝的原长 L。

4. 通过印迹法(即将光杠杆拿下放在纸上压出三个足尖的印迹),用游标卡尺测出光杠杆后足尖到前两足尖连线的垂直距离 D。

5. 用螺旋测微器测量金属丝的直径 d。要选择上、中、下不同处,共测量 6 次,注意螺旋测微器的零点读数。

【数据记录与处理】

一、金属丝伸长量的测量

为了充分利用实验数据、减小偶然误差,在函数呈线性关系的情况下做等间隔测量,得一测量次数为偶数的测量列,把它前后平分成两组。如本实验,前一半为 n_0、n_1、n_2、n_3,后一半为 n_4、n_5、n_6、n_7,对应项之差为 4 的读数增量,每千克的读数增量分别为

$$N_1 = \frac{1}{4}(n_4 - n_0),$$

$$N_2 = \frac{1}{4}(n_5 - n_1),$$

$$N_3 = \frac{1}{4}(n_6 - n_2),$$

$$N_4 = \frac{1}{4}(n_7 - n_3)。$$

取平均,得

$$\overline{N} = \frac{1}{4}(N_1 + N_2 + N_3 + N_4)。$$

这种分组相减的方法叫作逐差法,在数据处理中有较广泛的应用。

表 3-5-1　逐差法处理数据记录

i	m_i/kg	n_i/cm 增砝码	n'_i/cm 减砝码	$\{\overline{n_i} = \dfrac{n_i + n'_i}{2}\}$ /cm	$\{N_i = \dfrac{\overline{n_{i+4}} - \overline{n_i}}{4}\}$ /cm
0	0				
1	1				
2	2				
3	3				
4	4				
5	5				$\overline{N} =$
6	6				
7	7				
8	8	此数据无需记录,增重 m_8,只是为了让增减 m_7 时望远镜中有不同的读数。			

在计算伸长量的不确定度时,因 $\overline{N}$ 是间接测量量,故须考虑误差的传递。但由于使用逐差法进行处理数据,可将 N_i 看作一组等精度测量列,对不确定度做如下评定处理:

A 类分量　　　　　$u_{NA} = \sqrt{\dfrac{1}{n(n-1)} \sum (N_i - \overline{N})^2}$;

B 类分量,由函数关系式 $N_i = \dfrac{\overline{n_{i+4}} - \overline{n_i}}{4} = \dfrac{(n_{i+4} + n'_{i+4}) - (n_i + n'_i)}{8}$,可得

$$u_{NB} = \dfrac{\sqrt{4}}{8} u_{nB} = \dfrac{2}{8} \dfrac{\delta_m}{\sqrt{3}}。$$

其中,δ_m 为标尺仪器误差限。则总不确定度

$$u_N = \sqrt{u_{NA}{}^2 + u_{NB}{}^2}。$$

二、金属丝直径的测量

表 3-5-2　金属丝直径测量记录

螺旋测微器零点读数 $d_0 = $ _____ mm

测量次数 i	1	2	3	4	5	6
d_i/mm						

第三章 基础性实验

由表中数据,进行下列计算:

$$\bar{d} = \frac{1}{6} \sum_{i=1}^{6} d_i。$$

金属丝直径
$$d = \bar{d} - d_0。$$

其不确定度
$$u_{dA} = \sqrt{\frac{1}{n(n-1)} \sum (d_i - \bar{d})^2},$$

$$u_{dB} = \frac{\delta_m}{\sqrt{3}}。$$

其中 δ_m 为螺旋测微器的仪器误差限。

$$u_d = \sqrt{u_{dA}^2 + u_{dB}^2}。$$

三、其余相关物理量的测量

表 3-5-3　其余相关物理量测量记录表

测量物理量	L/cm	D/cm	R/cm
测量值			

计算表中各量不确定度:

$$u_L = \frac{\delta_{Lm}}{\sqrt{3}},$$

$$u_D = \frac{\delta_{Dm}}{\sqrt{3}},$$

$$u_R = \frac{\delta_{Rm}}{\sqrt{3}}。$$

四、杨氏模量的测量结果

1. 将各数据代入(3-5-11)式,得杨氏模量实验值:

$$\bar{E} = \frac{8mgLR}{\pi d^2 DN}。$$

2. 根据间接测量量的不确定度合成法则,计算 $\bar{E}$ 的相对不确定度:

$$u_E = \bar{E} \cdot \sqrt{\left(\frac{u_L}{L}\right)^2 + \left(\frac{u_D}{D}\right)^2 + \left(\frac{u_R}{R}\right)^2 + \left(\frac{2u_d}{d}\right)^2 + \left(\frac{u_N}{N}\right)^2}。$$

3. 将实验结果表达为:

$$E = \bar{E} \pm u_E,$$

$$E_r = \frac{u_E}{\bar{E}} \times 100\%,$$

$$P = 0.683。$$

【注意事项】

1. 加负荷时一定不可超过金属丝的弹性限度,否则上述计算公式就不成立。
2. 调整好光杠杆和望远镜尺组之后,整个实验过程都要防止光杠杆和望远镜及竖尺的位置有任何变动。
3. 在增减砝码时,应该轻拿轻放,等金属丝不晃动且形变稳定后测量。
4. 观测标尺读数时眼睛正对望远镜,不得忽高忽低引起视差。
5. 正确使用和维护望远镜,调节望远镜要轻、慢,不要用手触摸物镜和目镜的光学表面。
6. 光杠杆应正确放置,防止跌落。
7. 注意维护金属丝的竖直状态,在用螺旋测微器测量其直径时勿将其扭折。

【探索与思考】

1. 使用螺旋测微器的注意事项是什么?微调旋钮如何使用?螺旋测微器用毕放回盒内时要作何处理?
2. 用作图法求出金属丝的杨氏模量。
3. 怎样提高光杠杆测量微小变化的灵敏度?灵敏度是否越高越好?
4. 在本实验中哪些量对测量结果误差影响较大?为什么?
5. 通过本实验如何测量载玻片的厚度?

实验 5.2　CCD 法测金属杨氏模量

【实验目的】

1. 学会用拉伸法测量金属丝的杨氏模量。
2. 学习螺旋测微器、读数显微镜、CCD 摄像机的使用方法。
3. 学会用逐差法处理实验数据。

【实验器材】

FD-YC-I CCD 伸长法杨氏模量测定仪 1 套;钢卷尺,螺旋测微器等。

【实验原理】

将式(3-5-10)代入式(3-5-1),可得

$$E = \frac{FL}{S \, \Delta L} = \frac{4FL}{\pi d^2 \, \Delta L}。 \tag{3-5-12}$$

式中,ΔL 是一个很小的长度变化量,可用读数显微镜配 CCD(Charge Couple Device)成像系统直接测量。把原来从显微镜中看到的图像通过 CCD 呈现在监视器的屏幕上,便于观

测。CCD是电荷耦合器件的简称,是目前较实用的一种图像传感器,它有一维和二维的两种。一维用于位移、尺寸的检测,二维用于平面图形、文字的传递。现在二维的CCD器件已作为固态摄像器应用于可视电话和无线电传真领域,在生产过程监视和检测上的应用也日渐广泛。

本实验采用二维CCD器件作为固态摄像机,它将光学图像转变为视频电信号,由视频电缆接到监视器上,在监视屏幕上显示出来,对伸长量 ΔL 进行直接测量。

【仪器介绍】

一、金属丝支架

如图 3-5-3 所示,S 为金属丝支架,高约 1.32 m,可置于实验桌上。支架顶端设有金属丝悬挂装置,金属丝长度可调,约 95 cm。金属丝下端连接一小圆柱,圆柱中部方形窗中有细横线供读数用,小圆柱下端附有砝码托。支架下方还有一钳形平台,设有限制小圆柱转动的装置(未画出),支架底脚螺丝可调立柱竖直。

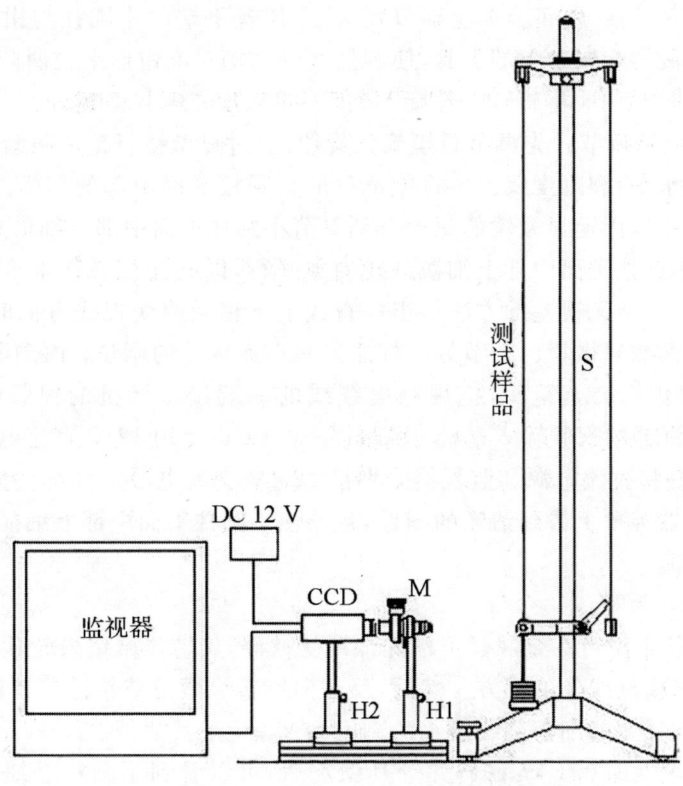

图 3-5-3　FD-YC-I CCD 伸长法杨氏模量测定仪

二、读数显微镜

读数显微镜 M 用来观测金属丝下端小圆柱中部方形窗中细横线位置及其变化。目镜前方装有分划板,分划板上有刻度,其刻度范围 0~6 mm,分度值 0.01 mm,每隔 1 mm 刻一数字。H1 为读数显微镜支架。

三、CCD 成像、显示系统 CCD 黑白摄像机

灵敏度:最低照度≤0.2 lx。CCD 专用 12 V 直流电源。

1. 黑白视频监视器:屏幕尺寸 14 寸,420 线。
2. CCD 摄像机支架 H2。

【实验内容及步骤】

一、测量钢丝材料的杨氏模量

(一) 认识和调节仪器

1. 认识仪器。实验前,应该学习并掌握仪器的正确使用方法。
2. 调节仪器。

① 调节支架 S 竖直(用底脚螺丝调节)。使金属丝下端的小圆柱与钳形的平台无摩擦地上下自由移动,旋转金属丝上端夹具,使圆柱两侧刻槽对准钳形平台两侧的限制圆柱转动的小螺丝;两侧同时对称地将旋转螺丝旋入刻槽中部,力求减小摩擦。

② 读数显微镜的调节。先调节目镜聚焦旋钮,通过显微镜目镜用眼睛看到清晰的十字叉丝(叉丝横线要水平)和刻度线。再将物镜对准小圆柱平面中部的细横线,调节显微镜前后距离,然后微调用以固定显微镜的螺丝直到看清小圆柱平面中部上细横刻线的像,且让目镜中叉丝横线与小圆柱平面中部上细横刻线的象平行,即是让二者都水平。固定显微镜的位置并消除视差。判断无视差的方法是当左右或上下稍微改变视线方向时,两个像之间没有相对移动,这是读数显微镜已调节好的标志。只有无视差的调焦,才能保证测量精度。

③ 将 CCD 摄像机装上镜头,把视频电缆线的一端接摄像机的视频输出端子(Video out),另一端接监视器的视频输入端(Video in)。将 CCD 专用 12 V 直流电源接到摄像机后面板"Power"孔,并将直流电源和监视器分别接 220 V 交流电源。仔细调整 CCD 位置及镜头焦距,直到监视器屏幕上看到清晰的图像,且要使小圆柱平面中部上细横刻线的像成在监视器屏幕的中下部。

(二) 观测伸长变化

1. 为使砝码托平稳可在金属丝下端先加两块砝码,旋转显微镜鼓轮让目镜中的叉丝横线位于小圆柱上细横刻线像的下方。然后,反方向旋转显微镜鼓轮让二者重合,此时监视器屏幕上显示的小圆柱上的细横刻线指示的刻度为 Y_0,记录其数值。

2. 在砝码托盘上加 0.1 kg 砝码并等其稳定后,可以看到小圆柱上细横刻线的像在屏幕上的位置上移,继续朝同一方向旋转显微镜鼓轮使叉丝横线与其重合,并记下此时显微镜的读数 Y_1。

3. 重复步骤 2,在砝码托盘上逐次加 0.1 kg 砝码,并记下对应的读数为 Y_i ($i=0,1,\cdots,7$),记下 Y_7 以后,继续朝同一方向旋转显微镜鼓轮 1 周以上。

4. 反方向旋转显微镜鼓轮使叉丝横线与小圆柱上细横刻线的像重合，记下此时显微镜的读数 Y'_7。再将所加的砝码逐个减去，记下对应的读数 $Y'_i (i=7,6,\cdots,0)$。

5. 将两对应读数 Y_i 与 Y'_i 求平均，得

$$\overline{Y}_i = \frac{Y_i + Y'_i}{2}。 \quad (3\text{-}5\text{-}13)$$

（三）测量其他相关物理量

用直尺测量金属丝原长 L，用螺旋测微器在金属丝的不同部位测量直径 d，各测 6 次。注意记下螺旋测微器零点读数 d_0。

（四）数据处理

运用逐差法计算 $\overline{\Delta L}$。由式(3-5-13)及 $F = mg (m=0.1\ kg)$，可得

$$E = \frac{4mgL}{\pi d^2 \overline{\Delta L}}。 \quad (3\text{-}5\text{-}14)$$

二、测量其他钢丝材料的杨氏模量及涂树脂康铜丝受相同力的伸长量$^\triangle$

通过实验，了解不同材料对杨氏模量的影响。

【注意事项】

1. 实验前必须检查待测金属丝是否处于平直状态，如果有折或弯曲，可用木质螺丝刀柄的圆凹槽部位沿金属丝来回拉动，直至使金属丝平直后方可进行实验。

2. 使用 CCD 摄像机时应注意：CCD 不可正对太阳光、激光或其他强光源，不要用手触摸 CCD 前表面，CCD 的 12 V 直流电源不要随意用其他的电源替代，不要使 CCD 视频输出短路。防止 CCD 过热，在测量间隙最好关闭电源。防止震动、跌落。镜头和 CCD 接口螺丝较细密，旋转时要轻，镜头要防潮、防污染。

3. 不能用手触摸仪器的任一光学表面。

4. 注意维护金属丝平直状态，使用螺旋测微器测量其直径时勿将它扭折。

5. 使用显微镜时应注意：测量过程中，应缓慢转动鼓轮，且沿一个方向转动，中途不要反向。因为丝杠与螺母纹间有空隙，称为螺距差（也称空程差）。当反向旋转时，必须转过此间隙后活动分划板（十字叉丝）才能跟着螺旋移动。因此若旋过了头，必须退回 1 圈，再从原方向旋转推进，重新测量。

【数据记录与处理】

一、金属丝伸长量的测量

计算伸长量 $\overline{\Delta L}$ 的不确定度时，由于 $\overline{\Delta L}$ 是间接测量量，必须考虑误差的传递，但由于使用逐差法进行处理数据，可将 ΔL_i 看作一组等精度测量列，则不确定度评定如下处理：

A 类分量 $\qquad u_{\Delta L A} = \sqrt{\dfrac{1}{n(n-1)} \sum (\Delta L_i - \overline{\Delta L})^2}$；

B 类分量,由函数关系式 $\Delta L_i = \dfrac{\overline{Y_{i+4}} - \overline{Y_i}}{4} = \dfrac{(Y_{i+4} + Y'_{i+4}) - (Y_i + Y'_i)}{8}$,得

$$u_{\Delta LB} = \dfrac{\sqrt{4}}{8} u_{YB} = \dfrac{2}{8} \times \dfrac{\delta_m}{\sqrt{3}}。$$

其中,δ_m 为读数显微镜仪器误差限。则总不确定度

$$u_{\Delta L} = \sqrt{u_{\Delta LA}^2 + u_{\Delta LB}^2}。$$

表 3-5-4 受力后金属丝伸长量的测量数据

i	m_i/kg	Y_i/mm 增砝码	Y'_i/mm 减砝码	$\{\overline{Y_i} = \dfrac{Y_i + Y'_i}{2}\}$/mm	$\{\Delta L_i = \dfrac{\overline{Y_{i+4}} - \overline{Y_i}}{4}\}$/mm
0	0.1				
1	0.2				
2	0.3				
3	0.4				
4	0.5				
5	0.6				$\overline{\Delta L} =$
6	0.7				
7	0.8				

二、金属丝原长及其直径的测量

表 3-5-5 金属丝原长及其直径的测量数据

原长 $L = $ _____ cm   螺旋测微器零点读数 $d_0 = $ _____ mm

测量次数 i	1	2	3	4	5	6
d_i/mm						

不确定度的计算:

$$u_L = \dfrac{\delta_{Lm}}{\sqrt{3}};$$

$$u_{dA} = \sqrt{\dfrac{1}{n(n-1)} \sum (d_i - \overline{d})^2},$$

$$u_{dB} = \dfrac{\delta_m}{\sqrt{3}}。$$

式中,δ_m 为螺旋测微器的仪器误差限。总不确定度

$$u_d = \sqrt{u_{dA}^2 + u_{dB}^2}。$$

三、杨氏模量的测量结果

将以上各数据代入(3-5-14)式算出杨氏模量实验值 $\overline{E}$。根据间接测量量的不确定度合成法则(参考绪论),杨氏模量 $\overline{E}$ 的相对不确定度计算式为:

$$\frac{u_E}{\overline{E}} = \sqrt{\left(\frac{u_L}{L}\right)^2 + \left(\frac{2u_d}{d}\right)^2 + \left(\frac{u_{\Delta L}}{\Delta L}\right)^2}。$$

$$E = \overline{E} \pm u_E,$$

$$E_r = \frac{u_E}{\overline{E}} \times 100\%,$$

$$P = 0.683。$$

【探索与思考】

1. 对微小伸长量的测量除了读数显微镜方法外,还有哪些方法?
2. 逐差法处理数据有什么好处?逐差法的使用条件是什么?
3. 用作图法求出金属丝的杨氏模量。
4. 在进行实验时,如果出现下列情况,将分别对实验有何影响?是否要重新测?如何从测量数据中发现这些问题?
① 金属丝有弯曲;② 碰动了读数显微镜。

实验6 液体表面张力系数的测定

液体的表面张力是表征液体性质的一个重要参数。测量液体的表面张力系数有多种方法,比如拉脱法、拉平法、毛细管上升法、最大气泡压力法、悬滴法等。

拉脱法常用的测力工具有焦利氏秤和力敏传感器,故又分为焦利氏秤法和力敏传感器法。由于用拉脱法测得的液体表面张力约在 $1 \times 10^{-3} \sim 1 \times 10^{-2}$ N 之间,因此需要一种量程范围较小、灵敏度高,且稳定性好的测量力的仪器。硅压阻式力敏传感器张力测定仪正好能满足测量液体表面张力的需要,它比传统的焦利氏秤灵敏度高,且以数字电压表输出显示。

本实验探讨用焦利氏秤法、力敏传感器法测量液体的表面张力系数。

实验6.1 用焦利氏秤法测液体的表面张力系数

【实验目的】

1. 了解焦利氏秤的结构、原理并学会正确使用。
2. 学习用焦利氏秤测量微小力的方法。
3. 学会用拉脱法测量室温下液体的表面张力系数。

【实验仪器】

BZ-1型表面张力测定仪(包括焦利氏秤、Ⅱ型金属框、砝码、烧杯、砝码盘、镊子等);游标卡尺,温度计,蒸馏水,酒精灯等。

【实验背景】

表面张力是液体的一个重要特性,实质上是分子力的一种表现。汉代时,人们对表面张力现象已有所认识,西汉刘安的《淮南万毕术》就有丢针的故事。到了宋代,人们将此现象应用于桐油质量的检验:"验真桐油之法,以细篾一头作圈子,入油蘸。若真者,则如鼓面鞔圈子上;掺有伪,则不著圈上矣。"因存在表面张力的缘故,纯净的桐油可附着在细竹篾圈上形成一薄膜,而有杂质的桐油就不能形成薄膜。周密在《齐东野语》中还记载了一种以少许净水调开熊胆以去除眼球表面尘土的方法:"熊胆善辟尘。试之之法,以净水一器,尘幂其上,投胆粟许,则凝尘豁然而开。以之治目障翳,极验。"这是由于熊胆溶于水后,在水面形成薄膜,膜的表面张力会将水面尘埃推开,因此可用来清洗和除去眼球表面的灰尘。

1919 年,来自美国罗切斯特医学研究所的 Du Noüy 在实验室自制了基于拉脱法的表面张力系数测量仪,他使用齿轮、转盘、表针等组成的扭力天平测量了不同液体材料的表面张力系数。1935 年,他在 *Nature* 杂志上发表了对 Ring method 的评论:比任何方法都广泛地应用。并且指出了它的优势:简单易操作、可靠。现代测量仪器的进步使得人们可以利用硅单晶电阻应变传感器进行吊环法测表面张力系数,并掌握使用计算机软件进行数据处理。毛细管上升法,将一根半径均匀的毛细管插入可润湿的液体中,液面将在毛细管中上升至平衡位置,进而测量表面张力系数。

本实验采用焦利氏秤来进行拉脱法表面张力系数的测量,利用类似游标卡尺的主尺和副尺的套筒结构实现了对拉力的测量。

【实验原理】

一、表面张力

很多现象表明,液体表面具有收缩到尽可能小的趋势。从微观角度看,液体表面是具有厚度为分子吸引力有效半径(约 10^{-8} cm)的薄层,称之为表面层。表面层内分子排布比内部稀疏,它们相互作用的结果使得液体表面自然收缩,犹如紧张的弹性薄膜。从能量观点看,任何内部分子欲进入表面层都要克服分子间的吸引力而做功。可见,表面层有比液体内部更大的势能,即所谓表面能,表面积越大、表面能也越大。众所周知,任何体系总以势能最小的状态最为稳定,所以,液体要处于稳定,液面就必须缩小,以使其表面能尽可能减小,宏观上就表现为液体表面层的张力,称为表面张力。表面张力的方向与液面相切,作用在任何一部分液面上的表面张力总是与这部分液面的分界线垂直。

生活中见到的表面张力现象如:缝衣针、硬币可放在水面上,杯中水可超过杯子平面而不溢出,荷叶上的水滴呈球形等。

二、表面张力系数

设想在液面上画一条直线段,线段两侧液面均有收缩的趋势,即有表面张力作用,该力与液面相切,与线段垂直,指向各自的一方,分别用 f 和 f' 表示,这恰为一对作用力与反作用力。由于线段上各点均有表面张力作用,线段越长,合力越大。设线段长为 l,则表面张力

$$f = \alpha l 。 \quad (3\text{-}6\text{-}1)$$

式中,α 称为表面张力系数,它等于沿液面作用在分界线单位长度上的表面张力,单位为 $\text{N} \cdot \text{m}^{-1}$。张力系数的大小与液体的成分、纯度、浓度以及温度有关,还与液体表面接触的物质有关。温度升高时,α 值变小。

将一表面洁净、宽度为 l 的 Ⅱ 型金属框竖直地浸入被测液体中,然后再缓慢地将它向上拉出液面,可以看到在框内形成一层液膜,如图 3-6-1 所示。此时,金属框在竖直方向上受到 4 个力的作用:拉力 F,框的重力 G,液膜表面张力 $2f$(有两个液面),如图 3-6-2 所示。设两侧液面与竖直方向成 θ 角,则表面张力在竖直方向上的分力为 $2f \cos \theta$,因为 Ⅱ 型框所用金属丝直径很小,所以在不计框所受浮力及水膜的重力时,金属框在竖直方向的平衡条件为

$$F = 2f \cos \theta + G 。 \quad (3\text{-}6\text{-}2)$$

由上式可以得出:当缓慢地拉起金属框时,随着 Ⅱ 型框的上升,框的重力 G 和表面张力 f 的大小保持不变,θ 角将逐渐减小而趋向于零,而拉力 F 将不断增大。在水膜破裂前瞬间,$\theta = 0$,F 达到最大值 F_m。

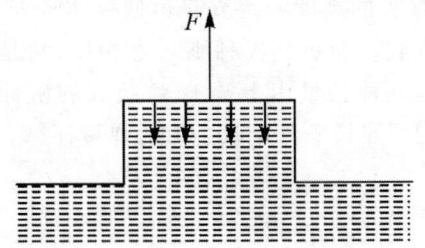

图 3-6-1　Ⅱ 型金属框内液膜的形成

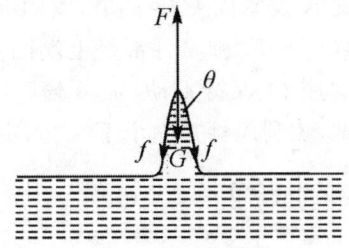

图 3-6-2　Ⅱ 型金属框受力分析

联立式(3-6-1)和式(3-6-2)可得表面张力系数

$$\alpha = \frac{F_\text{m} - G}{2l} 。 \quad (3\text{-}6\text{-}3)$$

式中,l 为 Ⅱ 型框的宽度。利用焦利氏秤可测得式(3-6-3)中 F_m 和 G 的大小。

若弹簧在 Ⅱ 型框重力 G 作用下伸长量为 x_0,在 Ⅱ 型框被拉脱时弹簧的伸长量为 x,设弹簧的劲度系数为 k,则

$$G = kx_0 , \quad (3\text{-}6\text{-}4)$$

$$F_\text{m} = kx 。 \quad (3\text{-}6\text{-}5)$$

将式(3-6-4)和式(3-6-5)代入(3-6-3)式,可得

$$\alpha = \frac{k(x - x_0)}{2l} = k \frac{\Delta x}{2l} 。 \quad (3\text{-}6\text{-}6)$$

由(3-6-6)式可知,只要测出 k、Δx 和 l,就可求出表面张力系数 α。

【仪器介绍】

BZ-1 型表面张力测定仪由焦利氏秤、Ⅱ型金属框、砝码、烧杯等部件组成。

焦利氏秤实际上是一个精细弹簧秤，用来测微小的力，其结构如图 3-6-3 所示。它的主要部分是立柱 A 和一个有毫米标尺的圆柱 B。在 A 柱的上端固定一游标 C，它与圆柱 B 组成游标尺。横梁 H 上挂一精细弹簧 E，旋动旋钮 D 可以升降 B 和 E。M 为一侧有水平刻线的玻璃圆管，称为指标管，I 为挂在弹簧 E 下端的平面反射镜，叫作指标镜，镜面上有一条水平刻线。实验时，要使指标管上的刻线和其在指标镜中的像与指标镜上的刻线达到"三线"重合，这样弹簧下

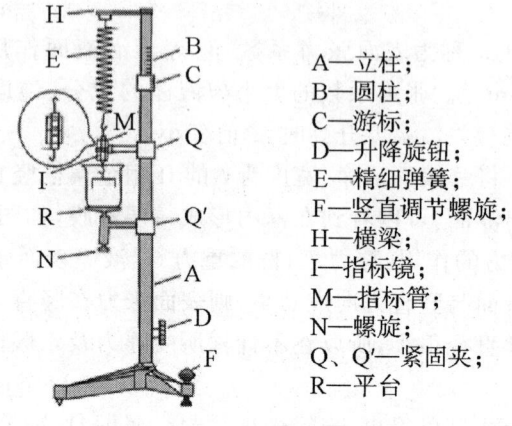

A—立柱；
B—圆柱；
C—游标；
D—升降旋钮；
E—精细弹簧；
F—竖直调节螺旋；
H—横梁；
I—指标镜；
M—指标管；
N—螺旋；
Q、Q′—紧固夹；
R—平台

图 3-6-3　焦利氏秤的结构示意图

端的位置才能保持不变。指标镜下端挂钩可挂砝码盘，Ⅱ型金属框等。R 为一平台，其高度可由螺旋 N 及紧固夹 Q′ 调节，紧固夹 Q 可调节指标管的高度。调节 F 可使秤体竖直。

通常情况下，弹簧秤都是上端固定，在下端加负载。而焦利氏秤则与之相反，它是控制弹簧下端使 M 保持不动，加负载后向上拉动弹簧，其伸长量由上端 B、C 组成的游标尺读出。可见，焦利氏秤是一个下端"固定"，靠弹簧"向上"伸长来测定微小力的弹簧秤。

【实验内容】

一、测定弹簧劲度系数

1. 按图 3-6-3 挂好弹簧、指标镜、指标管和砝码盘，并调节三脚底座螺丝 F，使指标镜 I 处于竖直方向并呈自由悬挂状态。此时，指标镜穿过指标管的中心轴且要使指标镜上刻线在指标管刻线之下，以后保持指标管位置不变。调节旋钮 D 使弹簧上升直至指标管上的刻线及其在指标镜中的像与指标镜中间刻线达到"三线"重合（注意此时弹簧要稳定不晃动），把此时游标尺读数 S_0 记入表 3-6-1 内。

2. 在砝码盘上加 0.5 g 砝码，调节螺旋 D 使"三线"重合，把此时游标尺的读数 S_1 记入表 3-6-1 内。

3. 此后每加 0.5 g 砝码，重复步骤 2 测量 1 次，直至加到 3.5 g，把每次游标尺上的读数 $S_2, S_3, \cdots, S_7$ 记入表 3-6-1 内。然后逐次减 0.5 g 砝码，测出相应的 $S_7', S_6', \cdots, S_0'$，把各量记入表 3-6-1 内，用逐差法计算出弹簧的劲度系数 k。

二、测量水的表面张力系数

1. 用游标卡尺测量Ⅱ型框的宽度 l，测 3 次，取其平均值。用镊子夹住Ⅱ型框置于酒

第三章 基础性实验

精灯上烧红去污,自然冷却后挂于指标镜下。

2. 将指标管固定在适当位置上,调节螺旋 D 使弹簧上升直至"三线"重合,把此时游标尺的读数 x_0 记入表 3-6-2 内。

3. 用蒸馏水冲洗玻璃烧杯,然后倒入待测蒸馏水并置于平台 R 上,用温度计测出水温。

4. 调节螺旋 N 使平台上升,让 Ⅱ 型框的横梁刚刚浸入水中后,再缓慢调节螺旋 D 使弹簧上升,同时缓慢反向调节螺旋 N 使平台下降,这时 Ⅱ 型框将拉起一层水膜。在拉膜的过程中,始终要求"三线"重合,直至液膜破裂,把拉脱时游标尺的读数 x_1 记入表 3-6-2。

5. 重复步骤 4 两次,把相应的游标尺读数 x_2、x_3 记入表 3-6-2 内。

【注意事项】

1. 调节焦利氏秤时一定要保证指标镜在整个测量过程中自由悬于指标管中央。
2. 焦利氏秤的弹簧十分精密,实验时不要随意拉动,切勿使其超负荷,以免损坏。
3. 测量 Ⅱ 形框宽度时,应注意防止其变形。
4. 实验所用烧杯、镊子的尖端及 Ⅱ 形框的清洁与否直接影响实验结果,灼烧 Ⅱ 形框时不宜使其温度过高,微红即可,以防变形,灼烧之后不应再用手触摸,因 Ⅱ 形框很小,故应防止遗失,用后立即放回附件盒。
5. 拉膜时动作要轻,尽力避免弹簧的上、下振动。为使数据测量准确,观察时眼睛应与刻线处于同一水面。拉膜过程中动作要协调:在调节旋钮使弹簧均匀上升时,需同时反向旋转螺旋 N,使平台均匀下移,始终保持"三线"重合。

【数据记录与处理】

一、逐差法测弹簧劲度系数

表 3-6-1 测弹簧劲度系数实验数据

砝码质量 m/g	游标尺读数 S/mm					
	增加砝码		减砝码		平均值	
0	S_0		S_0'		$\overline{S_0}$	
0.5	S_1		S_1'		$\overline{S_1}$	
1.0	S_2		S_2'		$\overline{S_2}$	
1.5	S_3		S_3'		$\overline{S_3}$	
2.0	S_4		S_4'		$\overline{S_4}$	
2.5	S_5		S_5'		$\overline{S_5}$	
3.0	S_6		S_6'		$\overline{S_6}$	
3.5	S_7		S_7'		$\overline{S_7}$	

加 2 g 砝码时,弹簧的伸长量:

$$\Delta S_1 = \overline{S_4} - \overline{S_0} = \underline{\qquad} \text{mm},$$

$$\Delta S_2 = \overline{S_5} - \overline{S_1} = \underline{\qquad} \text{ mm},$$

$$\Delta S_3 = \overline{S_6} - \overline{S_2} = \underline{\qquad} \text{ mm},$$

$$\Delta S_4 = \overline{S_7} - \overline{S_3} = \underline{\qquad} \text{ mm}。$$

$$\overline{\Delta S} = \frac{\Delta S_1 + \Delta S_2 + \Delta S_3 + \Delta S_4}{4} = \underline{\qquad} \text{ mm}。$$

弹簧的劲度系数:

$$\overline{k} = \frac{\overline{\Delta mg}}{\overline{\Delta S}} = \frac{4 \times 0.5 \text{ g} \times 10^{-3} \times 9.8 \text{ m}\cdot\text{s}^{-2}}{\overline{\Delta S}} = \underline{\qquad} \text{ N/m}。$$

二、测水的表面张力系数

表 3-6-2 测水的表面张力系数实验数据

水温 $t = \underline{\qquad}$ ℃

游标尺读数 x/mm				弹簧伸长量 Δx/mm				框宽 l/mm			
x_0	x_1	x_2	x_3	Δx_1	Δx_2	Δx_3	$\overline{\Delta x}$	l_1	l_2	l_3	$\overline{l}$

$$\overline{\alpha} = \frac{\overline{k} \cdot \overline{\Delta x}}{2\overline{l}} = \underline{\qquad} \text{ N/m}。$$

查出室温下水的表面张力系数理论值,由实验值和理论值算出相对百分误差。

【探索与思考】

1. 在拉膜过程中,若焦利氏秤弹簧有微小振动,对测量结果有何影响?
2. 用作图法求出弹簧的劲度系数。
3. 实验操作时记录的 x 是真正意义上的伸长量吗?为什么可以这样记录?

实验 6.2 用力敏传感器法测液体的表面张力系数

【实验目的】

1. 学习力敏传感器的定标方法。
2. 进一步学习拉脱法测量室温下液体的表面张力系数。
3. 了解一些有趣的表面张力现象。
4. 观察拉脱法测液体表面张力的物理过程和物理现象,加深对物理规律的认识。

【实验仪器】

FD-NST-Ⅰ型液体表面张力测定仪及其附件;游标卡尺等。

【仪器介绍】

一、实验装置

实验装置如图 3-6-4 所示。FD-NST-Ⅰ型液体表面张力测定仪包括硅扩散电阻非平衡电桥的电源和测量电桥失去平衡时输出电压大小的数字电压表。其他装置包括铁架台,微调升降台,装有力敏传感器的固定杆,盛液体的玻璃皿和片状吊环等。

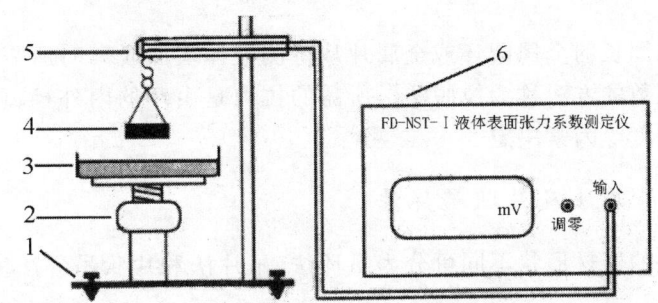

1—底座及调节螺丝；2—升降调节螺母；3—待测液体；4—金属片状吊环
5—硅压阻式力敏传感器及金属外壳；6—数字电压表

图 3-6-4　实验装置图

二、硅压阻式力敏传感器的结构及原理

（一）传感器

传感器是将感受的物理量、化学量等信息,按一定的规律转换成便于测量和传输的信号的装置。电信号易于处理,所以大多数的传感器是将物理量等信息转换成电信号输出的。

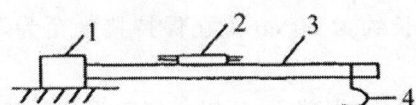

1—力臂固定点；2—硅力敏传感芯片；3—弹性梁；4—挂钩

图 3-6-5　硅压阻式力敏传感器结构示意图

（二）传感器结构简图及原理

硅压阻式力敏传感器由弹性梁（弹簧片）和贴在梁上的传感器芯片组成,如图 3-6-5 所示。该芯片由 4 个扩散电阻集成一个微型的惠斯通电桥,如图 3-6-6 所示。当外界拉力作用于挂钩上时,在拉力的作用下,梁产生弯曲,电桥失去平衡,有电压输出,输出电压与所加外力呈线性关系,即

$$U = B \cdot F 。 \qquad (3\text{-}6\text{-}7)$$

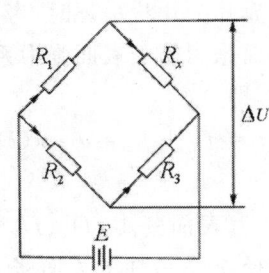

图 3-6-6　微型惠斯通电桥

式中，B 为力敏传感器的灵敏度，单位 mV/N，其大小与输入的工作电压有关；F 为所加的外力；U 为输出的电压。式(3-6-7)也可写为

$$\Delta U = B \cdot \Delta F 。 \tag{3-6-8}$$

式中，ΔF 是外力的变化量，ΔU 是相应的输出电压改变量。

【实验原理】

一、拉脱法

测量一个已知周长的金属圆环或金属片从待测液体表面脱离时所需的拉力，从而求得该液体表面张力系数的方法称为拉脱法。所需的拉力是由环的内外径、环的重力及液体材质、纯度、浓度和温度等因素决定。

二、吊环法、吊片法及片状吊环法

根据实验采取的器材形状不同可分为吊环法、吊片法和片状吊环法。下面对这三种方法作一比较。

1. 吊环法。使用金属细线制成吊环时，在液膜被拉破的瞬间接触角不接近于零，此时所测得的力是表面张力向下的分量，因而所得表面张力系数误差较大，必须用修正公式对测量结果进行修正。

2. 吊片法。虽然液膜被拉破的瞬间接触角趋近于零，但在具体测量时，由于吊片在拉脱过程中容易发生倾斜，实验时吊片的长度上限为 3～4 cm。在测量力时，则希望力大一点，有利于提高测量精确度。

3. 片状吊环法。新设计有一定厚度的片状吊环。经过对不同直径片状吊环的多次试验，发现当用直径等于或略大于 3.3 cm 时，在液膜被拉破的瞬间液体与金属环之间的接触角接近于零，此时接触面总周长约为 20 cm。在保持接触角为零时，能得到一个较大的待测力。

比较可知，片状吊环法易操作、误差小，所以本实验采用片状吊环法。

三、表面张力系数的测量原理

金属片为片状吊环时，考虑一级近似，可以认为表面张力等于表面张力系数乘以脱离表面的周长，即

$$f = f_1 + f_2 = \alpha \cdot \pi (D_1 + D_2) 。 \tag{3-6-9}$$

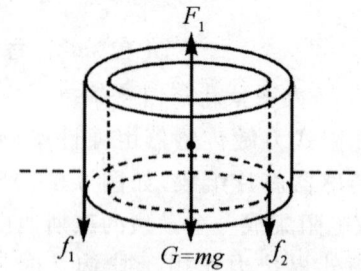

图 3-6-7　液膜拉破前瞬间的受力

式中，f 为表面张力，D_1、D_2 分别为圆环的外径和内径，α 为液体的表面张力系数。

如图 3-6-7 所示，片状吊环在液膜拉破前瞬间有

$$F_1 = mg + f_1 + f_2 。 \tag{3-6-10}$$

此时,传感器受到的拉力 F_1 和输出电压 U_1 成正比,有

$$U_1 = B \cdot F_1 . \tag{3-6-11}$$

片状吊环在液膜拉破后瞬间有

$$F_2 = mg . \tag{3-6-12}$$

同样有

$$U_2 = B \cdot F_2 . \tag{3-6-13}$$

片状吊环在液膜拉破前后电压的变化量可表示为

$$U_1 - U_2 = \Delta U = B \cdot \Delta F = B(F_1 - F_2) = B\alpha\pi(D_1 + D_2) . \tag{3-6-14}$$

由上式可以得到液体的表面张力系数

$$\alpha = \frac{U_1 - U_2}{B\pi(D_1 + D_2)} = \frac{\Delta U}{B\pi(D_1 + D_2)} . \tag{3-6-15}$$

其中:U_1 为液膜拉破前瞬间电压表的读数,U_2 为液膜拉破后瞬间电压表的读数。

【实验内容】

一、力敏传感器的定标

因为每个力敏传感器的灵敏度都有所不同,所以在实验前,应先按如下步骤进行定标(即测定其灵敏度的大小)。

1. 打开仪器的电源开关,将仪器预热 15 min 以上。

2. 调节传感器横梁水平,且使传感器梁端头的小挂钩处在升降平台的中心正上方。然后,在传感器梁端头小挂钩中挂上砝码盘,调节电子组合仪上的调零旋钮,使数字电压表显示为零。

3. 在砝码盘上分别加 0.5 g、1.0 g、1.5 g、2.0 g、2.5 g、3.0 g、3.5 g 质量的砝码,记录相应这些砝码作用下,数字电压表的读数值 U,注意放砝码时应尽量轻。

4. 用最小二乘法作直线拟合,求出传感器灵敏度 B 和线性相关系数 γ。

二、环的测量与清洁

1. 用游标卡尺测量金属圆环的外径 D_1 和内径 D_2。

2. 环的表面状况与测量结果有很大的关系,实验前应将金属片状吊环在酒精中浸泡 20~30 s,然后用蒸馏水洗净。

三、测量液体的表面张力系数

1. 调节片状吊环,使其下沿呈水平状态。调节升降台,使液面降至最低,将金属片状吊环挂在传感器的挂钩上,再调节升降台,将液面升至靠近吊环的下沿,观察片状吊环下沿与待测液面是否平行。如果不平行,将金属吊环取下后,调节吊环上的细金属丝,反复比较吊环下沿与待测液面,直至平行。

2. 测量液膜拉破前、后数字电压表的读数。调节容器下的升降台,使其渐渐上升,将吊

环的下沿部分全部浸没于待测液体,然后反向缓慢调节升降台,使液面逐渐下降。这时,金属环片和液面间形成一环形液膜。继续使液面逐渐下降,测出环形液膜即将拉破前一瞬间数字电压表读数 U_1 和液膜拉破后一瞬间数字电压表读数 U_2。

3. 测量水的温度 t。

4. 将数据代入式(3-6-15),求出液体的表面张力系数,查出温度 t 时的标准值,将实验值与标准值进行比较。

【数据记录与处理】

表 3-6-3 传感器灵敏度的测量数据

m/g	0.5	1.0	1.5	2.0	2.5	3.0	3.5
$\{F=mg\}$/N							
U/mV							

经最小二乘法拟合得 $B=$ _____ mV/N。

拟合的线性相关系数 $\gamma=$ _____。

表 3-6-4 水的表面张力系数的测量数据

金属环外 $D_1=$ _____ cm,内径 $D_2=$ _____ cm   水温 $t=$ _____ ℃

次数	U_1/mV	U_2/mV	ΔU/mV	$\alpha/(\text{N}\cdot\text{m}^{-1})$
1				
2				
3				
4				
5				

$\bar{\alpha}=$ _____ N/m。

【注意事项】

1. 吊环须严格处理干净。

2. 吊环水平须调节好。注意:偏差 1°,测量结果引入误差为 0.5%;偏差 2°,测量结果引入误差为 1.6%。

3. 仪器开机需预热 15 min。

4. 在旋转升降台时,尽量使液体的波动要小。

5. 工作室不宜风力较大,以免吊环摆动致使零点波动,所测系数不正确。

6. 若液体为纯净水。在使用过程中防止灰尘和油污及其他杂质污染。特别注意手指不要接触被测液体。

7. 力敏传感器使用时用力不宜大于 0.098 N。过大的拉力传感器容易损坏。

8. 实验结束须将吊环用清洁纸擦干,用清洁纸包好,放入干燥缸内。

【探索与思考】

1. 测量前为什么要对整机预热？实验前为什么要清洁吊环？
2. 表面张力与哪些因素有关？实验中应注意哪些因素才能减小误差？
3. 为什么要在液膜破裂前的一瞬间读出 U_1，而不是将数字电压表显示的最大值作为 U_1 值？
4. 金属环片在被拉动的整个过程中，数字电压表的读数是如何变化的？分析这样变化的原因。

实验 7　弦振动规律的研究

弦线上波的传播规律的研究是力学中的重要内容。常用的实验方法有两种：一是采用振动频率固定的电动音叉，通过改变弦线长度或张力，形成稳定驻波；二是采用频率连续可调的振动体，改变弦长或张力，形成稳定驻波从而验证弦线上驻波的振动规律。第二种方法不仅在力学中有重要应用，在声学、无线电学和光学等学科的实验中都有许多应用。

【实验目的】

1. 观察弦线上形成的驻波，了解波在弦线上的传播及驻波形成的条件。
2. 研究弦振动时的共振频率与张力以及弦长的关系。
3. 测量弦线上横波传播的速度。

【实验仪器】

DH4618 型弦振动研究实验仪；DH4618 型弦振动实验仪信号源；双踪示波器。

【实验原理】

实验装置如图 3-7-1 所示。通以音频信号电流的金属线在电磁铁的作用下，产生电磁策动力，此力的频率等于音频信号电流的频率。弦线在周期性策动力的作用下做受迫振动，此振动在两端固定的弦上传播。由波动理论可知，两列振幅和频率相同、振动方向一致且传播方向相反的简谐波叠加后会产生驻波，合成振幅为零的点称为波节，合成振幅最大的点称为波腹。相邻两波节或波腹间的距离都是半个波长。各种乐器，包括弦乐器、管乐器和打击乐器，都是由于产生驻波而发声的。

在弦乐器中，沿弦线传播的行波在乐器一端被反射，反射波与入射波相互叠加，形成驻波，如图 3-7-2 所示。设沿 x 轴正方向传播的波为入射波，沿 x 轴负方向传播的波为反射波，则它们的波动方程可以写成

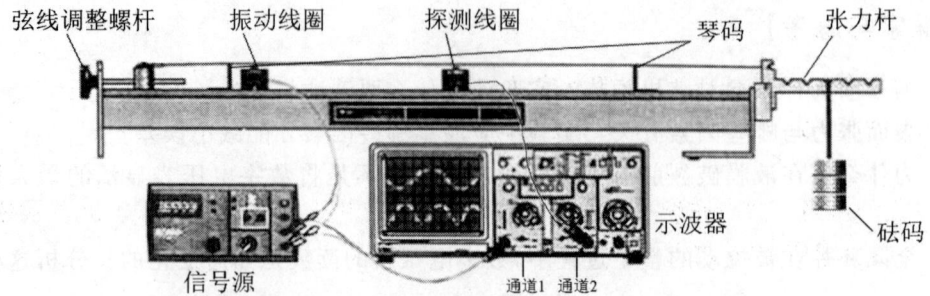

图 3-7-1 弦振动实验总装置图

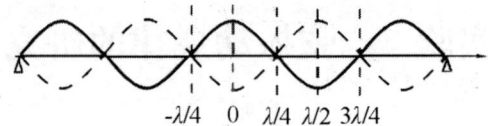

图 3-7-2 驻波示意图

$$Y_{1,2} = A \cos\left[2\pi\left(ft \pm \frac{x}{\lambda}\right)\right]。$$

其中，A 为简谐波的振幅，f 为振动频率，λ 为波长，x 为弦线上质点的位置坐标。两波叠加后的合成波为驻波，其方程为

$$Y_1 + Y_2 = 2A \cos\frac{2\pi x}{\lambda} \cos(2\pi ft)。 \tag{3-7-1}$$

由此可见，入射波与反射波合成后，弦线上各点都在以同一频率做简谐振动。其振幅为 $\left|2A\cos\dfrac{2\pi x}{\lambda}\right|$，只与质点的位置 x 有关，与时间无关。

波节处振幅为零，即 $\left|\cos\dfrac{2\pi x}{\lambda}\right|=0$。由 $\dfrac{2\pi x}{\lambda}=\dfrac{(2k+1)\pi}{2}, k=0,1,2,3,\cdots$ 得波节位置

$$x = \frac{(2k+1)\lambda}{4}。 \tag{3-7-2}$$

因此，相邻两波节之间的距离为 $\dfrac{\lambda}{2}$。

波腹处的质点振幅为最大，即 $\left|\cos\dfrac{2\pi x}{\lambda}\right|=1$。由 $\dfrac{2\pi x}{\lambda}=k\pi, k=0,1,2,3,\cdots$ 可得波腹的位置

$$x = k\frac{\lambda}{2}。 \tag{3-7-3}$$

因此相邻的波腹间的距离也是半个波长。在驻波实验中，只要测得相邻两波节（或波腹）间的距离，就能确定该波的波长。

由于弦的两端是固定的，故两端点为波节，所以只有当弦长 L 等于半波长的整数倍时，即 $L=\dfrac{n\lambda}{2}, n=1,2,3,\cdots$ 才能形成驻波。由此可得沿弦线传播的横波波长

$$\lambda = \frac{2L}{n}. \tag{3-7-4}$$

式中,n 为弦线上驻波的段数,即半波数,L 为弦长。

若振动频率为 f,则横波沿弦线传播的速度

$$v = f\lambda. \tag{3-7-5}$$

根据波动理论,当横波沿弦线传播时,其传播速度 v 与弦线上的张力 T 及弦线的线密度(即单位长度的弦线质量)μ 之间有以下关系:

$$v = \sqrt{T/\mu}. \tag{3-7-6}$$

将式(3-7-5)代入式(3-7-6),有

$$f = \frac{1}{\lambda}\sqrt{T/\mu}. \tag{3-7-7}$$

将驻波条件式(3-7-4)代入式(3-7-7),得

$$f = \frac{n}{2L}\sqrt{T/\rho}. \tag{3-7-8}$$

此时驻波弦线形成稳定驻波,对应的振动频率称为共振频率。当电磁策动力的频率等于弦线固有的基频或泛频时,弦线(与策动力)发生共振,在 $n=1,2,3,4$ 时的情况下,形成如图 3-7-2 所示的驻波图样。在实验中,当固定 L 改变 T(或固定 T 改变 L)时,只要调整信号源的输出频率,就能使弦线发生共振,呈现图 3-7-2 所示驻波。L 值由米尺量度。

以上的分析是根据经典物理学得到的,实际的弦振动的情况是复杂的。在实验中可以看到,接收波形往往并不是正弦波,而是带有变形,或没有规律振动,或不稳定性振动,这就要求我们引入更新的非线性科学的分析方法。

【实验内容】

一、实验准备

1. 信号源预热。打开信号源的电源开关,信号源通电。调节频率,频率表应有相应的频率指示。用示波器观察"波形"端,应有相应的正弦波。调节"幅度"旋钮,波形的幅度产生变化。当幅度调节至最大时,波形的峰—峰值应 $\geqslant 10$ V。这时仪器已基本正常,再通电预热 10 min 左右,即可进行弦振动实验。

2. 选择一条弦线,将其带有铜圆柱的一端固定在张力杆的 U 型槽中,把带孔的一端套到调整螺杆的圆柱螺母上。

3. 把两块琴码(劈尖)放在弦下相距为 L 的两点上(它们决定弦的长度)。注意窄的一端朝标尺,弯脚朝外。放置好振动线圈和探测线圈,按图 3-7-1 所示连接实验装置。

4. 将砝码挂到张力杆上,然后旋动调节螺杆,使张力杆水平,如图 3-7-1 所示。利用杠杆原理,质量为 M 的重物若挂在张力杆的挂钩槽 3 处,弦线的张力为 $3M$;若挂在张力杆的挂钩槽 4 处,则弦线的张力为 $4M$,以此类推。

二、探索弦振动的基本规律

1. 测量弦线的线密度。取与所用的弦线直径相同的线,在电子天平上称出弦线的质量 m_0 及与之相应的弦线长 l_0,求出它的线密度 $\mu = m_0/l_0$。

2. 观察弦线上的驻波。固定弦上的张力 T 及弦长 L(即弦的有效长度)(即图 3-7-1 中 A,B 两点之间的距离),并调节信号发生器的输出频率,观察在两端固定的弦线上所形成的具有 $n(n=1,2,\cdots)$ 个波腹的稳定的驻波。

3. 比较两种波速的计算值。从以上测量中选取合适的数据,代入式(3-7-5)和式(3-7-6)中,计算出理论上应当相等的两个速度值,分析产生差异的原因。

4. 确定弦线做受迫振动时的共振频率(只取基频,即 $n=1$)与张力之间的关系。固定弦长 L,调节频率旋钮使之出现共振,先粗调再细调,测出共振频率。T 值改变 6 次(可通过增加砝码的质量或改变砝码在张力杠杆上的位置实现)。将式(3-7-8)两边取对数得

$$\ln f = \frac{1}{2}\ln T - \frac{1}{2}\ln \rho - \ln L \text{。} \tag{3-7-9}$$

即 $\ln f$ 与 $\ln T$ 间呈线性关系。

根据测量值,在坐标纸上做出 $\ln f - \ln T$ 曲线,判断其是否为直线;然后用最小二乘法对 $\ln f$ 和 $\ln T$ 作线性拟合,求出斜率,将斜率和 $1/2$ 相比较,分析产生差异的原因。

二、聆听音阶高低及频率的关系

1. 对照表 3-7-2,选定一个频率,选择合适的张力,通过移动琴码的位置,改变弦长,在弦线上形成驻波,聆听声音的音调和音色。

2. 依次选择其他频率,聆听声音的变化。

3. 换用不同的弦线,重复以上步骤。

三、探究弦线的非线性振动

1. 选择一定的张力、线密度,弦长和策动频率,在示波器上观察驻波波形。
2. 移动接收传感器的位置,注意驻波波形有无变化。
3. 移动接收传感器的位置,注意驻波频率有无变化。

【注意事项】

1. 为满足弦线上所受张力是所期望的数值(即图 3-7-1 中的 $nMg, n=1,2,\cdots,5$),要保证张力杠杆的水平。

2. 仪器的频率稳定度和显示准确度都较高,故使用前应预热。

3. 由于实验中不可避免的非线性现象,请同学们注意找到和识别实验条件下基频信号的频率值。

4. 仪器应可靠放置,张力挂钩应置于实验桌外,并注意不要让仪器滑落。

5. 弦线应可靠挂放,砝码的悬挂应动作轻小,以免使弦线崩断而发生事故。

【数据记录与处理】

表 3-7-1　共振频率与张力的关系实验数据

$L=$ _____ cm　　　$\mu=$ _____ kg/m

序号	$M/10^{-3}$ kg	$\lambda/10^{-2}$ m	$T/$N	$f/$Hz	$\ln f$	$\ln T$
1						
2						
3						
4						
5						
6						

表中,M 为砝码盘加砝码的总质量。由表中的数据可作如下处理:

1. 作 $\ln f - \ln T$ 图,若得一直线,计算其斜率值 a(应该为 1/2)。
2. 用最小二乘法拟合计算 $\ln f - \ln T$ 的斜率 a 值。斜率 a 的计算由下式给出:

$$a = \frac{k\sum_{i=1}^{n}X_iY_i - \sum_{i=1}^{n}X_i\sum_{i=1}^{n}Y_i}{k\sum_{i=1}^{n}X_i^2 - (\sum_{i=1}^{n}X_i)^2}。$$

式中,$i=1\sim 5, k=5, X_i = \ln T_i, Y_i = \ln f_i$。

【探索与思考】

1. 驻波有什么特点？在驻波中波节能否移动,弦线有无能量传播？
2. 通过实验说明,弦线的共振频率和波速的哪些条件有关？
3. 换用不同弦线后,共振频率有何变化？存在什么关系？
4. 如果弦线有弯曲或者是不均匀,对共振频率和驻波有何影响？
5. 相同的驻波频率时,不同的弦线产生的声音是否相同？
6. 试用本实验的内容阐述吉他的工作原理。
7. 移动接收传感器至不同位置时,弦线的振动波形有何变化？是否依然为正弦波？试分析原因。
8. 如果砝码有摆动,会对测量结果带来什么影响？
9. 增大弦的张力时,如线密度 ρ 有变化,对实验将有何影响？能否实验中检查 ρ 的变化？

【补充资料】

乐理分析

常见的音阶由 7 个基本的音组成,用唱名表示即:do,re,mi,fa,so,la,si。用 7 个音以及比它们高一个或几个八度的音、低一个或几个八度的音构成各种组合就成为各种乐器的"曲调"。每高一个八度的音的频率升高一倍。

振动的强弱(能量的大小)体现为声音的大小,不同物体的振动体现的声音音色是不同的,而振动的频率 f 则体现音调的高低。$f=261.6\ \text{Hz}$ 的音在音乐里用字母 c1 表示。其相应的音阶表示为:C、D、E、F、G、A、B,在将 C 音唱成 do 时定为 C 调。人声及器乐中最富有表现力的频率范围约为 60~1 000 Hz。C 调中 7 个基本音的频率,以"do"音的频率为基准,按十二平均律*的分法,其他各音的频率为其倍数,其倍数值如表 3-7-2 所示。

表 3-7-2 音阶与频率

音名	C	D	E	F	G	A	B	C
频率倍数	1	$(\sqrt[12]{2})^2$	$(\sqrt[12]{2})^4$	$(\sqrt[12]{2})^5$	$(\sqrt[12]{2})^7$	$(\sqrt[12]{2})^9$	$(\sqrt[12]{2})^{11}$	2
频率/Hz	261.6	293.7	329.6	349.2	392.0	440.0	493.9	523.2

金属弦线形成驻波后,产生一定的振幅,从而发出对应频率的声音。如果将弦线驱动频率设置为表 3-7-2 所定的值,通过调节弦线的张力或长度,形成驻波,就能听到音阶对应的频率了(当然,这时候的环境噪音要小些)。这样做的特点是能产生正确的音调,有助于我们对音阶的判断和理解。

实验 8 用落球法测量液体的黏滞系数

当液体流动时,平行于流动方向的各层流体速度都不相同,即存在着相对滑动,于是在各层之间就有摩擦力产生。这种摩擦力称为黏滞力,其方向平行于接触面,其大小与速度梯度及接触面积成正比,比例系数 η 称为黏滞系数(或黏度)。

黏滞系数是表征液体黏滞性强弱的重要参数。测量液体黏滞系数的常用方法有落球法、转筒法和毛细管法等。落球法适用于测量黏滞系数较大的液体,本实验即采用落球法测量蓖麻油的黏滞系数。

【实验目的】

1. 学习用激光光电计时仪测量时间和物体运动速度的实验方法。

---

* 常用的音乐律制有五度相生律、纯律(自然律)和十二平均律三种,所对应的频率是不同的。五度相生律是根据纯五度定律的,因此在音的先后结合上自然协调,适用于单音音乐。纯律是根据自然三和弦来定律的,因此在和弦音的同时结合上纯正而和谐,适用于多声音乐。十二平均律是目前世界上最通用的律制,在音的先后结合和同时结合上不是那么纯正自然,但由于它转调方便,在乐器的演奏和制造上有许多优点,在交响乐队和键盘乐器中得到广泛的使用。常见的乐器都是参照表 3-7-2 中的音阶与频率值制造的,例如钢琴、竖琴、吉他等。

2. 运用斯托克斯公式采用落球法测量蓖麻油的黏滞系数。

【实验仪器】

FD-VM-Ⅱ型 落球法液体黏滞系数测定仪;激光光电计时仪;小钢球($d = 2.0 \times 10^{-3}$ m)若干;量筒;蓖麻油;电子天平,轻质密度计,钢卷尺等。

【实验背景】

1851年,英国数学家、力学家斯托克斯(1819—1903)在《流体内摩擦对摆运动的影响》(*On the effect of internal friction of fluids on the motion of pendulums*)的研究报告中提出了球体在黏性流体中做较慢运动时受到的阻力的计算公式,指明阻力与流速和黏滞系数成比例。这个在曲线积分中最有名公式被后人称为斯托克斯公式,直至现代在数学、物理学等方面都有着重要而深刻的影响。

在工农业生产及日常生活中,经常需要研究和了解各种流体的黏滞系数的大小。例如石油在封闭管道中长距离输送时,其输运特性与黏滞性密切相关,因而在设计管道前,必须测量被输石油的黏度。又如在医学中,研究血液的黏滞系数可以帮助医务人员诊断疾病。

【实验原理】

如果一小球在某黏性液体中竖直下落,由于附着于球面的液层与周围其他液层之间存在着相对运动,小球会受到与其运动方向相反的黏滞阻力。黏滞阻力的大小与小球的大小及其下落的速度有关。当小球做匀速运动时,测出小球下落的速度,就可以计算出液体的黏滞系数。

如图 3-8-1 所示,当金属小球在黏性液体中下落时,它受到三个竖直方向的力:小球的重力 G,液体作用于小球的浮力 F,黏滞阻力 f(其方向与小球运动方向相反)。如果液体无限深广,在小球(半径很小)下落速度 v 较小的情况下,有

$$f = 6\pi\eta rv。 \quad (3\text{-}8\text{-}1)$$

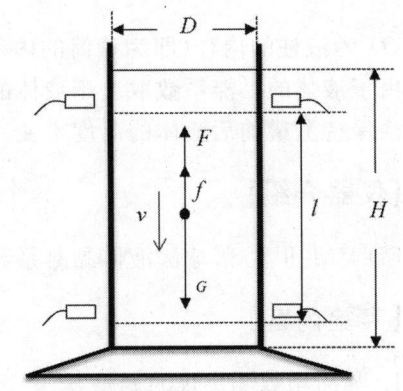

图 3-8-1 小球在黏性液体中的受力分析

式中:η 为液体的黏滞系数,单位为 Pa·s,它取决于液体的性质和温度;r 为小球的半径。该式称为斯托克斯公式,其适用条件为:① 液体的不均一性与球体的大小相比是很小的;② 液体是无限深广的;③ 球体是光滑且刚性的;④ 液体的黏滞性较大,小球的半径很小,且在运动中不产生旋涡。

小球开始下落时,由于速度很小,所以黏滞阻力不大,但是随着下落速度的增大,黏滞阻力也随之增大。最后,三个力达到平衡,即

$$G = F + f。 \quad (3\text{-}8\text{-}2)$$

即
$$mg = \rho g V + 6\pi \eta r v \text{。} \tag{3-8-3}$$

其中,m 为小球的质量,g 为当地的重力加速度,ρ 为液体的密度,V 为小球的体积,r 为小球的直径,v 为小球此时的速度常称为收尾速度。于是,小球开始做匀速直线运动,由式(3-8-3)可得

$$\eta = \frac{(m - \rho V)g}{4\pi r v} \text{。} \tag{3-8-4}$$

小球匀速运动距离 l 所用时间为 t,则

$$v = \frac{l}{t} \text{。} \tag{3-8-5}$$

设小球的密度为 ρ',则

$$m = \rho' V \text{。} \tag{3-8-6}$$

令小球的直径为 d,则

$$V = \frac{4}{3}\pi r^3 = \frac{1}{6}\pi d^3 \text{。} \tag{3-8-7}$$

将式(3-8-5)、式(3-8-6)、式(3-8-7)代入式(3-8-4)式,得

$$\eta = \frac{(\rho' - \rho)g d^2 t}{18 l} \text{。} \tag{3-8-8}$$

实验时,待测液体需要盛于量筒中,故不能满足无限深广的条件。实验证明,若小球沿量筒中心轴线下落,式(3-8-8)须做如下修正方能符合实际情况:

$$\eta = \frac{(\rho' - \rho)g d^2 t}{18 l} \cdot \frac{1}{\left(1 + 2.4\dfrac{d}{D}\right)\left(1 + 1.6\dfrac{d}{H}\right)} \text{。} \tag{3-8-9}$$

其中,D 为液柱的内径(即为量筒的内径),H 为液柱的高度。

由于液体的黏滞系数取决于液体的性质和温度,黏滞性随着温度升高而减小,故在实验中必须保持测量前后液体的温度不变。

【仪器介绍】

FD-VM-II 型 落球法液体黏滞系数测定仪,如图 3-8-2 所示。

【实验内容】

1. 黏滞系数测定仪的调整。

① 调整底盘水平。在仪器横梁中心圆孔处放下重锤线,使重锤的尖端靠近底盘,调节底盘底脚螺丝,使重锤尖端对准底盘的中心圆点,也即是使立柱处于竖直状态(这是实验成功的关键)。

② 将实验架上的上、下两组激光器接通电源,可看见激光发射器发出红光。调节上、下两个激光发射器(上激光器位置稍靠下一些,建议半程以下),使其红色激光束平行垂直地对准重锤线。

第三章 基础性实验

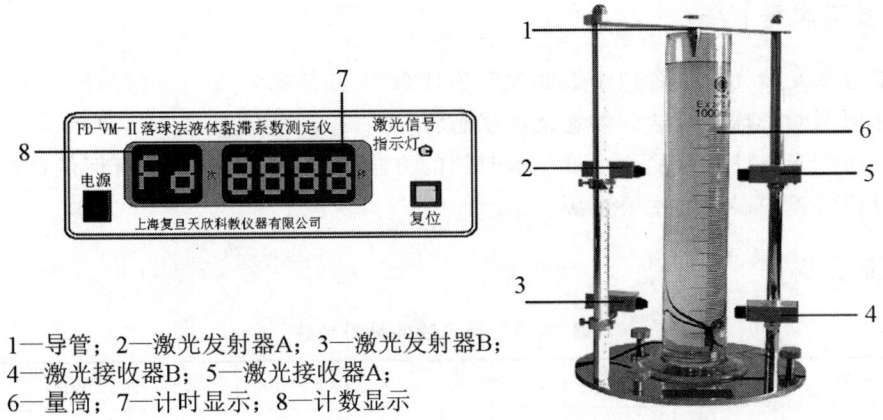

1—导管；2—激光发射器A；3—激光发射器B；
4—激光接收器B；5—激光接收器A；
6—量筒；7—计时显示；8—计数显示

图 3-8-2　FD-VM-Ⅱ型落球法液体黏滞系数测定仪

③ 收起重锤线，调节激光接收器接口对准激光束，使激光信号指示灯亮。用一不透明物体挡光测试光电门的挡光效果，即检查光电门能否启动和停止计时。

④ 将盛有蓖麻油的量筒放置到实验架底盘中央，若激光信号指示灯灭，则说明至少有一个接收器未接收到激光信号，再次微调接收器位置直至激光信号指示灯亮，并在实验中保持此位置不变。

⑤ 在实验架上放上钢球导管，小球清洗干净备用。

2. 小球匀速下落时间的测量。

① 预测量。复位测定仪，将小球放入导管，从接收器方向观察其是否阻挡光线或者偏离激光束的方向，若不能挡光但偏离很小，可以再放一个小球试试。若仍然这样，则须将激光发射器向小球偏离的方向微调。若此时激光信号指示灯灭，则再次微调接收器位置直至激光信号指示灯亮。若不能挡光且偏离较远，原因可能是立柱竖直没调好或者量筒位置不合适，需要重复步骤1。经过多次反复调整，最终使小球下落时能启动和停止计时。

② 预测量成功后，复位测定仪，将小球放入导管测其通过两平行激光束的时间 t。重复测量6次。

3. 从固定激光器的立柱标尺上读出两激光发射器和两激光接收器之间的高度差 l_1、l_2，则小球匀速下落的高度 $l=(l_1+l_2)/2$。

4. 用电子天平测10~20颗小球的质量，根据小球已知直径 d，进而求出其密度 ρ'。

5. 用密度计测量蓖麻油的密度 ρ。

6. 用钢卷尺测量筒的内径 D 和油柱的高度 H。

7. 用温度计测量油温 θ。

8. 自制表格，将各项数据填入表中。

9. 根据式(3-8-9)计算蓖麻油的黏滞系数，将测量结果与【补充资料】表 3-8-1 列出的公认值进行比较。

【探索与思考】

1. 上方激光器光束可否位于液面处？为什么？
2. 如何判断小球是否达到匀速运动状态？
3. 用激光光电计时仪测量小球下落时间的方法测量液体黏滞系数有何优点？
4. 分析实验中误差的主要来源。

【补充资料】

表 3-8-1 蓖麻油的黏滞系数

温度 $\theta/℃$	0	10.00	15.00	20.00	25.00	30.00	35.00	40.00
$\eta/10^{-1}$ Pa·s	53.00	24.18	15.14	9.50	6.21	4.51	3.12	2.31

实验 9　金属线膨胀系数的测定

绝大多数物质都具有"热胀冷缩"的特性，这是由物体内部分子热运动加剧或减弱造成的。这个性质在工程结构的设计中，在机械和仪器的制造中，在材料的加工（如焊接）中，都应考虑到，否则将影响结构的稳定性和仪表的精度。材料的线膨胀是材料受热膨胀时，在一维方向的伸长。线胀系数是选用材料的一项重要指标，特别是研制新材料时，对材料的线胀系数测定是一个重要内容。

【实验目的】

1. 测定固体在一定温度区域内的平均线膨胀系数。
2. 理解控温和测温的基本知识。
3. 掌握用千分表测微小长度变化的方法。

【实验仪器】

FD-LEA 线膨胀系数测定仪；被测件测试架；待测金属棒；千分表；传感器连接线；钢卷尺。

【实验原理】

金属线膨胀系数测量的实验装置如图 3-9-1 所示。

当温度升高时，一般固体由于原子的热运动加剧而发生膨胀。设 L_0 为物体在温度为 0℃ 时的长度，则在某个温度 θ（单位为 ℃）时物体的长度为

$$L_\theta = L_0(1+\alpha\theta). \tag{3-9-1}$$

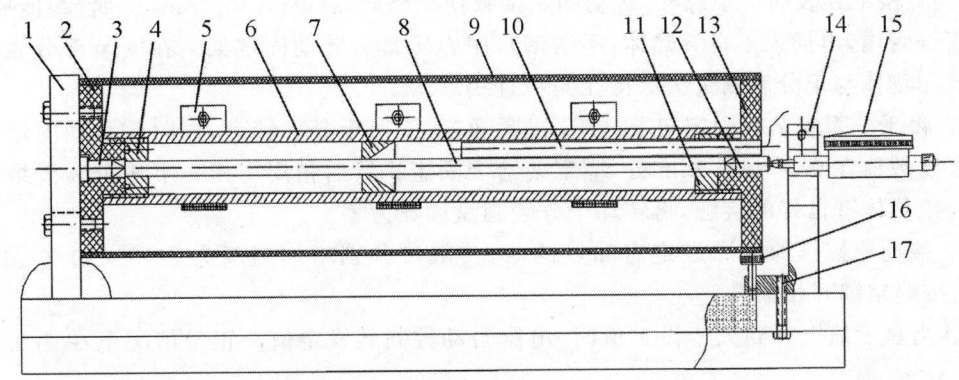

1—托架；2、13—隔热盘；3—隔热顶尖；4、11—导热衬托；5—加热器；
6—导热均匀管；7—导向块；8—被测材料；9—隔热罩；10—温度传感器；
12—隔热棒；14—固定架；15—千分表；16—支撑螺钉；17—坚固螺钉

图 3-9-1　金属线膨胀系数测量实验装置的内部结构

式中，α 就是该物体的线膨胀系数。在温度变化不大时，α 是一个常数，可以将式（3-9-1）写为

$$\alpha = \frac{L_\theta - L_0}{L_0}\frac{1}{\theta} = \frac{\Delta L}{L_0}\frac{1}{\theta}。 \tag{3-9-2}$$

因此，α 的物理意义是：当温度每升高 1 ℃ 时物体的伸长量 ΔL 与它在 0 ℃ 时的长度 L_0 之比。α 是一个很小的量，参见【补充资料】中的表 3-9-1。

当温度变化较大时，α 与 θ 的关系可用 θ 的多项式描述：

$$\alpha = a + b\theta + c\theta^2 + \cdots$$

其中，a、b、c 为常数。

在实际测量中，通常测得的是材料在室温 θ_1 下的长度 L_1 及其在温度 θ_1 至 θ_2 之间的伸长量，这样得到的线膨胀系数应该是平均线膨胀系数。即

$$\bar\alpha \approx \frac{L_2 - L_1}{L_1(\theta_2 - \theta_1)} = \frac{\Delta L_{21}}{L_1(\theta_2 - \theta_1)}。 \tag{3-9-3}$$

其中，L_1、L_2 为物体分别在温度 θ_1、θ_2 下的长度，ΔL_{21} 是物体在温度从 θ_1 升至 θ_2 时的伸长量。

实验中，为了使 $\bar\alpha$ 的测量结果比较精确，不仅要对 ΔL_{21}、θ_1 和 θ_2 进行测量，而且还要扩大到对 ΔL_{i1} 和相应的 θ_i 的测量。将式（3-9-3）改写为以下的形式：

$$\Delta L_{i1} = \bar\alpha L_1(\theta_i - \theta_1)，\qquad i = 1,2,\cdots。 \tag{3-9-4}$$

在实验中可以等间隔改变加热温度（如改变量为 10 ℃），从而测量对应的一系列 ΔL_{i1}。将所得数据采用最小二乘法进行直线拟合处理，从直线的斜率可得一定温度范围内的平均线膨胀系数 $\bar\alpha$。

【实验内容】

1. 接通电加热器与温控仪输入、输出接口，接通温度传感器的航空插头。

2. 旋松千分表固定架螺栓,转动固定架致使被测样品(Φ8×400 mm 金属棒)能插入特厚壁紫铜管内,再插入不良导热体(不锈钢),用力压紧后转动固定架。在安装千分表架时,注意被测物体与千分表测量头保持在同一直线。

3. 将千分表安装在固定架上,并且扭紧螺栓,不使千分表转动,再向前移动固定架,使千分表读数值在 0.2~0.3 mm 处,固定架给予固定。然后稍用力压一下千分表滑络端,使它能与绝热体有良好的接触,再转动千分表圆盘读数为零。

4. 接通温控仪的电源设定需加热的值,一般可分别增加温度为 20 ℃、30 ℃、40 ℃、50 ℃,按确定键开始加热。

5. 当显示值上升到大于设定值时,电脑自动控制到设定值。正常情况下在 ±0.30 ℃ 左右波动一、二次,此时可以记录 $\Delta\theta$ 和 ΔL,并通过公式 $\alpha = \dfrac{\Delta L}{L \cdot \Delta\theta}$ 计算线膨胀系数并观测其线性情况。

6. 换不同的金属棒样品,分别测量并计算各自的线膨胀系数,并与公认值(见【补充资料】)比较,求出其百分误差。

【注意事项】

1. 由于待测量比较小,安装千分表时注意一定要将测量杆与待测金属棒平行并且测量杆一定要靠紧待测金属棒不能有任何间隙。

2. 测量过程中不能有任何振动,否则会影响测量结果的准确性。

【探索与思考】

1. 测量 ΔL 除了用千分表,还可用什么方法?试举例说明。

2. 在实验装置支持的条件下,在较大范围内改变温度,确定 α 与 θ 的关系。请设计实验方案,并考虑处理数据的方法。

3. 若实验中加热时间过长,仪器支架受热膨胀,对实验结果有何影响?

【补充资料】

表 3-9-1 固体的线膨胀系数参考数据

物质	温度	线膨胀系数/10^{-6} ℃$^{-1}$
铝	300 K	23.2
铁	300 K	11.7
铜	0~100 ℃	17
黄铜	0~100 ℃	19
熔凝石英		0.42

实验 10　冷却法测定金属的比热容

用冷却法测定金属或液体的比热容是热学实验中的常用方法。若已知标准样品在不同温度时的比热容,通过作冷却曲线可测得各种金属在不同温度时的比热容。热电偶数字显示测温技术是当前生产实际中常用的测试方法,它比一般的温度计测温方法有着测量范围广,计值精度高,可以自动补偿热电偶的非线性因素等优点。

本实验以铜样品为标准样品,测定铁、铝样品在 100 ℃ 或 200 ℃ 时的比热容。

【实验目的】

1. 掌握用冷却法测定金属的比热容的原理与方法。
2. 了解金属的冷却速率与环境之间温差的关系,以及进行测量的实验条件。
3. 了解关于铜-康铜热电偶的定标知识;

【实验仪器】

DH4603 型冷却法金属比热容测量仪;待测量金属材料样品(铜、铁、铝等)。

【仪器简介】

如图 3-10-1 所示,本实验装置由加热仪和测试仪组成。加热仪的加热装置可通过调节手轮自由升降。被测样品安放在有较大容量的防风圆筒即样品室内的底座上,测温热电偶放置于被测样品内的小孔中。当加热装置向下移动到底后,对被测样品进行加热;样品需要降温时,则将加热装置移上。仪器内设有自动限温装置,防止因不切断加热电源而引起温度不断升高造成事故。

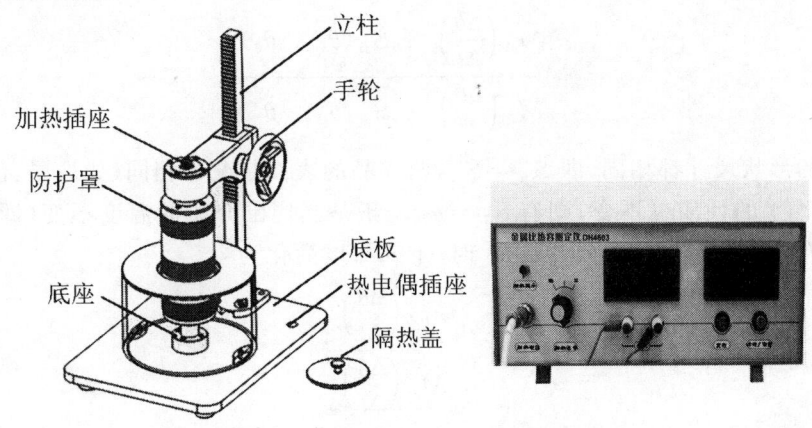

图 3-10-1　冷却法金属比热容测量仪

试样温度用铜-康铜做成的热电偶(其热电势约为 0.041 0 mV/℃)测量。将热电偶的冷端置于冰水混合物中,带有测量扁叉的一端接到测试仪的"输入"端。热电势差的二次仪表由高灵敏、高精度、低漂移的放大器和量程为 20 mV 的 3 位半数字电压表组成。这样,当冷端为冰点时,由数字电压表显示的电压值查铜－康铜热电偶分度表,将其换算成对应待测温度值(参见【补充资料】中表 3-10-3,待测温度值＝电压值所在行温度＋电压值所在列温度)。

【实验原理】

单位质量的物质,其温度升高 1 K(或 1 ℃)所需的热量叫该物质的比热容,其值随温度而变化。将质量为 M 的金属样品加热后,放到较低温度的介质(例如室温的空气)中,样品将会逐渐冷却,单位时间的热量损失应与其冷却速率(温度下降速率)成正比。即

$$\frac{\Delta Q}{\Delta t} = c_A M_A \left(\frac{\Delta \theta}{\Delta t}\right)_A 。 \quad (3\text{-}10\text{-}1)$$

式中,c_A、$\left(\frac{\Delta \theta}{\Delta t}\right)_A$ 分别为样品 A 在温度为 θ_A 时的比热容、冷却速率。根据冷却定律,有

$$\frac{\Delta Q}{\Delta t} = \alpha_A S_A (\theta_A - \theta_0)^m 。 \quad (3\text{-}10\text{-}2)$$

式中:θ_A 为样品 A 的温度,θ_0 为周围介质的温度;α_A、S_A 为样品 A 在温度 θ_A 时的热交换系数、外表面的面积;m 为与热对流有关的常数,强迫对流时 $m=1$,自然对流时 $m=1.25$。由式(3-10-1)和式(3-10-2),可得

$$c_A M_A \left(\frac{\Delta \theta}{\Delta t}\right)_A = \alpha_A S_A (\theta_A - \theta_0)^m 。 \quad (3\text{-}10\text{-}3)$$

同理,对于质量为 M_B、比热容为 c_B 的金属样品 B,有

$$c_B M_B \left(\frac{\Delta \theta}{\Delta t}\right)_B = \alpha_B S_B (\theta_B - \theta_0)^m 。 \quad (3\text{-}10\text{-}4)$$

由式(3-10-3)和式(3-10-4),可得

$$c_B = c_A \frac{M_A \left(\frac{\Delta \theta}{\Delta t}\right)_A \alpha_B S_B (\theta_B - \theta_0)^m}{M_B \left(\frac{\Delta \theta}{\Delta t}\right)_B \alpha_A S_A (\theta_A - \theta_0)^m} 。 \quad (3\text{-}10\text{-}5)$$

如果两样品的形状尺寸都相同,即 $S_A = S_B$,两样品的表面状况也相同(如涂层、色泽等),而周围介质(空气)的性质也不变,则有 $\alpha_A = \alpha_B$。于是当周围介质的温度不变(即室温 θ_0 恒定,样品又处于相同的温度 $\theta_A = \theta_B = \theta$)时,上式可以简化为

$$c_B = c_A \frac{M_A \left(\frac{\Delta \theta}{\Delta t}\right)_A}{M_B \left(\frac{\Delta \theta}{\Delta t}\right)_B} 。 \quad (3\text{-}10\text{-}6)$$

以样品 A 为标准金属(以 c_A 为标准值),测出 M_A、M_B、$\left(\frac{\Delta \theta}{\Delta t}\right)_A$、$\left(\frac{\Delta \theta}{\Delta t}\right)_B$,则可由式(3-10-6)求

得待测金属样品 B 的比热容 c_B。表 3-10-1 列出了铜、铝、铁 100 ℃ 时的比热容,更多材料的比热容见附录二表 16。本实验以铜为标准金属,测定铁和铝的比热容。

表 3-10-1　几种金属材料 100 ℃时的比热容

$c_{\text{Fe}}/(\text{kJ}\cdot\text{kg}^{-1}\cdot\text{K}^{-1})$	$c_{\text{Al}}/(\text{kJ}\cdot\text{kg}^{-1}\cdot\text{K}^{-1})$	$c_{\text{Cu}}/(\text{kJ}\cdot\text{kg}^{-1}\cdot\text{K}^{-1})$
0.460	0.962	0.393

【实验内容】

1. 开机前先连接好加热仪和测试仪。共有加热四芯线和热电偶线 2 组。
2. 测量铁和铝在 100 ℃时的比热容。

① 选取长度、直径、表面光洁度尽可能相同的三种金属样品(铜、铁、铝),用物理天平或电子天平分别称其质量。再根据 $M_{\text{Cu}} > M_{\text{Fe}} > M_{\text{Al}}$ 的特点,把它们区别开来。

② 使热电偶端的铜导线与数字表的正端相连,冷端铜导线与数字表的负端相连。当样品加热到 150 ℃(此时热电势显示约 6.7 mV)时,切断电源移去加热源,样品继续安放在与外界基本隔绝的有机玻璃圆筒内自然冷却(筒口须盖上盖子),测量样品的冷却速率 $\left(\dfrac{\Delta\theta}{\Delta t}\right)_{\theta=100\ ℃}$。具体做法是依次测量样品 A、样品 B 从 102 ℃降到 98 ℃所需要的时间 t_A、t_B:由【补充资料】中的表 3-10-3 知,与 102 ℃对应的热电势为 4.371 mV,与 97 ℃对应的热电势为 4.184 mV,故记录样品 A、样品 B 在数字电压表示数由 $E_1 \approx 4.30$ mV 降到 $E_2 \approx 4.00$ mV(因为数字电压表的示值是跳跃性的,所以 E_1、E_2 只能取附近的值)所需的时间 t_A、t_B。因热电偶的热电动势与温度的关系在同一小温差范围内可以看成线性关系,故有

$$\dfrac{\left(\dfrac{\Delta\theta}{\Delta t}\right)_A}{\left(\dfrac{\Delta\theta}{\Delta t}\right)_B}=\dfrac{\dfrac{|E_2-E_1|}{t_A}}{\dfrac{|E_2-E_1|}{t_B}}=\dfrac{t_B}{t_A}。 \qquad (3\text{-}10\text{-}7)$$

所以,式(3-10-5)可以简化为

$$c_B=c_A\dfrac{M_A t_B}{M_B t_A}。 \qquad (3\text{-}10\text{-}8)$$

实验要求按铁、铜、铝的次序,分别测量 t_{Fe}、t_{Cu}、t_{Al}。每种样品重复测量 6 次,求平均值,由 $c_A=c_{\text{Cu}}=0.393$ kJ/(kg·K) 计算 c_{Fe}、c_{Al}。

【注意事项】

1. 加热装置向下移动时,动作要慢。应注意使被测样品垂直放置,以使加热装置能完全套入被测样品。
2. 测量降温时间时,按"计时"或"暂停"按钮应迅速、准确,以减少人为计时误差。
3. 实验中热电偶的冷端温度一定要保持在零度,具体做法是将冷端浸在冰水混合物中。
4. 样品在有机玻璃圆筒中自然冷却时,筒口须盖上盖子。

5. 仪器的加热指示灯亮,表示正在加热;如果连接线未连好或加热温度过高(超过 200 ℃)导致自动保护时,指示灯不亮。升到指定温度后,应切断加热电源。

【数据记录与处理】

样品质量:M_{Cu} = _____ g;M_{Fe} = _____ g;M_{Al} = _____ g。

热电偶冷端温度:0 ℃。

样品由 102 ℃下降到 98 ℃所需时间记录在表 3-10-2 中。

表 3-10-2　样品降温时间记录表

样品	t_i/s					$\bar{t}$/s
	1	2	3	4	5	
Fe						
Cu						
Al						

以铜为标准,c_{Cu} = 393 J/(kg·K),由式(3-10-6)得

$$c_{Fe} = c_{Cu} \frac{M_{Cu}\bar{t}_{Fe}}{M_{Fe}\bar{t}_{Cu}} = \underline{\qquad} \text{J/(kg·K)},$$

$$c_{Al} = c_{Cu} \frac{M_{Cu}\bar{t}_{Al}}{M_{Al}\bar{t}_{Cu}} = \underline{\qquad} \text{J/(kg·K)}。$$

【探索与思考】

1. 为什么实验应该在防风筒(即样品室)中进行?
2. 测量三种金属的冷却速率,并在图纸上绘出冷却曲线,如何求出它们在同一温度点的冷却速率?
3. 热电偶一端的冰水混合物如果都变成水可以吗?

【补充资料】

表 3-10-3　铜-康铜热电偶分度表

θ'/℃ \ θ''/℃ E/mV	0	1	2	3	4	5	6	7	8	9
−10	−0.383	−0.421	−0.458	−0.496	−0.534	−0.571	−0.608	−0.646	−0.683	−0.720
−0	0.000	−0.039	−0.077	−0.116	−0.154	−0.193	−0.231	−0.269	−0.307	−0.345
0	0.000	0.039	0.078	0.117	0.156	0.195	0.234	0.273	0.312	0.351
10	0.391	0.430	0.470	0.510	0.549	0.589	0.629	0.669	0.709	0.749
20	0.789	0.830	0.870	0.911	0.951	0.992	1.032	1.073	1.114	1.155
30	1.196	1.237	1.279	1.320	1.361	1.403	1.444	1.486	1.528	1.569
40	1.611	1.653	1.695	1.738	1.780	1.832	1.865	1.907	1.950	1.992

续表 3-10-3

E/mV θ'/℃ \ θ''/℃	0	1	2	3	4	5	6	7	8	9
50	2.035	2.078	2.121	2.164	2.207	2.250	2.294	2.337	2.380	2.424
60	2.467	2.511	2.555	2.599	2.643	2.687	2.731	2.775	2.819	2.864
70	2.908	2.953	2.997	3.042	3.087	3.131	3.176	3.221	3.266	3.312
80	3.357	3.402	3.447	3.493	3.538	3.584	3.630	3.676	3.721	3.767
90	3.813	3.859	3.906	3.952	3.998	4.044	4.091	4.137	4.184	4.231
100	4.277	4.324	4.371	4.418	4.465	4.512	4.559	4.607	4.654	4.701
110	4.749	4.796	4.844	4.891	4.939	4.987	5.035	5.083	5.131	5.179
120	5.227	5.275	5.324	5.372	5.420	5.469	5.517	5.566	5.615	5.663
130	5.712	5.761	5.810	5.859	5.908	5.957	6.007	6.056	6.105	6.155
140	6.204	6.254	6.303	6.353	6.403	6.452	6.502	6.552	6.602	6.652
150	6.702	6.753	6.803	6.853	6.903	6.954	7.004	7.055	7.106	7.156
160	7.207	7.258	7.309	7.360	7.411	7.462	7.513	7.564	7.615	7.666
170	7.718	7.769	7.821	7.872	7.924	7.975	8.027	8.079	8.131	8.183
180	8.235	8.287	8.339	8.391	8.443	8.495	8.548	8.600	8.652	8.705
190	8.757	8.810	8.863	8.915	8.968	9.024	9.074	9.127	9.180	9.233
200	9.286									

注:
1. 对应于一个热电势值的温度 $\theta = \theta' + \theta''$/℃。
2. 不同的热电偶的输出会有一定的偏差,以上表中的数据仅供参考。

实验 11　混合法测液体比汽化热

　　物质由液态向气态转化的过程称为汽化,液体的汽化有蒸发和沸腾两种形式。不管是哪种汽化过程,它的物理过程都是液体中一些热运动动能较大的分子飞离表面成为气体分子,而随着这些热运动较大分子的逸出,液体的温度会下降。若要保持温度不变,在汽化过程中就要供给热量。通常定义,单位质量的液体在温度保持不变的情况下转化为气体时所吸收的热量称为该液体的比汽化热。液体的比汽化热不但和液体的种类有关,而且和汽化时的温度有关。因为温度升高,液相中分子和气相中分子的能量差别将逐渐减小,所以温度升高液体的比汽化热减小。
　　物质由气态转化为液态的过程称为凝结,凝结时将释放出在同一条件下汽化所吸收的相同的热量,因而,可以通过测量凝结时放出的热量来测量液体汽化时的比汽化热。

【实验目的】

1. 了解集成电路温度传感器 AD590 的特性和使用,掌握其定标方法。
2. 熟悉量热器的使用方法,用混合法测定水沸腾时的比汽化热。
3. 学习运用热平衡方程计算各种液体的比汽化热。
4. 学会分析热学量测量中的误差、熟悉抵偿法。

【实验仪器】

FD-YBQR 液体比汽化热测定仪(含主机、AD590 温度传感器、加热炉、烧瓶等);量热器;杜瓦瓶(保温瓶);电子天平。

实验装置如图 3-11-1 所示,

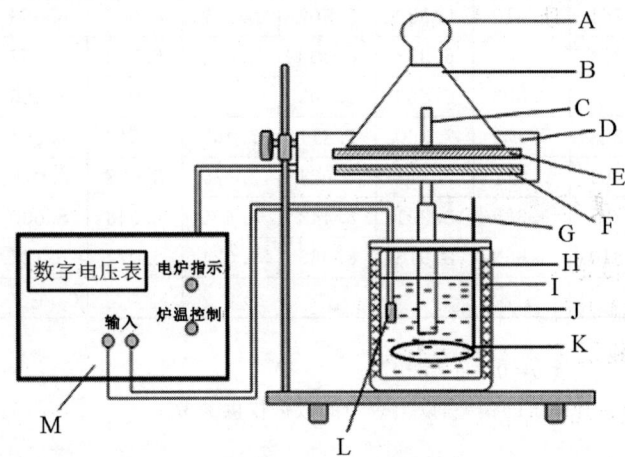

A—烧瓶盖;B—烧瓶;C—通汽玻璃管;D—托盘;E—电炉;F—绝热板;G—橡皮管;
H—量热器外壳;I—绝热材料;J—量热器内杯;K—铝搅拌器;L—温度传感器;M—温控和测量仪表

图 3-11-1   液体比汽化热实验装置图

【实验原理】

一、混合法测定水的比汽化热

本实验采用混合法测定水的比汽化热,方法是将烧瓶中接近 100 ℃ 的水蒸气,通过短的玻璃管加接一段很短的橡皮管(或乳胶管)插入到量热器内杯中。如果水和量热器内杯的初始温度为 θ_1,而质量为 M 的水蒸气进入量热器的水中被凝结成水。当水和量热器内杯温度均一时,其温度 θ_2,那么水的比汽化热 L 可由下式得到:

$$ML + Mc_w(\theta_3 - \theta_2) = (mc_w + m_1 c_{Al} + m_2 c_{Al}) \cdot (\theta_2 - \theta_1)。 \tag{3-11-1}$$

式中,c_w 为水的比热容,m 为原先在量热器中水的质量,c_{Al} 为铝的比热容,m_1 和 m_2 分别为铝量热器和铝搅拌器的质量,θ_3 为水蒸气的温度。

二、集成温度传感器 AD590 的测温原理

集成电路温度传感器 AD590 由多个参数相同的三极管和电阻组成。该器件的两引出端当加有一定直流工作电压时(一般工作电压可在 4.5~20 V 范围内),如果该温度传感器的温度升高或降低 1 ℃,那么传感器的输出电流增加或减少 1 μA,输出电流与温度呈线性关系,即

$$I = B \cdot T + A 。 \quad (3\text{-}11\text{-}2)$$

式中:B 约为 1.0 μA/℃,称为传感器灵敏度;A 为传感器在 0 ℃ 时的输出电流,与的热力学温度 $\Theta = 73.15$ K 相对应(应放在冰点温度时进行确定)。式中的电流通常通过测量与传感器串联的取样电阻的电压来测量,如图 3-11-2 所示,R 为 $(1\,000.00 \pm 0.01)\,\Omega$。

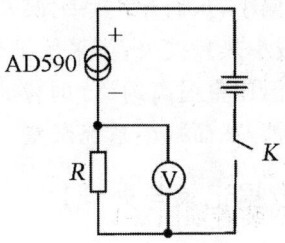

图 3-11-2 电流取样电路

【实验内容】

一、集成电路温度传感器 AD590 的定标

每个集成电路温度传感器的灵敏度有所不同,在实验前,应将其定标。默认 $B=1.0$ μA/℃,测得一组电压 U 及室温 θ,计算出电流 I。把实验数据用最小二乘法进行线性拟合,求得斜率(传感器灵敏度)B、截距 A 和相关系数 γ。

二、水的比汽化热的测定

1. 用电子天平称得量热器和搅拌器的质量 m_1+m_2。然后,在量热器内杯中加一定量的水,称得盛有水的量热器和搅拌器的质量 M_0。则水的质量 $m=m_1+m_2-M_0$。

2. 将盛有水的量热器内杯放在冰块上,预冷却到室温以下较低的温度。但被冷却水的温度需高于室内空气露点,如果低于露点,则实验过程中量热器内杯外表有可能凝结上薄水层,从而释放出热量,影响测量结果。将预冷过的内杯放还量热器内再放在水蒸气管下,使通汽橡皮管插入水中约 1 cm 深,注意气管不宜插入太深以防止通汽管被堵塞。

3. 将盛有水的烧杯加热。开始加热时可以通过温控电位器顺时针调到底,此时瓶盖移去,使低于 100 ℃ 的水蒸气从瓶口逸出。当烧杯内水沸腾时可以由温控器调节,保证水蒸气输入量热器的速率符合实验要求。这时,要首先读下温度仪的数值 θ_1,接着把瓶盖盖好继续让水沸腾,向量热器的水中通水蒸气并搅拌量热器内的水。通汽时间长短以尽可能使量热器中水的末温 θ_2 与室温的温差同室温与初温 θ_1 的差值相近(如室温为 28 ℃,θ_1 为 10 ℃,则 $\Delta\theta=18$ ℃,θ_2 应为 28 ℃+18 ℃=46 ℃)为宜,这样可使实验过程中量热器内杯与外界热交换相抵消。

4. 电炉通电,并打开瓶盖不再向量热器通汽,继续搅拌量热器内杯的水,读出水和内杯的末温度 θ_2。再一次称量出量热器内杯水的总质量 $M_总$。经过计算,求得量热器中水蒸气

的质量 $M=M_总-M_0$（M_0 为未通汽前量热器内杯、搅拌器和水的总质量）。

5. 将所得到的测量结果代入式(3-11-1)，求得水在 100 ℃时的比汽化热 L。

【注意事项】

量热杯中的水如用常温水，则通气后，水温升高，会向周围散热，产生热量损失，L 的测量值会偏小，从而产生系统误差。可从两方面减小这种系统误差：①在量热器内进行水、气混合，减小热量损失；②采用抵偿法：通入水蒸气前将水温调低，使水温比室温低约 $\Delta\theta$，通气后当水温比室温高约 $\Delta\theta$ 时停止通气，这样系统从外界吸收的热量和向外界放出的热量能基本抵消，从而减小系统误差。

【数据记录与处理】

一、集成电路温度传感器 AD590 的定标

表 3-11-1 温度传感器的定标实验数据

θ/℃					
U/mV					
I/μA					

经最小二乘法拟合得：$B=$ _____ μA/℃；$A=$ _____ μA。

二、水的比汽化热的测定

表 3-11-2 水的比汽化热测量数据

$m_1=$ _____ g　　$m_2=$ _____ g　　$\theta_3=100$ ℃

编号	m/g	U_1/mV	θ_1/℃	U_2/mV	θ_2/℃	$M_总$/g	M/g
1							
2							
3							

查表得：$c_w=4.187\times10^3$ J/(kg·℃)；$c_{Al}=0.9002\times10^3$ J/(kg·℃)，水在 100 ℃时的比汽化热公认值等于 2.25×10^6 J/kg。

表 3-11-3 水的比汽化热计算结果

编号	L/(J·kg^{-1})	百分比误差 E_r	L'/(J·kg^{-1})	百分比误差 E_r
1				
2				
3				

表中，L 表示水的比汽化热，L' 表示经过传感器吸收热量修正的水的比汽化热。修正

方法是测量集成电路传感器 AD590 的热容量，即将已知温度 θ_3 的传感器入水部分，放入温度为 θ_1 的量热器内杯中利用热平衡原理测量集成电路的热容量。考虑到传感器的热容量，公式(3-12-1)可以写为：

$$ML + Mc_w(\theta_3 - \theta_2) = (mc_w + m_1 c_{Al} + m_2 c_{Al} + m_3 c_3)(\theta_2 - \theta_1)。 \quad (3\text{-}11\text{-}3)$$

式中，$m_3 c_3$ 是集成电路温度传感器 AD590 的热容量。通过测量可以得到本实验装置的 $m_3 c_3 = 1.796 \times 10^3 \mathrm{J/kg}$。

【探索与思考】

1. 为什么烧瓶中的水未达到沸腾时，水蒸气不能通入量热器中？
2. 用本实验装置测量水的比汽化热可能产生哪些误差？如何改进？
3. 冷却水的温度如果低于环境的露点，则实验过程中量热器内外表面有可能凝结上薄水层，这样为什么会影响测量结果？
4. 为什么要做到水和内杯的末温度 θ_2 与室温的温差同室温与初温 θ_1 的差值相近，这样对实验测量有什么好处？

实验 12　薄透镜焦距的测量

透镜是一种重要的光学元件，焦距则是反映光学透镜特性的重要物理量。当透镜的厚度比其焦距小得多时，称之为薄透镜。不同焦距的透镜及透镜组组成了各种各样的光学仪器，为了使用这些光学仪器，对透镜焦距的测定就成为一个不可缺少的重要环节。

【实验目的】

1. 学习光学系统的共轴调节。
2. 掌握测量透镜焦距的基本方法。
3. 加深对透镜成像规律的理解。

【实验仪器】

光具座；滑块；凸透镜；凹透镜；平面镜；像屏，物屏，光源等。

【实验背景】

一、费马原理

光在空间两定点之间传播时，光程总是取极值（包括极大值、极小值和确定值）。两点一旦确定，这个光程就一定是确定值，即无论这两点间有多少条实际光路，每条光路（即光线）的光程都必须且只能等于这个确定值。

要使物体上的任意确定点 A 理想成像于另一确定点 A',即从 A 点发出的所有光线经反射(或折射)后均会聚于 A',必须满足的条件是:从 A 点发出的所有光线到达 A'时,光程均相等,这就是费马原理的推论,也称为等光程成像原理,它适用于所有理想成像过程。

二、虚物的概念

入射到光学系统的光束是会聚光束,则该会聚光束的顶点(延长线的交点),成为系统的虚物点。虚物本身不发光,客观存在的是和该点对应的那束会聚光束。

【实验原理】

测定透镜焦距的方法很多,但其原理都是建立在透镜成像规律的基础上。

一、薄透镜成像公式

在近轴光线的条件下,薄透镜的成像公式为

$$\frac{1}{u} + \frac{1}{v} = \frac{1}{f} \text{。} \tag{3-12-1}$$

式中,u 为物距,v 为像距,f 为焦距。u、v、f 均从透镜的光心量起。物距 u 和像距 v 的正负由物和像的虚实来确定,实物、实像时,u、v 为正值;虚物、虚像时,u、v 为负值。凸透镜的焦距 f 取正值,凹透镜的焦距 f 取负值。

二、凸透镜焦距的测量方法

(一) 自准直法

当物体 AB 位于凸透镜的焦平面上时,它发出的光线通过凸透镜后成为一束平行光,若在凸透镜的另一面放一与主光轴垂直的平面镜将平行光反射回去,反射光再次通过透镜后仍会聚于物体所在的焦平面上。即经透镜后像在物体成像在前焦平面上,这个像 A'B' 与原物体 AB 大小相等,是倒立的实像,如图 3-12-1。

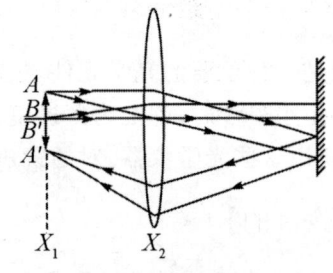

图 3-12-1　自准直法测透镜焦距

$$f = X_1 - X_2\text{。}$$

(二) 物距像距法

所谓物距像距法就是直接测出待测透镜的物距 u 和像距 v,然后,利用薄透镜成像公式算出透镜的焦距

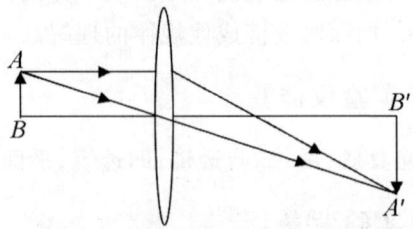

图 3-12-2　物理像距法测透镜焦距

$$f = \frac{uv}{u+v}\text{。} \tag{3-12-2}$$

如图 3-12-2 所示物 AB 置于凸透镜的一侧,使 $u > f$,则在透镜的另一侧的像屏上生成一个倒立的实像 A'B',测得物距、像距,代入式(3-12-2),即可计算得出焦距。

(三) 两次成像法(或位移法)

如图 3-12-3 所示,取物与屏间的距离为 L(要求 $L>4f$),且在实验中保持不变,在物与屏之间移动透镜时,物体会在屏上两次成像。当透镜移动到Ⅰ处时,屏上出现一放大、倒立的实像;当透镜移动到Ⅱ处时,在屏上出现一缩小、倒立的实像。如果Ⅰ和Ⅱ之间的距离为 d,根据成像公式和图 3-12-3 中的几何关系可以证明

$$f=\frac{L^2-d^2}{4L}。\tag{3-12-3}$$

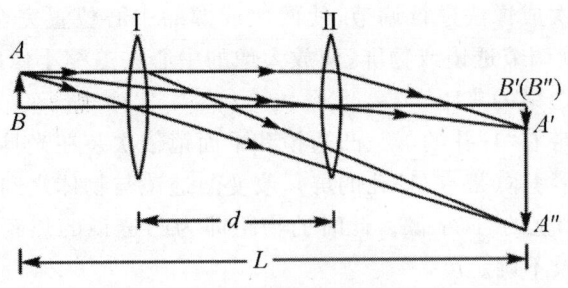

图 3-12-3 位移法测透镜焦距

两次成像法中测量的是凸透镜的位移量,避免了自准直法和物距像距法中,透镜光心与滑块刻痕不一致所引起的测量误差。

三、凹透镜焦距的测定

凹透镜是发散透镜,实物不能成实像于像屏上,所以它的焦距无法直接测定。可以用一个凸透镜作辅助透镜,利用虚物成像法来测凹透镜的焦距。

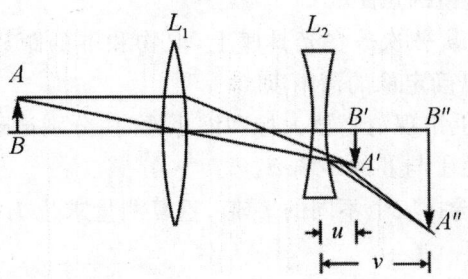

图 3-12-4 凹透镜焦距的测定

如图 3-12-4,物体 AB 经凸透镜 L_1 成像于 $A'B'$,然后将凹透镜 L_2 放置于凸透镜与 $A'B'$ 之间,此时 $A'B'$ 相当于凹透镜 L_2 的一个虚物体,经凹透镜可成一实像 $A''B''$,分别测出物距 u 和像距 v,就可根据薄透镜成像公式(3-12-1),求出凹透镜的焦距。值得注意的是,由于是虚物距,$u<0$,实像距 $v>0$,所以计算出的凹透镜的焦距为负值,即

$$f=\frac{uv}{u+v}<0。$$

【实验内容及步骤】

1. 调节各光学元件共轴。"共轴"是指用来测量的各光学元件(如光源、发光物、透镜等)的主光轴重合,如果实验是在光具座上进行,还必须使各光轴与光具座导轨平行。共轴调节的方法分粗调和细调。

① 粗调。将光源、物、屏、透镜放置在光具座上,用目视法将各光学元件中心处在一条线上,且垂直于光具座的导轨。

② 细调。利用两次成像法进行调节,使两次成像的中心位置完全重合,表示各光学元件已共轴,若不重合,则调节透镜或物屏,使放大像的中心去追缩小像的中心,直至重合。

2. 自准直法测凸透镜的焦距。

① 将光源、物体(带有"1"孔的屏)、凸透镜和平面镜依次装在光具座上。

② 打开光源,照亮物体(带有"1"孔的屏),改变凸透镜与物体之间的距离,在物体"1"字旁边出现清晰的等大倒立的"1"字像。此时的物距即为凸透镜的焦距。重复上述方法测量3次,求出透镜的焦距及不确定度。

3. 物距像距法测凸透镜的焦距。在前面实验数据的基础上,依次使 u 为 $f<u<2f$、$u=2f$、$u>2f$,观察成像结果,并记录像距 v,物距 u,代入公式(3-12-2)计算出焦距,进行比较。

在实际测量时,由于受到成像质量和人眼分辨力所限,定位会有误差,即成像时,像屏在某个范围内移动,所成的实像都很清晰。为了减少此种误差,通常采用左右逼近法读数,先使像屏由左向右移动,当像刚清晰时,记下像屏的位置读数,然后从右向左移动像屏,当像刚清晰时,记下像屏的位置读数,取这两次读数的平均值作为成像清晰时像屏的位置。

4. 两次成像法测凸透镜的焦距。

① 将物体、凸透镜、光屏依次放在光具座上,取物和屏的距离 $L>4f$,但 L 不能过大,否则缩小的像将很小,难以确定像的清晰度。

② 移动透镜,当光屏上出现清晰放大像和缩小像时,分别记录透镜两次成像的位置Ⅰ、Ⅱ(使用左右逼近法),测出Ⅰ与Ⅱ的距离 d。

③ 以数值大小为序,选择三个不同的 L 值,重复测量求出 L 和 d 的平均值,按照式(3-12-3)求出焦距及不确定度。

5. 辅助法测凹透镜的焦距。

① 参照步骤2,使物经凸透镜 L_1 成一像 $A'B'$(此像不能太大,也不能太小,应与"1"孔的大小相差不大为宜)。

② 在凸透镜 L_1 与像 $A'B'$ 间插入待测凹透镜 L_2(注意:此时凸透镜的位置不能动),根据目测先进行粗调,使凹透镜 L_2 与原系统共轴,移动像屏直至形成清晰的实像,再细调凹透镜 L_2 的上下左右进行共轴细调。调好共轴后,记录 L_2 与 $A'B'$ 之间的距离 u(物距取 $-u$),仔细调节像屏的前后位置以确定最终成像的位置 $A''B''$,记录 L_2 与 $A''B''$ 之间的距离 v,代入公式(3-12-1)计算出凹透镜的焦距。

③ 在凸透镜 L_1 的位置不变的情况下,改变凹透镜 L_2 的位置,重复步骤②,测量 3 次,

求出 f 的平均值。

6.△根据本节课所学内容,利用自准直法测出凹透镜的焦距,并画出光路图。

【数据记录与处理】

一、凸透镜焦距的测量

(一)自准直法测凸透镜的焦距

表 3-12-1　**自准直法测凸透镜的焦距**　　　　单位:mm

次数	物屏位置	透镜位置	f	$\bar{f}$
1				
2				
3				

(二)物距像距法测凸透镜的焦距

表 3-12-2　**物距像距法测凸透镜的焦距**　　　　单位:mm

次数	物屏位置	透镜位置	像屏位置		u	v	f	$\bar{f}$
			左逼近	右逼近				
1								
2								
3								

(三)两次成像法测凸透镜的焦距

表 3-12-3　**两次成像法测凸透镜的焦距**　　　　单位:mm

次数	物屏位置	透镜位置Ⅰ	透镜位置Ⅱ	像屏位置	L	d	f	$\bar{f}$
1								
2								
3								

二、辅助法测凹透镜的焦距(注意 u,v,f 的正负)

表 3-12-4　**辅助法测凹透镜的焦距**　　　　单位:mm

次数	像 $A'B'$ 位置	凹透镜位置	像 $A''B''$ 位置		u	v	f	$\bar{f}$
			左逼近	右逼近				
1								
2								
3								

【探索与思考】

1. 做光学实验为何要调节共轴？共轴调节的基本步骤是什么？对多透镜系统应如何处理？
2. 两次成像法测凸透镜焦距，为何物屏间距要大于四倍焦距？此法有何优点？物屏间距为何不能取得太大？
3. 自准直测凸透镜焦距，当物距远小于焦距时，也会在白屏上生成一倒立、等大的实像，且取走平面镜后，此像依然存在，请予以解释。
4. 辅助法测凹透镜焦距的前提条件是什么？
5. 测量像距时要根据像的清晰度来确定像的位置，应该选择成像较大的位置，还是选择成像较小的位置？

实验 13　利用分光计测玻璃折射率

光的反射定律和折射定律定量描述了光线在传播过程中发生偏折时角度间的相互关系。同时，光在传播过程中的衍射、散射等物理现象也都与角度有关。为了研究光的传播规律，必须测量与这些现象有关的角度，如反射角、折射角及衍射角等，才能计算有关的光学量。一些光学量如折射率、光波波长、衍射的极大和极小位置等都可通过直接测量角度去确定。故在光学技术中，精确测量光线偏折的角度，具有十分重要的意义。

分光计（又称光学测角仪）是一种能精确测量角度的典型光学仪器，常用来测量折射率、光波波长、色散率和观测光谱等。分光计的结构复杂、装置精密，由于该装置比较精密、操纵控制部件较多而复杂，故使用时必须按一定的规则严格调整，方能获得较高精度的测量结果。对于初学者来说，往往会感到有一些困难，但只要在调整、实验过程中明确调整要求、注意观察现象，并努力运用已有的理论知识去分析、指导操作，一般也是能够掌握的。

分光计的调整思想、方法与技巧，在光学仪器中有一定的代表性，它和其他一些光学仪器，如摄谱仪、单色仪等，在结构上有很多相似之处，所以了解它的结构原理，熟练掌握其使用方法，是非常必要的。学会对它的调节和使用，有助于掌握操作更为复杂的光学仪器。

【实验目的】

1. 了解分光计的结构、作用和工作原理。
2. 掌握分光计的调节要求和调节方法。
3. 学习分光计上用最小偏向角法和掠入射法测定三棱镜的折射率。

【实验仪器】

分光计；玻璃三棱镜；双面反射镜；毛玻璃；钠光灯源。

【实验原理】

一、最小偏向角法测玻璃折射率

将待测的光学玻璃制成三棱镜,可用最小偏向角法测其折射率 n,测量原理见图 3-13-1。光线 a 代表一束单色平行光,以入射角 i_1 投射到棱镜的 AB 面上,经棱镜两次折射后以 i_4 角从另一面 AC 射出来,成为光线 t。经棱镜两次折射,光线传播方向总的变化可用入射光线 a 和出射光线 t 延长线的夹角 δ 来表示,δ 称为偏向角。由图 3-13-1(a)可知

$$\delta = (i_1 - i_2) + (i_4 - i_3) = i_1 + i_4 - \alpha.$$

此式表明,对于给定棱镜,其顶角 α 和折射率 n 已定,则偏向角 δ 随入射角 i_1 而变,δ 是 i_1 的函数。用微商计算可以证明,当 $i_1 = i_4$ 或 $i_1 = i_3$ 时,即入射光线 a 和出射光线 t 对称地分布在棱镜两旁时,偏向角有最小值,称为最小偏向角,用 δ_m 表示。此时,有 $i_2 = \dfrac{\alpha}{2}$,$i_1 = \dfrac{\alpha + \delta_m}{2}$,如图 3-13-1(b)所示,故

$$n = \frac{\sin i_1}{\sin i_2} = \frac{\sin\dfrac{\alpha + \delta_m}{2}}{\sin\dfrac{\alpha}{2}}. \tag{3-13-1}$$

用分光计测出棱镜的顶角 α 和最小偏向角 δ_m,由上式可求得棱镜的折射率 n。

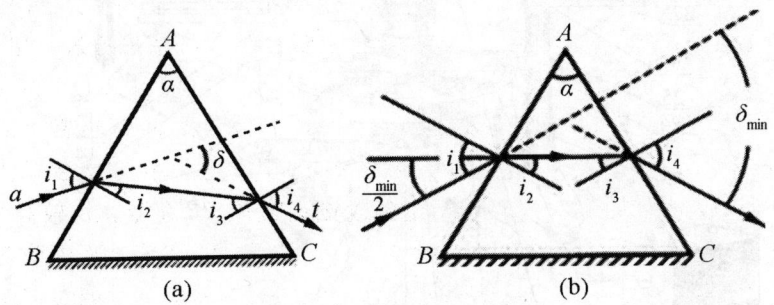

图 3-13-1 正三角形三棱镜

最小偏向角法是测折射率的基本方法,测 n 的准确度与测角仪(分光计)的精度密切相关,它多用于测固体折射率。这种方法要求把待测固体加工成规则的三棱镜,对光源要求不仅是单色还要是平行光。

二、极限角法测玻璃折射率

如图 3-13-2 所示,用单色扩展光源照射到棱镜 AB 面上使扩展光源以约 90°角掠入射到棱镜上。当扩展光源从各个方向 AB 面时,以 90°入射的光线的内折射角最大,为 $i_{\max}$,其余入射角小于 90°的,折射角必小于 $i_{\max}$,出射角必大于 $i'_{\min}$,而大于 90°的入射角不能进入棱镜。这样,在 AC 侧面观察时,将出现半明半暗的视场。明暗视场的交线就是入射角 $i_1 = 90$°的光线的出射方向。可以证明

$$n = \sqrt{\left(\frac{\cos \alpha + \sin i'_{\min}}{\sin \alpha}\right)^2 + 1}。$$

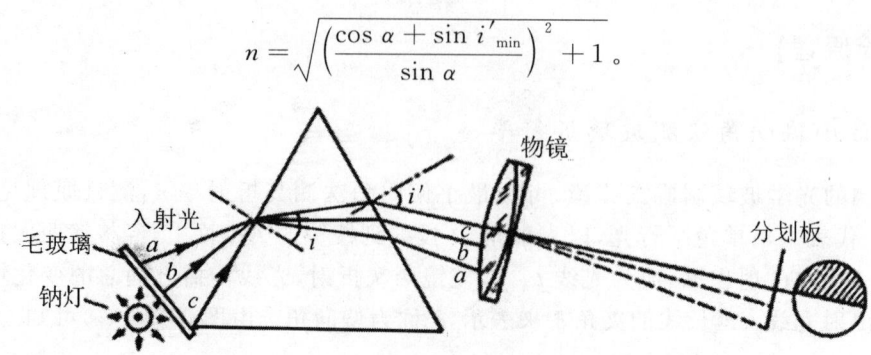

图 3-13-2 掠入射法测玻璃折射率原理图

三、分光计

（一）分光计的结构

利用分光计测量光线的偏折角，实际上是确定光线的传播方向。只有平行光才具有确定的方向，调焦于无穷远的望远镜可以判定平行光的传播方向。如图 3-13-3 所示，分光计由平行光管、望远镜、载物台、角度刻度盘和三角底座五个主要部分构成。

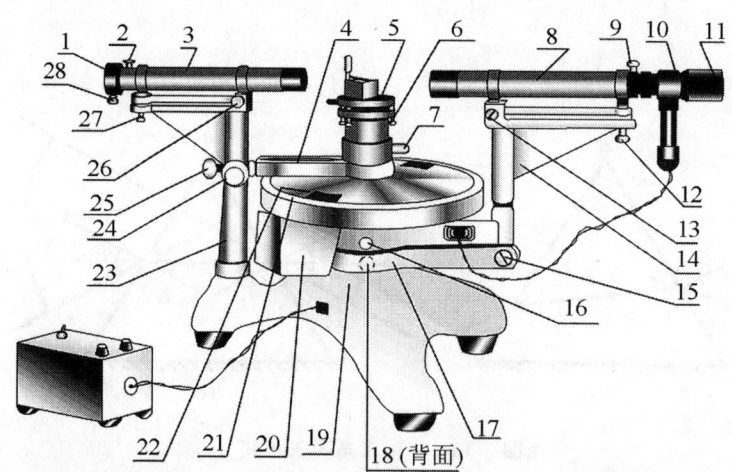

1—狭缝装置；2—狭缝装置锁紧螺钉；3—平行光管部件；4—制动架（二）；5—载物台；6—载物台条平螺钉；7—载物台锁紧螺钉；8—望远镜部件；9—目镜锁紧螺钉；10—阿贝式自准值目镜；11—目镜视度调节手轮；12—望远镜光轴高低调节螺钉；13—望远镜光轴水平调节锁钉；14—支臂；15—望远镜微调螺钉；16—转座与度盘止动螺钉；17—制动架（一）；18—望远镜止动螺钉；19—底座；20—转座；21—度盘；22—游标盘；23—立柱；24—游标盘微调螺钉；25—游标盘止动螺钉；26—平行光管光轴水平调节螺钉；27—平行光管高低调节螺钉；28—狭缝宽度调节手轮

图 3-13-3 分光计的结构

1. 三角底座是整个分光计的底座。底座中心有沿铅直方向的转轴套，望远镜和刻度盘可绕该轴转动。

2. 平行光管的作用是产生平行光。平行光管通过立柱固定在仪器底座上，管的一端装有一个消色差的复合透镜（物镜），另一端是装有狭缝的套管，用调节手轮可以改变狭缝的宽

度。若用光源照亮狭缝,调节狭缝装置锁紧螺
钉可以使狭缝套管前后移动,以改变狭缝和物
镜间的距离。当狭缝落在物镜的前焦面上以产
生平行光(如图 3-13-4),管下方的平行光管高
低调节螺钉用来调节管的倾度,使平行光管的

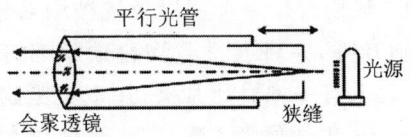

图 3-13-4　平行光管

光轴与仪器转轴垂直。平行光管水平调节螺钉用来微调左右。

3. 望远镜由目镜系统和物镜组成。为了调节和测量,物镜和目镜之间还装有分划板,它们分别置于内管、外管和中管内,三个管彼此可以相互移动,也可以用螺钉固定。参看图 3-13-5(a),在中管的分划板上刻的是"十"形的准线,在下方粘有一块 45°全反射小棱镜,其表面上涂了不透明薄膜,薄膜上刻了一个空心十字窗口。小电珠发出的绿光从管侧射入后,调节目镜前后位置,可在望远镜目镜视场中看到图 3-13-5(a)中所示的景象。若在物镜前放一平面镜,前后调节目镜(连同分划板)与物镜的间距,使分划板位于物镜焦平面上时,小电珠发出透过空心十字窗口的光经物镜后成平行光射于平面镜,反射光经物镜后在分划板上形成十字窗口的像。若平面镜镜面与望远镜光轴垂直,此像将落在"十"准线上部的交叉点上,如图 3-13-5(b)所示。图 3-13-5 中左端圆形是阿贝目镜,在目镜和分划板间装了一个小三棱镜。绿色光经小三棱镜反射将分划板照亮,由目镜望去,分划板被照亮部分是一绿色小方块(视场下方),绿色方块中的透光部分是一黑色小十字(以下简称小十字)。

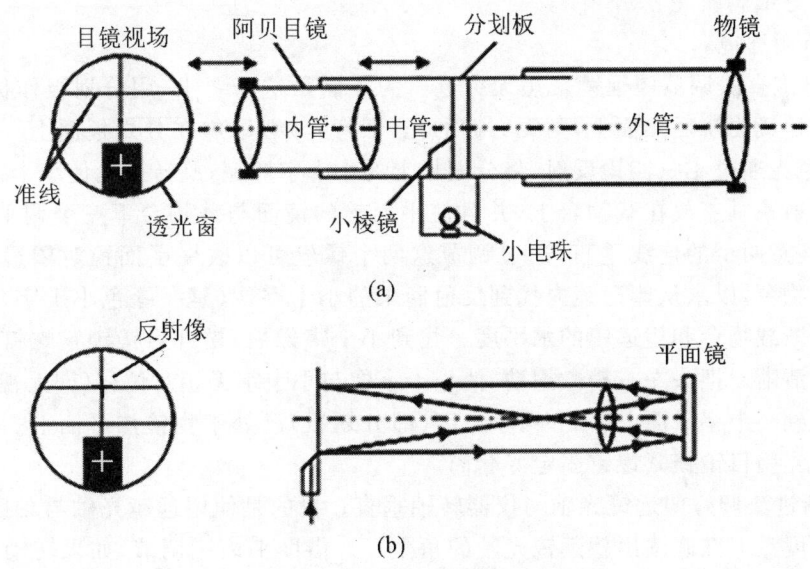

图 3-13-5　自准望远镜的结构

望远镜下方的望远镜光轴高低调节螺钉(图 3-13-3 中 12)是用来调节望远镜的纵向倾度,使镜筒的光轴垂直于仪器转轴。望远镜光轴水平调节螺钉是用来调节望远镜的横向倾度。望远镜可通过望远镜止动螺钉(图 3-13-3 背面)固定在仪器转轴上,这时可通过望远镜微调螺钉微调,将望远镜止动螺钉放松,望远镜可绕仪器的转轴自由转动。

4. 载物台是一个用以放置被测对象或光学元件的小平台,它可绕仪器转轴转动和沿仪器转轴升降,并可通过载物台锁紧螺钉 7(图 3-13-3)把它固定在任一高度上。如图 3-13-6 所示,台上有一弹簧压片夹,用以夹紧物体,台下有三个螺丝 a_1、a_2 和 a_3。

5. 角度刻度盘(读数圆盘是读数装置)分光计在出厂时已将刻度盘调到与仪器转轴垂直。刻度盘有内、外两层。外层通过转座与度盘止动螺钉和望远镜相连,能随望远镜一起转动。内层盘上相隔 180°处有两个角游标,当把游标盘止动螺钉旋紧时,内盘与仪器转轴的相对位置被固定,放松时,内盘可绕仪器转轴自由转动。当内盘固定,望远镜转动时,可从外盘上读出望远镜的转角。

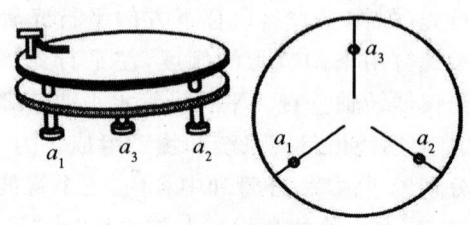

图 3-13-6　载物台

(二) 分光计的调节

在进行精确测量前,必须经过仔细调节,使分光计达到下述状态:使平行光管发出平行光,望远镜接受平行光(即聚焦无穷远);平行光管和望远镜的光轴(望远镜光轴此处是指分划板中心十字交点与物镜光心的连线)与分光计的转轴垂直。

调节前应先进行粗调,即用眼睛估测,把载物台。望远镜和平行光管尽量调成水平,然后再对各部分细调。

1. 调节望远镜。

① 用自准直法调节望远镜聚焦无穷远。为了满足这个要求,用分划板作标志,如果分划板处于望远镜物镜后焦面上,则无穷远的光(平行光)必聚焦在分划板面上。具体调节方法是:使绿色光通过小三棱镜反射,将分划板上的小十字照亮,旋转手轮使小十字清晰,然后将一平面反射镜垂直放在载物台上,并且使平面镜的镜面与载物台下三个调平螺丝 a_1、a_2 和 a_3 中的任意两个的连线垂直(通过调节这两个螺丝可以改变平面镜对望远镜的倾度)。缓慢转动载物台,以求从望远镜内找到反射回来的小十字像(是一绿色小十字),若找不到,就要重新判断载物台和望远镜的水平度。找到小十字像后,松开目镜锁紧螺钉,拉伸套筒,使小十字像清晰。把头左右稍微摆动,使小十字像与小十字无相对位移(即无视差),则小十字像刚好落到小十字平面上。此时,小十字(即分划板)已处于物镜焦平面上。即望远镜已聚焦无穷远。用目镜锁紧螺钉固定好套筒。

② 用渐进法调好望远镜光轴与仪器转轴垂直。目的是使望远镜光轴与刻度盘平行,从而可以从刻度盘上准确读出望远镜光轴的角坐标。借助平面镜调节,如果转动载物台 180°前后,平面镜的两个面反射回来的小十字像均与分划板上方黑十字重合,则说明载物台绕仪器转轴转 180°前后,望远镜光轴均垂直于平面镜,且平面镜平行于仪器转轴,因而望远镜光轴垂直于仪器转轴。具体调节方法是:在上一步已看见反射的小十字像的基础上,转动载物台,使平面镜绕仪器转轴转 180°,如果仍能看到反射回来的小十字像,则可细调使小十字像与分划板上方黑十字重合。否则,应重新进行粗调,直至载物台绕仪器转轴转 180°前后均能看见平面镜反射回来的像,再进行细调。细调采用渐进法,即先调望远镜下光轴高低调节

螺钉,使小十字像与分划板上方黑十字的上下距离移近一半,再调小平台下的螺丝(调该螺丝能够改变平面镜倾度)a_1、a_2 和 a_3,使它们重合,转动载物台 180°,再照以上方法调节,反复多次,必可使载物台转过 180°前后,平面镜的两个面反射回来的小十字像均与分划板上方黑十字重合,此时望远镜光轴与仪器转轴垂直。

2. 调节平行光管。

① 调节平行光管出射平行光。用已聚焦无穷远的望远镜为标准,如果平行光管产生了平行光,射入望远镜后必会聚到分划板面上。调节时,先用光源把平行光管的狭缝照亮,将望远镜正对平行光管,松开螺钉,使平行光管的狭缝前后移动,直到从望远镜中能看到清晰的狭缝像,且狭缝像与分划板之间无视差,这时平行光管产生的就是平行光。

② 使平行光管光轴与仪器转轴垂直。用已调好的仪器转轴垂直的望远镜光轴为标准,只要平行光管的光轴与望远镜的光轴平行,则平行光管的光轴与仪器转轴必定垂直。调节方法是:先使垂直的狭缝像经过分划板中心黑十字的交点,然后使狭缝转 0°,如果狭缝像仍通过分划板中心黑十字的交点,即表明平行光管光轴与望远镜光轴平行,否则应调节螺钉 27 达到此目的。

至此,望远镜、平行光管均已调好。在以后的测量中,不得破坏此状态,否则前功尽弃,需要重新调节。

3. 分光计的读数。读数圆盘的外层刻度盘上刻有 720 等分刻线,每格为 0.5°(30′)。游标盘上的两个角游标被等分为 30 格,每格分度值为 1′,如图 3-13-7 所示。这是因为读数时,要读出两个游标处的读数值,然后取平均值,这样可消除刻度盘和游标盘的圆心与仪器主轴的轴心不重合所引起的偏心误差(偏心差下面会有解释)。

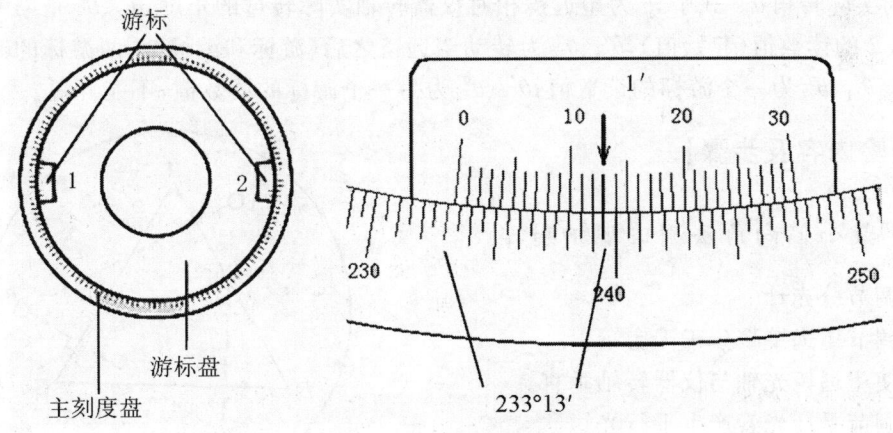

图 3-13-7 读数装置

读数方法与游标卡尺相似,分光计读出的是角度。读数时,应以角游标的 0 刻线为准,0.5°及 1°以上由刻度盘上读取,0.5°以下由游标盘上读取——即判定游标盘上哪条刻线与刻度盘上的刻线刚好重合,重合刻线在游标上的读数值即为角位置读数 0.5°以下数值。如图 3-13-7(b)中位置,其读数为 233°+13′=233°13′。

当计算望远镜转过角度 θ 时,要注意望远镜是否经过了刻度盘的零点,见表 3-13-1。

表 3-13-1　望远镜转过角度与刻度盘的零点情况

	未过零点	过零点
$\theta_{终} > \theta_{起}$	$\theta = \theta_{终} - \theta_{起}$	$\theta = 360° + \theta_{起} - \theta_{终}$
$\theta_{终} < \theta_{起}$	$\theta = \theta_{起} - \theta_{终}$	$\theta = 360° + \theta_{终} - \theta_{起}$

为了提高读数的精度,每次读数都需要从刻度盘的两边(即游标 1、游标 2)读数。目的是为了消除刻度盘外盘中心 O'(即仪器转轴中心)与内盘游标中心 O 不重合所产生的偏心差,即消偏心差。如图 3-13-8 所示,设外盘(连带望远镜能够)绕仪器转轴 θ,实际转过的角度是 θ_1,但从游标上读出的是 θ_1 和 θ_2,由几何原理知

$$\alpha_1 = \frac{\theta_1}{2}, \quad \alpha_2 = \frac{\theta_2}{2}, \quad \theta = \alpha_1 + \alpha_2。$$

所以　　　$\theta = \frac{1}{2}(\theta_1 + \theta_2)$,

或者　　　$\theta = \frac{1}{2}[(\theta''_1 - \theta'_1) + (\theta''_2 - \theta'_2)]$。

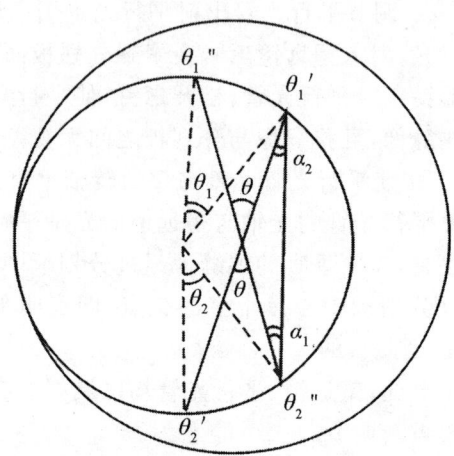

图 3-13-8　偏心差

此式说明,可用游标 1 和游标 2 读数分别算出转角 $\theta_1 = \theta''_1 - \theta'_1$ 及 $\theta_2 = \theta''_2 - \theta'_2$,然后取其平均值得到实际转角 θ。式中,θ 为望远镜相对仪器转轴实际转过的角度,θ'_1、θ'_2 是第一次游标 1 和游标 2 的读数值(起始值),θ''_1、θ''_2 为转动望远镜之后(游标和游标 2)两游标的读数值。

注　θ'_1、θ''_1 为一个游标的读数值,θ'_2、θ''_2 为另一个游标的读数值,不能弄混。

【实验内容及步骤】

一、最小偏向角法测玻璃折射率

1. 调节分光计。
① 调节望远镜聚焦于无穷远。
② 使望远镜光轴与仪器转轴垂直。
③ 调节平行光管产生平行光。
④ 使平行光管光轴与仪器转轴垂直。
2. 调节三棱镜的主截面与仪器转轴垂直。

把三棱镜放在载物台上(载物台应升至最高处),调节与顶角 A 相关的两个侧面(即光学面 AB 和 AC)与仪器转轴平行,即与已调好的望远镜光轴垂直。为了便于调节,将三棱镜的三条边垂直于载物台下面三个螺丝 a_1、a_2 和 a_3 的连线,放置如图 3-13-9。转动望远镜使 AB 面正对望远镜,先调节螺丝 a_1、a_2,使 AB

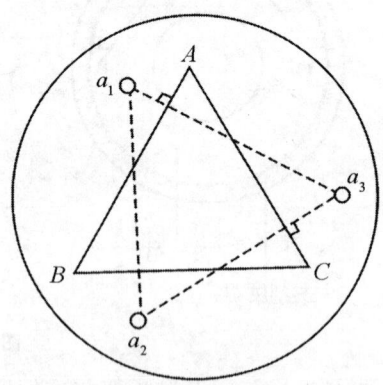

图 3-13-9　三棱镜的放置位置

面与望远镜光轴垂直(不可调节望远镜下面的调倾度的螺钉 2,否则失去准)。然后,使 AC 面正对望远镜,这时只能调节螺丝 a_3,使 AC 面与望远镜光轴垂直,再令 AB 面正对望远镜。只能调节螺丝 a_1,使 AB 与望远镜光轴垂直。直到两个侧面 AB 和 AC 反射回来的小十字像均和分划板上方黑十字重合为止。这样三棱镜的光学面 AB 和 AC 就都与仪器转轴平行,因而三棱镜的主截面与仪器转轴垂直。

3. 测定最小偏向角 δ_m。在前两步调好分光计与三棱镜的基础上,测定棱镜对钠光($\lambda = 589.3$ nm)的最小偏向角 δ_m。

① 用钠光灯照亮平行光管狭缝,松开游标盘止动螺钉,转动载物台使棱镜处在图 3-13-10 所示位置。先用眼睛沿棱镜出射光方向寻找棱镜折射后的狭缝像,找到后再将望远镜移到眼睛所在方位,此时在望远镜能够中就能看到钠光谱线。

② 稍稍转动载物台,以改变入射角,观察钠谱线往偏向角增大还是减小的方向移动。慢慢转动载物台,使钠谱线朝偏向角减小的方向移动,并要转动望远镜跟踪钠谱线,直到载物台沿着同方向转动时,该谱线不再向前移动却反而往相反的方向移动(即偏向角反而变大为止)。这个钠谱线反向移动的转折位置就是棱镜对钠谱线的最小偏向角位置。

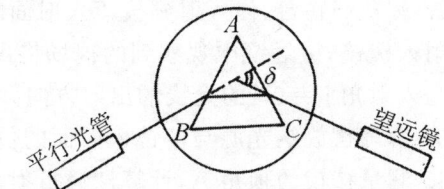

图 3-13-10 测定最小偏向角

③ 将望远镜中分划板中心十字的交点固定在这一最小偏向角位置上(对准钠谱线),用游标盘止动螺钉固定载物台(或游标盘),并用游标盘微调螺钉微调载物台,使棱镜做微小转动,准确找出钠谱线反向移动的确切位置,固定载物台(它不能再做任何转动了),转动望远镜,使分划板中心十字交点对准钠谱线,记下游标 1 和游标 2 的读数 θ_1''、θ_2''(出射光方位)。

④ 移去三棱镜,转动望远镜对着入射平行光,使分划板中心十字交点对准平行光管的狭缝像,记下游标 1 和游标 2 的读数 θ_1'、θ_2'(入射光方位)。

⑤ 重复步骤②③④,测量 3 次,数据记录表格见表 3-13-1,求 δ_m 的平均值 $\overline{\delta_m}$,由公式(3-13-1)计算 n。

表 3-13-1 最小偏向角测定的实验数据

	游标 1 读数			游标 2 读数			$\overline{\delta_m} = \dfrac{\delta_{1m}' + \delta_{2m}'}{2}$
	θ_1''	θ_1'	$\delta_{1m}' = \theta_1'' - \theta_1'$	θ_2''	θ_2'	$\delta_{2m}' = \theta_2'' - \theta_2'$	
1							
2							
3							
平均值							

4. 测顶角 α。

如图 3-13-11 所示,转动望远镜,先使望远镜光轴与棱镜 AB 面垂直,记下此时游标的

读数 θ'_1、θ'_2。然后转动望远镜,使其光轴与 AC 面垂直,记下两游标读数 θ''_1、θ''_2。则角 A 的补角

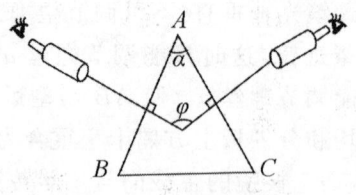

图 3-13-11　测顶角 A

$$\varphi = \frac{1}{2}[(\theta''_1 - \theta'_1) + (\theta''_2 - \theta'_2)],$$

顶角　　　　　　$\alpha = 180° - \varphi$。

二、极限角法测玻璃折射率△

1. 由于扩展光源辐射进棱镜的入射角度具有一定的范围,因此在 AC 观察出射光时,可看到入射角<90°光线产生的各种方向的出射光形成一个亮区,存在两条明暗交界线。

2. 旋转载物台,使入射到棱镜入射面的光线越来越少,当光源只有入射角约 90°的入射光线射入棱镜,望远镜中观察到的视场将由亮区慢慢收窄成为一条清晰的细两线,此时的亮线就是入射角 $i_1 = 90°$的光线的出射方向。记录此时的亮线的角度 i_{min}。

3. 合理摆放钠光源与棱镜入射面的位置,在望远镜中找出这个亮区,共做五组。

4. 测量棱镜的顶角 A,计算棱镜折射率。

【探索与思考】

1. 在测量前,分光计必须调到怎样的状态？如何实现？
2. 在调节望远镜光轴与仪器中心轴垂直时,小平面镜应如何放置在载物台上？为什么？
3. 在已调好望远镜光轴与仪器转轴垂直后,拧载物台下的螺丝,会不会破坏这种垂直性？为什么？若拧望远镜下方的螺丝又会怎样？
4. 测三棱镜折射率时,应把三棱镜如何放置在载物台上？为什么？
5. 分光计的最小分格值是多少？如何读数？

实验 14　光的等厚干涉——牛顿环和劈尖实验

在对光的本质的认识过程中,光的干涉现象为光的波动性提供了有力的实验证明。同时,光的等厚干涉在工程技术和科学研究方面都有广泛的应用,如精确测量薄膜的厚度和微小角度、测量样品的膨胀系数、光弹性研究、全息照相技术、检验表面的粗糙度、研究零件内应力分布等。

【实验目的】

1. 用分振幅的方法实现双光束干涉。
2. 加深对等厚干涉原理的理解。

3. 掌握用牛顿环测定透镜曲率半径的方法。
4. 学会使用读数显微镜。

【实验仪器】

牛顿环；读数显微镜；劈尖；钠光灯。

【实验背景】

牛顿环是英国皇家科学院院士牛顿(1643—1727)在孩子们吹泡泡时无意中发现，泡泡在阳光照耀下会产生美丽的花纹，于是他利用很多方法去研究出它的原理。经过多次试验、分析后，牛顿发现光透过透明的薄膜时，会产生向外扩展的彩色环纹，环纹之间又以黑色分隔开，而且这些环纹的颜色还会按光谱的顺序排列，环纹的大小则因颜色不同而有差异。又经过了无数次的试验，肥皂泡中环纹、颜色与薄膜厚度的关系，终于被牛顿找出了规律，并用数学公式解答出来，这就是著名的牛顿环。

【实验原理】

一、牛顿环干涉

如图 3-14-1 所示，将一块曲率半径较大的平凸透镜的凸面放在一平面玻璃板上，就组成了一个牛顿环装置。在透镜的凸表面与平面玻璃板的上表面之间，形成了一个空气薄层；在以接触点 O 为中心的任一圆周上，空气层的厚度都相等。如果有以波长为 λ 的单色光垂直入射时，空气薄层的上边缘面所反射的光和下边缘面所反射的光之间就有了光程差，因此发生干涉现象。光程差相等的地方就是以 O 点为中心的同心圆，所以干涉条纹是一组以 O 点为中心的同心圆——称为牛顿环。

设平凸透镜的曲率半径为 R，距接触点 O 半径为 r 的圆周上一点 D 处的空气层厚度为 d，对应于 D 点产生的干涉所形成的暗条纹的条件为

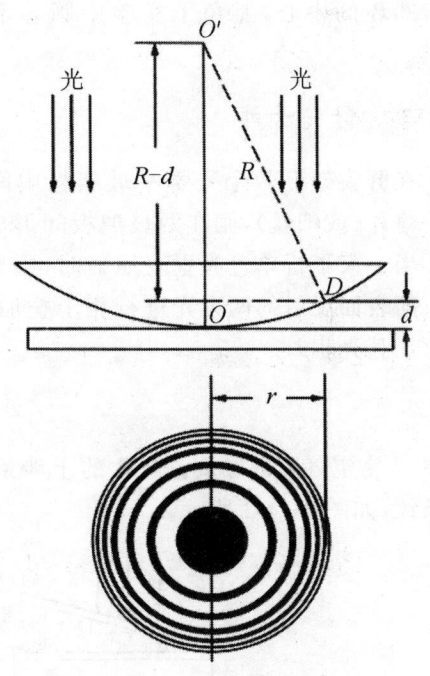

图 3-14-1 牛顿环干涉原理

$$2d + \frac{\lambda}{2} = (2k+1)\frac{\lambda}{2}, \quad k=0,1,2,\cdots 。 \tag{3-14-1}$$

由图 3-14-1 的几何关系可看出

$$R^2 = r^2 + (R-d)^2 = r^2 + R^2 - 2Rd + d^2 R^2 。 \tag{3-14-2}$$

由于 R≫d,上式中的 d^2 可略去,故

$$d = \frac{r^2}{2R}。 \tag{3-14-3}$$

将 d 值代入,式(3-14-1)化简为

$$r^2 = k\lambda R。 \tag{3-14-4}$$

由式(3-14-4)可知,如果已知单色光的波长 λ,又能测出各暗条纹的半径 r,就可算出曲率半径 R。反之,如果知道 R,测出 r,亦可算出单色光的波长 λ。

在实际测量时,由于牛顿环的级数 k 和中心不易确定,可将式(3-14-4)变为如下形式

$$R = \frac{D_{k+m}^1 - D_k^2}{4m\lambda}。 \tag{3-14-5}$$

式中,D_{k+m} 和 D_k 分别为 k+m 级和 k 级暗环的直径(见图 3-14-2)。由式(3-14-5)可知,只要求出所测各环的环数差 m,而无须确定各环的级数,不必确定圆环的中心,避免了实验中圆心不易确定的困难。

二、劈尖干涉

在劈尖架上两个光学平玻璃板中间的一端插入一薄片(或细丝),则在两玻璃板间形成一空气劈尖。当一束平行单色光垂直照射时,则被劈尖薄膜上下两表面反射的两束光进行相干叠加,形成干涉条纹。其光程差

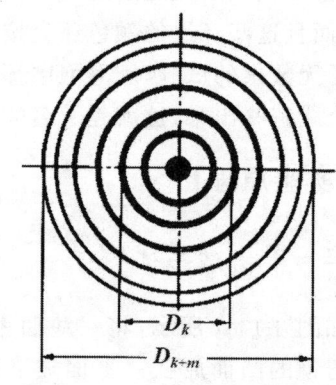

图 3-14-2 劈尖干涉原理

$$\Delta = 2d + \frac{\lambda}{2}。$$

式中,d 为空气隙的厚度。产生的干涉条纹是一簇与两玻璃板交接线平行且间隔相等的平行条纹,如图 3-14-3 所示。

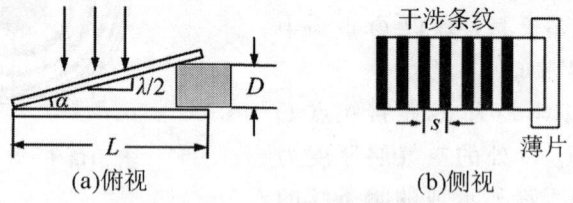

图 3-14-3 产生干涉条纹的条件

同样,根据牛顿环的明暗纹条件,有:

$$\Delta = 2d + \frac{\lambda}{2} = (2m+1) \cdot \frac{\lambda}{2}, \quad m = 1,2,3\cdots,$$

为干涉暗纹;

$$\Delta = 2d + \frac{\lambda}{2} = 2m \cdot \frac{\lambda}{2}, \quad m = 1, 2, 3 \cdots,$$

为干涉明纹。

显然,同一明纹或同一暗纹都对应相同厚度的空气层,因而是等厚干涉。同样易得,两相邻明条纹(或暗条纹)对应空气层厚度差都等于 $\lambda/2$;则第 m 级暗条纹对应的空气层厚度 $D_m = m \cdot \lambda/2$,假若夹薄片后劈尖正好呈现 N 级暗纹,则薄片厚度

$$D = N \frac{\lambda}{2}。$$

用 α 表示劈尖形空气间隙的夹角,s 表示相邻两暗纹间的距离、L 表示劈尖的长度,则有

$$\alpha \approx \tan \alpha = \frac{\lambda/2}{s} = \frac{D}{L}。$$

则薄片厚度

$$D = \frac{L}{s} \cdot \frac{\lambda}{2}。$$

由上式可见,无论是求出空气劈尖上总的暗条纹数 N 还是测出劈尖的 L 和相邻暗纹间的距 s,均可由已知光源的波长 λ 测定薄片厚度(或细丝直径)D。

【实验内容及步骤】

一、测量牛顿环的曲率半径

1. 调整实验装置。

① 调节牛顿环仪上的三个螺钉,用眼睛直接观察,使干涉条纹成圆形并处在牛顿环仪的中心。注意平凸透镜和玻璃板不能挤压过紧,以免损坏牛顿环仪。

② 将牛顿环仪置于读数显微镜镜筒下方(如图 3-14-4),开启钠光灯源,调节显微镜座架的高度,使套在显微镜镜头上 45°半反射镜 M 与钠光灯等高。

③ 调节目镜,使十字叉丝清晰,调节反射镜 M,使显微镜下视场黄光均匀。

④ 调节调焦手轮对牛顿环聚焦,使干涉条纹清晰。调节时,显微镜筒应自下而上缓慢移动,直到在目镜中看清干涉条纹为止(不要自上而下调,以免损坏仪器),并适当移动牛顿环仪,使牛顿环圆心处在视场中央。

2. 观察干涉条纹的分布特征。观察牛顿环条纹的粗细和形状,间距是否相等,并从理论上做出解释,观察牛顿环中心是亮斑还是暗斑。

3. 测量平凸透镜的曲率半径。

① 调节目镜镜筒,使一根十字叉丝与显微镜移动方向垂直,保持这条叉丝与干涉条纹相切,另一根水平叉丝则和显微镜移动方向一致,以便观察和测量条纹的直径。

② 旋转显微镜的测微鼓轮,使十字叉丝由牛顿环中央缓慢向左移动到 35 环,然后单方向向右移动,测出显微镜的叉丝与各条纹相切的读数 $d_{30}, d_{29}, \cdots, d_{21}$。然后继续向右移动,经过环的中心,到另一边继续向右测出 $d'_{21}, d'_{22}, \cdots, d'_{30}$ 的读数,则第 k 级条纹的直径 $D_k = |d_k - d'_k|$(d'_k 指环中心另一边的读数),测量时应注意回程差。

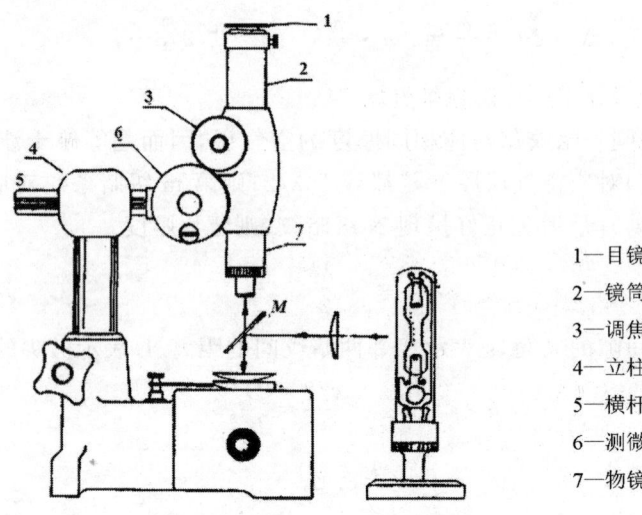

1—目镜；
2—镜筒；
3—调焦手轮；
4—立柱；
5—横杆；
6—测微鼓轮；
7—物镜

图 3-14-4　读数显微镜的结构

③ 用逐差法，将 D_k 值分为两组，一组为 k+m，另一组为 k。例如取 m=5，将数据填入表 3-14-1 中。

表 3-14-1　用牛顿环测平凸透镜的曲率半径实验数据　　　　（单位：mm）

k+m	d_{k+m}	d'_{k+m}	D_{k+m}	D^2_{k+m}	k	d_k	d'_k	D_k	D^2_k	$D^2_{k+m}-D^2_k$
30					25					
29					24					
28					23					
27					22					
26					21					

用单变量统计法计算出 $\overline{D_{k+m}-D_k}$，再计算出曲率半径 $\overline{R}$ 及不确定度 u，将结果写成如下形式：

$$R = \overline{R} \pm u,$$

$$E_R = \frac{u}{\overline{R}} \times 100\%.$$

二、用劈尖干涉法测微小厚度（微小直径）△

1. 将被测细丝（或薄片）夹在两块平玻璃之间，然后置于显微镜载物台上。用显微镜观察、描绘劈尖干涉的图像。改变细丝在平玻璃板间的位置，观察干涉条纹的变化。

2. 由公式可见，当波长已知时，在显微镜中数出干涉条纹数 m，即可得相应的薄片厚度。一般说 m 值较大。为避免记数 m 出现差错，可先测出某长度 L_x 间的干涉条纹数 x，得出单位长度内的干涉条纹数 $n=x/L_x$。若细丝与劈尖棱边的距离为 L，则共出现的干涉条纹数 $m=n \cdot L$，可得到薄片的厚度 $D=n \cdot L \cdot \lambda/2$。

【注意事项】

1. 使用读数显微镜进行测量时,测微鼓轮必须向一个方向旋转,中途不可倒退。
2. 读数显微镜镜筒必须自下而上移动,切莫让镜筒与牛顿环装置碰撞。

【探索与思考】

1. 什么是光的干涉?产生光的干涉现象的条件是什么?
2. 如何用等厚干涉条纹的形状来判别平凸透镜的凸面和凹面?
3. 观察牛顿环为什么选用钠光灯作光源?若用白光照射将如何?
4. 为什么读数显微镜测量的是牛顿环的直径,而不是牛顿环放大的直径?
5. 本实验处理数据时,为什么要用逐差法?用算术平均法行吗?为什么?
6. 使用读数显微镜进行测量时,测微鼓轮为什么必须向一个方向旋转,中途不可倒退?
7. 使用读数显微镜进行测量时,为什么读数显微镜镜筒必须自下而上移动?

实验15 阿贝折射计测液体折射率

折射率是物质的重要光学常数之一,可借以了解物质的光学性能、纯度及浓度大小等。实验13是利用分光计测玻璃(固体)折射率,本实验是采用阿贝折射计测定液体折射率。

【实验目的】

1. 学习用掠入射法测量液体折射率的原理。
2. 了解阿贝折射计的结构和工作原理,学会使用该仪器测量液体的折射率。

【实验仪器】

阿贝折射计;滴管;蒸馏水,无水酒精,少许脱脂棉,待测液体(水)等。

【实验原理】

光线从光密介质进入光疏介质,入射角小于折射角。逐渐加大入射角,可使折射角达到90°。折射角等于90°时的入射角称为临界角。反过来,若光线自光疏介质进入光密介质,入射角大于折射角。当光线以90°角入射(掠)时仍有光线进入光密介质,此时的折射角亦为临界角。本实验测量折射率的原理及阿贝折射计的工作原理,就是基于测定临界角的原理。

一、掠入射法测量液体的折射率

如图 3-15-1 所示,在折射棱镜的 AB 面上充满了折射率为 n 的液体,棱镜的折射率

$n_0 > n$。若以单色的扩展光源照射分界面 AB 时，从图可看出：入射角为 90°的光线 1 将掠射到 AB 界面而折射进入三棱镜内。显然，光线 1 经折射面 AB 后的折射角 i′正如发生全反射时的临界角，因而满足

$$\sin i' = \frac{n}{n_0}。 \quad (3\text{-}15\text{-}1)$$

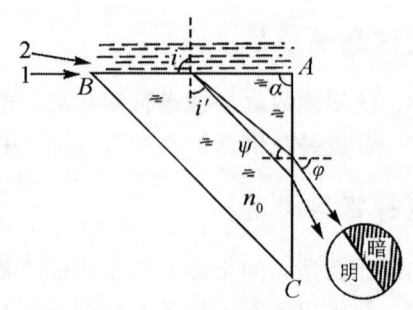

图 3-15-1 掠入射法实验原理

当掠入射光线 1 经折射到 AC 面，再经折射而进入空气时，设在 AC 面上的入射角为 ψ 折射角为 φ，则有

$$\sin \varphi = n_0 \sin \psi。 \quad (3\text{-}15\text{-}2)$$

除掠入射光线 1 外，其他光线如光线 2 在 AB 面上的入射角均小于 90°，因此经三棱镜折射，最后从 AC 面折射进入空气时，都在光线 i′的左侧。由于入射角 i 不可能比 90°大，因而在三棱镜内不可能出现比临界角 i′大的光线，即 AC 面上出射的光线中，没有比 φ 角小的折射光线，故称 φ 为极限角。当用望远镜对准 AC 面观察时，视场中将看到明暗两部分，其分界线就是 i=90°的掠入射引起的极限角方向。

由图中的光路图可知：三棱镜的棱镜角 α 与角 i′及角 ψ 有如下关系：

$$i' = \alpha - \psi。 \quad (3\text{-}15\text{-}3)$$

应用式(3-15-3)，并从式(3-15-1)和式(3-15-2)中消去 i′和 ψ 后可得

$$n = \sin \alpha \cdot \sqrt{n_0^2 - \sin^2 \varphi} - \cos \alpha \cdot \sin \varphi。 \quad (3\text{-}15\text{-}4)$$

如果棱镜角 α=90°，则

$$n = \sqrt{n_0^2 - \sin^2 \varphi}。 \quad (3\text{-}15\text{-}5)$$

因此，当直角三棱镜的折射率 n_0 已知时，测出 φ 角后即可计算出待测液体的折射率 n。上述测定折射率的方法即为掠入射法。

二、阿贝折射计的结构和测量原理

阿贝折射计是测量透明、半透明液体或固体折射率的常用仪器。国产的 WYA 型阿贝计的测量范围为 1.300 0～1.700 0（精度为±0.000 2）。若该仪器接上恒温器，则可测定温度为 0～70 ℃内的折射率。

阿贝折射计也是根据全反射原理设计的。它有两种工作方式，即透射式和反射式。本实验只要求采用透射式方法测量透明液体的折射率。透射式测量光路如图 3-15-2 所示。将折射率为 n 的待测液体放置在折射率为 n_0 的折

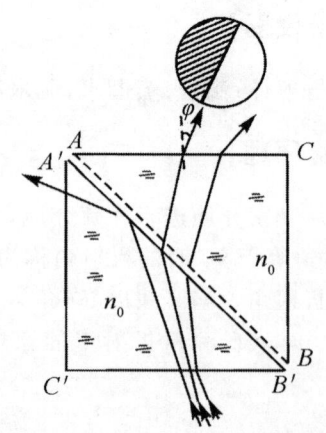

图 3-15-2 阿贝折射计的测量原理

射棱镜的 AB 面上,其棱角为 α,并将进光棱镜盖上,则液体将充满 AB 面与 A'B'面之间隙,并用光源照明之。如果 $n<n_0$,与图 3-15-1 相同,入射到 AB 面上的光线,经棱镜 ABC 两次折射后,由 AC 面射出的光束,在望远镜视场中将看到半明半暗的视场,明暗分界线就对应于掠面入射光束。测出 AC 面上相应的临界角 φ,即可应用式(3-15-4)计算求出待测的 n 值。因阿贝折射计是用望远镜观察和进行角度测量的一种直读式仪器,所以仪器中直接刻有与 φ 角对应的折射率值。故不需要任何计算,可直接从调节的明暗分界现象,直接读出分界线对应的折射率值。

应用阿贝计测量折射率时,无论采用透射光或反射光,式(3-15-3)都成立。反射式测量用于测量固体(透明或半透明)物质的折射率,测量方法不再介绍。

【实验内容与步骤】

1. 用蒸馏水校准阿贝折射计。打开进光棱镜,用脱脂棉沾一些乙醚、酒精的混合液(4∶1)将镜面轻擦干净,然后用滴管在镜面上滴几滴蒸馏水(其折射率标准值 20 ℃时为 1.333 0),调手轮使读数恰为 1.333 0,再从望远镜目镜中看叉丝交线是否与黑白分界线重合。校正完毕后,再进行测定。测定的过程中不允许随意再动此部位。
2. 测量水的折射率,要求重复读数 5 次,求出待测液体折射率 n 的平均值。
3. 按照上述方法,测量另一种液体的折射率。

【注意事项】

1. 每次测量前必须对镜面进行清洁,清洗后必须待晾干才能再加入被测液体。
2. 任何物质的折射率都与测量时的温度和使用的光波波长有关。本仪器是在消除色散的情况下测得的折射率,其对应光波波长 $\lambda=589\ nm$。如不需要测量不同温度时的折射率,测定可在室温下进行。
3. 实验完毕,必须用步骤 1 的方法清洗棱镜面。

【探索与思考】

1. 入射法测量液体折射率的理论根据是什么?
2. 如果待测液体折射率 n 大于折射棱镜的折射率 n_0,能否用阿贝折射计来测量?为什么?

实验 16　电子束的聚焦与偏转

示波器中用来显示电信号波形的示波管和电视机、摄像机里显示图像的显像管、摄像管都属于电子束线管,虽然它们的型号和结构不完全相同,但都有产生电子束的系统和电子加速系统,为了使电子束在荧光屏上清晰的成像,还设有聚焦、偏转和强度控制系统。对电子束的聚焦和偏转,可以利用电极形成的静电场实现,也可以用电流形成的恒磁场实现。前者称为电聚焦或电偏转,后者称为磁聚焦或磁偏转。随着科技的发展,利用静电场或恒磁场使电子束偏转、聚焦的原理和方法还被广泛地用于扫描电子显微镜、回旋加速器、质谱仪等许多仪器设备的研制之中。本实验在了解电子束线管的结构基础上,讨论电子束的偏转特性及其测量方法。

【实验目的】

1. 了解带电粒子在电磁场中的运动规律,以及电子束的电偏转、电聚焦、磁偏转、磁聚焦的原理。
2. 学习测量电子荷质比的方法。

【实验仪器】

DZS-E 型多功能电子束实验仪;导线若干。

【实验背景】

带电粒子在电场中偏转(即电偏转)和带电粒子在磁场中偏转(即磁偏转)分别是利用电场和磁场对运动电荷施加作用力,从而改变或控制其运动方向。由于电场和磁场对电荷的作用具有不同的特征,这两种偏转存在着几个方面的差异。为了便于比较,本教程以带电粒子垂直于场进入为例来归纳说明其差异。

1. 电偏转。带电粒子在匀强电场中所受电场力必为恒力。质量为 m、电量为 q 的粒子在场强为 E 的电场中所受电场力的大小与粒子运动速度无关,方向与场强方向平行。

2. 磁偏转。带电粒子在匀强磁场中所受洛伦兹力是变力。质量为 m、电量为 q 的粒子以速度 v 垂直进入磁感应强度为 B 的匀强磁场,所受磁场力大小(即洛伦兹力)与粒子相对于磁场运动的速度 v 有关,方向(时刻改变)与粒子相对于磁场运动的方向和磁场方向都垂直(由左手定则判断),并且洛伦兹力所产生的加速度还使粒子的速度方向发生改变,而速度方向的变化又反过来导致洛伦兹力的方向发生变化。

【实验原理】

一、示波管的简单介绍

示波管的结构如图 3-16-1 所示,示波管包括有:① 一个电子枪,它发射电子,把电子加速到一定速度,并聚焦成电子束;② 一个由两对金属板组成的偏转系统;③ 一个在管子末端的荧光屏,用来显示电子束的轰击点。

所有部件全都密封在一个抽成真空的玻璃外壳里,目的是为了避免电子与气体分子碰撞而引起电子束散射。接通电源后,灯丝发热,阴极发射电子。栅极加上相对于阴极的负电压,它有两个作用:一方面,调节栅极电压的大小控制阴极发射电子的强度,所以栅极也叫控制极;另一方面,栅极电压和第一阳极电压构成一定的空间电位分布,使得由阴极发射的

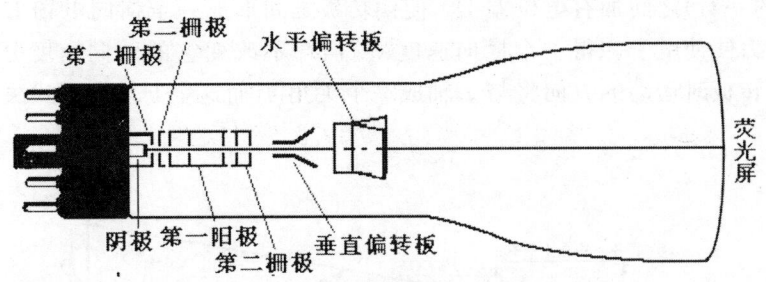

图 3-16-1 小型示波管外形示意图

电子束在栅极附近形成一个交叉点。第一阳极和第二阳极也有两个作用：一方面，构成聚焦电场，使得经过第一交叉点又发散了的电子在聚焦场作用下又会聚起来；另一方面，使电子加速，电子以高速打在荧光屏上，屏上的荧光物质在高速电子轰击下发出荧光，荧光屏上的发光亮度取决于到达荧光屏的电子数目和速度，改变栅压及加速电压的大小都可控制光点的亮度。水平偏转板和垂直偏转板是互相垂直的平行板，偏转板上加以不同的电压，用来控制荧光屏上亮点的位置。

二、电子的加速和电偏转

为了描述电子的运动，我们选用了一个直角坐标系，其 z 轴沿示波管管轴，x 轴是示波管正面所在平面上的水平线，y 轴是示波管正面所在平面上的竖直线。从阴极 K 发射出来通过电子枪各个小孔的一个电子，从阳极 A_2 射出时在 z 方向上具有速度 v_z。v_z 的值取决于 K 和 A_2 之间的电位差 $U_2 = U_B + U_C$（图 3-16-2）。

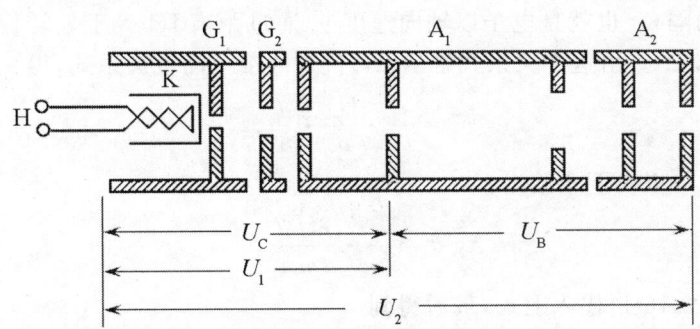

图 3-16-2 示波管电子枪的电极结构示意图

电子从 K 移动到 A_2，位能降低了 $e \cdot U_2$。因此，如果电子逸出阴极时的初始动能可以忽略不计，那么它从 A_2 射出时的动能 $\frac{1}{2} m \cdot v_z^2$ 就由下式确定：

$$\frac{1}{2} m \cdot v_z^2 = e \cdot U_2 。 \tag{3-16-1}$$

此后，电子再通过偏转板之间的空间。如果偏转板之间没有电位差，那么电子将笔直地通过，最后打在荧光屏的中心（假定电子枪瞄准了中心）形成一个小亮点。如果两个垂直偏转板(水平放置的一对)之间加有电位差 U_d,使偏转板之间形成一个横向电场 E_y,那么作用在电子上的电场力便使电子获得一个横向速度 v_y,但却不改变它的轴向速度分量 v_z。这样,电子在离开偏转板时运动的方向将与 z 轴成一个夹角 θ,而这个 θ 角由下式决定:

$$\text{tg}\,\theta = \frac{v_y}{v_z}. \tag{3-16-2}$$

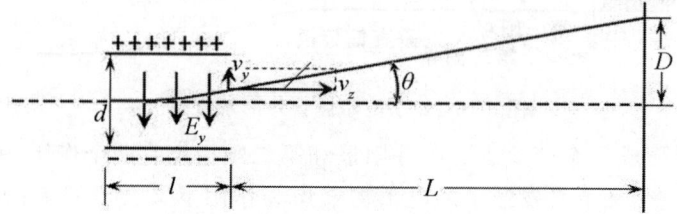

图 3-16-3 电子在电场中的运动轨迹

如图 3-16-3 所示,如果知道了偏转电位差和偏转板的尺寸,那么以上各个量都能计算出来。设距离为 d 的两个偏转板之间的电位差 U_d 在其中产生一个横向电场 $E_y = U_d/d$,从而对电子作用一个大小为 $F_y = e \cdot E_y = e \cdot U_d/d$ 的横向力。在电子从偏转板之间通过的时间 Δt 内,这个力使电子得到一个横向动量 mv_y,而它等于力的冲量,即

$$m \cdot v_y = F_y \cdot \Delta t = e \cdot U_d \cdot \frac{\Delta t}{d}. \tag{3-16-3}$$

于是

$$v_y = \frac{e}{m} \cdot \frac{U_d}{d} \cdot \Delta t. \tag{3-16-4}$$

然而,这个时间间隔 Δt 也就是电子以轴向速度 v_z 通过距离 l(l 等于偏转板的长度)所需要的时间,因此 $l = v_z \Delta t$。由这个关系式解出 Δt,代入冲量—动量关系式,得

$$v_y = \frac{e}{m} \cdot \frac{U_d}{d} \cdot \frac{l}{v_z}. \tag{3-16-5}$$

这样,偏转角 θ 就可以由下式给出:

$$\text{tg}\,\theta = \frac{v_y}{v_z} \cdot \frac{eU_d l}{dmv_z^2}. \tag{3-16-6}$$

再把能量关系式(3-16-1)代入上式,最后得到

$$\text{tg}\,\theta = \frac{U_d}{U_2} \cdot \frac{l}{2d}. \tag{3-16-7}$$

式(3-16-7)表明,偏转角随偏转电位差 U_d 的增加而增大,而且,偏转角也随偏转板长度 l 的增大而增大,偏转角与 d 成反比,对于给定的总电位差来说,两偏转板之间距离越近,偏转电场就越强。最后,降低加速电位差 $U_2 = U_B + U_C$ 也能增大偏转,这是因为这样就减小了电子的轴向速度,延长了偏转电场对电子的作用时间。此外,对于相同的横向速度,轴向速度越小,得到的偏转角就越大。

电子束离开偏转区域以后便又沿一条直线行进,这条直线是电子离开偏转区域那一点的电子轨迹的切线。这样,荧光屏上的亮点会偏移一个垂直距离 D,而这个距离由关系式 D

= L tg θ 确定。这里 L 是偏转板到荧光屏的距离（忽略荧光屏的微小的曲率），如果更详细地分析电子在两个偏转板之间的运动，我们会看到：这里的 L 应从偏转板的中心量到荧光屏。于是有

$$D = L \cdot \frac{U_d}{U_2} \cdot \frac{l}{2d}。 \tag{3-16-8}$$

三、电聚焦原理

图 3-16-4 显示了电子枪各个电极的截面，加速场和聚焦场主要存在于各电极之间的区域。

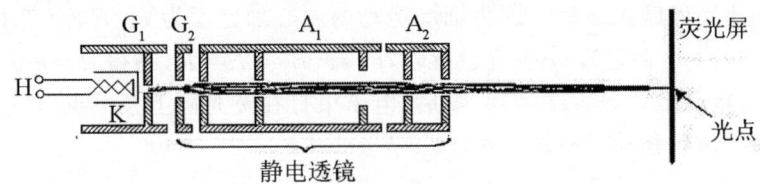

图 3-16-4 电子枪在各电极剖面图

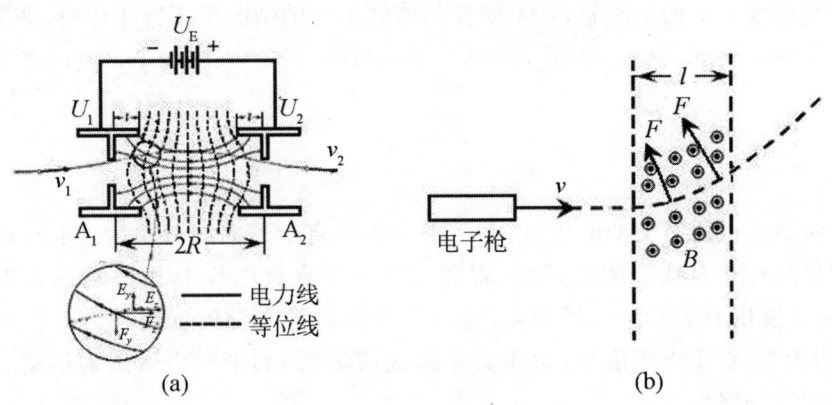

图 3-16-5 电子在电场中的聚焦(a) 与电子在磁场中的运动轨迹(b)

图 3-16-5(a) 是 A_1 和 A_2 这个区域放大了的截面图，其中画出了一些等位面截线和电力线。从 A_1 出来的横向速度分量为 v_y 的具有离轴倾向的电子，进入 A_1 和 A_2 之间的区域后，被电场的横向分量推向轴线。与此同时，电场 E 的轴向分量 E_z 使电子加速；当电子向 A_2 运动，进入接近 A_2 的区域时，那里的电场 E 的横向分量 E_y 有把电子推离轴线的倾向。但是，由于电子在这个区域比前一个区域运动得更快，向外的冲量比前面的向内的冲量要小，所以总的效果仍然是使电子靠拢轴线。

四、电子的磁偏转原理

在磁场中运动的一个电子会受到一个力加速，这个力的大小 F 与垂直于磁场方向的速度分量成正比，而方向总是既垂直于磁场 B 又垂直于瞬时速度 v。从 F 与 v 方向之间的这个关系可以直接导出一个重要的结果：由于粒子总是沿着与作用在它上面的力相垂直的向

运动,磁场力不对粒子做功。由于这个原因,在磁场中运动的粒子保持动能不变,因而速率也不变。当然,速度的方向可以改变。在本实验中,将观测到在垂直于电子束方向的磁场作用下电子束的偏转。

如图 3-16-5(b)所示,电子从电子枪发射出来时,其速度 v 由下面能量关系式决定:

$$\frac{1}{2}mv^2 = eU_2 = e \cdot (U_B + U_C)。$$

电子束进入长度为 l 的区域,这里有一个垂直于纸面向外的均匀磁场 B,由此引起的磁场力的大小为 $F=evB$,而且它始终垂直于速度。此外,由于这个力所产生的加速度在每一瞬间都垂直于 v,此力的作用只是改变 v 的方向而不改变它的大小,也就是说电子在磁场力的作用下以恒定的速率做圆弧运动。因为圆周运动的向心加速度为 v^2/R,而产生这个加速度的力(有时称为向心力)必定为 mv^2/R。所以,$F=evB=mv^2/R$,易得 $R=mv/eB$。电子离开磁场区域之后,重新沿一条直线运动,最后,电子束打在荧光屏上某一点,这一点相对于没有偏转的电子束的位置移动了一段距离。

五、磁聚焦和电子荷质比的测量原理

置于长直螺线管中的示波管,在不受任何偏转电压的情况下正常工作时,调节其亮度和聚焦可在荧光屏上得到一个小亮点。若第二加速阳极 A_2 的电压为 U_2,则电子的轴向运动速度

$$v_z = \sqrt{\frac{2eU_2}{m}}。 \quad (3\text{-}16\text{-}9)$$

当给其中一对偏转板加上交变电压时,电子将获得垂直于轴向的分速度(用 v_y 表示),此时荧光屏上便出现一条直线。随后,给长直螺线管通以直流电流 I,于是螺线管内便产生磁场,其磁感应强度用 B 表示。众所周知,运动电子在磁场中受到罗伦磁力 $F=ev_yB$ 的作用(v_z 方向受力为零)在垂直于磁场(也垂直于螺线管轴线)的平面内做圆周运动。该圆周运动的半径和周期分别为:

$$R = \frac{mv_y}{eB}, \quad (3\text{-}16\text{-}10)$$

$$T = \frac{2\pi R}{v_y} = \frac{2\pi m}{eB}。 \quad (3\text{-}16\text{-}11)$$

电子既在轴线方面做直线运动,又在垂直于轴线的平面内做圆周运动。它的轨道是一条螺旋线,其螺距用 h 表示,则有

$$h = v_z T = \frac{2\pi m}{eB} v_z。 \quad (3\text{-}16\text{-}12)$$

从式(3-16-11)、式(3-16-12)可以看出,电子运动的周期和螺距均与 v_y 无关。虽然各点电子的径向速度不同,但由于轴向速度相同,由一点出发的电子束,经过一个周期以后,它们又会在距离出发点相距一个螺距的地方重新相遇。这就是磁聚焦的基本原理,由公式(3-16-12)可得

$$e/m = 8\pi^2 U_2/h^2 B^2 。 \tag{3-16-13}$$

长直螺线管的磁感应强度 B,可以由下式计算:

$$B = \frac{\mu_o NI}{\sqrt{L^2 + D^2}} 。 \tag{3-16-14}$$

将式(3-16-14)代入式(3-16-13),可得电子荷质比

$$e/m = \frac{8\pi^2 U_2 (L^2 + D^2)}{\mu_0^2 N^2 h^2 I^2} 。 \tag{3-16-15}$$

式中,μ_0 为真空中的磁导率,$\mu_0 = 4\pi \times 10^{-7} H/m$。

【仪器介绍】

DZS-E 型多功能电子束实验仪。

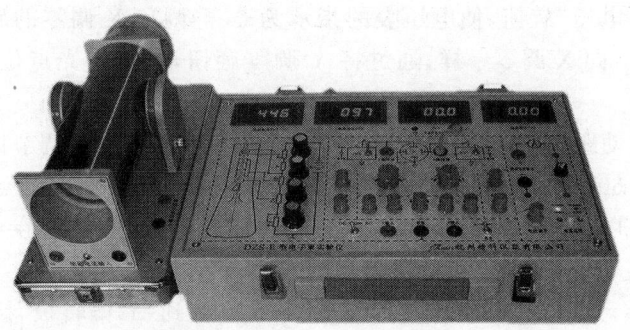

图 3-16-6 电子束试验仪

DZS-E 型多功能电子束实验仪(如图 3-16-6 所示)的参数如下:

螺线管的长度 L=0.234 m,直径 D=0.090 m;线圈匝数 N=526,螺距(Y 偏转板至荧光屏距离)h=0.145 m(注:X 偏转板至荧光屏距离 h_X=0.115 m)。

阳极高压:500~1 100 V;聚焦电压:150~450 V;电偏转电压:0~50 V

磁偏转电流:0~0.200 A;磁聚焦电流:0~3.50 A。

示波器功能时,Y 轴内置正弦波,50 Hz;X 轴扫描电压为锯齿波,10 Hz~100 kHz。X 轴、Y 轴均设有外接端口。

【实验内容】

一、电聚焦实验

1. 将实验仪主机与示波管用专用导线进行连接,其他不用连接线,主机机箱后面接入 220 V 市电并开启电源开关,将"电子束-荷质比"选择开关 K_1 及 K_2 拨至"电子束"位置,适当调节示波管辉度。调节聚焦,使示波管显示屏上光点聚焦成一细点,注意:光点不要太亮,以免烧坏荧光屏,缩短示波管寿命。

2. 通过调节电子束板块中的"X 调零"和"Y 调零"旋钮,使示波管显示屏上光点位于

X、Y 轴的中心。

3. 调节"阳极电压",分别使 $U_2=600\ V,700\ V,800\ V,900\ V,1\ 000\ V$,调节"聚焦"电压旋钮(改变聚焦电压)使光点一次次达到最佳的聚焦效果,在此情况下,测量并记录各不同阳极电压时对应的电聚焦电压 U_1。

4. 求出 U_2/U_1 的比值。

二、电偏转实验

1. 开启电源开关,将"电子束-荷质比"功能选择开关 K_1 及 K_2 打到"电子束"位置,适当调节亮度旋钮,使示波管辉度适中,调节聚焦,使示波管显示屏上光点聚成一细点(注意:光点不能太亮,以免烧坏荧光屏。)

2. 光点调零,用导线将"X 偏转板"插座与"电偏转电压测量"插座相连接(电源负极内部已连接),调节"X 电压"旋钮,使电压表的指示为 0,再调节 X 调零的旋钮,把光点移动到示波管垂直中线上。同 X 调零一样,通过将 Y 调零旋钮,可以使光点位于示波管的中心原点处。

3. 测量光点移动距离 D 随偏转电压 U_d 大小的变化(X 轴):调节阳极电压旋钮,使阳极电压固定在 $U_2=600\ V$。改变并测量电偏转电压 U_d 值和对应的光点的位移量 D 值,每隔 $3\ V$ 测一组 U_d、D 值,把数据记录到表 3-16-1 中。然后,调节到 $U_2=700\ V$,重复以上实验步骤。

4. 同 X 轴一样,只要把"电偏转电压测量"插座改接到"Y 偏转板"插座,即可测量 Y 轴方向光点的位移量与电偏转电压的关系即 $D-U_d$ 的变化规律。把数据记录到表 3-16-2 中。

三、磁偏转实验

1. 连接磁偏转。

2. 开启电源开关,将"电子束-荷质比"选择开关打向电子束位置,辉度适当调节,并调节聚焦,使屏上光点聚焦成一细点。应注意:光点不能太亮,以免烧坏荧光屏。

3. 光点调零,在磁偏转输出电流为零时,通过调节"X 偏转"和"Y 偏转"旋钮,使光点位于 Y 轴的中心(坐标原点)。

4. 测量偏转量 D 随磁偏电流 I 的变化,给定 $U_2=600\ V$,调节磁偏电流调节旋钮(改变磁偏电流的大小),每增加磁偏电流 $100\ mA$ 测量一组 D 值,改变 $U_2=700\ V$,再测一组 D-I 数据,把数据记录到表 3-16-3 中。

四、磁聚焦实验和电子荷质比的测定

1. 按要求接线。

2. 把励磁电流接到励磁电流的接线柱上,把励磁电流调节旋钮逆时针旋到底。

3. 开启电子束测试仪电源开关,"电子束-荷质比"转换开关 K_1 向上置于"荷质比"位置,此时荧光屏上出现一条直线,把阳极电压调到 $U_2=700\ V$。

4. 开启励磁电流电源,释放电流选择按钮开关,逐渐加大电流使荧光屏上的直线一边旋转一边缩短,直到变成一个小光点,立即读取该电流值。然后将电流调为零。再将聚焦电流换向开关(在励磁线圈下面)扳到另一方,再从零开始增加电流使屏上的直线反方向旋转并缩短,直到再一次得到一个小光点,读取电流值并记录到表3-16-4中。

5. 调节阳极电压为 $U_2=800\ V$,重复步骤3。
6. 实验结束,请先把励磁电流调节旋钮逆时针旋到底。

五、提升内容△

基于本实验的学习,请同学们利用其他方法测量电子荷质比,并详细写出测量原理、测量步骤以及数据处理过程,并分析对比几种测量方法的优缺点。

【注意事项】

1. 仪器应预热,待电路接线正确,方可进行实验。
2. 实验调节过程要尽量细调,切记损坏仪器。

【数据记录与处理】

一、电聚焦

记录不同 U_2 下的 U_1 数值,求出 U_2/U_1。

二、电偏转(水平方向)

表 3-16-1　水平方向电偏转实验数据

$U_2=600\ V$	U_d/V						
	D/mm						
$U_2=700\ V$	U_d/V						
	D/mm						

由表中数据作 $D-U_d$ 图,求出曲线斜率即电偏转灵敏度 S_X。

三、电偏转(垂直方向)

表 3-16-2　垂直方向电偏转实验数据

$U_2=600\ V$	U_d/V						
	D/mm						
$U_2=700\ V$	U_d/V						
	D/mm						

由表中数据作 $D-U_d$ 图,求出曲线斜率即电偏转灵敏度 S_Y。

四、磁偏转

表 3-16-3　磁偏转实验数据

$U_2 = 600\ V$	I/mA						
	D/mm						
$U_2 = 700\ V$	I/mA						
	D/mm						

由表中数据作 D-I 图,求曲线斜率得磁偏转灵敏度。

五、磁聚焦和电子荷质比的测量

表 3-16-4　电子荷质比测量数据

U_2/V	I/mA			$\{e/m\}/(c \cdot kg^{-1})$
	正向	反向	平均	
700				
800				

【探索与思考】

1. 磁偏转和电偏转的区别与联系?
2. 请详细解释电子荷质比的物理意义。

实验 17　霍尔效应的研究

1879—1881 年,美国物理学家埃德温·赫伯特·霍尔(1855—1938)发现,如果在金属中通上电流并在垂直电流的方向加上磁场,在同时垂直电流和磁场的方向会产生横向电场。霍尔在普通金属和铁磁金属中都看到了这种现象。其中,在普通金属中看到的这种现象经研究确认是金属中的运动电荷(载流子)在磁场中受到洛伦兹力作用而在横向两侧产生电荷积累的结果,这类现象一般被称为普通霍尔效应或者直接被称为霍尔效应。在铁磁金属中观测到的现象与普通霍尔效应差别较大,被称为反常霍尔效应。后来,其他的研究者又陆续发现了量子霍尔效应,自旋霍尔效应,量子自旋霍尔效应等新奇的现象。霍尔效应的发现为更准确地测量非磁性材料中的载流子浓度提供了一种简单、美妙的工具,推动了半导体物理和固态电子学的发展。

【实验目的】

1. 掌握霍尔元件霍尔电压与霍尔电流的关系。

2. 测量霍尔元件在直流磁场下的灵敏度。

【实验仪器】

FD-HL-B 型霍尔效应实验仪(包括直流电源、数字电压表、电磁铁、毫特斯拉计以及砷化镓霍尔元件组);导线若干。

【实验背景】

迄今为止,仅在现代汽车上广泛应用的霍尔器件就有分电器上的信号传感器、ABS 系统中的速度传感器、速度表和里程表、液体物理量检测器、各种用电负载的电流检测及工作状态诊断器、发动机转速及曲轴角度传感器、各种开关等。以汽车点火系统为例,设计者将霍尔传感器放在分电器内取代机械断电器,用作点火脉冲发生器。这种霍尔式点火脉冲发生器内随着转速变化的磁场在带电的半导体层内产生脉冲电压,控制电控单元的初级电流。相对于机械断电器而言,霍尔式点火脉冲发生器无磨损免维护,能够适应恶劣的工作环境,还能精确地控制点火时刻,能够较大幅度提高发动机的性能。

【实验原理】

一、霍尔效应

如图 3-17-1 所示,霍尔电势差是这样产生的:当电流 I_c 通过霍尔元件(假设为 P 型)时,空穴有一定的漂移速度 v,垂直磁场对运动电荷产生一个洛伦兹力。

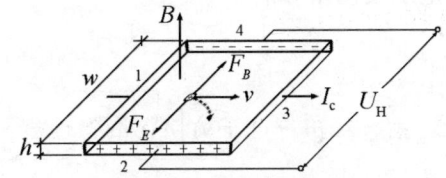

图 3-17-1　霍尔效应简图

$$F_B = q(v \times B)。 \qquad (3\text{-}17\text{-}1)$$

式中,q 为电子电荷。洛伦兹力使电荷产生横向的偏转,由于样品有边界,所以有些偏转的载流子将在边界积累起来,产生一个横向电场 E,直到电场对载流子的作用力 $F_E = qE$ 与磁场作用的洛伦兹力相抵消为止,即

$$q(v \times B) = qE。 \qquad (3\text{-}17\text{-}2)$$

这时电荷在样品中流动时将不再偏转,霍尔电势差就是由这个电场建立起来的。

如果是 N 型样品,则横向电场与前者相反,所以 N 型样品和 P 型样品的霍尔电势差有不同的符号,据此可以判断霍尔元件的导电类型。

I_c 称为霍尔效应的工作电流或控制电流。设 P 型样品的载流子浓度为 p,宽度为 w,厚度为 d,通过样品的工作电流 $I_c = pqvwd$,则空穴的速度 $v = \dfrac{I_c}{pqwd}$,代入式(3-17-2)有

$$E = |v \times B| = I_c B / pqwd。 \qquad (3\text{-}17\text{-}3)$$

上式两边各乘以 w,便得到

$$U_H = Ew = \frac{I_c B}{pqd} = R_H I_c \frac{B}{d}。 \qquad (3\text{-}17\text{-}4)$$

式中，$R_H = \dfrac{1}{pq}$ 称为霍尔系数，在应用中一般写成

$$U_H = I_c K_H B。 \tag{3-17-5}$$

比例系数 $K_H = \dfrac{R_H}{d} = \dfrac{1}{pqd}$ 称为霍尔元件灵敏度，单位为 mV/(mA·T)。一般要求 K_H 愈大愈好。K_H 与载流子浓度 p 成反比，半导体内载流子浓度远比金属载流子浓度小，所以霍尔元件都用半导体材料制作。K_H 与厚度 d 成反比，所以霍尔元件都做得很薄，一般只有 0.2 mm 厚。

由式(3-17-5)可以看出，知道了霍尔片的灵敏度 K_H，只要测出工作电流 I_c 和霍尔电势差 U_H 就可算出磁场 B 的大小，这就是霍尔效应测磁场的原理。

二、用霍尔元件测磁场

磁感应强度的计量方法很多，如磁通法、核磁共振法及霍尔效应法等。其中霍尔效应法具有能测交直流磁场，简便、直观、快速等优点，应用最广。

如图 3-17-2 所示，直流可调电源 E_1 为电磁铁提供励磁电流 I_M，电源 E_2 通过为霍尔元件提供工作电流 I_c。当 E_2 电源为直流时，可用一已知阻值的电阻取样其电压来测量 I_c，用数字电压表测量 U_H。

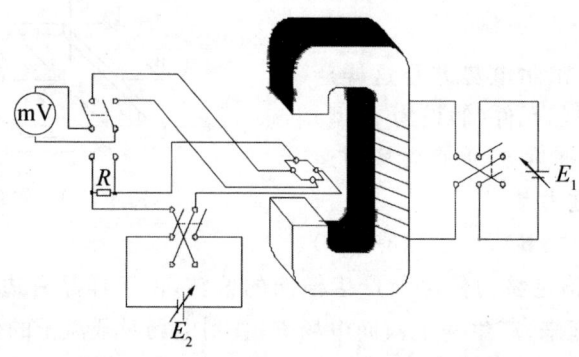

图 3-17-2　霍尔电势差测量电路

半导体材料有 N 型(电子型)和 P 型(空穴型)两种，前者载流子为电子，带负电；后者载流子为空穴，相当于带正电的粒子。由图 3-17-1 可以看出：若载流子为电子则 4 端电位高于 2 端电位，$U_H < 0$；若载流子为空穴则 4 端电位低 2 端电位的，电位于 $U_H > 0$。如果知道载流子类型则可以根据 U_H 的正负判定待测磁场的方向。

霍尔效应建立电场所需时间很短(经 $10^{-12} \sim 10^{-14}$ s)，因此通过霍尔元件的工作电流用直流或交流都可以。若工作电流 $I_c = I_0 \sin \omega t$，则

$$U_H = I_c K_H B = I_0 K_H B \sin \omega t。 \tag{3-17-6}$$

所得霍尔电压也是交变的。在使用交流电情况下式(3-17-5)仍可使用，只是式中的 I_c 和 U_H 应理解为有效值。

三、消除霍尔元件副效应的影响

在实际测量过程中,还会伴随一些热磁副效应,使所测得的电压不只是 U_H,还会附加另外一些电压,给测量带来误差。

这些热磁效应主要有埃廷斯豪森效应、能斯特效应、里吉-勒迪克效应。埃廷斯豪森效应是由于在霍尔片两端有温度差,从而产生温差电动势 U_E,它与工作电流 I_c、磁场 B 的方向有关。能斯特效应是由于当热流通过霍尔片(1、3 端)在其两侧(2、4 端)会有电动势 U_N 产生,只与磁场 B 和热流有关。里吉-勒迪克效应是当热流通过霍尔片时两侧会有温度产生,从而又产生温差电动势 U_R,它同样与磁场 B 和热流有关。除了这些热磁副效应外还有不等位电势差 U_0。它是由于两侧(2、4)的电极不在同一等势面上引起的。当霍尔电流通过 1、3 端时,即使不加磁场,2 和 4 端也会有电势差 U_0 产生,其方向随 I_c 的方向而改变。因此,为了消除副效应的影响,在操作时需要分别改变 I_c 的方向和 B 的方向,记下 4 组电势差数据(仪器面板上 I_c 以换向开关向左为正,I_M 以换向开关向上为正):

① 当 I_c 正向、B 为正向时,$U_1 = U_H + U_0 + U_E + U_N + U_R$;
② 当 I_c 负向、B 为正向时,$U_2 = -U_H - U_0 - U_E + U_N + U_R$;
③ 当 I_c 负向、B 为负向时,$U_3 = U_H - U_0 + U_E - U_N - U_R$;
④ 当 I_c 正向、B 为负向时,$U_4 = -U_H + U_0 - U_E - U_N - U_R$。

作 $U_1 - U_2 + U_3 - U_4$ 运算,取平均值,有

$$\frac{1}{4}(U_1 - U_2 + U_3 - U_4) = U_H + U_E 。 \tag{3-17-7}$$

由于 U_E 的方向始终与 U_H 的方向相同,所以换向法不能消除它,但一般有 $U_E \gg U_H$,故可以忽略不计。于是

$$U'_H = \frac{1}{4}(U_1 - U_2 + U_3 - U_4) 。 \tag{3-17-8}$$

在实际使用时,上式也可写成

$$U_H = \frac{1}{4}(|U_1| + |U_2| + |U_3| + |U_4|) 。 \tag{3-17-9}$$

其中,U_H 的符号依霍尔元件是 P 型还是 N 型而定。

【仪器介绍】

FD-HL-B 型霍尔效应实验仪主要由直流电源、数字电压表、电磁铁、毫特斯拉计以及砷化镓霍尔元件组成,如图 3-17-3 所示。其中:直流电源为 0~1.999 mA 连续可调恒流源;数字电压表的量程为 0~199.9 mV;电磁铁磁隙内磁场强度为 -190~190 mT 连续可调;霍尔元件为砷化镓

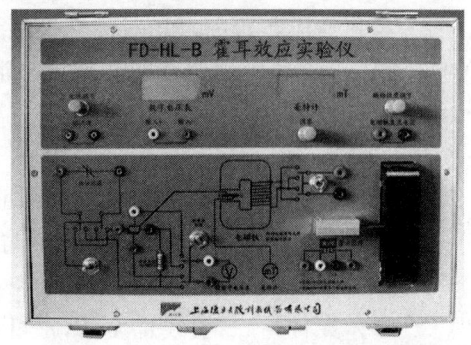

图 3-17-3 霍尔效应实验仪实验装置

霍尔元件,最大工作电流不得超过 3 mA。

【实验内容】

一、基本内容

1. 测量工作电流 I_c 与霍尔电压 U_H 的关系。霍尔片已置于电磁铁中心处,按图 3-17-2 接好电路图。霍尔元件的 1、3 端接工作电压,2、4 端测霍尔电压(面板上已标出)。调节磁感应强度至一适当值(100～180 mT)。调节霍尔元件的工作电流(根据 100 Ω 取样电阻两端的电压 U_R 来计算),在不同霍尔电流下测量相应的霍尔电压,每次消除副效应。作 $U_H - I_c$ 图,验证 I_H 与 U_H 的线性关系。

注 特斯拉计的调零:由于电磁铁存在一定的剩磁,在电磁铁通过一定电流的情况下切换其电流方向,特斯拉计的示数仅改变符号而绝对值不变,才意味着调零成功。

2. 测量砷化镓霍尔元件的灵敏度 K_H。霍尔电流 I_H 保持 1.000 mA 不变(即 100Ω 取样电阻上的电压为 100.0 mV),由 1、3 端输入。在不同强度的磁感应强度下测量样品霍尔元件的霍尔电压 U_H,用式(3-17-5)算出该霍尔元件的灵敏度。

二、提升内容$^{\triangle}$

1. 了解常用霍尔效应模拟输出传感器的工作原理,包括集成式传感器的工作电路、基本参数的类型和获得方式。

2. 由毕奥萨伐尔定律及磁场叠加原理推导通电亥姆霍兹线圈和螺线管轴线上的磁感应强度的理论公式。根据公式计算磁感应强度的理论值,再通过实验课程得到测量值。将理论值与测量值比较,计算相对误差。在同一坐标系下描绘理论曲线和实验曲线,进行对比,分析误差原因。

三、高阶内容$^{\triangle}$

1. 设计霍尔电势差放大电路,实现对弱磁场的测量。

2. 霍尔效应实验中采用对称交换测量法消除了大部分副效应的影响,但是埃廷斯豪森效应不能消除。请同学们查阅文献提出消除该副效应的方法。

【注意事项】

1. 仪器应预热 15 min,待电路接线正确,方可进行实验。

2. 电磁铁直流电源(0～200 mA)与电磁铁相接,恒流源用于提供霍尔元件工作电流(0～1.999 mA),相互不能互换。

3. 霍尔元件易碎,引线也易断,不可用手折碰,使用时应细心。

4. 若外接其他电源对电磁铁进行供电,励磁电流 I_M 不得超过 0.5 A,且电磁铁磁化线圈通电时间不宜过长,否则线圈易发热,影响实验结果。

【数据记录与处理】

一、I_c 与 U_H 关系的测定

表 3-17-1　霍尔电压与工作电流关系的测量数据

I_c/mA	U_1/mV	U_2/mV	U_3/mV	U_4/mV	U_H/mV
0					
0.2					
0.4					
0.6					
0.8					
1.0					

二、霍尔元件灵敏度 K_H 的测定

表 3-17-2　磁感应强度与霍尔电压关系的测量数据

B/mT	U_1/mV	U_2/mV	U_3/mV	U_4/mV	U_H/mV

用最小二乘法对 $U_H - I_c$、$U_H - B$ 进行线性拟合,得相关系数,根据实验电路的电源正负和数字电压表极性可判断出霍尔元件为 N 型半导体,那么 U_H 的符号应该为负。由式(3-17-5)得砷化镓霍尔元件的灵敏度。

【探索与思考】

1. 常见副效应的产生原因和变化规律是什么？
2. 霍尔元件的灵敏度由什么决定？

实验 18　亥姆霍兹线圈磁场的测定

亥姆霍兹线圈是一对彼此平行且连通的共轴圆形线圈,两线圈内的电流方向一致,大小相同,线圈之间的距离 d 正好等于圆形线圈的半径 R。这种线圈的特点是：能在公共轴线中点附近产生较广的均匀磁场,在生产和科研中具有较大的使用价值,常用作弱磁场的计量标准。在精密测量和航空航天领域,原子陀螺仪、原子磁强计等对线圈产生磁场的均匀度有

较高要求,因此亥姆赫兹线圈非常具有应用价值。

【实验目的】

1. 测量单个载流圆线圈轴线上各点磁感应强度,把测量的磁感应强度与理论计算值比较。

2. 测量单个载流圆线圈半径平面上各点磁感应强度。

3. 测量亥姆霍兹线圈中心轴线上,以及与中心轴线垂直的平面内的磁感应强度。

4. 在固定电流下,分别测量两个单个线圈(线圈 a 和线圈 b)在轴线上产生的磁感应强度 B_a 和 B_b,与亥姆霍兹线圈产生的磁场 B_{ab} 进行比较。

5. 测量亥姆霍兹线圈在间距分别为 $d=R/2$、$d=R$、$d=3R/2$(R 为线圈半径)时,轴线上的磁场分布,并进行比较,进一步证明磁场叠加原理。

【实验仪器】

FD-HM-B 型亥姆霍兹线圈磁场测量实验仪(见图 3-18-1)。

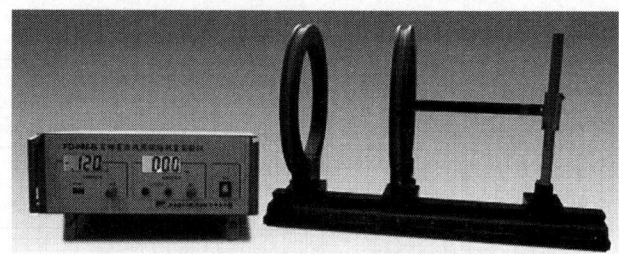

图 3-18-1　FD-HM-B 型亥姆霍兹线圈磁场测量实验仪

【实验背景】

亥姆霍兹线圈因德国物理学家、数学家、生理学家、心理学家赫尔曼·冯·亥姆霍兹(1821—1894)而命名,是一种制造小范围区域均匀磁场的器件。因其具有开敞性质,可以很容易地将其他仪器置入或移出,也可以直接作视觉观察,故是物理实验常使用的器件。

【实验原理】

根据毕奥-萨伐尔定律,载流线圈在轴线(通过圆心并与线圈平面垂直的直线)上某点的磁感应强度

$$B=\frac{\mu_0 \cdot \bar{R}^2}{2(\bar{R}^2+x^2)^{3/2}}N \cdot I。 \tag{3-18-1}$$

式中,μ_0 为真空磁导率,$\bar{R}$ 为线圈的平均半径,x 为圆心到该点的距离,N 为线圈匝数,I 为通过线圈的电流强度。因此,圆心处的磁感应强度

$$B_0=\frac{\mu_0}{2\bar{R}}N \cdot I。 \tag{3-18-2}$$

轴线外的磁场分布计算公式较为复杂,这里简略。

亥姆霍兹线圈是一对彼此平行且连通的共轴圆形线圈。两线圈内的电流方向一致,大小相同,线圈之间的距离 d 正好等于圆形线圈的半径 R。这种线圈的特点是能在其公共轴线中点附近产生较广的均匀磁场区,所以在生产和科研中有较大的使用价值,也常用作弱磁场的计量标准。

设 z 为亥姆霍兹线圈中轴线上某点离中心点 O 处的距离,则亥姆霍兹线圈轴线上任意一点的磁感应强度

$$B' = \frac{1}{2}\mu_0 \cdot N \cdot I \cdot R^2 \left\{ \left[R^2 + \left(\frac{R}{2}+z\right)^2 \right]^{-3/2} + \left[R^2 + \left(\frac{R}{2}-z\right)^2 \right] \right\}, \quad (3\text{-}18\text{-}3)$$

而在亥姆霍兹线圈上中心 O 处的磁感应强度

$$B'_0 = \frac{8}{5^{3/2}} \frac{\mu_0 \cdot N \cdot I}{R}。 \quad (3\text{-}18\text{-}4)$$

【实验步骤】

1. 实验前的准备。连接主机和实验装置。首先用 USB 连接线将主机上"线圈磁场测量"中"信号输入"端与传感器测量尺连接,用红黑连接线将主机上"线圈恒流电源"中"信号输出"端与线圈连接。开机后应预热 10 min,再进行测量。

注 接单线圈时只需红色插头插红色插座、黑色插头插黑色插座即可。但连接成亥姆霍兹线圈时(一般线圈串接),需要保持两个线圈电流方向一致。

2. 测量单个载流圆线圈轴线上各点磁感应强度。首先恒流源接一个线圈,将传感器测量尺高度调节至 80 mm 位置处(可以通过上下移动找出线圈中心位置,一般在游标尺 80 mm 位置附近),此时霍尔传感器位于单线圈的轴线上,调节恒流源至 100 mA,移动传感器测量尺的滑块,可以看到毫特斯拉计示数的变化(注意传感器中心位置与滑块刻线位置相差 200 mm)。此时断开恒流源电流(拔掉一个电流插头即可),调节毫特斯拉计"调零"旋钮,使线圈零电流时毫特斯拉计示数为零。重新连接恒流源通 100 mA 电流开始测量单个载流圆线圈轴线上各点磁感应强度与位置的关系,描画测量曲线。

3. 测量单个载流圆线圈半径平面上各点磁感应强度。连接方式同上,通 100 mA 电流,移动滑块,使传感器位于线圈半径平面内(方法是传感器测量尺位置减去或者加上 200 mm 等于线圈滑块位置),上下移动传感器测量尺测量载流圆线圈半径平面内各点磁感应强度与位置的关系,并描画测量曲线。

4. 测量亥姆霍兹线圈中心轴线上各点的磁感应强度。将两线圈之间距离调节为 100 mm,并与恒流源串接,通 100 mA 电流,移动滑块测量亥姆霍兹线圈中心轴线上各点的磁感应强度,描画测量曲线。

5. 测量与亥姆霍兹线圈中心轴线垂直的平面内的磁感应强度。连接方式同上,将传感器固定于亥姆霍兹线圈轴线的中心点,上下移动游标尺,测量与中心轴线垂直的平面内的磁感应强度与位置的关系,描画关系曲线。

6. 验证磁场叠加原理。在测量步骤 4 的基础上在分别测量两个线圈单独通 100 mA

电流在中心轴线上产生的磁场,注意此时保持两线圈间距 100 mm,位置固定不动,记录数据并描画曲线。将两个单线圈中心轴线上产生的磁场之和与亥姆霍兹线圈中心轴线垂直的磁感应强度相比较。

7. 进一步验证磁场叠加原理。测量亥姆霍兹线圈在间距分别为 $d=R/2, d=3R/2$(R 为线圈半径)时轴线上的磁场分布,即调节两线圈间距为 50 mm 和 150 mm,再分别测量中心轴线上磁感应强度与位置的关系,记录数据并描画曲线,进一步验证磁场叠加原理。

注 本实验所用毫特斯拉计为高灵敏度仪器,可以显示 1×10^{-6} T 磁感应强度变化。因而在线圈断电情况下,不同位置毫特斯拉计所显示的最后一位略有区别,这主要是地磁场和其他杂散信号的影响。因此,每次测量前应使线圈与电源断开后进行调零。

【实验内容】

1. 测量单个载流圆线圈轴线上各点的磁感应强度,并画出载流圆线圈中心轴线上不同位置的磁感应强度关系曲线,计算磁感应强度的实验结果与理论计算值的相对误差。

$I=100$ mA,线圈平均半径 $\overline{R}=100$ mm,线圈匝数 $N=500$,真空磁导率 $\mu_0=4\pi\times10^{-7}$ H/m。实验数据填入表 3-18-1。

表 3-18-1 载流圆线圈中心轴线上不同位置的磁感应强度

x/cm	−10.0	−9.5	−9.0	−8.5	−8.0	−7.5	−7.0	−6.5	−6.0	−5.5	−5.0
B_a/μT											
x/cm	−4.5	−4.0	−3.5	−3.0	−2.5	−2.0	−1.5	−1.0	−0.5	0.0	0.5
B_a/μT											
x/cm	1.0	1.5	2.0	2.5	3.0	3.5	4.0	4.5	5.0	5.5	6.0
B_a/μT											
x/cm	6.5	7.0	7.5	8.0	8.5	9.0	9.5	10.0			
B_a/μT											

2. 测量单个载流圆线圈半径平面上各点磁感应强度,并画出载流圆线圈半径平面上不同位置的磁感应强度关系曲线。数据填入表 3-18-2。

表 3-18-2 载流圆线圈半径平面上不同位置的磁感应强度

x/cm	−8.0	−7.5	−7.0	−6.5	−6.0	−5.5	−5.0	−4.5	−4.0	−3.5	−3.0
B_a/μT											
x/cm	−2.5	−2.0	−1.5	−1.0	−0.5	0.0	0.5	1.0	1.5	2.0	2.5
B_a/μT											
x/cm	3.0	3.5	4.0	4.5	5.0	5.5	6.0	6.5	7.0	7.5	8.0
B_a/μT											

3. 测量亥姆霍兹线圈轴线上的磁场,验证磁场叠加原理。画出亥姆霍兹线圈中心轴线

第三章 基础性实验

上不同位置的磁感应强度关系曲线,计算磁感应强度的实验结果与理论计算值的相对误差。

亥姆霍兹线圈通以 $I=100$ mA 的直流电,两线圈间距 $d=\overline{R}=100$ mm。取两线圈轴线中心点为原点。数据填入表 3-18-3。其中,下标 a、b 表示不同的单线圈,下标 ab 表示亥姆霍兹线圈。

表 3-18-3 亥姆霍兹线圈轴线上的磁感应强度测量

x/cm	-10.0	-9.0	-8.0	-7.0	-6.0	-5.0	-4.0	-3.0	-2.0	-1.0	0.0
B_a/μT											
B_b/μT											
$\{B_a+B_b\}/\mu$T											
B_{ab}/μT											
x/cm	1.0	2.0	3.0	4.0	5.0	6.0	7.0	8.0	9.0	10.0	
B_a/μT											
B_b/μT											
$\{B_a+B_b\}/\mu$T											
B_{ab}/μT											

4. △测量亥姆霍兹线圈在间距分别为 $d=R/2$, $d=3R/2$(R 为线圈半径)时轴线上的磁场分布。改变两线圈间距 d,使两线圈间距分别为 $d=R/2$, $d=R$, $d=3R/2$,测量轴线上不同位置的磁感应强度,所得数据画图两线圈间距不同时轴线上磁感应强度与位置关系曲线(自行设计表格)

【注意事项】

1. 实验探测器采用配对 SS95A 型集成霍尔传感器,灵敏度高,因而地磁场对实验影响不可忽略,移动探头测量时须注意零点变化,可以通过不断调零以消除此影响。

2. 接线或测量数据时,要特别注意检查移动两个线圈时,是否满足亥姆霍兹线圈的条件。

3. 两个线圈采用串接方式与电源相连时,必须注意磁场的方向。如果接错线有可能使亥姆霍兹线圈中间轴线上磁场为零。

【探索与思考】

1. 亥姆霍兹线圈结构及其磁场分布各有什么特点?
2. 测量磁场的方法有哪些?
3. 如何测定地磁场的大小?

实验 19　示波器的原理与使用

示波器能把肉眼看不见的被测电信号变换成看得见的图像显示在屏幕上。它不仅可以定性观察电路(或元件)的动态过程,还可以定量测量各种电学量,如电压、周期、相位差、波形的宽度及上升、下降时间等,号称"电子工程师的眼睛"。

【实验目的】

1. 了解示波器的主要结构和显示波形的基本原理。
2. 学会使用信号发生器。
3. 学会用示波器观察波形,测量电压、周期(频率)、相位差。
4. 学会用示波器观察李萨如图形,用李萨如图测量正弦交流电频率,并能够正确比较两个正弦交流信号的相位差。

【实验仪器】

GOS-630FC 双轨迹(踪)示波器;GOS-630FC 任意波形信号发生器;甲种电池 1 节。

【实验背景】

示波器是电子技术中一项极其重要的发明,是电子测量仪器发展史中影响最大、用途最广的测量仪器。诺贝尔奖获得者、德国物理学家 K·F·布劳恩在 1897 年发明了第一台 CRT 示波器。他向荧光阴极射线管上的水平偏转板施加一个振荡信号,然后向纵向偏转板发送一个测试信号,这两组偏转片会在小荧光屏上产生瞬态的电波图像。该发明逐步演变,1931 年在美国出现了性能较为完善的示波器。1946 年 Tektronix 公司推出基于同步触发的稳定 CRT 示波器。1985 年示波器的历史再次被改写,Walter LeCroy 创办的 LeCroy 公司发明了数字示波器。数字示波器采用数字电路进行模/数转换,并通过存储器实现对触发前信号进行记忆的一种具备存储功能的数字化设备。数字示波器除了具有模拟示波器的功能外,还具有波形触发、存储、显示、测量、波形数据分析处理等独特优点。

示波器还可以用作其他显示设备,如晶体管特性曲线、雷达信号等。配上各种传感器,还可以用于各种非电量测量,如压力、声光信号、生物体的物理量(心电、脑电、血压)等。可以说,在各个研究领域都取得了广泛的应用,已成为科学研究、实验教学、医药卫生、电工电子和仪器仪表等各个研究领域和行业最常用的仪器。

示波器的发展历史表明,物理与技术、工程的关系非常密切,物理的进步得益于新技术的应用,技术及工程上的难题的解决又常借助于新的科学知识的发现,技术是物理理论与实验的中介和桥梁。理解物理与技术的相互作用,有助于培养学生将技术应用于科学实践活动甚至日常生活中的意识。本节课介绍模拟示波器。

【实验原理】

一、示波器的基本结构

示波器的主要部分有示波管、带衰减器的 Y 轴放大器、带衰减器的 X 轴放大器、扫描发生器(锯齿波发生器)、触发同步和电源等,其结构方框图如图 3-19-1 所示。为了适应各种测量的要求,示波器的电路组成是多样而复杂的,这里仅就主要部分加以介绍。

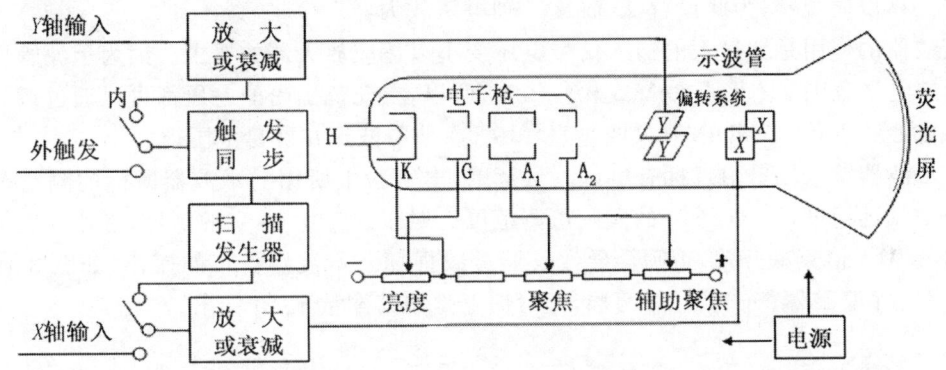

图 3-19-1 示波器的基本结构

(一) 示波管

示波管是一个抽成高真空的玻璃管,包括电子枪、偏转系统和荧光屏三部分。

1. 荧光屏,示波器的显示部分。当加速聚焦后的电子打到荧光屏内表面上时,屏上所涂的荧光物质就会发出一定颜色的光(一般发出淡绿色的光),从而显示出电子束的位置。当电子停止轰击后,荧光不会立即消失而要保留一段时间,这种现象称为"余辉效应"。亮点辉度下降到原始值的 10% 所经过的时间叫做"余辉时间"。根据余晖时间的长短将示波器划分为长、中、短余辉示波器。

2. 电子枪,由灯丝 H、阴极 K、控制栅极 G、第一阳极 A_1、第二阳极 A_2 五部分组成。灯丝通电后加热阴极。阴极是一个表面涂有氧化物的金属筒,被加热后发射电子。控制栅极是一个顶端有小孔的圆筒,套在阴极外面。它的电位比阴极低,对阴极发射出来的电子起控制作用,只有初速度较大的电子才能穿过栅极顶端的小孔然后在阳极加速下奔向荧光屏。示波器面板上的"辉度"旋钮就是通过调节控制栅极电位以控制射向荧光屏的电子流密度,从而改变屏上光斑辉度的。阳极电位比阴极电位高很多,电子被它们之间的电场加速形成射线。当控制栅极、第一阳极、第二阳极之间的电位调节合适时,电子枪内的电场对电子射线有聚焦作用,所以第一阳极也称聚焦阳极。第二阳极电位更高,又称加速阳极,同时起辅助聚焦作用。面板上的"聚焦"旋钮,就是调第一阳极电位,使荧光屏上光斑成为明亮、清晰的小圆点的。有的示波器还有"辅助聚焦"旋钮,可以调节第二阳极电位。

3. 偏转系统,由两对相互垂直的偏转板组成。一对竖直偏转板 Y,一对水平偏转板 X。在偏转板上加以适当电压,电子束通过时,其运动方向发生偏转,从而使电子束在荧光屏上的光斑位置也发生改变。

光点在荧光屏上偏移的距离与偏转板上所加的电压成正比,因而可将电压的测量转化为屏上光点偏移距离的测量。这就是示波器测量电压的原理。

(二) 信号放大器和衰减器

示波管测量电压时相当于一个多量程电压表,这一作用是靠信号放大器和衰减器实现的。示波器本身的 X 及 Y 轴偏转板的灵敏度不高(约 $0.1 \sim 1 \text{ mm/V}$),当加在偏转板的信号过小时,要预先将小的信号电压加以放大后再加到偏转板上,才能使信号在荧光屏上发生足够的位移以便观察,为此设置 X 轴及 Y 轴电压放大器。

衰减器的作用是使过大的输入信号电压变小以适应放大器的要求。因为示波管屏幕能够显示的电压范围 V_{p-p} 是 ± 20 V 或 $0 \sim 40$ V,所以,在此范围内的电压都可以通过调节放大/衰减器旋钮"VOLTS/DIV"(又叫垂直灵敏度)使得波形在屏幕范围内。

在示波器输入端口附近标有电压测量范围,本实验中所用的示波器所标的测量范围是 $0 \sim 300$ V,远超过 $U_{p-p} = 40$ V 的实际可测范围。对于 $U_{p-p} > 40$ V 的信号,必须开启输入导线上的"×10"倍衰减开关,否则会导致仪器过载损坏。示波器自带的探棒(如图 3-19-2 所示)也是一个衰减器,分 1、1/10 两档,但习惯上是用其倒数 1、10 标出。

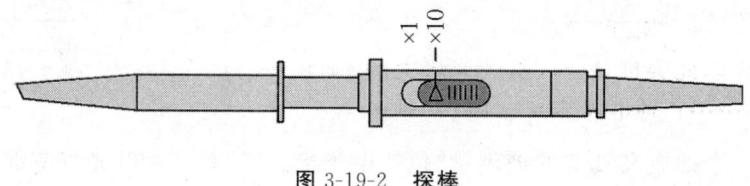

图 3-19-2 探棒

(三) 扫描系统

扫描系统也称时基电路,用以产生一个随时间作线性变化的扫描电压。因扫描电压随时间变化的关系如同锯齿,故称锯齿波电压。该电压经 X 轴放大器放大后加到示波管的水平偏转板上,使电子束产生水平扫描。这样,屏上的水平坐标变成时间坐标,Y 轴输入的被测信号波形就可以在时间轴上展开。扫描系统是示波器显示被测电压波形必需的重要组成部分。

二、示波器显示波形的原理

如果仅在竖直偏转板上加一交变的正弦电压,则电子束的亮点将随电压的变化在竖直方向来回运动。当电压频率高到一定程度时,因荧光屏的余辉效应及人眼的视觉暂留功能,看到的将是一条竖直亮线,如图 3-19-3(a)所示。要想显示正弦电压的波形,必须同时在水平偏转板上加一扫描电压,使电子束的亮点沿水平方向拉开。该扫描电压的特点是电压随时间呈线性关系增加到最大值,最后突然回到最小,此后再重复地变化。这种扫描电压即前面所说的"锯齿波电压",如图 3-19-3(b)所示。当仅有锯齿波电压加在水平偏转板上而频率足够高时,则荧光屏上就只显示一条水平亮线。如果在竖直板上加正弦波电压,同时在水平偏转板上加锯齿波电压,则电子受竖直、水平两个方向力的作用,电子的运动是两相互垂直运动的合成。当锯齿波电压与正弦波电压的变化周期相等时,在荧光屏上将显示出一个稳定的正弦电压波形图。

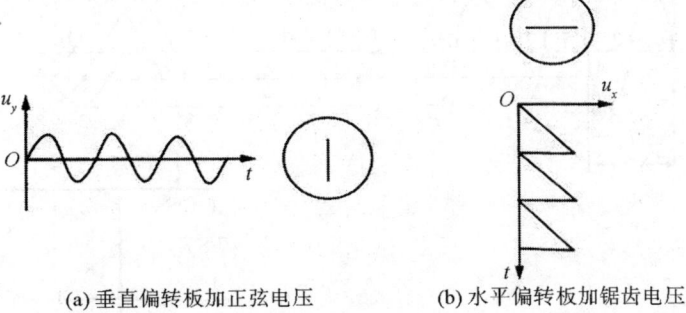

(a) 垂直偏转板加正弦电压　　(b) 水平偏转板加锯齿电压

图 3-19-3　偏转板上电压信号与荧光屏显示亮线

图 3-19-4 表示了正弦波电压的显示过程。$t=0$ 时，X、Y 偏转板上电压均为零，则光点定在荧光屏的 a'' 点（又称起扫点）；$t=1$ 时，偏转板上电压为 b'，X 偏转板上电压为 b，结果使屏上的光点到达 b'' 点；$t=2$ 时，X 偏转板上电压为 c'，Y 偏转板上电压为 c，结果使屏上的光点到达 c'' 点。以此类推，$t=4$ 时，荧光屏上的光点到达 e'' 点……Y 轴电压变化 1 周，X 轴电压也立即回零，1 个周期同时结束（光点这样一个往复运动过程称为一次扫描）。从时刻开始，u_y 继续按原来规律变化，而 u_x 重新从 a' 上升到 b'、c'、d'、e'，反映到荧光屏上，就是光点又重复以上轨迹，当扫描频率高于人眼的分辨率（约 25 Hz）时，荧光屏上就会看到一个稳定的波形。当锯齿波电压的周期等于被测信号周期的

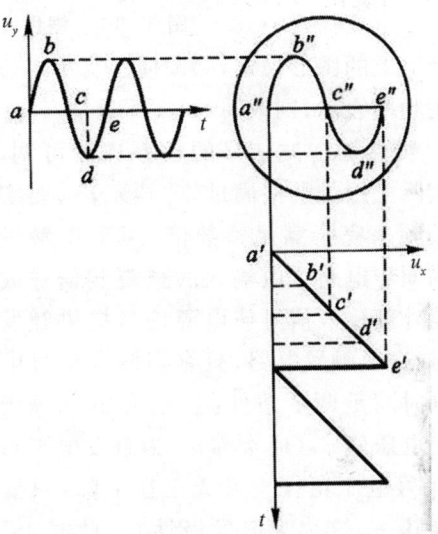

图 3-19-4　正弦波电压波形显示原理

整数倍时，荧光屏上将呈现整数个完整而稳定的被测信号的波形。

三、触发扫描同步电路

如果锯齿波电压的周期和被测信号周期稍微不同，屏上出现的是一个移动的不稳定图形。这种情形可用图 3-19-5 说明。

设锯齿波电压的周期 T_x 比正弦波电压周期 T_y 稍小，比方说 $T_x/T_y=7/8$。在第 1 扫描周期内，屏上显示正弦信号 0～4 点之间的曲线段；在第 2 周期内，显示 4～8 点之间的曲线段，起点在 4 处；第 3 周期内，显示 8～11 点之间的曲线段，起点在 8 处。这样，屏上显示的波形每次都不重叠，好像波形在向右移动。同理，如果 T_x 比 T_y 稍大，则好像在向左移动。以上描述的情况在示波器使用过程中经常会出现。其原因是扫描电压的周期与被测信号的周期不相等或不成整数倍，以致每次扫描开始时波形曲线上的起点均不一样所造成的。为

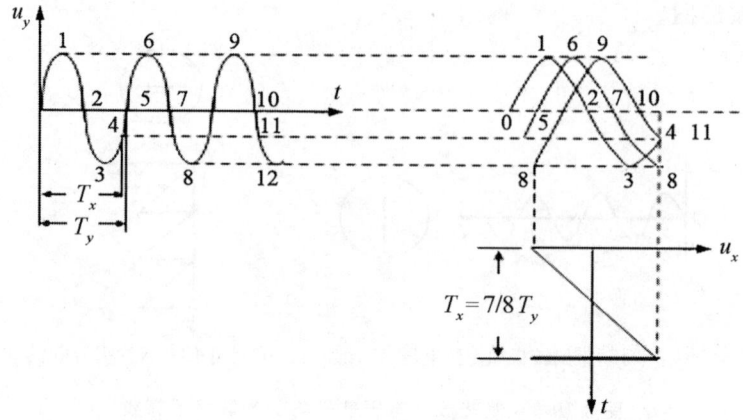

图 3-19-5 锯齿波和被测信号周期不同时的波形

了使屏上的图形稳定,必须使 $T_x/T_y = n (n = 1, 2, 3, \cdots)$。$n$ 是屏上显示完整波形的个数,若用频率表示,则改写为 $f_y = n f_x$。

虽然锯齿波信号的频率连续可调,但实际上很难严格满足 $f_y = n f_x$,要实现其频率完全满足整数倍,可采用触发扫描同步电路。由输入的被观测信号或仪器外部输入信号或电源信号提供触发信号,送至触发电路,只有当触发信号电压同时满足两个条件:① 信号电压等于某一电压值 u_T(通常称 u_T 为触发电平);② 信号电压正在上升或正在下降(只能选择其一,这称为触发极性)。此时,触发电路才输出触发脉冲控制扫描发生器开始一次扫描,这就是触发。在锯齿波(在该周期内)扫描期间,扫描电路不再受期间到来的触发脉冲的任何影响,直到本次扫描结束。等到下一个触发脉冲到来时,它又重新启动扫描电路进行下一次扫描。因每一个触发脉冲产生于同一触发电平对应的触发信号,所以每次

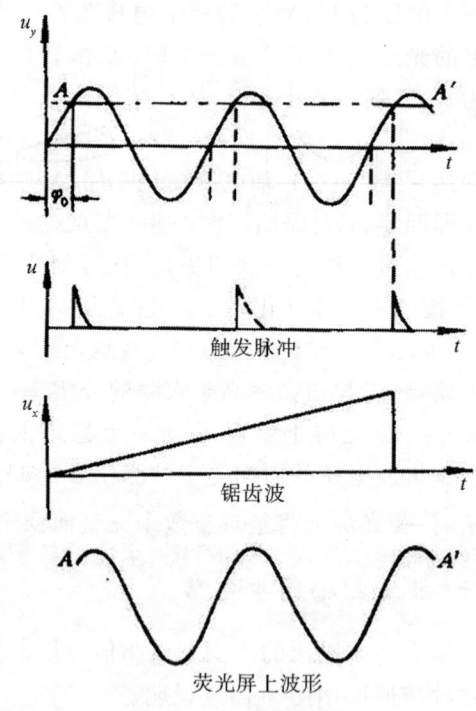

图 3-19-6 触发过程

扫描的起始位置相同,实现了扫描信号与待测信号同步(如图 3-19-6 所示)。

选择待测信号作为触发信号称为"内触发",选择电源信号作为触发信号称为"电源触发",选择仪器外部输入的信号作为触发信号称为"外触发"。

示波器根据输入信号不同特点,设置了多种扫描方式。常用的扫描方式有三种。

1. 自动扫描(AUTO),又称连续扫描,就是将扫描电压(锯齿波电压)不断地加在 X 偏

转板上,让示波器连续地扫描。

2. 常态扫描(NORM),就是用 Y 轴信号的周期信号(又称同步信号)来控制 X 扫描电压的周期,从而保证二者之间的严格同步。特点是:无信号时,屏幕上无显示;有信号时,与电平控制配合显示稳定波形。

3. 电视场(TV),用于显示电视场信号。

四、用李萨如图测量正弦波电压的频率

如果加在 X 偏转板上的电压不是锯齿波电压,而是正弦电压,那么屏上亮点做 X 轴向的谐振动;如果仅在 Y 偏转板上加正弦电压时,屏上亮点做 Y 轴向的谐振动;如果示波器的 X、Y 轴同时输入的都是正弦交流信号电压,荧光屏上亮点的轨迹将是两个互相垂直的简谐振动合成的结果。特别当两具正弦交流信号电压的频率相等或成简单整数比时,亮点的轨迹为一稳定的曲线,这种合振动的图形称为李萨如图形,如表 3-19-1 所示。

表 3-19-1　各种不同的频率下的李萨如图形

$f_y:f_x$	1:1	1:2	1:3	2:3	3:2	3:4	2:1
李萨如图形							
f_y/Hz	100	100	100	100	100	100	100
f_x/Hz	100	200	300	150	$66\frac{2}{3}$	$133\frac{1}{3}$	50

通过观察荧光屏上李萨如图形进行频率对比的方法称作李萨如图形法,此方法由李萨如于 1855 年所证明。

李萨如图形的形状与 X、Y 轴输入的正弦交流信号的频率之间有一简单的关系式,即

$$\frac{f_y}{f_x}=\frac{N_x}{N_y}。 \tag{3-19-1}$$

式中,f_x、f_y 分别为 X、Y 轴输入的两个正弦交流信号电压的频率,N_x、N_y 分别为 X、Y 方向切面对李萨如图形的切点数。利用李萨如图形的这一特征,就可用已知信号电压的频率(如 f_x)测量未知信号电压的频率(如 f_y),即未知频率

$$f_y=\frac{N_x}{N_y}f_x。 \tag{3-19-2}$$

【仪器介绍】

一、GOS-630FC 双轨迹示波器各主要旋钮功能简介

由图 3-19-7 可以看到,GOS-630FC 双轨迹示波器前面板主要由七部分组成。

(一) Main Display/主显示屏

用于显示输入信号的波形。前置一块 10×8 格(div)的分划板,每格是边长为 1 cm 的

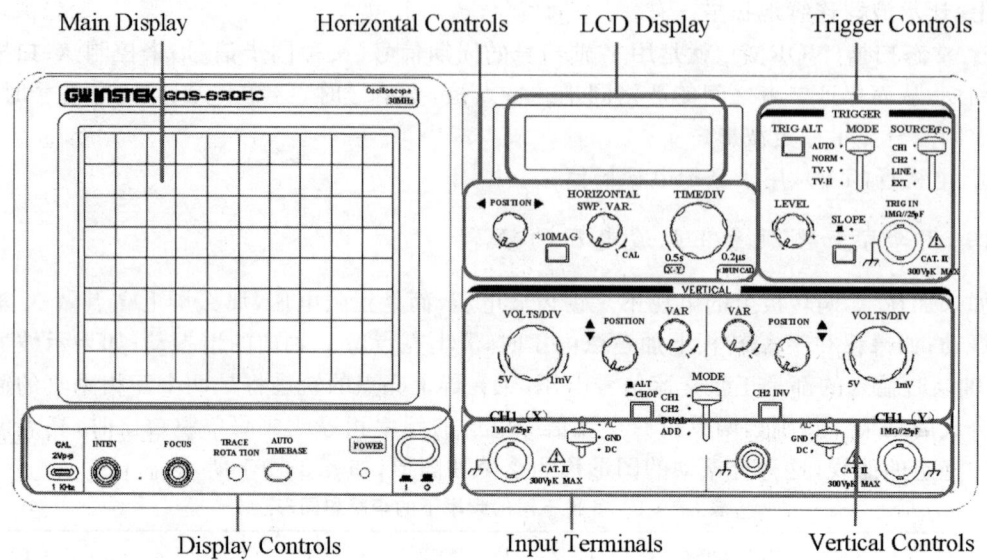

图 3-19-7　GOS-630FC 双轨迹示波器前面板

正方形。

（二）Display Controls/显示控制

用于控制电源开/关、显示配置、探棒补偿信号输出。

1. CAL 输出。产生探棒补偿信号：$2U_{p-p}$，1 kHz，方波。

2. INTEN。轨迹及光点亮度控制。

3. FOCUS。轨迹聚焦调整。

4. TRACE ROTATION。调整使水平轨迹与刻度线成平行。

5. AUTO TIMEBASE。自动切换扫描时间至适当的挡位。

6. POWER。切换主电源 On/Off，接通电源后电源指示灯会发亮。

（三）LCD Display /LCD 显示屏

用于显示信号衰减幅度、扫描时间、X-Y 模式、触发信号频率。

1. TIME。显示扫描时间。

2. FREQ。显示波形频率。

3. X-Y。当 X-Y 显示，表示本示波器工作于 X-Y 模式，CH1 为 X 输入、CH2 为 Y 输入。

4. CH1。显示垂直挡位信号衰减幅度。

5. CH2。显示垂直挡位信号衰减幅度。

（四）Horizontal Controls/水平控制

用于控制水平挡位、水平位置、扫描长度、×10 扩展。

1. POSITION。控制轨迹或光点水平位置。

2. ×10 MAG。×10 扩展，即水平扫描放大 10 倍。

3. SWP VAR。水平挡位调节控制：若旋转此旋钮至最小位置，实际水平挡位扩大为

LCD 显示挡位数值的 2.5 倍。例如,当前 LCD 显示挡位为 1 ms/div,调整后,实际挡位将变为 2.5 ms/div。若旋转此旋钮至最大(CAL)位置时,则 LCD 显示挡位即为实际水平挡位。

4. TIME/div。扫描时间选择,扫描范围从 0.2 μs/div~0.5 s/div 共 20 个挡位。

(五)Vertical Controls/垂直控制

用于控制垂直挡位、垂直位置、显示模式、CH2 反向、交替显示模式。

1. VOLTS/DIV。选择 CH1 及 CH2 的输入信号衰减幅度,范围 1 mV/div~5 V/div 共 12 档。

2. POSITION。轨迹及光点的垂直位置调整。

3. ALT/CHOP。双轨迹模式下,选择 CH1 & CH2 信号显示方式:CHOP,CH1 & CH2 以切割方式(又称断续方式)显示(一般使用于较慢速之水平扫描,1 ms/div 或更慢);ALT,CH1 & CH2 以交替方式显示(一般使用于较快速之水平扫描,0.5 ms/div 或更快)。

4. MODE。CH1 及 CH2 垂直操作模式选择:CH1/CH2,CH1 或 CH2 以单一频道方式工作;DUAL,CH1 及 CH2 以双频道方式工作;ADD,显示 CH1 及 CH2 的相加或相减信号。

5. VAR。灵敏度微调控制:若旋转此旋钮至最小位置,实际垂直挡位扩大为 LCD 显示挡位数值的 2.5 倍;若旋转此旋钮至最大(CAL)位置时,则 LCD 显示挡位即为实际垂直挡位。

6. CH2 INV。CH2 信号反向。在 ADD 模式下,如果按下 CH2 INV 键,则显示 CH1 及 CH2 信号之差。

(六)Trigger Controls/触发控制

用于控制触发模式,触发电平,触发源选择,触发斜率,交替触发模式,外部触发输入。

1. Trigger ALT。按下此键,即自动设定 CH1 与 CH2 的输入信号以交替方式轮流作为内部触发信号源,这样两个波形皆会同步稳定显示。TRIG ALT 设定键一般使用在双轨迹并以交替模式显示时,且必须选择 CH1 或 CH2 作为触发源。

注 在 CHOP 模式时按下 TRIG ALT 键无效。

2. MODE。触发模式选择:AUTO,示波器不管是否存在触发条件都会被扫描;NORM,示波器只有在触发条件发生时才产生扫描;TV-V,将会触发 TV 垂直同步脉波以便于观测 TV 垂直图场(field)或图框(frame)之电视复合影像信号;TV-H,将会触发 TV 水平同步脉波以便于观测 TV 水平线(lines)之电视复合影像信号。

3. Trigger LEVEL。触发准位调整:将旋钮顺时针旋转,触发准位向上移;将旋钮逆时针旋转,触发准位向下移。

4. SLOPE。触发斜率选择:按键处于"+"位置时,当信号正向通过触发准位时进行触发;按键处于"−"位置时,当信号负向通过触发准位时进行触发。

5. SOURCE。触发源信号选择:CH1,CH1 输入端的信号作为内部触发源;CH2,CH2 输入端的信号作为内部触发源;LINE,自交流电源中拾取触发信号,此种触发源适合观察与电源频率有关的波形;EXT,将 TRIG IN 端子输入的信号作为外部触发信号源。

6. TRIG IN。输入外部触发信号。欲用此端子时,须先将 Trigger SOURCE 置于 EXT 位置。

注 输入阻抗:1 MΩ//25 pF。

(七)Input Terminals/输入端子

用于 CH1、CH2 信号输入端,接地线,控制输入信号耦合方式。

1. CH1。垂直输入端。在 X-Y 模式中,为 X 信号输入端。

2. AC/GND/DC。输入信号耦合选择:AC,交流,截止直流或极低频信号输入;GND,接地,在 CRT 上显示 GND(零电平)垂直位置,此时输入信号不会显示;DC,直流:示波器显示所有的输入信号。

3. GND。示波器接地端子。

4. CH2。垂直输入端。在 X-Y 模式中,为 Y 信号输入端。

二、AFG-2225 任意波形信号发生器功能简介

(一)前面板及功能键

AFG-2225 任意波形信号发生器的前面板如图 3-19-8 所示,主要由十部分组成。

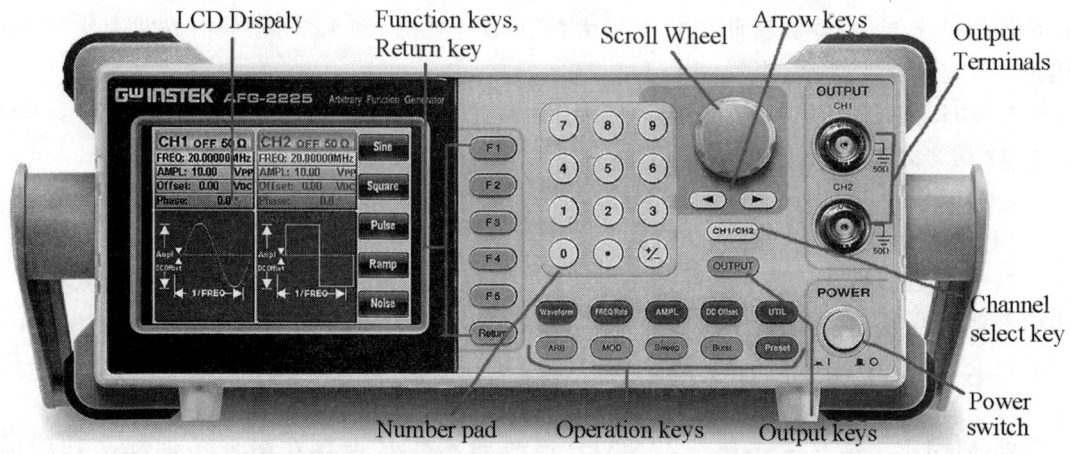

图 3-19-8 AFG-2225 任意波形信号发生器的前面板

1. LCD Display。TFT 彩色显示器,分辨率 320×240。共 3 列:左侧两列分别显示 CH1 和 CH2 通道的参数和波形;右侧一列显示与功能键(F1~F5)相对应的软菜单键。

2. Function Keys。F1~F5,开启功能。

3. Return Key。返回上一层菜单。

4. Operation Keys。Waveform,选择波形类型;FREQ/Rate,设置频率或采样率;AMP,设置波形幅值;DC Offset,设置直流偏置;UTIL,进入存储和调取选项、更新和查阅固件版本、进入校正选项、输出阻抗设置和频率计;ARB,设置任意波形参数;MOD、Sweep 和 Burst,用于设置调制、扫描和脉冲串选项和参数;Preset,调取预设状态。

5. Output Key。开启或关闭波形输出。

6. Channel Select Key。切换两个输出通道。

7. Output Terminals。CH1,通道 1 输出端口;CH2,通道 2 输出端口。

8. Power Switch。开关机。

9. Arrow Keys。编辑参数时,可用于选择数字。

10. Scroll Wheel。减小、增加,用于编辑数值和参数。

11. Keypad。用于键入数值和参数,常与方向键和可调旋钮一起使用。

(二)快速操作

1. 数字输入。数字键盘、方向键和可调旋钮三种。

2. 使用帮助菜单。按 UTIL 进入系统中找 Help,Select 选择需要帮助的内容。

3. AFGAFG-2225 可以输出 5 种标准波形:sine/正弦波、Square/方波、Pulse/脉冲波、Ramp/斜波和 Noise/噪声波。按 Waveform 键进入选择页面选择。

4. 设置幅值。按 AMPL 键。

5. 设置 DC 偏移。按 DC Offset 键。

6. 设置相位偏移。按 MOD 键—按 F4 (PM)—按 F2 (Phase Dev)。

信号发生器的功能强大,详细功能请查看说明书。

【实验内容】

一、调节示波器,观察校准方波波形

1. 熟悉示波器面板上各调节旋钮,明确它们的功能。

2. 打开电源开关,预热 3~5 min。将"扫描时间"旋钮逆时针旋转到底。调节"X 轴位移"和"Y 轴位移",找出亮点。调节"辉度"、"聚焦",亮点的亮度大小适中(不要过亮,否则会使荧光屏老化)。然后,调节"X 轴位移"和"Y 轴位移",使亮点在原点。

3. 观察亮点的扫描。将"扫描时间"钮由低频率逐渐调节到高频率,观察亮点随扫描电压的频率的变化而运动的情况。

4. 观察校准方波波形。将示波器的校准信号"CAL $2U_{p-p}$ 1 kHz"与"Y 轴输入"相连,调节"Y 轴增幅"和"X 轴增幅",观察波形,并做出波形图。

二、观察正弦波,测量周期和峰值

观察正弦波。调节 AFG-2225 任意波形信号发生器,使频率和输出幅值适当,把正弦信号接到示波器的"Y 轴输入",调节"扫描时间"旋钮和"Y 轴增幅",使荧光屏上的波形达到要求.观察波形,调节有关旋钮,使屏上出现 1 个、2 个、3 个周期的正弦波形,测出波形周期和电压的峰值,计算电压有效值。

三、测定锯齿波频率

当屏上出现 1 个、2 个、3 个周期的正弦波形时,记录信号发生器的频率及图形中正弦波的个数，测相应的锯齿波的频率 $f_x = \dfrac{f_y}{n}$。

三、观察示波器的双踪显示和相位关系$^\triangle$

把两路正弦信号接到示波器的"CH1 输入"和"CH2 输入"，并设置为双踪显示状态，调节 AFG-2225 任意波形信号发生器，改变 CH1 或者 CH2 的相位，观看两波形的关系。

四、观察李萨如图形，测量频率$^\triangle$

将示波器调成外部输入状态（X－Y），改变任意波信号发生器两路输出的波形的频率（两通道频率之比为 1∶1、1∶2、2∶3……）、相位（相位差分别为 0°、30°、90°、180°……），观察李萨如图的现状并记录下来，验证是否满足前边所述要求。

【数据记录与处理】

将实验数据记录于下述表格（选做实验自拟表格）当中，并逐一分析。

表 3-19-2 观察校准方波波形

屏上校准方波图形	图中方波个数 n	扫描周期 T_x/s	方波频率 f_x/Hz

表 3-19-3 观测正弦电压的波形，测定锯齿波的频率

屏上图形	正弦波个数 n	扫描时间 T_x/s	正弦波频率 f_x/Hz

屏上图形	正弦波峰峰高度/div	垂直偏转因素 V/div	正弦波有效值 U/V

屏上图形	正弦波个数 n	信号发生器频率 f_y/Hz	锯齿波频率 $f_x = f_y/n$

第三章 基础性实验

表 3-19-4 观察李萨如图形,用李萨如图形测量频率

N_x/N_y	1/1	2/1	1/2	1/3	2/3
李萨如图形(稳定时)					
$f_{y理}$/Hz(理论值)	50	50	50	50	50
$f_{x理}$/Hz(理论值)	50	25	100	150	75
$f_{x实}$/Hz(实验值)					
$\{f_{y实}=f_{x实}\cdot N_x/N_y\}$/Hz					
Δf_y/Hz					
$\overline{f_y}=$ Hz	$f_y=\overline{f_y}\pm\overline{\Delta f_y}=($)Hz				

【探索与思考】

1. 用示波器观察波形时,如出现下列现象,简述其原因:
① 屏上呈现一个亮点;
② 屏上呈现水平亮线;
③ 屏上呈现竖直亮线;
④ 波形向左移动;
⑤"辉度"已调到最大,看不到亮点。

2. 观察李萨如图形时,当 X 轴和 Y 轴偏转板上的正弦电压频率相等时,屏上图形还在时刻转动,为什么?

3. 某同学使用示波器测量电压和频率,结果测量值与真值相差很大,试分析可能的原因?

4. 探索在 X-Y 工作方式下,CH1 和 CH2 通道分别输入各种非正弦信号,记录得到的波形。

实验 20 线性及非线性电阻伏安特性曲线的测绘

通过一个元件的电流随外加电压的变化关系曲线,称为伏安特性曲线。从伏安特性曲线所遵守的规律,可得知该元件的导电特性,以便确定它在电路中的作用,从而有目的地使用之。伏安特性曲线是直线的元件称为线性元件,伏安特性曲线不是直线的元件称为非线性元件。

【实验目的】

1. 加深理解欧姆定律,熟悉伏安特性曲线的绘制方法。

2. 测绘碳膜电阻的伏安特性曲线,了解线性元件电阻的特点。
3. 测绘晶体二极管的伏安特性曲线,了解其单向导电性。

【实验仪器】

电阻元件伏安特性测量实验仪。

【实验原理】

一、伏安特性曲线

若元件的特性可用加在该元件两端的电压 U 和流过该元件的电流 I 之间的函数关系 $I=f(U)$ 来表征,以电压 U 为横坐标,以电流 I 为纵坐标,绘制 $I-U$ 曲线,则该曲线称为该元件的伏安特性曲线。

电阻元件是一种对电流呈阻力特性的元件。当电流通过电阻元件时,电阻元件将电能转化为其他形式的能量,例如热能、光能等,同时沿电流流动的方向产生电压降,流过电阻 R 的电流等于电阻两端电压 U 与电阻阻值之比,即

$$I = \frac{U}{R}。$$

这一关系称为欧姆定律。

根据伏安特性的不同,电阻元件分为两大类:线性电阻和非线性电阻。

1. 若电阻阻值 R 不随电流 I 变化,则该电阻称为线性电阻元件。常用的普通电阻就近似地具有这一特性,其伏安特性曲线为一条通过原点的直线。如图 3-20-1(a)所示,该直线斜率的倒数为电阻阻值 R。R 为一常数,与元件两端的电压 U 和通过该元件的电流 I 无关。

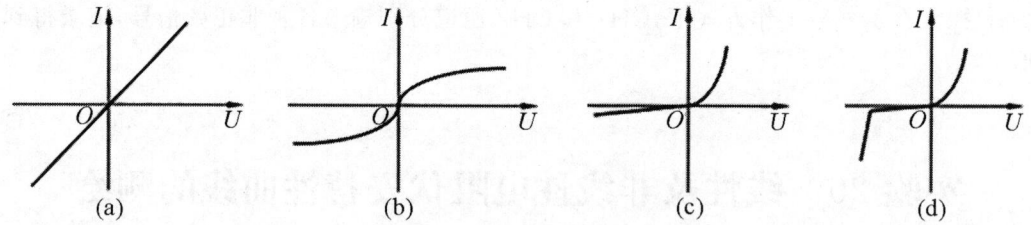

图 3-20-1　线性及非线性电阻伏安特性

线性电阻的伏安特性曲线对称于坐标原点,说明在电路中若将线性电阻反接,也不会不影响电路参数。这种伏安特性曲线对称于坐标原点的元件称为双向性元件。

2. 非线性电阻元件的伏安特性曲线不是一条经过坐标原点的直线,其阻值 R 不是常数,即在不同的电压作用下,电阻值是不同的。电阻定义为 $R = \mathrm{d}U/\mathrm{d}I$,由曲线的斜率求得。白炽灯丝、普通二极管、稳压二极管等,是常见的非线性电阻。

白炽灯工作时,灯丝处于高温状态,灯丝的电阻随温度升高而增大,而灯丝温度又与流过灯丝的电流有关。所以,灯丝阻值随流过灯丝的电流而变化,灯丝的伏安特性曲线不再是

一条直线,而是如图 3-20-1(b)所示的曲线。

半导体二极管的伏安特性曲线取决于 PN 结的特性。在半导体二极管的 PN 结上加正向电压时,由于 PN 结正向压降很小,流过 PN 结的电流会随电压的升高而急剧增大;在 PN 结上加反向电压时,PN 结能承受很大的压降,流过 PN 结的电流几乎为零。所以,在一定电压变化范围内,半导体二极管具有单向导电的特性,其伏安特性曲线如图 3-20-1(c)所示。

稳压二极管是一种特殊的二极管,其正向特性与普通半导体二极管的特性相似。加反向电压时,在电压较低的某范围内,电流几乎为零;一旦超出此电压,电流就会突然增加,并保持 PN 结上的电压恒定不变。稳压二极管的伏安特性曲线如图 3-20-1(d)所示。

非线性电阻元件的伏安特性曲线图中,$U>0$ 的部分为正向特性,$U<0$ 的部分为反向特性。

2AP 型晶体二极管,它的结构和符号如图 3-20-2 所示。把电压加在二极管的两端,如果加正向电压(正极接高电位点、负极接低电位点),则电路中有较大的电流(毫安级)且电流随电压的增加而增大,但不成正比,所以 PN 结在正向导电时电阻很小。如果加反向电压(正极接低电位点、负极接高电位点),则电

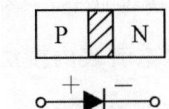

图 3-20-2　二极管的 PN 结和表示符号

流非常微弱(微安级),所以 PN 结的反向电阻很大,电流与电压也不成正比。当反向电压高到一定数值时,电位急剧增加,以致击穿。在使用二极管时,应了解允许通过它的最大正向电流和允许加于它两端的最高反向电压。

二、测伏安特性曲线的接线方式与系统误差的修正

用伏安法测电阻的电路接线方式有两种:电流表外接,如图 3-20-3(a)所示;电流表内接,如图 3-20-3(b)所示。图中 R_0 为保护电子元件的限流电阻。由于电流表和电压表内阻的影响,两种接线方式都有系统误差。

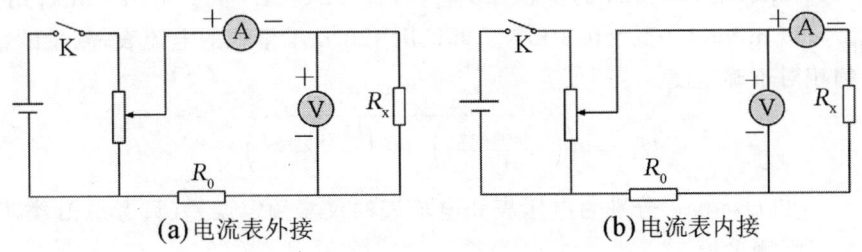

(a)电流表外接　　　　　　　　(b)电流表内接

图 3-20-3　测伏安特性曲线的电路

在外接电路中,电压表测的是电阻 R_x 两端的电压,电流表测的是通过电压表和电阻 R_x 的电流之和。用 R_V 表示电压表的内阻,则

$$I = I_x + I_V = I_x + \frac{U}{R_V}。$$

实验测得的电阻值应是

$$R = \frac{U}{I} = \frac{U}{I_x}\left(1 + \frac{R_x}{R_V}\right)^{-1} = R_x\left(1 + \frac{R_x}{R_V}\right)^{-1}. \tag{3-20-1}$$

由此可见,采用电流表外接法测得的 R 值比电阻的真值 R_x 偏小。这种误差显然是由测量方法造成的系统误差,当 $R_V \gg R_x$ 时,$R_x \approx U/I$,所以电流表外接法适合测低值电阻。

在电流表内接电路中,电流表测出的是通过电阻 R_x 的电流,而电压表读出的却是电阻 R_x 和电流表上的电压之和,用 R_A 表示电流表的内阻,则

$$U = U_x + U_A = IR_x + IR_A.$$

实验测得的电阻值应是

$$R = \frac{U}{I} = R_x + R_A = R_x\left(1 + \frac{R_A}{R_x}\right). \tag{3-20-2}$$

由此可见,采用电流表内接法测得的 R 值比电阻的真值 R_x 偏大。只有当 $R_x \gg R_A$ 时才有 $R_x \approx \dfrac{U}{I}$,所以电流表内接法适合测高值电阻。

由上面的讨论可知,由于电压表和电流表内阻的存在,将给电阻的测量引入系统误差。若准确地知道 R_A 和 R_V 值,则可根据电路连接的方式,分别由式(3-20-1)或式(3-20-2)算出 R_x 的值,将系统误差加以修正。从修正公式可以看出,R_V 越大,R_A 越小,其内阻对测量结果的影响也就越小。

三、电表量程和精度的选择

电表的仪器额定误差为 $A_m \cdot K\%$。其中:A_m 为 m 档的量程;K 为该电表的精度等级,一般分为 0.1、0.2、0.5、1.0、1.5、2.5 和 5.0 七个等级。所以,在测绘伏安特性曲线时,除了要考虑电表的接入所引起的系统误差外,还必须考虑电表本身的仪器额定误差。

以电流表为例来说明,假设我们用的电流表为 1.0 级,有 1.5 mA、7.5 mA 和 30 mA 三档。正确选择量程可减小误差,例如要测 1 mA 的电流:用 1.5 mA 量程,$\Delta I_{max} = 1.5$ mA $\times 1.0\% = 0.015$ mA;用 7.5 mA 的量程,$\Delta I_{max} = 7.5$ mA $\times 1.0\% = 0.075$ mA;用 30 mA 的量程,$\Delta I_{max} = 30$ mA $\times 1.0\% = 0.3$ mA。可见用 1.5 mA 量程的电流表,测量的精度最高。

电阻的相对不确定度

$$U_x = \sqrt{\left(\frac{U_{仪(电压表)}}{U}\right)^2 + \left(\frac{U_{仪(电流表)}}{U}\right)^2}. \tag{3-20-3}$$

式中,$U_{仪(电压表)}$ 和 $U_{仪(电流表)}$ 分别为电压表和电流表的仪器额定误差(只考虑 B 类不确定度),U 和 I 为某一组测量值。

四、晶体三极管的输出特性曲线和晶体三极管的电流放大系数

晶体三极管是由两个 PN 结构成的非线性元件。晶体三极管的基本功能是放大电流作用,通过输入一个小电流信号,可以产生大得多的电流输出。根据 PN 结构的不同,晶体三极管可分为 PNP 和 NPN 型,其表示符号如图 3-20-4 所示。图中,c 为集电极,e 为发射极,b 为基极。为了实现晶体三极管的放大作用,必须给三极管施以正确的外加电压,使发射结

正向偏置,集电结反向偏置。实现上述外加电压的线路,如图 3-20-5 所示电路,称为共发射极接法。三极管的放大作用可以用电流放大系数 β 定量表示,其定义为集电极电压 U_{ce} 一定的条件下,集电极电流增量 ΔI_c 与基极电流增量 ΔI_b 之比,即

$$\beta = \frac{\Delta I_c}{\Delta I_b}\bigg|_{U_{ce}}。 \tag{3-20-4}$$

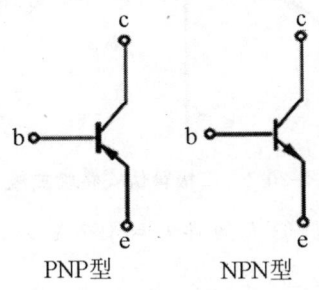

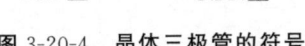

图 3-20-4　晶体三极管的符号

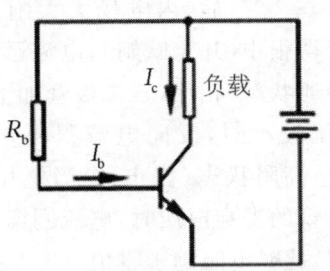

图 3-20-5　NPN 型三极管共发射极接法

晶体三极管(共发射极)的输出特性是指在基极电流 I_b 维持不同定值的情况下,晶体管集电极－发射极之间的电压 U_{ce} 与集电极电流 I_c 的关系。输出特性的数学表达式为:

$$I_c = f(U_{ce})\big|_{I_b}。 \tag{3-20-5}$$

晶体三极管输出特性的测量电路如图 3-20-6(a)所示,电位器 R_{w1} 和 R_{w2} 分别用于调节基极电流 I_b 和集电极电压 U_{ce}。调节 R_{w1},使基极电流 I_b 为某一值,通过调节 R_{w2} 改变集电极电压 U_{ce},测量不同 U_{ce} 对应的集电极电流 I_c 的一组数据;改变基极电流 I_b 值,又测出 $U_{ce} - I_c$ 的另一组数据,如此类推。用这些数据作图,便得到如图 3-20-6(b)所示的输出特性曲线簇,从而得出晶体管(在某状态下)的共发射极电流放大系数 β。

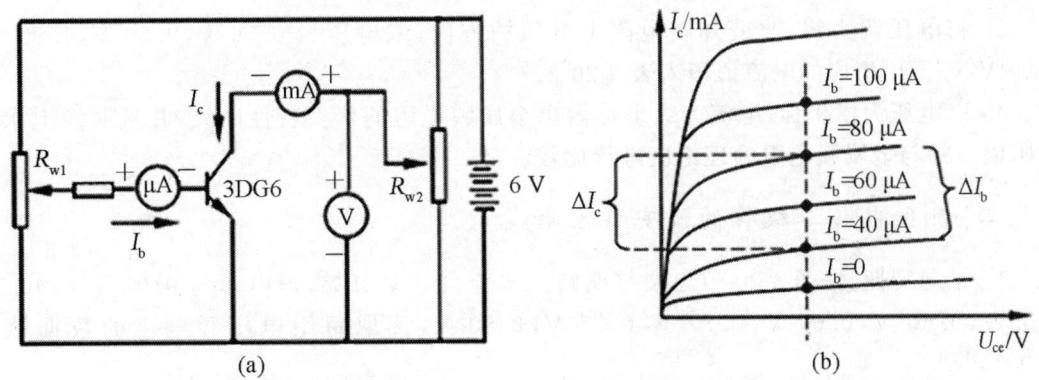

图 3-20-6　晶体三极管输出特性的测量电路(a)及输出特性曲线(b)

五、测试伏安特性曲线

绘制伏安特性曲线通常采用逐点测试法。在不同的端电压 U 作用下,测量电阻元件相应的电流 I,然后逐点绘制出伏安特性曲线 $I = f(U)$,根据伏安特性曲线便可计算出电阻元件的阻值。

当二极管加正向电压时,管子呈低阻状态。如图 3-20-7 所示:在 Oa 段,外加电压不足以克服 PN 结内电场对多数载流子的扩散所造成的阻力,正向电流较小,二极管的电阻较大;在 ab 段,外加电压超过阈值电压(锗管约为 0.3 V,硅管约为 0.7 V)后,内电场大大削弱,二极管的电阻变得很小(几十欧姆),电流迅速上升,二极管呈导通状态;相反,若二极管加上反向电压时,当电压较小时,反向电流很小,在曲线 Oc 段,管子呈高阻状态(截止)。当电压继续增加

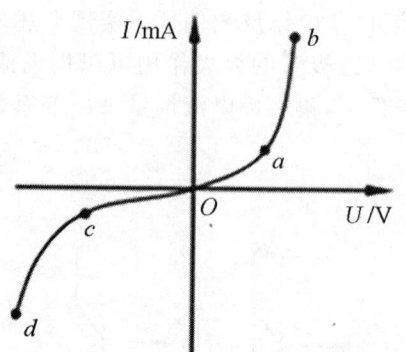

图 3-20-7　二极管伏安特性曲线

到该二极管的击穿电压时,电流剧增(cd 段,本实验所用硅管大致在 $U=4.7$ V 左右)二极管被击穿,此时电阻趋于零值。

【实验内容】

一、测量金属膜电阻的伏安特性

1. 按图 3-20-8 连接好电路,图中 $R \gg R_A$(R_A 为直流毫安表内阻)。

2. 接通电源,选择直流电压表量程为 20 V,调节"输出粗调"和"输出细调"从零开始逐

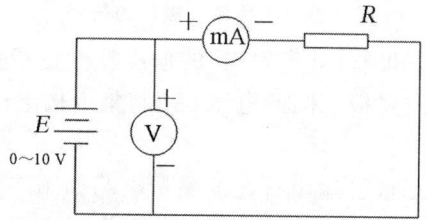

图 3-20-8　线性电阻伏安特性测量电路

步增大电压,取电压为 0.00 V,0.50 V,1.00 V,1.50 V,…读出相应的电流值填入表 3-20-1。

3. 将电压调为零,改变加在电阻上电压的方向,取电压为 0.00 V,0.50 V,1.00 V,1.50 V,…读出相应的电流值填入表 3-20-2。

4. 以电压为横坐标,电流为纵坐标做出金属膜电阻的伏安特性曲线,并从曲线上求得电阻值。并与金属膜电阻的理论值进行比较。

二、测绘晶体二极管的伏安特性曲线

1. 正向特性,按图 3-20-9(a)接好电路。实验自 0 V 开始,取电压为 0.00 V,0.40 V,0.50 V,0.60 V,0.65 V,0.70 V,0.75 V,0.80 V,读取每组电压和电流的数据填入表 3-20-3。

2. 反向特性,按图 3-20-9(b)接好电路。实验自 0 V 开始,取电压为 0.00 V,1.00 V,2.00 V,3.00 V,4.00 V,5.00 V,6.00 V,7.00 V,读取每组电压和电流的数据填入表 3-20-4。

3. 绘制伏安特性曲线。以电压为横坐标,电流为纵坐标,根据实验所得的数据做出被测二极管的伏安特性曲线,无论横轴或纵轴,在其正向和反向都可取不同的坐标分度,如图 3-20-7 所示。

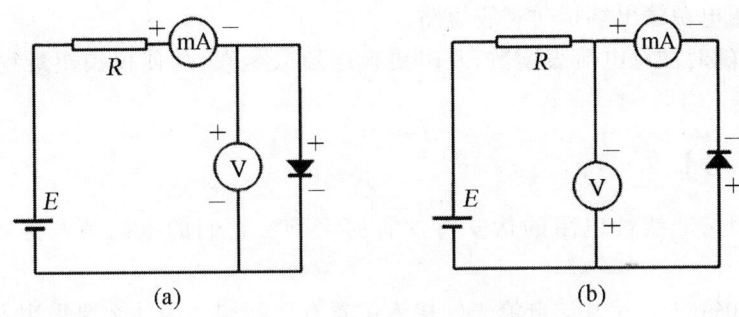

图 3-20-9　二极管伏安特性实验电路图

【注意事项】

1. 每次连接线路时要断开电源,不要带电操作。
2. 拆线时应先切断电源,并在拆除电源一端连线后,再拆卸其他导线,防止电源短路。
3. 测量晶体二极管正向伏安特性时,毫安表读数不得超过二极管允许通过的最大正向电流值(该值由实验室给出)。
4. 测量晶体二极管反向伏安特性时,加在二极管上的电压不得超过二极管允许的最大反向电压值(该值由实验室给出)。

【数据记录与处理】

表 3-20-1　金属膜电阻的正向伏安特性

电压/V								
电流/mA								

表 3-20-2　金属膜电阻的反向伏安特性

电压/V								
电流/mA								

表 3-20-3　晶体二极管的正向伏安特性

电压/V								
电流/mA								

表 3-20-4　晶体二极管的反向伏安特性

电压/V								
电流/mA								

【注意事项】

1. 测量时,可调直流稳压电源的输出电压由 0 缓慢逐渐增加,应时刻注意电压表和电流表,不能超过规定值。

2. 直流稳压电源输出端切勿碰线短路。

3. 测量中,随时注意电流表读数,及时更换电流表量程,勿使仪表超量程,注意仪表的正负极性。

【探索与思考】

1. 线性电阻与非线性电阻的伏安特性有何区别?它们的电阻值与通过的电流有无关系?

2. 在图 3-20-9(a)、(b)中,电流表的接入位置有何不同?为什么要采用不同接法?

实验 21　用电位差计测量电池的电动势和内阻

电位差计是利用补偿原理和电位比较法精确测量直流电位差或电源电动势的常用仪器。FB322A 电位差计实验仪提供有工作电源、标准电动势、检流计、待测电动势及十一线电位差计,可用之于设计、组建电位差计做具体的测量。

【实验目的】

1. 学习"补偿法"在实验中的应用。
2. 掌握电位差计的工作原理及其进行测量的基本方法。
3. 学习用电位差计对多个定值被测电势进行测量比较。
4. 电位差计应用于具体电路中电势的测量。

【实验背景】

补偿法在电磁测量技术中有较为广泛的应用,一些自动测量和控制系统经常用到电压补偿电路。电位差计是利用电压补偿原理,使检流计在实际测量时对被测电路通过的电流为零。这样,检流计相当于一内阻无穷大的电压表,对被测电路影响极小,从而避免了测量的接入误差,可以达到非常高的测量准确度。目前,虽然高内阻、高灵敏度的新型仪表已逐步取代电位差计,但这一经典、经济的物理实验仪器,采用的补偿法原理仍是一种十分巧妙、可贵的实验方法和手段,在电学实验中有重要的训练价值。直流比较式电位差计仍是准确度最高的电压测量仪表,在数字电压表及其他精密电压测量仪表的检定中,常作为标准仪器使用。

【实验仪器】

FB322A 型电位差计设计与应用综合实验仪;工作电源 JK01,标准电势(1.018 6 V),被测电势 FB204A;检流计;九孔板,电流表,电压表,开关,电阻箱等。

【实验原理】

一、补偿法原理

若将电压表接到电池两端来测量电源电动势(如图 3-21-1 所示),电路中必然有电流 I 通过,而电池有内电阻 r,在电池内部就存在电位差 $I \cdot r$,因此电压表显示的是电池的路端电压 $U = E_x - I \cdot r$ 而非电源电动势。只有当 $I = 0$ 时,电池两端的电压 U 才等于电动势 E_x。怎样才能使电池内部没有电流通过而又能测定电池的电动势 E_x 呢?这就需要采用补偿法。

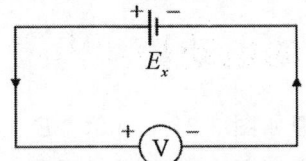
图 3-21-1 补偿法原理图

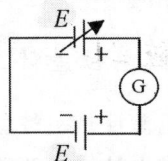
图 3-21-2 补偿电路

在图 3-21-2 所示电路中,调节 E 的大小,使检流计 G 指针指零。则有 $E_x = E_0$。E_x 两端的电位差与 E_0 两端的电位差相互补偿,称电路达到补偿状态。在补偿条件下,已知 E_0,可求出 E_x,这种测量电动势的方法称为补偿法,该电路称为补偿电路。

电动势连续可调的标准电源 E 很难找到,那么怎样才能简单地获得连续可调的标准电动势(电压)呢?简单的设想是:让一阻值连续可调的标准电阻流过一恒定的工作电流,则该电阻两端的电压便可作为连续可调的标准电动势。

二、电位差计原理

电位差计就是一种根据补偿法思想设计的测量电动势(电压)的仪器。如图 3-21-3 所示,直流电位差计一般由三个基本回路构成:①是工作电流调节回路,由工作电源 E_0、限流电阻 R_P、标准电阻 R_N 和电阻 R_x 组成;②是校准回路,由标准电池 E_N、检流计 G、标准电阻 R_N 组成;③是测量回路,由待测电动势 E_x、检流计 G 和标准电阻 R_x 组成。

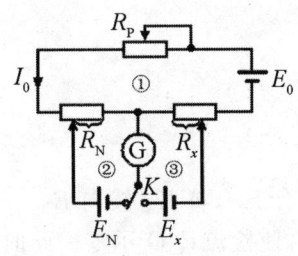
图 3-21-3 直流电位差计原理简图

测量未知电动势 E_x 的步骤如下:

1. "校准"。将开关 K(图 3-21-3)拨向标准电动势 E_N 一侧,取 R_N 为一预定值(对应标准电势值 $E_N = R_N \times I_0 = 1.018\ 60$ V),调节 R_P 使检流计 G 示零,使工作电流回路内的 R_x 中流过一个已知的"标准"电流 I_0,且 $I_0 = \dfrac{E_N}{R_N}$。

2. "测量"。将开关 K 拨向未知电动势 E_x 一侧,保持 I_0 不变,调节滑动触头 B,使检流计示零,则 $E_x = I_0 \cdot R_x = \dfrac{R_x}{R_N} E_N$。被测电压与补偿电压极性相同且大小相等,因而互相补偿(平衡)。这种测 E_x 的方法叫补偿法。

补偿法具有以下优点:① 电位差计是一电阻分压装置,它将被测电动势 E_x 和一标准电动势直接比较。E_x 的值仅取决于 $\dfrac{R_x}{R_N}$ 及 E_N,因而测量准确度较高。② 在上述"校准"和"测量"两个步骤中,检流计两次示零,表明测量时既不从校准回路内的标准电动势源中吸取电流,也不从测量回路中吸取电流。因此,不改变被测回路的原有状态及电压等参量,同时可避免测量回路导线电阻及标准电势的内阻等对测量准确度的影响,这是补偿法测量准确度较高的另一个原因。

三、十一线电位差计工作原理

十一线电位差计是一种教学型电位差计,其工作原理如图 3-21-4 所示。E_x 为待测电动势,E_N 为标准电池。E 为可调稳压电源,与开关 K_1、电阻丝 AB 串联成回路,工作电流 I_P 在电阻丝 AB 上产生电位差。触点 D、C 可在电阻丝任意位置进行选择,因此可得到相应改变的电位差 U_{DC}。

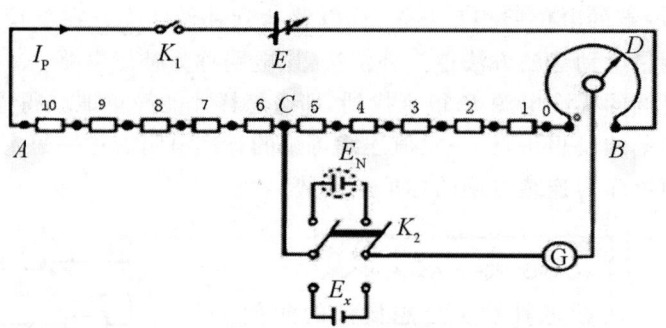

图 3-21-4　十一线电位差计原理简图

闭合 K_1,将 K_2 拨向 E_N 一侧;调节可调工作电源 E,改变工作电流 I_P 或改变触点 D、C 位置,使检流计 G 示零。此时,U_{DC} 与 E_N 达到补偿状态。则

$$E_N = U_{DC} = I_P \cdot \rho_s \cdot L_{DC} = \alpha \cdot L_s \tag{3-21-1}$$

式中,ρ_s 为电阻丝的电阻率(电阻/单位长度),L_{DC} 为电阻丝 DC 段的长度。进一步,令 $\alpha = I_P \cdot \rho_s$,将 L_{DC} 改为 L_s,则得到一个普通公式。

工作电流 I_P 保持不变,将 K_2 拨向 E_x 一侧,即用 E_x 代替 E_N;调节触点 D、C 的位置,使电路再次达到补偿。此时,若电阻丝长度为 L_x,则有

$$E_x = I_P \cdot \rho_s \cdot L_x = \alpha \cdot L_x \tag{3-21-2}$$

为了实验方便,一般都选定单位长度电阻丝上的电位差 α 为一简单的数字,并根据标准电池 E_N 的数值,由 $E_N = \alpha \cdot L_s$ 计算出 L_s 的长度。然后将触点 D、C 移至 L_s 的长度位置上,调节可调工作电源,改变工作电流 I_P 使电路补偿,此时单位长度电阻丝上的电位差 α 值等于选定值。这一步骤称为工作电流标准化,或称为电位差计定标,α 称为标准化系数,单位为

V/m。定标后,测量 E_x 时,只要测得 L_x(即 D、C 间的长度),就可求出 E_x 的大小。在科学实验中,对某种量进行精确的测量,常需要用标准件来比较、定标。本实验的定标体现在用标准电池(或标准电势源)来进行电位差计工作电流的标准化。

图 3-21-5 是一种十一线电阻盒结构示意图。第 1~10 根电阻线分别绕在 10 根有机玻璃棒上,每根线的长度为 1 m,电阻值为 10 Ω。第 11 根电阻线安装在一只滑线盘上,长度及电阻值与前 10 根线相同,依靠电刷位置的变化改变线的长度(输出不同的电阻值)。11 根电阻线串联,总长度为 11 m,总阻值为 110 Ω。滑线盘刻度盘分辨率为 0.01 m,利用游标尺,最小分度值为 0.001 m。

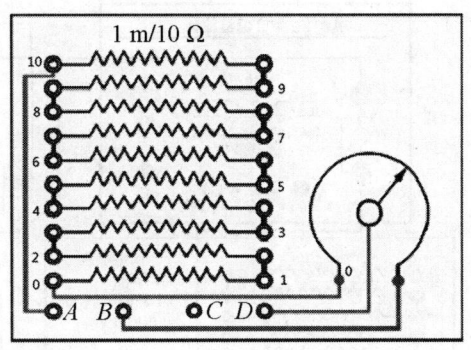

图 3-21-5　十一线电阻盒结构示意图

【实验内容】

一、组建电位差计

(一) 应用"补偿法"组成电位差计

图 3-21-6 为组成电位差计实验装置的接线示意图,工作电源由 JK01 高精度直流稳压电源提供,标准电势 E_N、被测电势 E_x 由 FB204A 提供,$E_N=1.018\ 6$ V 为标准电势,被测电势 E_x 有十挡电压可选,G 为检流计。

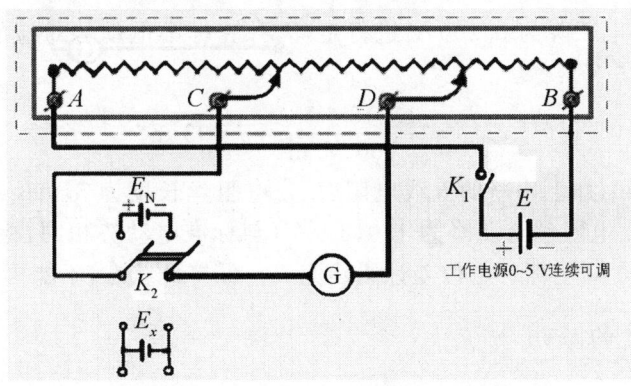

图 3-21-6　电位差计实验装置接线图

(二) 标定电位差计工作电流

图 3-21-7 供参考。

1. 检流计置"非线性"挡,检流计的 K_1 置"通"位置、K_2 置"断"位置,调节检流计的"调零"旋钮,使检流计指零。

2. 连接十一线电阻盒的 5 号插口与 C 端口,JK01 高精度直流稳压电源作为工作电源

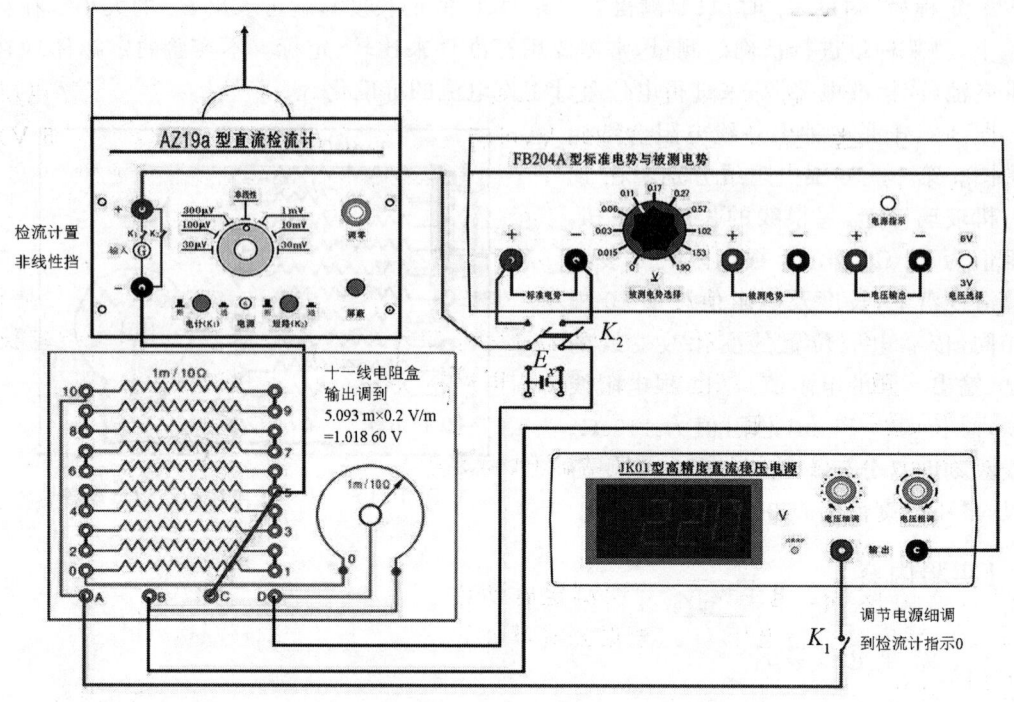

图 3-21-7　标定工作电流参考图

经开关 K_1 连到十一线电阻盒的 A、B 端口，AZ19a 检流计两端经双刀双掷开关 K_2 跨接在十一线电阻盒的 C 端口与 FB204A 的标准电势"+"输出口，FB204 的标准电势"−"输出口接十一线电阻盒的 D 端口。

3. 假设按每米电压降为 0.200 V 进行定标，计算标准电动势对应的电阻丝长度（标准电动势 $E_x = 1.018\,6$ V）：

$$L_{CD} = \frac{1.018\,6\ \text{V}}{0.200\ \text{V/m}} = 5.093\ \text{m}。$$

滑线盘调到 0.093 m，加上串联的五线电阻，L_{CD} 电阻丝长度为 5.093 m，接着重复微调工作电源电压，使 L_{CD} 电阻丝上压降为 1.018 6 V（与标准电动势相同，检流计指零），完成了每米电压降为 0.200 V 定标。电位差计组建完成。保持此状态，不能再调动电源等。

二、电位差计的应用

（一）对多个定值被测电势进行测量比较

把 FB204A 的"被测电势"连接至双刀双掷开关 K_2 切换至 E_x 一侧，FB204A 的"被测电势选择"旋钮转至较高电压挡（有十挡）。改变十一线电阻盒 C 端口连接的插口，滑线盘调动，直至检流计指零位。读刻度盘指示电阻丝长度，加上所改接固定电阻丝长度，可知电阻丝总长度，乘上标准化系数 α，单位为 V/m（每米电压降为 0.200 V），得出所选被测电势数值，与标称值比较。

"被测电势选择"旋钮转低一挡电压，按上步骤进行测量比较。观察电位差计测量不同被测电势误差情况。

（二）测量干电池电动势

根据十一线电阻盒的结构,电阻丝的总长度 $L_{AB}=11.000$ m,标准化系数 α 每米电压降为 0.200 V,电位差计的量程为 0～2.200 V,可满足测量一节干电池电动势(约为 1.5 V)的需求。例如:待测干电池的电动势约为 $E_x=1.502$ V,估算电阻丝的总长度约为

$$L_{CD测量}=\frac{1.502\ V}{0.200\ V/m}=7.510\ m。$$

双刀双掷开关 K_2 连接被测干电池两端 (E_x),改变十一线电阻盒 C 端口连接到 7 号插口,调动滑线盘,直至检流计指零位。读刻度盘指示电阻丝长度,加上所改接固定电阻丝长度(7m),可知电阻丝总长度,乘上标准化系数 α,即得被测干电池电动势数值。

（三）测量干电池内阻

在测量出干电池的电动势 E_x 的基础上,根据全电路欧姆定律,通过改变外电路电阻,即把电阻箱 R 调到不同阻值,如取 $R=100$ Ω(见图 3-21-8),闭合 K_4,即把 R 并联在干电池两端,再次测定电动势值 E'(此时测得的是路端电压 E'),根据公式可计算得干电池的内阻

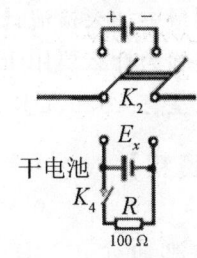

图 3-21-8　测量的转换电路

$$r=\frac{E_x-E'}{I}=\left(\frac{E_x-E'}{E'}\right)\cdot R。$$

三、用电位差计校准改装表△

磁电式电表(表头)的可动线圈允许直接通过的电流很小,只适用于测量毫、微安级的电流,为扩大量程需将表头并联或串联适当阻值的电阻改装而成电流、电压表。在实验 29 中是用高于改装表两个等级的表来充当标准表的。下面可以试着用电位差计来校准电表:

如果设计一个分压电路,用电位差计测量并联在电源两端的各分压标准电阻上的电压降作为标准电压,同样可以校准电压表。

用电位差计测量串联在电路中的标准电阻上的电压降,算出电流,可作为标准电流表。多点测量来校准电流表。

具体设计内容:

1. 表头改装成电压表并校准。
2. 将表头改装成安培表并校准。

【注意事项】

1. 使用电位差计一般要先接通工作回路,然后再接通补偿回路,断开时按相反顺序进行操作,电位差计标定后,工作电流必须保持稳定不变(即单位长度电压降不变)。

2. 待测电动势(干电池)不宜输出大电流,在测量内阻时,并联电阻 R 取值不宜太小,一般可预置 $R=100$ Ω 左右,调节电阻箱时,要特别注意防止短路。

3. FB325 的 C 插孔是一个过渡插孔,实验时一般需用叠插头接线连接,一头连接 FB322A,另一头连接"选定的带编号插孔"。如果直接从 FB322A 用长接线连接到"选定的带编号插孔",作用是完全相同的。

【数据记录与处理】

表格自拟。

【探索与思考】

1. 用电位差计测电动势的物理思想是什么?
2. 电位差计能否测量高于工作电源的待测电源电动势?
3. 在测量中如果检流计总是向一侧偏转,其原因可能有哪些?
4. 本实验为什么要用十一根电阻丝,而不是简单地只用一根?
5. 实验室有 UJ25、UJ31 箱式电位差计,研究其工作原理和使用方法。

【补充资料】

标准电池简介

原电池的电动势与电解液的化学成分、浓度、电极的种类等因素有关,因而一般要想把不同电池做到电动势完全一致是困难的。标准电池就是用来当作电动势标准的一种原电池。实验室常见的有干式标准电池和湿式标准电池。湿式标准电池又分为饱和式和非饱和式两种。

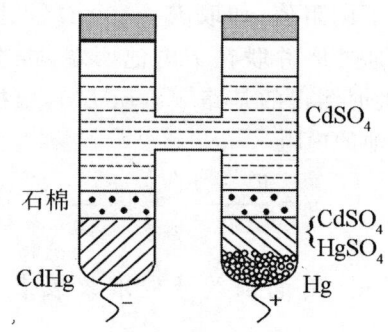

图 3-21-9 饱和式标准电池的结构

这里仅简介最常用的饱和式标准电池亦称"国际标准电池",它的结构如图 3-21-9 所示。

1. 标准电池具有如下特点:

①电动势恒定,使用中随时间变化很小。

②电动势因温度的改变而产生的变化可用下面的经验公式具体地计算。

$$E_t \approx E_{20℃} - 0.00004 \text{ V} \cdot ℃^{-1} \cdot (t - 20 ℃) - 0.000001 \text{ V} \cdot ℃^{-2} \cdot (t - 20 ℃)^2.$$

式中,E_t 表示室温 t 时标准电池的电动势值(V);$E_{20℃}$ 表示室温 20 ℃ 时标准电池的电动势值(V),此值一般为已知,实验室提供的为 1.018 6 V。

③电池的内阻随时间保持相当大的稳定性。

2. 使用标准电池要特别注意下列事项:

①从标准电池取用的电流不得超过 1 μA。因此,不许用一般伏特计(如万用表)测量标准电池电压。使用标准电池的时间要尽可能的短。

②绝不能将标准电池当一般电源使用。

③不许倒置、横置或激烈震动。

实验 22　电桥法测电阻

电阻是典型的无源电路元件,是构成电子电路的基本单元。电阻的主要特征参数包括阻值范围、工作温度范围、阻值稳定度、噪声电平、温度系数等。电阻的阻值范围一般很大,电阻按阻值的大小来分,大致可以分为三类:在 1 Ω 以下的为低电阻;在 $1\sim10^6$ Ω 之间的为中电阻;10^6 Ω 以上的为高电阻。电阻的阻值不同,它们的测量方法也不相同。

电桥是用比较法测量物理量的电磁学基本测量仪器,它可以测量电阻、电容、电感、温度、频率及压力等许多物理量。通过传感器,利用电桥还可以测量一些非电学量。电桥还广泛应用于近代工业生产的自动控制中。由于电桥具有灵敏度和准确度高、结构简单、使用方便等特点,电桥法是电磁学实验中最重要的测量方法之一。根据用途不同,电桥有多种类型。根据工作状态不同,电桥可分为平衡电桥和非平衡电桥;根据所使用的电源,电桥可以分为直流电桥和交流电桥,而直流电桥又分为单臂电桥和双臂电桥。虽然这些电桥的性能和结构各具特点,但它们有一个共同点,就是基本原理相同。

惠斯通电桥是一种最基本、最简单的直流电桥,又称单臂电桥,可用以测量的电阻范围为 $1\sim10^6$ Ω。开尔文电桥也是直流电桥,又称双臂电桥,可以消除接线电阻和被测电阻与电桥相连处的接触电阻所引起的误差,因而可以测量低值电阻(1 Ω 以下)。

电阻的阻值不同,测量方法也不相同,大体可以分为三种类型进行测量。惠斯通电桥法(Wheatstone Bridge Method)是测量中值电阻($10\sim10^6$ Ω)的常用方法之一。低值电阻(1 Ω 以下),须采用可消除接触电阻和引线电阻的测量方法——四端法(Four Probe Method)进行测量,也可采用开尔文电桥法进行测量。高值电阻($>10^6$ Ω),一般可用兆欧表和数字万用表测量,也可用放电法测量。

实验 22.1　惠斯通电桥测中值电阻

【实验目的】

1. 掌握用惠斯通电桥测电阻的原理。
2. 学会测量电阻以及电桥灵敏度的方法。
3. 解影响电桥灵敏度的因素和提高电桥灵敏度的方法。

【实验仪器】

直流单臂电桥(QJ23a 型);待测电阻。

【实验原理】

一、惠斯通电桥(直流单臂电桥)原理

伏安法测电阻是有一定误差的。因为电表本身有电阻,另外电流表和电压表准确度会带来误差,而且还有线路本身不可避免地带来的误差。在伏安法线路基础上经过改进的电桥线路克服了这些缺点。利用比较法将待测电阻和标准电阻相比较以确定待测电阻和标准电阻的倍数关系来得到待测电阻的大小,因标准电阻的误差很小,所以测得的电阻值相对来说精确度较高。

如图 3-22-1 所示,待测电阻 R_x 与可调的标准电阻 R_s 并联。因电阻两端的电压相等,于是有

$$I_x R_x = I_s R_s 。 \quad (3\text{-}22\text{-}1)$$

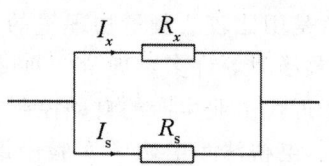

图 3-22-1　电阻测量电路

为了避免测量电流 I_g 和 I_x,采用如图 3-22-2 所示电路。图中 R_1、R_2 是两个可调的标准电阻,R_x 和 R_s 的右端(C 点)连接在一起,它们的左端(B、D 点)则通过检流计连在一起。当调节 R_1、R_2 和 R_s 的阻值使检流计中的电流 $I_g = 0$ 时,B、D 两点电位相同,也即 R_x 和 R_s 左端仍保持同一电位,式(3-22-1)仍然成立。

对于 R_1、R_2,同样有

$$I_1 R_1 = I_2 R_2 。 \quad (3\text{-}22\text{-}2)$$

又因 $I_g = 0$,这时 $I_1 = I_x$,$I_2 = I_s$,故 $\dfrac{I_x}{I_s} = \dfrac{I_1}{I_2}$。代入式(3-22-1)和(3-22-2)得

$$R_x = \dfrac{R_1}{R_2} R_s = K R_s 。 \quad (3\text{-}22\text{-}3)$$

待测电阻 R_x 的阻值用三个标准电阻相比较的形式表示了出来。式中,$K = \dfrac{R_1}{R_2}$ 称为比率系数。

图 3-22-2 为惠斯通电桥的电路原理图。电阻 R_1、R_2、R_s 和 R_x 叫作电桥的桥臂,接有检流计的 B、D 两点之间称为"桥"。当"桥"上没有电流通过时(即通过检流计的电流为 $I_g = 0$),电桥达到了平衡。式(3-22-3)称为电桥的平衡条件,可见电桥的平衡与工作电流 I 的大小无关。调节电桥达到平衡有两种方法:一是取比率系数 K 为某一值(通称倍率),调节比较臂 R_s;二是保持比较臂 R_s 不变,调节比率系数 K(倍率)的值。后一种方法准确度很低,几乎已不使用,目前广

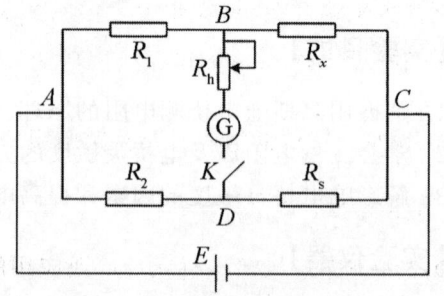

图 3-22-2　惠斯通电桥原理图

泛采用具有特定比率系数值的前一种电桥调节方法。由于该电桥中并未涉及电压、电流的测量，从而使实验测量及计算结果更准确。

二、电桥的灵敏度

使用电桥测电阻时的精密度也主要取决于电桥的灵敏度。当电桥平衡时，若 R_x 改变一小量 ΔR_x，引起检流计偏转 n 格，定义电桥的灵敏度为

$$S = \frac{n}{\left(\dfrac{\Delta R_x}{R_x}\right)}。 \tag{3-22-4}$$

所谓"电桥平衡"，从理论上讲应是通过检流计的电流等于零，但实际上是靠人眼观察检流计的偏转来确定的。当其偏转很小时人眼难以察觉，以至我们仍认为电桥是平衡的，这样会给测量带来误差。假设检流计偏转 Δn 格（一般 $\Delta n = 0.2$ 格）眼睛刚刚能够分辨出，则由电桥灵敏度 S 引入被测量量的最大误差

$$\Delta R_x = \frac{R_x}{S} \Delta n。 \tag{3-22-5}$$

可见 S 值越大，电桥越灵敏，由此而带来的误差就越小。

可以证明，改变任意一臂得出的电桥的灵敏度都是一样的，所以

$$S = \frac{n}{\left(\dfrac{\Delta R_0}{R_0}\right)}。 \tag{3-22-6}$$

实验中常依据此式测灵敏度。

理论和实验都证明，电桥灵敏度 S 与下列因素有关：

① 与检流计本身的电流灵敏度 S_1 成正比，但是 S_1 不能太大，否则电桥不易稳定，平衡调节困难，故应选取灵敏度适当的检流计；

② 与电源的电动势成正比；

③ 与检流计的内阻 R_g（限流电阻 R_h 可归到内阻 R_g 中）有关，R_g 越小，电桥越灵敏，但 R_g 值较大时易于调节电桥达到平衡。所以，在电桥远远偏离平衡状态时，R_h 应取较大值，当电桥接近平衡状态时，应将 R_h 调小，以减小测量误差；

④ 与电源的内阻 r_E 和限流电阻 R_h 有关。增加 R_h，则 S 值变小；减少 R_h，则 S 值变大；

⑤ 与四个桥臂的搭配以及桥路电阻的大小有关。

【实验仪器介绍】

QJ23a 型直流电阻电桥就是广泛应用的一种箱式电桥，其原理见图 3-22-2，其面板图见图 3-22-3。

如图 3-22-2 所示，R_1、R_2 作为比例臂，改变 A 点的位置可以改变比例臂倍率 K，为计算方便，K 一般取 $10^n (n = 0, \pm 1, \pm 2, \pm 3)$——具体为图 3-22-3 中的"倍率 K"旋钮。R_s 为

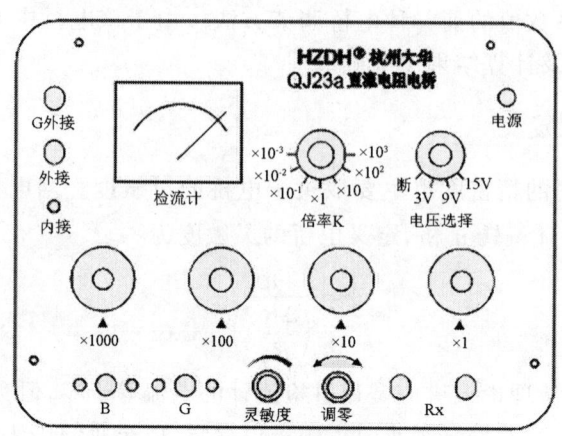

图 3-22-3　QJ23a 型直流电阻电桥面板

比较臂,由四个测量盘的标准电阻箱组成,最小改变量为 1 Ω,保证结果有 4 位有效数字——具体为图 3-22-3 中的 4 个阻值旋钮。如图 3-22-3 所示,检流计位于电桥面板左上角,"调零"旋钮用来调节没有电流通过时检流计的零点;两个按钮开关 B、G 分别与电源及检流计串联,按下 B 接通电源,按下 G 接通检流计。标有 R_x 的两个接线柱用于接入待测电阻。

当测量中内附检流计灵敏度不够时,需外接高灵敏的检流计,以保证测量的可靠性,此时应将"$G_{外接}$"开关打向"外接",外接检流计接在"$G_{外接}$"接线柱上。

【实验步骤】

1. 选择"内接",打开电源开关,把灵敏度旋钮旋至最低,调节检流计的调零旋钮,使检流计指零。

2. 接入待测电阻 R_x,选取适当的倍率 K,务必使 R_0 电阻箱的四个转盘都不为零(即 R_0 有 4 位有效数字)。

3. 测量时应先按下电源开关按钮 B,后按检流计开关 G,观察到检流计有偏转后,立即松开 G,调节 R_0(当检流计指针右偏时,说明待测电阻 R_x 比 KR_0 大,所以调节电阻 R_0,使之增大;当检流计指针左偏时,说明待测电阻 R_x 比倍率 KR_0 小,所以调节电阻 R_0,使之减小)。

4. 用"逐次逼近法"使电桥平衡。

5. 调高灵敏度,重复步骤 4,直到按下 G、B 后检流计指针不再偏转。此时,电桥平衡,KR_0 的值就是待测电阻的测量值 R_x,记下 R_x。

6. 测量 3 次,求平均值,分析误差原因。

7. 测量电桥的灵敏度。

【数据处理】

将实验数据记录于表 3-22-1 中,由式(3-22-5)计算电桥的灵敏度。

表 3-22-1　电桥的灵敏度实验数据

待测电阻	K	R_3	阻值
R_{x1}			
R_{x2}			
R_{x3}			

【探索与思考】

1. 用惠斯通电桥测量电阻为什么精度较高？为什么不能用来测低值电阻和高值电阻？
2. 如果调节电桥平衡时，检流计始终不偏转，可能的原因是什么？
3. 能否用箱式电桥测试带电线路中的电阻或有电元件电阻？

实验 22.2　用开尔文电桥测电阻

【实验目的】

1. 掌握双电桥测低值电阻的原理。
2. 学会使用双电桥测量低值电阻的方法。
3. 利用开尔文电桥测量金属的电阻率。

【实验仪器】

QJ44 型携带式双电桥；四端电阻器；待测电阻棒（铜、铁、铝）；游标卡尺。

【实验原理】

一、四端法测量低值电阻原理

惠斯通电桥法是一种精密测量中值电阻的测量方法，但测量低值电阻是有误差的。这是因为导线本身的电阻和待测电阻阻值相比拟以及待测电阻和接线端钮之间存在接触电阻

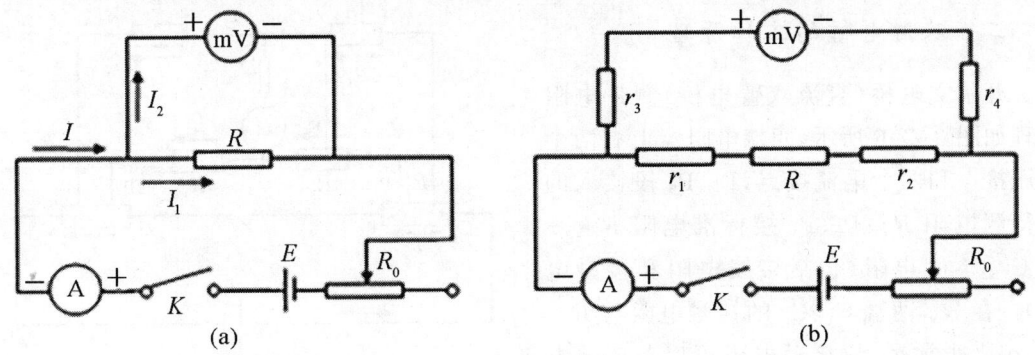

图 3-22-4　伏安特性测电阻电路

($10^{-5} \sim 10^{-3} \Omega$)。当用伏安法测电阻 R 时，设 R 在 $1\ \Omega$ 以下，按一般接线方法用如图 3-22-4(a)所示的电路。如果把接线电阻和接触电阻考虑在内，并把它们用电阻的符号(r_x)表示出来，则图 3-22-4(a)的等效电路即为图 3-22-4(b)。r_1、r_2 分别是连接电流表及滑线变阻器用的两根导线与被测电阻两端接头处的接触电阻及导线本身的接线电阻，r_3、r_4 是电压表和电流表、滑线变阻器接头处的接触电阻和接线电阻。通过电流表的电流 I 在接头处分为 I_1、I_2。I_1 流经电流表和 R 间的接触电阻再流入 R，I_2 流经电流表和电压表接头处的接触电阻再流入电压表。因此，r_1、r_2 应算作与 R 串联；r_3、r_4 应算作与电压表串联。由于 r_1、r_2 的电阻与 R 具有相同的数量级，甚至有的比 R 大几个数量级，故电压表法的示数不代表 R 两端的电压。

如果把待测电阻的连接方式改为如图 3-22-5(a)所示电路，经分析可知，虽然接触电阻 r_1、r_2、r_3 和 r_4 然存在，但由于其所处位置不同，其等效电路改变为图 3-22-5(b)。由于电压表的内阻大于 r_3、r_4 和 R，故电压表和电流表的示数能准确地反映电阻 R 两端的电压和通过 R 的电流，即可算出 R 的正确值。

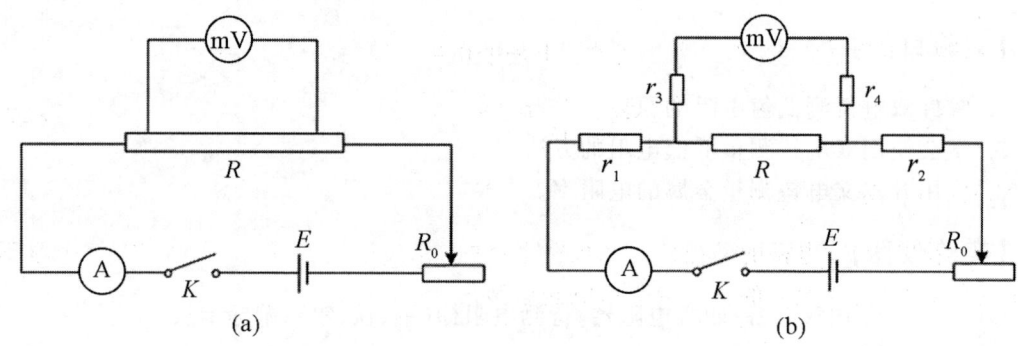

图 3-22-5　四线法测电阻电路

把引入电流的接头(电流接头)放在测量电压的接头(电压接头)外侧的接线，可以避免接触电阻和接线电阻对测量低值电阻的影响，这种测量低电阻方法叫四端接线法。四端接线法是消除接线电阻和接触电阻对低电阻测量的有效方法。低值标准电阻正是为了减小接触电阻和接线电阻而设有 4 个端钮。

二、双臂电桥的工作原理

开尔文电桥(直流双臂电桥)测量电阻原理如图 3-22-6 所示，四端电阻器上有两个电压接点和两个电流接点，P_1、P_2 段接入的是待测电阻 R_x；P_3、P_4 接标准电阻 R_0。r 是 C_3、C_4 间电阻(包括接线电阻和接触电阻)。在 R_x 两端 C_1、C_2 的接触电阻与 R_1、R_3 相比非常小，故接触电阻可以忽略。电桥平衡时，有

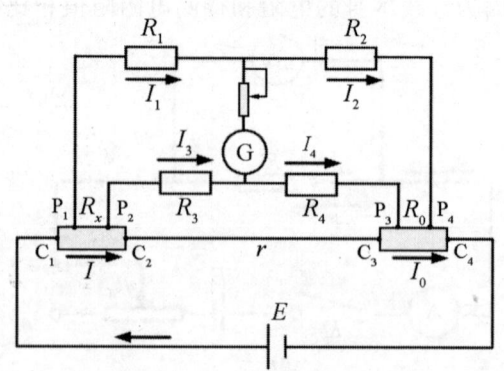

图 3-22-6　开尔文电桥电路原理图

$$I_1 = I_2,$$
$$I_3 = I_4.$$

根据欧姆定律可得到下式：
$$IR_x + I_3 R_3 = I_1 R_1,$$
$$I_2 R_2 + I_0 R_0 = I_4 R_4,$$
$$I_3 R_3 + I_4 R_4 = (I - I_3)r.$$

把上面三式联解，可得

$$R_x = \frac{R_1}{R_2} R_0 + \frac{r R_4}{R_3 + R_4 + r}\left(\frac{R_1}{R_2} - \frac{R_3}{R_4}\right). \tag{3-22-7}$$

上式就是双臂电桥的平衡条件，r 对测量结果是有影响的。为了使被测电阻 R_x 的值便于计算及消除 r 对测量结果的影响，可以设法使第二项为零。通常把双臂电桥做成一种特殊的结构，使得在调整平衡时 R_1、R_2、R_3 和 R_4 同时改变，而始终保持成比例。即

$$\frac{R_1}{R_2} = \frac{R_3}{R_4}. \tag{3-22-8}$$

在此情况下，不管 r 多大，第 2 项总为 0。于是平衡条件简化为

$$R_x = \frac{R_1}{R_2} R_0 = K R_0. \tag{3-22-9}$$

式中，$K = \dfrac{R_1}{R_2}$ 为比率系数。

可以看出，双臂电桥的平衡条件和单臂电桥的平衡条件形式上一致，而电阻 r 根本不出现在平衡条件中，因此 r 的大小并不影响测量结果。

【实验仪器介绍】

箱式双臂电桥的形式多样，本实验用 QJ44 型直流双臂电桥，图 3-22-7 为其面板配置图。其中，G 为检流计按钮开关，B 为电桥工作电源按钮开关，C_1、C_2 被测电阻电流端接线柱，P_1、P_2 为被测电阻电位端接线柱，$G_{外}$ 为外接指零仪插孔。

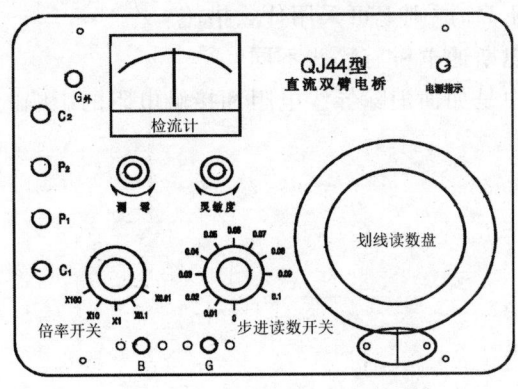

图 3-22-7　QJ44 型直流双臂电桥面板

【实验内容】

1. 将"步进计数开关"拨向相应的位置。
2. 将灵敏度置为最低,调节检流计的调零旋钮,使检流计指零。
3. 将被测电阻按照四端接入法接在电桥相应的接线柱上。
4. 估计被测电阻的阻值,将倍率开关旋到相应的位置上,按下按钮 B、点触按钮 G,观察检流计的偏转情况,并调节电阻旋钮和读数盘 R_0,使检流计指针重新回到"0"。逐渐调高灵敏度,反复调节多次,最终灵敏度达到最高,电桥平衡时,则被测电阻

$$R_x = R_N \cdot K。$$

式中,K 为倍率开关的示值,R_N 为读数盘的示值。记下电阻值及倍率,填入表中。

5. 测量电阻率。测量出电阻后,用米尺测出长度,用螺旋测微器测出直径。测 5 处,记录于表 3-22-2 中,求平均值,由下式计算电阻率:

$$\rho = R \frac{S}{L} = \frac{R\pi D^2}{4L}。$$

【数据处理】

表 3-22-2 用开尔文电桥测电阻实验数据

标准电阻 $R_s = $ _____

长度	阻值		直径	电阻率
	K	R_0		
200 cm 金属棒				
250 cm 金属棒				
300 cm 金属棒				
平均值	—	—		

【探索与思考】

1. 若电桥灵敏度不高,原则上可采用什么措施?
2. 开尔文电桥和惠斯通电桥有哪些不同?
3. 在开尔文电桥中是如何消除导线电阻和接触电阻的影响的?

第四章 综合性实验

实验 23 光的衍射实验

光在传播光程中遇到障碍物时能够绕过障碍物边缘继续前进,光的这种偏离直线传播的现象称为光的衍射。衍射和干涉一样,是波动的基本特征。光的衍射决定光学仪器的分辨本领。气体或液体中的大量悬浮粒子对光的散射、衍射也起重要的作用。在现代光学乃至现代物理学和科学技术中,光的衍射得到了越来越广泛的应用。无论用于光谱分析、结构分析,抑或是衍射成像以及由此发展成为空间滤波技术和光学信息处理,还是波面再现,都在我们的日常生活和科学生活中有着举足轻重的地位。

【实验目的】

1. 观察单缝衍射现象,加深对衍射理论的理解。
2. 会用光电元件测量单缝衍射的相对光强分布,掌握其分布规律。
3. 学会用衍射法测量单缝的宽度。

【实验仪器】

半导体激光器;单缝;光栅;圆孔屏;白屏;硅光电池;读数显微镜;光电检流计;光具座;滑块。

【实验背景】

光的衍射现象进一步证明了光具有波动性,对确定光的波动说的正确性起了重要作用。关于这个问题,历史上曾有过一段趣事。1818 年,著名数学家泊松(1781—1840)根据菲涅耳(1788—1827)提出的光的波动理论推算出:把一个不透光的小的圆盘状物放在光束中,在距这个圆盘一定距离的像屏上,圆盘的阴影中心应当出现一个亮斑。人们从未看到过和听说过这种现象,因而认为这是荒谬的,所以泊松兴高采烈地宣称他驳倒了菲涅耳的波动理论。菲涅耳接受了这一挑战,精心研究,"奇迹"终于出现了,实验证明圆盘阴影中心确实有一个亮斑,这就是著名的泊松亮斑。从一开始意识到光的衍射到充分的利用这个自然现象,人类用了将近 200 年。

【实验原理】

一、单缝衍射的光强分布及单缝宽度的测量

根据光源及观察衍射图像的屏幕（衍射屏）到产生衍射的障碍物的距离不同，分为菲涅耳衍射和夫琅禾费衍射两种，前者是光源和衍射屏到衍射物的距离为有限远时的衍射，即所谓近场衍射；后者则为无限远时的衍射，即所谓远场衍射。要实现夫琅禾费衍射，必须保证光源至单缝的距离和单缝到衍射屏的距离均为无限远（或相当于无限远），即要求照射到单缝上的入射光、衍射光都为平行光，屏应放到相当远处，在实验中只用两个透镜即可达到此要求，实验光路如图 4-23-1 所示。

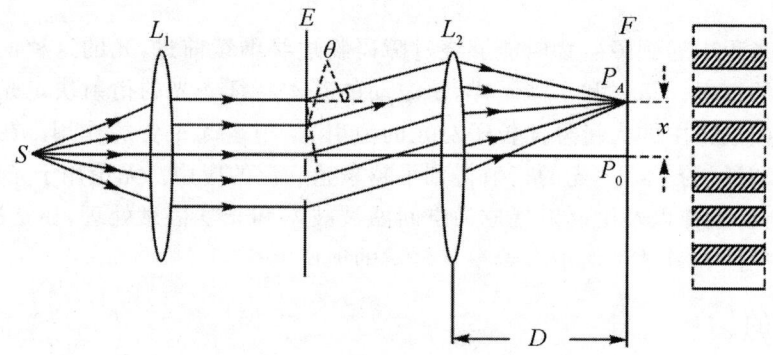

图 4-23-1　光的衍射原理

与狭缝垂直的衍射光束会聚在屏上 P_0 处，是中央明纹的中心，光强最大，设为 I_0。与光轴方向成 θ 角的衍射光束会聚在屏上 P_A 处，P_A 的光强

$$I_A = I_o \frac{\sin^2 \beta}{\beta^2}。$$

式中，$\beta = \frac{\pi a}{\lambda} \sin \theta$，$a$ 为狭缝的宽度，λ 为单色光的波长。当 $\beta = 0$ 时，光强最大，称为主极大，主极大的强度决定于光强的强度和缝的宽度。当 $\beta = k\pi$，即

$$\sin \theta = k \frac{\lambda}{a}, \quad k = \pm 1, \pm 2, \pm 3, \cdots \tag{4-23-1}$$

时，出现暗条纹。

除了主极大之外，两相邻暗纹之间都有一个次极大，由数学计算可得出这些次极大的位置 $\beta = \pm 1.43\pi, \pm 2.46\pi, \pm 3.47\pi, \cdots$ 这些次极大的相对光强 I/I_0 为 0.047，0.017，0.008，$\cdots$ 夫琅禾费衍射的光强分布如图 4-23-2 所示。

用氦氖激光器作光源，则由于激光束的方向性好，能量集中，且缝的宽度 a 一般很小，这样就可以不用透镜 L_1。若观察屏接收器距离狭缝也较远（即 D 远大于 a），则透镜 L_2 也可以不用，这样夫琅禾费衍射装置就简化为图 4-23-3。这时，

$$\sin \theta \approx \tan \theta = x/D。 \tag{4-23-2}$$

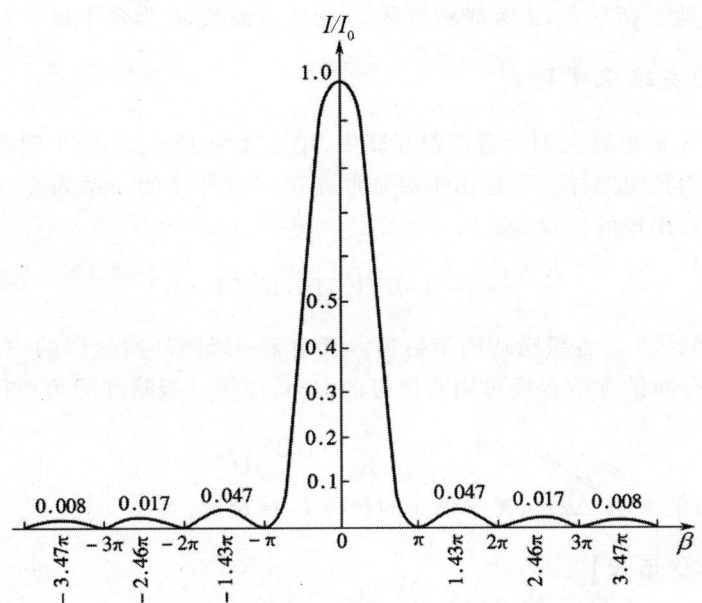

图 4-23-2　夫琅禾费衍射的光强分布

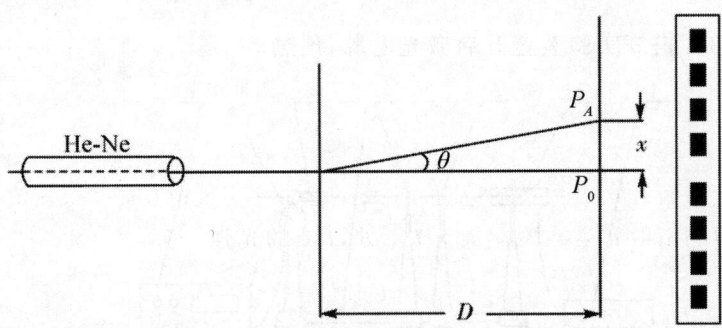

图 4-23-3　激光的夫琅禾费衍射光路

由式(4-23-1)、式(4-23-2)可得

$$a = \frac{k\lambda D}{x}。 \tag{4-23-3}$$

二、光栅的夫琅禾费衍射

所谓光栅是一种具有空间周期性的衍射元件。平面透射光栅是一种多缝夫琅禾费衍射元件,它是一块刻了一系列等宽、等间隔的平行狭缝的不透明障碍板。设狭缝透光和不透光部分的宽度分别为 a 和 b,则狭缝间距 $d=b+a$(单位通常为 nm)称为光栅常数,由于技术的改进,近代光栅的 d 可以很小,1 mm 内有成百上千条刻痕。因此,衍射条纹既亮且锐,而且分得很开,便于测量。

平行光垂直入射时的光栅方程为

$$d\sin\theta = k\lambda, \quad k = 0, \pm 1, \pm 2, \cdots。$$

式中，θ 为各主极强的衍射角，d 为光栅常数，λ 为光波波长，k 为各主极强的级数。

三、圆孔的夫琅禾费衍射

在如图 4-23-1 的单缝夫琅禾费衍射光路中，用直径为 $D=2R$ 的小圆孔取代单缝，可得到圆孔的夫琅禾费衍射图样。它是由中央圆形亮斑以及外围的一系列亮、暗交替的同心圆环组成。各级暗环出现的位置为

$$\frac{R\sin\theta}{\lambda}=0.61,1.116,1.691,\cdots。$$

式中，R 为圆孔半径，θ 为各级暗环的衍射角。其中第一级暗环所包围的中央亮斑称为艾里斑。衍射光的角分布的弥散程度可用艾里斑的大小，即第一级暗环的角半径 $\Delta\theta$ 来衡量：

$$\Delta\theta=0.61\frac{\lambda}{R}=1.22\frac{\lambda}{D}。$$

可以看出，艾里斑的大小（$\Delta\theta$）与光学仪器的孔径 D 成反比。

【实验内容及步骤】

一、单缝衍射的光强分布测试

1. 按图 4-23-4 搭好实验装置开启激光电源，预热。

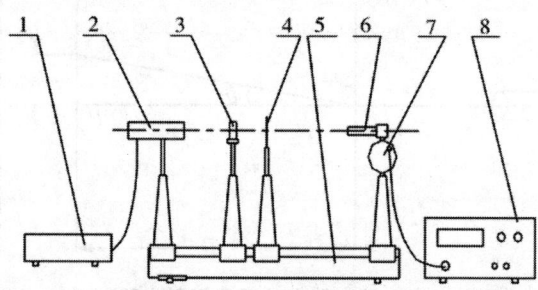

1—激光电源；2—激光器；3—单双缝等二维调节架；4—小孔屏；5—导轨；
6—光电探头；7—维光强测量装置；8—数字检流计

图 4-23-4　实验光路

2. 将单缝靠近激光器的激光管管口，并照亮狭缝。

3. 在光电探头前放上小孔屏，然后改变缝宽，观察花样变化规律。

4. 移开小孔屏，调整一维光强测量装置，使光电探头中心与激光束高低一致，移动方向与激光束垂直，起始位置适当。

5. 开始测量，转动手轮，使光电探头沿衍射图样展开方向（x 轴）单向平移，以等间隔的位移（如 0.5 mm 或 1 mm 等）对衍射图样的光强进行逐点测量，记录位置坐标 x 和对应的检流计（置适当量程）所指示的光电流值读数 i，要特别注意衍射光强的极大值和极小值所对应的坐标的测量。

6. 绘制衍射光的相对强度 I/I_0 与位置坐标 x 的关系曲线。由于光的强度与检流计所

示的电流读数成正比,因此可用检流计的光电流的相对强度 i/i_0 代替衍射光的相对强度 I/I_0。

二、测量单缝的宽度

1. 测取单缝到光电池的距离 D。
2. 从以上步骤中所得的光强分布曲线可得各级衍射暗条纹到明条纹中心的距离 x_k 的平均值,并和 D 值代入公式(4-23-3),计算出单缝的宽度,用不同级数的结果计算平均值。
3. 将各次极大相对光强与理论值进行比较,分析产生误差的原因。

三、夫琅禾费衍射实验△

1. 观察一维光栅的夫琅禾费衍射图样,并测定光栅常数 d。
2. 观察圆孔的夫琅禾费衍射图样,了解什么是艾里斑,并通过艾里斑测定圆孔的直径 D。
3. 观察和研究矩形孔、三角形孔、正交光栅以及圆屏等衍射元件的夫琅禾费衍射图样,总结它们各自衍射光强分布的规律。根据衍射图样依次画出各衍射元件的形状,并与用显微镜确定的形状相比较。
4. 焦面接收光路实验。用钠光灯、狭缝、两块凸透镜、衍射元件、测微目镜以及毛玻璃屏等在光具座上建立焦面接收光路,光路如图 4-23-1 所示将图中的点光源换成由钠光灯和狭缝组成的线光源,使单缝和光栅的取向与狭缝平行,观察单缝和光栅的夫琅禾费衍射现象,并测量钠光的波长(缝宽 a、光栅常数 d 作为已知)。请自行设计实验步骤和测量方法。

注意:
① 光路的共轴调节;
② 透镜 L_1 物方焦面的确定;
③ 透镜 L_2 像方焦面的确定;
④ 单缝及光栅的刻痕取向与线光源取向平行。

5. 白光的夫琅禾费衍射。使眼睛聚焦在远处的小灯丝白炽灯上,在此灯与眼睛之间放置单缝、单圆孔、光栅等衍射元件,观察和记录白光衍射图样的规律及特点。

【探索与思考】

1. 如果激光器输出的单色光照射在一根头发丝上,将会产生怎样的衍射花样?可用本实验的哪种方法测量头发丝的直径?
2. 本实验中采用了激光衍射测量法测量细丝直径,它与普通物理实验中的其他测量细丝直径方法相比较有何优点?试举例说明。
3. 如果用白光作单缝夫琅禾费衍射,衍射花样将如何?

实验 24 超声光栅测液体中的声速

1922年,布里渊(1854—1948)预言:当高频声波在液体中传播时,如果有可见光通过该液体,可见光将产生衍射效应。这一预言在10年后被验证,这一现象被称作声光效应。1935年,拉曼(1888—1970)等人对这一效应进行研究发现,在一定条件下,声光效应的衍射光强分布类似于普通的光栅,所以也称为液体中的超声光栅。

超声光栅效应是声光相互作用的一种典型类型,尤其是在声光作用距离较小情况下,光波通过介质时,介质折射率形成近似不随时间变化的空间周期性分布,因而光波通过这种周期性分布的介质时,其位相会受到调制。超声光栅还是一种可擦除的实时光栅,其光栅常数可以通过超声波的频率来控制,利用超声光栅技术可以对声波特性(如频率、波速、波长、声压衰减、相位等)进行测量。

【实验目的】

1. 了解声光效应的原理。
2. 掌握利用声光效应测定液体中声速的方法。

【实验仪器】

超声光栅实验仪(数字显示高频功率信号源,内装压电陶瓷片 PZT 的液槽);分光计;汞灯;测微目镜;液体(酒精、蒸馏水)。

【实验背景】

从1880年居里发现压电现象开始,到1893年高尔顿发现超声哨子时,就建立了超声波领域。1986年,英国皇家化学会在沃里克大学召开了第一次声振化学会议,反映了本领域的研究进展,引起了学术界和工业界的兴趣,声振化学的发展已与光化学、激光化学、热化学和高压化学相提并论。

由于超声波的波长比在同样介质中的声波波长短得多,衍射现象不明显,所以它可以像光一样沿直线传播,具有很好的定向性。超声波同样有干涉现象,能产生驻波。实验证明超声波遵守折射和反射定律,能够加以会聚获得巨大能量。由于波的强度正比于频率的平方,在相同的振幅时,超声波比普通声波具有大得多的能量。超声波在物理、生物、医学、测量等学科及工业、农业领域得到广泛应用,如超声清洗、超声雾化、超声探测、超声乳化混合、超声全息显示及声光效应等。

【实验原理】

压电陶瓷片(PZT)在高频信号源(频率约 10 MHz)所产生的交变电场的作用下,发生周期性压缩和伸长振动,其在液体中的传播就形成超声波。当一束平面超声波在液体中传播时,其声压使液体分子作周期性变化,液体的局部就会产生周期性膨胀与压缩,这使得液体的密度在波传播方向上形成周期性分布,促使液体的折射率也作同样分布,形成了所谓疏密波。这种疏密波所形成的密度分布层次结构就是超声场的图像,此时若有平行光沿垂直于超声波传播方向通过液体时,平行光会被衍射。以上超声场在液体中形成的密度分布层次结构是以行波运动的。为使实验条件易实现、衍射现象易于稳定观察,实验中是在有限尺寸液槽内形成稳定驻波条件下进行观察,由于驻波振幅可以达到行波振幅的 2 倍,这样就加剧了液体疏密变化的程度。驻波形成以后,某一时刻 t,驻波的某一节点两边的质点涌向该节点,使该节点附近成为质点密集区;半个周期之后,在 $t+T/2$,这个节点两边的质点又向左右扩散,使该波节附近成为质点稀疏区,而相邻的两波节附近成为质点密集区。

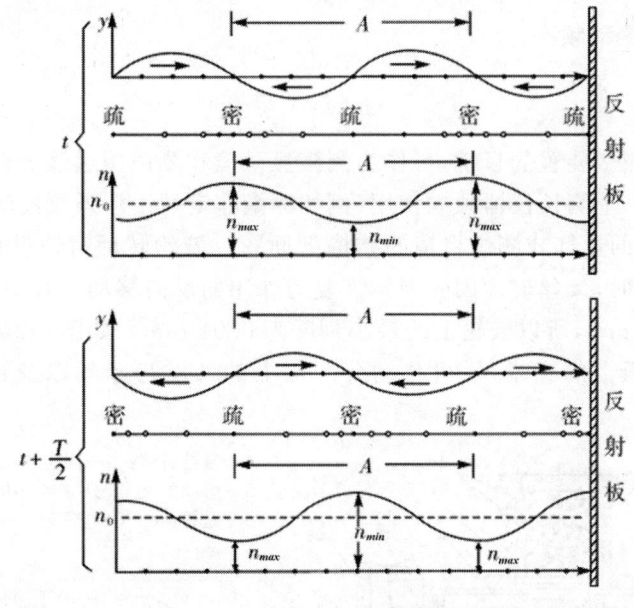

图 4-24-1 超声光栅衍射原理

由图 4-24-1 可见,超声光栅的性质是:在某一时刻 t,相邻两个密集区域的距离为 λ,λ 为液体中传播的行波的波长;在另一时刻 $t+T/2$,所有这样区域的位置整个漂移了一个距离 $\lambda/2$;而在其他时刻,波的现象则完全消失,液体的密度处于均匀状态。超声场形成的层次结构消失,在视觉上是观察不到的。光线通过超声场时,观察驻波场的结果是:波节为暗条纹(不透光),波腹为亮条纹(透光);明暗条纹的间距为声波波长的一半,即为 $\lambda/2$。由此推断,当平行光通过超声光栅时,光线衍射的主极大位置由光栅方程决定:

$$d \sin \varphi_k = k\lambda, \quad k = 0, 1, 2, \cdots \text{。} \tag{4-24-1}$$

光路图如图 4-24-2 所示。实际上由于 φ 角很小,可以认为

$$\sin \varphi_k = l_k / f \text{。} \tag{4-24-2}$$

其中 l_k 为衍射零级光谱线至第 k 级光谱线的距离,f 为透镜 L_2 的焦距,所以超声波的波长

$$d = k\lambda / \sin \varphi_k = k\lambda f / l_k \text{。} \tag{4-24-3}$$

194　　　　　　　　　　　　　　　　　　　　　　　　　　　　　　普通物理实验

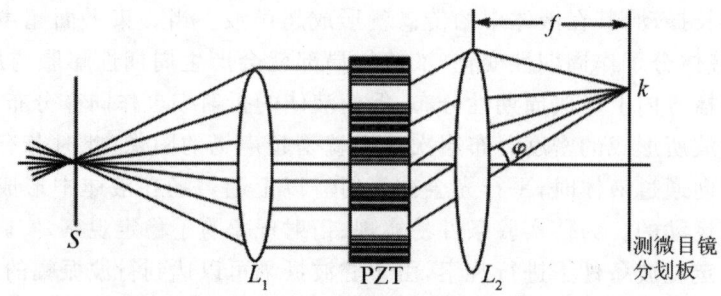

图 4-24-2　超声光栅实验光路

超声波在液体中的传播速度

$$v = d\nu 。 \tag{4-24-4}$$

式中，ν 为信号源的振动频率。

【仪器介绍】

测微目镜是带测微装置的目镜，可作为测微显微镜和测微望远镜等仪器的部件，在光学实验中有时也作为一个测长仪器独立使用（例如测量非定域干涉条纹的间距）。如图 4-24-3(a)所示是一种常见的丝杠式测微目镜的结构剖面图。鼓轮转动时通过传动螺旋推动叉丝玻片移动；鼓轮反转时，叉丝玻片因受弹簧恢复力作用而反向移动。有 100 个分格的鼓轮每转 1 周，叉丝移动 1 mm，所以鼓轮上的最小刻度为 0.01 mm。如图 4-24-3(b)所示，通过目镜可看到固定分划板上的毫米尺、可移动分划板上的叉丝与竖丝以及被观测的几条干涉条纹。

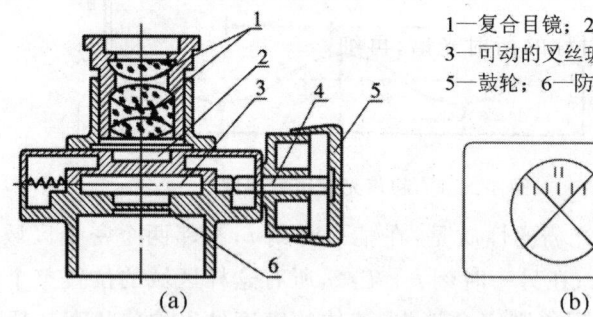

1—复合目镜；2—固定的毫米刻度玻片；
3—可动的叉丝玻片；4—传动螺旋；
5—鼓轮；6—防尘玻璃

图 4-24-3　测微目镜及其目镜

例　为了测量干涉条纹中的 10 个明（或暗）条纹距离，可以使叉丝和竖丝对准第 n 个明（或暗）条纹，先读毫米标尺上的整数，再加上鼓轮上的小数，即为该条纹的位置 A。再慢慢移动叉丝和竖丝，对准第 $n+10$ 个明（或暗）条纹，得到位置 B。若 $A = 2.735$ mm，$B = 4.972$ mm，则 11 个条纹间的 10 个距离就是

$$10\Delta x = B - A = 2.237 \text{ mm}。$$

测微目镜的结构很精密，使用时应注意：虽然分划板刻尺是 0～8 mm，但一般测量应尽量在 1～7 mm 范围内进行，竖丝或叉丝交点不许越出毫米尺刻线之外。这是为保护测微装置的

准确度所必须遵守的规则。

【实验内容及步骤】

1. 用自准法调分光计的望远镜对平行光(即无限远)聚焦,成像在分划板上。

① 先目测,调节载物台,望远镜筒,平行光管都初步达到共轴、水平状态,为进一步细调打下基础。

② 将平面镜放在载物台上,并与望远镜光轴目测垂直,点亮分光计的小灯,转动目镜,先看清晰分划板上的叉丝,再伸缩目镜筒,使十字窗的像十分清晰,并且用视差法检查(上下左右移动眼睛,像与十字叉丝无相对位移),使十字窗及其反射像与分划板叉丝无视差。由自准直原理可知,望远镜已调焦至无限远。

2. 调整分光计平行光管出射平行光,且与望远镜共轴。取下平面镜,关闭望远镜照明灯,用已调好的望远镜来调节平行光管,步骤如下:从侧面和俯视两个方向把平行光管和望远镜调到大致共轴,点亮汞灯,照亮分光计狭缝,从望远镜筒中观察,同时伸缩狭缝筒,直到看到清晰的狭缝像,且与叉丝线无视差,这样平行光管出射为平行光。然后调节狭缝宽为 1 mm 以内,转动狭缝为水平状态,调节望远镜筒或平行光管的仰俯,使狭缝的像与分划板上的中心叉丝线的水平线重合,这样平行光管的光轴就与望远镜筒的中心轴水平方向重合,然后将狭缝转 90°为竖直状态,转动望远镜筒,使竖狭缝像与竖叉丝线重合,并锁定该位置,此时调平行光管与望远镜筒共轴完成。

3. 液槽内充好液体后,连接好液槽上的压电陶瓷片与高频功率信号源上的连线,将液槽放置到分光计的载物台上,且使光路与液槽内超声波传播方向垂直。

4. 调节高频功率信号源的频率(数字显示)和液槽的方位,直到视场中出现稳定而且清晰的左右至少各二级以上对称的衍射光谱,再细调频率,使衍射的谱线出现间距最大,且最清晰的状态,记录此时的信号源频率。

5. 将分光计目镜更换为测微目镜,对蒸馏水和乙醇两种液体的超声光栅现象进行测量,分别测量紫、绿、黄1、黄2四条谱线各级的相对位置,并记录液体的温度。

6. 计算紫、绿、黄1、黄2每一条谱线衍射级间的平均间距 $2l_k$,计算出不同级数不同波长所对应的光栅常数 d_i,求其平均值 d。然后,求出超声波在液体中的传播速度 v,与标准值 v_s(见【补充资料】)相比较,计算相对误差 $E_r = \dfrac{v - v_s}{v_s} \times 100\%$。

【注意事项】

1. 超声池置于载物台上必须稳定,在实验过程中应避免震动,以使超声在液槽内形成稳定的驻波。导线分布电容的变化会对输出电频率有微小影响,测量数据时不能触碰连接超声池和高频信号源的两条导线。

2. 锆钛酸铅陶瓷片表面与对应面的玻璃槽壁表面必须平行,此时才会形成较好的表面驻波,因此实验时应将超声池的上盖盖平,而上盖与玻璃槽留有较小的空隙,实验时微微扭动一下上盖,有时也会使衍射效果有所改善。

3. 一般共振频率在 11 MHz 左右,WSG-I 超声光栅声速仪给出 9.5~12 MHz 可调范围。在稳定共振时,数字频率计显示的频率值应是稳定的,最多只有末尾有 1~2 个单位数的变动。

4. 实验时间不宜过长。其一,声波在液体中的传播与液体温度有关,时间过长,温度可能在小范围内有变动,从而会影响测量精度,一般测量可以待测液体温度同于室温,精密测量可在超声池内插入温度计测量;其二,频率计长时间处于工作状态,会对其性能有一定影响,尤其在高频条件下有可能会使电路过热而损坏。实验时,特别注意不要使频率长时间调在 12 MHz 以上,以免振荡线路过热。

5. 提取液槽应拿两端面,不要触摸两侧表面通光部位,以免污染,如已有污染,可用酒精乙醚清洗干净,或用镜头纸擦净。

6. 实验中液槽中会有一定的热量产生,并导致媒质挥发,槽壁会见挥发气体凝露,一般不影响实验结果,但须注意液面下降太多致锆钛酸铅陶瓷片外露时,应及时补充液体至正常液面线处。

7. 实验完毕应将超声池内被测液体倒出,不要将锆钛酸铅陶瓷片长时间浸泡在液槽内。

8. 以下两点可明显提高条纹清晰度和衍射级次:① 将狭缝内的毛玻璃片卸除;② 光源尽量靠近狭缝。

【实验数据记录与处理】

表 4-24-1　超声光栅测量液体中的声速

颜色	测微目镜中各级衍射条纹位置读数							$\bar{v}$
	−3	−2	−1	0	1	2	3	
黄 1								
黄 2								
绿								
蓝								

【探索与思考】

1. 本实验如何保证平行光束垂直于声波的方向?

2. 驻波波节之间距离为半个波长 $d/2$,为什么超声光栅的光栅常数等于超声波的波长 d?

【补充资料】

20 ℃时,乙醇(C_2H_5OH)中标准声速 $v_s = 1\,168$ m/s;

水(H_2O)中标准声速 $v_s = 1\,451.0$ m/s。

紫光波长 $\lambda = 425.83$ nm;

黄 1 光波长 $\lambda = 576.96$ nm;

绿光波长 $\lambda = 546.07$ nm；

黄 2 光波长 $\lambda = 579.07$ nm。

实验 25　光电效应测定普朗克常数

当光照射在物体上时，光的能量只有部分以热的形式被物体所吸收，而另一部分则转换为物体中某些电子的能量，使这些电子逸出物体表面，这种现象称为光电效应。在光电效应这一现象中，光显示出它的粒子性，所以深入观察光电效应现象，对认识光的本性具有极其重要的意义。普朗克常数 h 是 1900 年普朗克(1858—1947)为了解决黑体辐射能量分布时提出的"能量子"假设中的一个普适常数，是基本作用量子，也是粗略地判断一个物理体系是否需要用量子力学来描述的依据。

1905 年爱因斯坦(1879—1955)为了解释光电效应现象，提出了"光量子"假设，即频率为 ν 的光子其能量为 $h\nu$。当电子吸收了光子能量之后，一部分消耗与电子的逸出功 W，另一部分转换为电子的动能 $\frac{1}{2}mv^2$，即

$$\frac{1}{2}mv^2 = h\nu - W \text{。} \tag{4-25-1}$$

该式称为爱因斯坦光电效应方程。1916 年密立根(1868—1953)首次用油滴实验证实了爱因斯坦光电效应方程，并在当时的条件下，较为精确地测得普朗克常数 $h = 6.57 \times 10^{-34}$ J·s，其不确定度大约为 0.5%。这一数据与现在的公认值比较，相对误差也只有 0.9%。1923 年密立根因这项工作而荣获诺贝尔物理学奖。

目前利用光电效应制成的光电器件和光电管、光电池和光电倍增管等已成为生产和科研中不可缺少的重要器件。

【实验目的】

1. 了解光电效应的基本规律，验证爱因斯坦光电效应方程。
2. 掌握用光电效应法测定普朗克常数 h。

【实验仪器】

FB807 型光电效应(普朗克常数)测定仪。

如图 4-25-1 所示，FB807 型光电效应(普朗克常数)测定仪由光电检测装置和测定仪主机两部分组成。光电检测装置包括光电管暗箱、汞灯灯箱、汞灯电源箱和导轨等。光电管暗箱安装有滤色片，光阑(可调节)、挡光罩、光电管；汞灯灯箱安装有汞灯管、挡光罩；汞灯电源箱内安装镇流器，提供点亮汞灯的电源。测定仪主机是由微电流放大器和直流电压发生器组成的整体仪器。

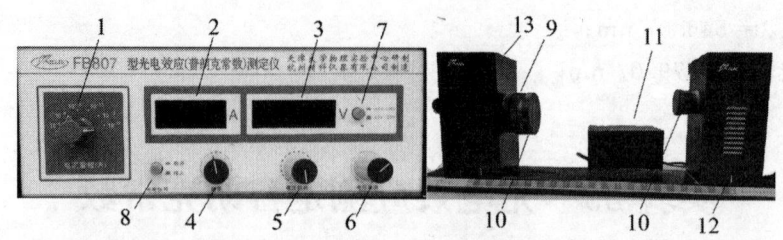

1—电流量程；2—光电管输出微电流表；3—光电管工作电压表；4—调零（微电流表）；
5—光电管工作电压调节（粗调）；6—光电管工作电压调节（细调）
7—光电管工作电压转换按钮（测量截止电位或测量伏安特性）；8—光电信号开关；
9—滤色片、光阑（可调节）总成；10—遮光罩；11—汞灯电源；12—汞灯箱；13—光电管暗箱

图 4-25-1　FB807 型光电效应测定仪

【实验原理】

光电效应的实验电路如图 4-25-2 所示，图中 GD 是光电管，K 是光电管阴极，A 为光电管阳极，G 为微电流计，V 为电压表，E 为电源，R 为滑线变阻器。调节 R 可以得到实验所需的加速电位差 U_{AK}。光电管的 A、K 之间可获得从 $-U$ 到 0 再到 $+U$ 连续变化的电压。实验时用的单色光是从低压汞灯光谱中用干涉滤色片过滤得到，其波长分别为 365 nm、405 nm、436 nm、546 nm 和 577 nm。无光照阴极时，由于阳极和阴极是断路的，所以 G 中无电流通过。用光照

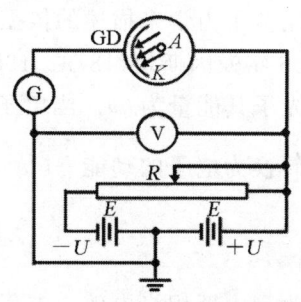

图 4-25-2　光电效应实验电路图

射阴极时，由于阴极释放出电子而形成阴极光电流（简称阴极电流）。加速电位差 U_{AK} 越大，阴极电流越大。当 U_{AK} 增加到一定数值后，阴极电流不再增大而达到某一饱和值 I_H，I_H 的大小和照射光的强度成正比（如图 4-25-3(a) 所示）。加速电位差 U_{AK} 变为负值时，阴极电流会迅速减少。当加速电位差 U_{AK} 降低到一定数值时，阴极电流变为"0"，与此对应的电位差称为遏止电位差 U_a。U_a 随着照射光的频率的增大而增大（如图 4-25-3(b) 所示）。

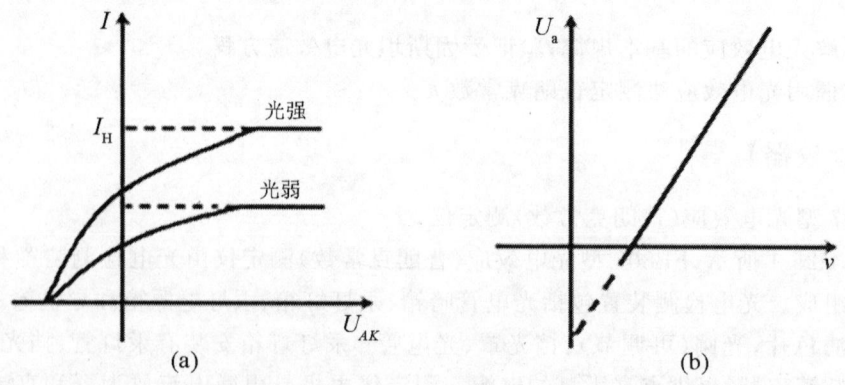

图 4-25-3　光电管的伏安特性(a)及其遏止电压与入射光频率的关系(b)

光电子从阴极逸出时具有初动能,其最大值等于它反抗电场力所做的功,即

$$\frac{1}{2}mv^2 = e U_a。$$

因为 $U_a \propto \nu$,所以初动能大小与光的强度无关,只是随着频率的增大而增大。$U_a \propto \nu$ 的关系可用爱因斯坦方程表示如下:

$$U_a = \frac{h}{e} \cdot \nu - \frac{W}{e}。 \quad (4\text{-}25\text{-}2)$$

实验时,用不同频率的单色光($\nu_1, \nu_2, \nu_3, \nu_4, \cdots$)照射阴极,测出相对应的遏止电位差($U_{a1}, U_{a2}, U_{a3}, U_{a4}, \cdots$),然后画出 $U_a - \nu$ 图,由此图的斜率即可以求出 h。如果光子的能量 $h\nu \leqslant W$ 时,无论用多强的光照射,都不可能逸出光电子。与此相对应的光的频率则称为阴极的红限,且用 $\nu_0(\nu_0 \leqslant \frac{W}{h})$ 来表示。实验时可以从 $U_a - \nu$ 图的截距求得阴极的红限和逸出功。本实验的关键是正确确定遏止电位差,画出 $U_a - \nu$ 图。至于在实际测量中如何正确地确定遏止电位差,还必须根据所使用的光电管来决定。

如果使用的光电管对可见光都比较灵敏,则暗电流也很小。由于阳极包围着阴极,即使加速电位差为负值时,阴极发射的光电子仍能大部分射到阳极。而阳极材料的逸出功又很高,可见光照射时是不会发射光电子的,其电流特性曲线如图 4-25-4 (a)所示。图中电流为零时的电位就是遏止电位差 U_a。然而,光电管在制造过程中,工艺上很难保证阳极不被阴极材料所污染(这里污染的含义是:阴极表面的低逸出功材料溅射到阳极上),而且这种污染还会在光电管的使用过程中日趋加重。被污染后的阳极逸出功降低,当从阴极反射过来的散射光照到它时,便会发射出光电子而形成阳极光电流。实验中测得的电流特性曲线,是阳极光电流和阴极光电流叠加的结果,如图 4-25-4(b)中的实线所示,由于阳极的污染,实验时出现了反向电流。特性曲线与横轴交点的电流虽然等于"0",但阴极光电流并不等于"0",交点的电位差 U_a' 也不等于遏止电位差 U_a,两者之差由阴极电流上升的快慢和阳极电流的大小所决定。如果阴极电流上升越快,阳极电流越小,U_a' 与 U_a 之差也越小。从实际测量的电流曲线上看,正向电流上升越快,反向电流越小,则 U_a' 与 U_a 之差也越小。

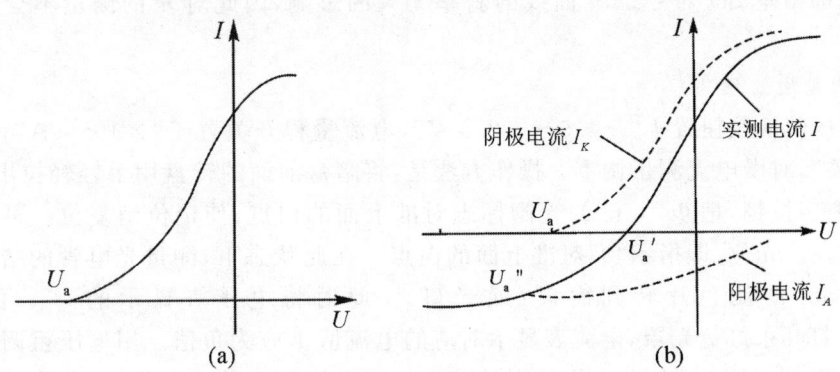

图 4-25-4　光电管理想的电流特性曲线(a)及其老化后的电流特性曲线(b)

由图 4-25-4(b)可以看到,由于电极结构等种种原因,实际上阳极电流往往饱和缓慢,在

加速电位差到负 U_a 时,阳极电流仍未达到饱和,所以反向电流刚开始饱和的拐点电位差 U''_a 也不等于遏止电位差 U_a。两者之差和阳极电流的饱和快慢有关。阳极电流饱和得越快,说明两者之差越小。若在负电压增至 U_a 之前阳极电流已经饱和,则拐点电位差就是遏止电位差 U_a。总而言之,对于不同的光电管应该根据其电流特性曲线的不同采用不同的方法来确定其遏止电位差。若光电流特性的正向电流上升得很快,反向电流很小,则可以用光电流特性曲线与暗电流特性曲线交点的电位差 U'_a 近似地当作遏止电位差 U_a(交点法)。若反向特性曲线的反向电流虽然较大,但其饱和速度很快,则可用反向电流开始饱和时的拐点电位差 U''_a 当作遏止电位差(U_a 拐点法)。

【实验内容和步骤】

一、测试前准备

将 FB807 测试仪及汞灯电源接通(光电管暗箱遮光态),预热 20 min。调整光电管与汞灯距离约为 30~40 cm 并保持不变。用专用连接线将光电管暗箱电压输入端与测试仪后面板上电压输出连接起来(红对红,黑对黑)。将"电流量程"选择开关置于合适挡位(测量遏止电位调到 10^{-13} A,测量伏安特性调到 10^{-10} A 或 10^{-11} A)。测定仪在开机或改变电流量程后,都需要进行调零。调零时应将光电信号开关按下(光电管电流输出与测试仪微电流输入端断开),旋转"调零"旋钮使电流表示数为 0。调节好后,将光电信号开关释放(光电管电流输出与测试仪微电流输入端连接)。

二、测定遏止电压、伏安特性

由于本实验仪器的电流放大器灵敏度高、稳定性好,光电管阳极反向电流、暗电流水平也较低,在测量各谱线的遏止电压 U_a 时可采用零电流法(即交点法),即直接将各谱线照射下测得的电流为零时对应的电压 U_{AK} 的绝对值作为遏止电压 U_a。此法的前提是阳极反向电流、暗电流和本底电流都很小,用零电流法测得的遏止电压与真实值相差较小。且各谱线的遏止电压都相差 ΔU 对 $U_a - \nu$ 曲线的斜率无大的影响,因此对 h 的测量不会产生大的影响。

(一)测量遏止电压

工作电压转换按钮置于"$-4.5 \sim +2.5$ V",电流量程开关置于"$\times 10^{-13}$ A",光电信号开关置于"关",对微电流测量调零。操作方法是:将暗盒前面的转盘用手轻轻拉出约 3 mm 左右,即脱离定位销,把 Φ4 mm 的光阑标志对准上面的白点,使定位销复位。再把装滤色片的转盘放在挡光位,即指示"0"对准上面的白点。在此状态下,测量光电管的暗电流。然后,把 365 nm 的滤色片转到窗口(通光口)。此时将电压表显示的 U_{AK} 值调节为 -1.999 V,打开汞灯遮光罩,电流表显示对应的电流值 I 应为负值。用电压粗调和细调旋钮,逐步升高工作电压(即使负电压绝对值减小),当电压到达某一数值,光电管输出电流为零时,记录对应的工作电压 U_{AK},该电压即为 365 nm 单色光的遏止电压 U_a。然后按顺序依次换上 405 nm、436 nm、546 nm 和 577 nm 的滤色片,重复以上测量步骤,在表 4-25-1 中记

录相应的 U_a。

（二）测光电管的伏安特性曲线

工作电压转换按钮置于"$-4.5\sim30$ V"，电流量程开关置于"$\times10^{-13}$A"，并重新调零。其余操作步骤与"测量遏止电压"同，不过此时要把每一个工作电压和对应的电流值加以记录，以便画出饱和伏安特性曲线，并对该特性进行研究分析。

1. 观察在同一光阑、同一距离条件下 5 条伏安特性曲线。将所测 U_a 和 I 记录于表 4-25-2 中，在坐标纸上作对应于以上波长及光强的伏安特性曲线。

2. 观察同一距离、不同光阑（不同光通量）、某条谱线的饱和光电流和入射光强的关系。对同一谱线、同一入射距离，测量光阑分别为 2 mm、4 mm 和 8 mm 时对应的电流，记录于表 4-25-3 中，验证光电管的饱和光电流 I_H 与入射光强 P 成正比。

3. 观察同一光阑下、不同距离（不同光强）、某条谱线的饱和光电流和入射光强的关系。在 U_{AK} 为 30 V 时，对同一谱线、同一光阑，测量光电管与入射光在不同距离（如 300 mm、350 mm 和 400 mm 等）对应的电流，记录 4-25-3 中，验证光电管的饱和电流 I_H 与入射光强 P 成正比。

【数据记录】

1. 由表 4-25-1 中数据，作 $U_a-\nu$ 图线，求出直线的斜率 k，即可用 $h=e/k$ 求出普朗克常数 h。将其与公认值 h_0 比较，求出实验结果的相对误差 $E_r=\dfrac{|h-h_0|}{h_0}\times100\%$。式中 $e=1.602\times10^{-19}$ C，$h_0=6.626\times10^{-34}$ J·s。

表 4-25-1　$U_a-\nu$ 关系实验数据

波长 λ/nm	365	405	436	546	577
频率 $\nu/10^{14}$ Hz	8.214	7.408	6.879	5.490	5.196
遏止电压 U_a/V					

2. 由表 4-25-2 中数据，作伏安特性曲线。

表 4-25-2　$I-U_{AK}$ 关系实验数据

U_{AK}/V							
$I/10^{-10}$ A							
U_{AK}/V							
$I/10^{-10}$ A							
U_{AK}/V							
$I/10^{-10}$ A							

3. 分别由表 4-25-3、表 4-25-4 中数据中数据，作伏安特性曲线，验证光电管的饱和光电流与入射光强成正比。

表 4-25-3　同一距离、不同光阑的 I_H-P 关系实验数据

$U_{AK}=$＿＿＿ V，$\lambda=$＿＿＿ nm，$L=$＿＿＿ mm

光阑孔径 Φ/mm	2	4	8
$I_H/10^{-10}$ A			

表 4-25-4　同一光阑下、不同距离的 I_H-P 关系实验数据

$U_{AK}=$＿＿＿ V，$\lambda=$＿＿＿ nm，$\Phi=$＿＿＿ mm

距离 L/mm	300	350	400
$I_H/10^{-10}$ A			

【探索与思考】

1. 测定普朗克常数的关键是什么？怎样根据光电管的特性曲线选择适宜的测定遏止电压 U_a 的方法。
2. 从遏止电压 U_a 与入射光的频率 ν 的关系曲线中，你能确定阴极材料的逸出功吗？
3. 本实验存在哪些误差来源？实验中如何解决这些问题？

实验 26　阿贝成像原理和空间滤波

阿贝(1840—1905)所提出的显微镜成像的原理及随后的阿贝-波特实验在傅里叶光学早期发展历史上具有重要的地位。这些实验简单而且漂亮，对相干光成像的机理、频谱的分析和综合的原理做出了深刻的解释。同时，这种用简单模板作波的方法，直到今天，在图像处理中仍然有较高的应用价值。

【实验目的】

1. 了解阿贝成像原理，懂得透镜孔径对成像的影响。
2. 通过实验，加强对傅里叶光学中有关空间频率、空间频谱和空间滤波等概念的理解。
3. 熟悉空间滤波的光路及进行高通、低通和方向滤波的方法。
4. 初步了解简单的空间滤波在光信息处理中的实际应用。

【实验仪器】

He-Ne 激光器；光具座；扩束器($F=6.2$ mm)；准直透镜($F=190$ mm)，变换透镜($F=225$ mm)；干版架、白屏；可变狭缝光阑；一维光栅，二维正交光栅；网格字。

【实验背景】

以显微镜为中心，阿贝在光学仪器的光具组理论上做出了两项重要贡献：一是几何光学

的"正弦条件",确定了可见光波段上显微镜分辨本领的极限,为迄今光学设计的基本依据之一;二是波动光学的显微镜二次衍射成像理论——阿贝成像原理,把物面视为复合的衍射光栅,在相干光照明下,由物面二次衍射成像。1906年波特实验证明了这一理论。这一理论在近年以激光为实验条件的光学变换理论中成为基础理论之一。

在光学元件和仪器方面,阿贝在1867年制成测焦计,1869年制成阿贝折射计及快速测定玻璃色散的分光仪,1870年后又制成数值孔径计、高度计和比长仪,1879年与肖托合作研制成可用于整个可见光区的复消色差镜头。阿贝对天文学有很大兴趣,在他从事光学仪器的研究和设计中也改进了不少天文观察仪器,如棱镜望远镜和立体测远计等。

【实验原理】

一、阿贝成像原理

1873年,阿贝在研究显微镜成像原理时提出了一个相干成像的新原理,这个原理为当今正在兴起的光学信息处理奠定了基础。

如图4-26-1所示,用一束平行光照明物体,按照传统的成像原理,物体上任一点都成了一次波源,辐射球面波,经透镜的会聚作用,各个发散的球面波转变为会聚的球面波,球面波的中心就是物体上某一点的像。一个复杂的物体可以看成是无数个亮度不同的点构成,所有这些点经透镜的作用在像平面上形成像点,像点重新叠加构成物体的像。这种传统的成像原理着眼于点的对应,物像之间是点点对应关系。

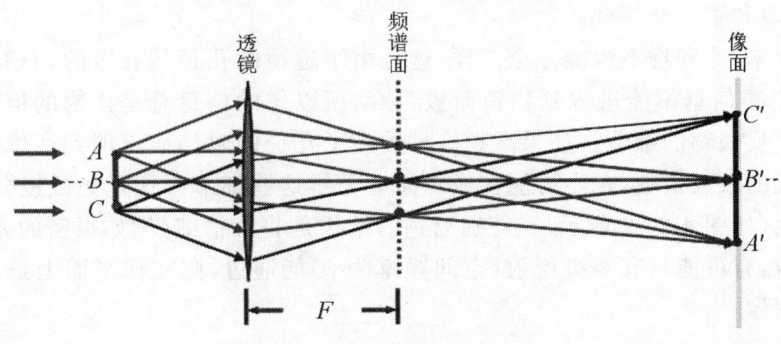

图4-26-1 阿贝成像原理

阿贝成像原理认为,透镜的成像过程可以分成两步:第一步是通过物的衍射光在透镜后焦面(即频谱面)上形成空间频谱,这是衍射所引起的"分频"作用;第二步是代表不同空间频率的各光束在像平面上相干叠加而形成物体的像,这是干涉所引起的"合成"作用。成像过程的这两步本质上就是两次傅里叶变换。如果这两次傅里叶变换是完全理想的,即信息没有任何损失,则像和物应完全相似。如果在频谱面上设置各种空间滤波器,挡去频谱某一些空间频率成分,则将会使像发生变化。空间滤波就是在光学系统的频谱面上放置各空间滤波器,去掉(或选择通过)某些空间频率或者改变它们的振幅和相位,使二维物体像按照要求得到改善。这也是相干光学处理的实质所在。

以图 4-26-1 为例，平面物体的图像可由一个二维函数 $g(x,y)$ 描述，则其空间频谱 $G(f_x,f_y)$ 即为 $g(x,y)$ 的傅里叶变换：

$$G(f_x,f_y) = \iint_{-\infty}^{\infty} g(x,y) e^{-i2\pi(f_x x + f_y y)} dx\, dy \text{。} \quad (4\text{-}26\text{-}1)$$

设 x', y' 为透镜后焦面上任一点的位置坐标，则

$$f_x = \frac{x'}{\lambda F}, \quad f_y = \frac{y'}{\lambda F} \quad (4\text{-}26\text{-}2)$$

分别为 x,y 方向的空间频率，量纲为 L^{-1}。式中，F 为透镜焦距，λ 为入射平行光波波长。再进行一次傅里叶变换，将 $G(f_x,f_y)$ 从频谱分布又还原到空间分布 $g'(x'',y'')$。

为了简便直观地说明问题，假设物是一个一维光栅，光栅常数为 d，其空间频率为 $f_0(f_0=1/d)$。平行光照在光栅上，透射光经衍射分解为沿不同方向传播的很多束平行光，经过物镜分别聚焦在后焦面上形成点阵。我们知道这一点阵就是光栅的夫琅和费衍射图，光轴上一点是 0 级衍射，其他依次为 $\pm 1, \pm 2, \cdots$ 级衍射。从傅里叶光学来看，这些光点正好相应于光栅的各傅里叶分量。0 级为"直流"分量，这分量在像平面上产生一个均匀的照度。± 1 级称为基频分量，这两分量产生一个相当于空间频率为 f_0 余弦光栅的像。± 2 级称为倍频分量，在像平面上产生一个空间频率为 $2f_0$ 的余弦光栅像，其他依次类推。更高级的傅里叶分量将在像平面上产生更精细的余弦光栅条纹。因此物镜后焦面的振幅分布就反映了光栅(物)的空间频谱，这一后焦面也称为频谱面。在成像的第二步骤中，这些代表不同空间频率的光束在像平面上又重新叠加而形成了像。只要物的所有衍射分量都无阻碍地到达像平面，则像就和物完全一样。

但一般说来，像和物不可能完全一样，这是由于透镜的孔径是有限的，总有一部分衍射角度较大的高频信息不能进入到物镜而被丢弃，所以像的信息总是比物的信息要少一些。高频信息主要反映物的细节。如果高频信息受到了孔径的阻挡而不能到达像平面，则无论显微镜有多大的放大倍数，也不可能在像平面上分辨这些细节。这是显微镜分辨率受到限制的根本原因(如图 4-26-2 所示)。特别当物的结构是非常精细(例如很密的光栅)，或物镜孔径非常小时，有可能只有 0 级衍射(空间频率为 0)能通过，则在像平面上虽有光照，但完全不能形成图像。

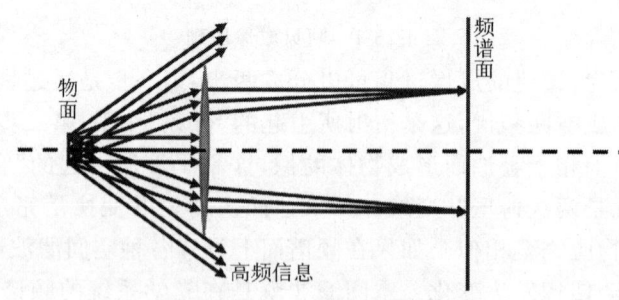

图 4-26-2 高频信息的丢失

波特在 1906 年把一个细网格作物(相当于正交光栅)，并在透镜的焦平面上设置一些孔

式屏对焦平面上的衍射亮点(即夫琅和费衍射花样)进行阻挡或允许通过时,得到了许多不同的图像。设焦平面上坐标为 x',那么 x' 与空间频率 $\sin\theta/\lambda$ 相应关系为

$$\frac{\sin\theta}{\lambda}=\frac{x'}{\lambda F}。 \quad (4\text{-}26\text{-}3)$$

该式适用于角度较小时,$\sin\theta \approx \tan\theta = x'/F$,$F$ 为焦距。焦平面中央亮点对应的是物平面上总的亮度(称为直流分量),焦平面上离中央亮点较近(远)的光强反映物平面上频率较低(高)的光栅调制度(或可见度)。1934 年译尼克在焦平面中央设置一块面积很小的相移板,使直流分量产生 $\pi/2$ 位相变化,从而使生物标本中的透明物质不须染色变成明暗图像,因而可研究活的细胞,这种显微镜称为相衬显微镜。为此,他在 1993 年获得诺贝尔奖。20 世纪 50 年代,通信理论中常用的傅里叶变换被引入光学;20 世纪 60 年代,激光出现后又提供了相干光源。一种新观点(傅里叶光学)与新技术(光学信息处理)就此发展起来。

二、光学空间滤波

上面我们看到在显微镜中物镜的有限孔径实际上起了一个高频滤波的作用。它挡住了高频信息,而只使低频信息通过。这就启示我们:如果在焦平面上人为地插上一些滤波器(吸收板或移相板)以改变焦平面上的光振幅和相位,就可以根据需要改变频谱以至像的结构——这就叫作空间滤波。最简单的滤波器就是把一些特种形状的光阑插到焦平面上,使一个或几个频率分量能通过,而挡住其他的频率分量,从而使像平面上的图像只包括一种或几种频率分量。对这些现象的观察能使我们对空间傅里叶变换和空间滤波有更明晰的概念。下面介绍几种常用的滤波方法。

1. 低通滤波。滤去高频成分,保留低频成分。由于低频成分集中在频谱面的光轴附近、高频成分落在远离光轴的地方,而低通滤波器是一个圆形光孔,图像的精细结构及突变部分主要由高频成分起作用,故经低通滤波后图像的精细结构消失,黑白突变处变模糊。

2. 高通滤波。滤去低频成分,保留高频成分,即让高频部分通过。高频信息反映了图像的突变部分。如果所处理的图像由透明和不透明部分组成,则经过高通滤波的处理,图像的轮廓(及相应于物的透光和不透光的交界处)应显得特别明显。

3. 方向滤波。滤波器可以是一个狭缝,如果将狭缝放在沿水平方向,则只有水平方向的衍射的物面信息能通过。在像平面上就突出了垂直方向的线条。方向滤波器有时也可制成扇形。

阿贝成像原理和空间滤波预示了在频谱平面上设置滤波器可以改变图像的结构,这是无法用几何光学来解释的。前述相衬显微镜即是空间滤波的一个成功例子。除了下面实验中的低通滤波、方向滤波及 θ 调制等较简单的滤波特例外,还可以进行特征识别、图像合成、模糊图像复原等较复杂的光学信息处理。因此透镜的傅里叶变换功能的含义比其成像功能更深刻、更广泛。

【实验内容及步骤】

1. 实验光路如图 4-26-3 所示。L_1 和 L_2 组成倒装望远镜系统,将激光扩展成有较大截

面积的平行光。仔细调节该系统,使之能产生平行光。

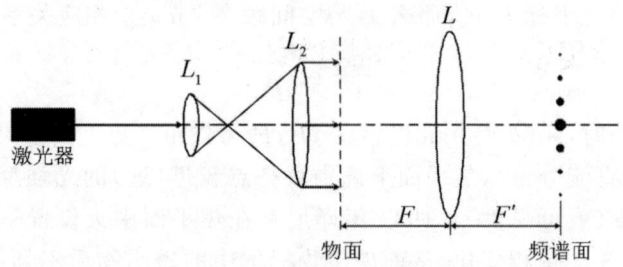

图 4-26-3　实验光路

2. 在物面上放置一一维光栅,光栅条纹沿垂直方向。在频谱面上将会看到水平方向排列的等间距衍射光点。中间最亮得为 0 级衍射,两侧依次为 ±1,±2,⋯级衍射点。

3. 放置一变换透镜 L,前后移动它,使 2 m 外的墙壁上接收到光栅像。

4. 在频谱面上放置一可调狭缝,利用遮光小板,使只有 0 级和 ±1 级衍射通过,观察并记录像面图像变化。

5. 利用遮光小板,使只有 0 级衍射通过,观察并记录像面图像变化。

6. 利用遮光小板,挡去 0 级衍射而使其他衍射光通过,观察并记录像面图像变化。

7. 将白屏放置在傅氏面上,就可以看到水平排列的一些清晰光点,此光强分布即为物的空间频谱。测量 0 级至 +1、+2 级或 -1、-2 级衍射极大之间的距离 $x'_{1,2}$。计算 1 级和 2 级光点的空间频率:$f_1 = \dfrac{x'_1}{\lambda F}, f_2 = \dfrac{x'_2}{\lambda F}$。

【数据记录与处理】

表 4-26-1　物像信息比较表

频谱信息	物像信息	比较
通过 0 级		
通过 1 级		
通过 0 级和 1 级		
全部通过		

表 4-26-2　空间频率数据记录表

空间频谱	频谱距离 x'/mm	空间频率 f/mm^{-1}
0 级～±1 级		
0 级～±2 级		

【探索与思考】

1. 如何从阿贝成像原理来理解显微镜或望远镜的分辨率受限制的原因?能不能用增大放大率的办法来提高其分辨率?

2. 如果有一张细节比较模糊的照片,能否通过空间滤波的方法加以改善?

实验 27 非线性电路混沌实验

本实验通过测量非线性电阻的 $I-U$ 特性曲线,了解非线性电阻特性,从而搭建出典型的非线性电路——蔡氏振荡电路。通过改变其状态参数,观察到混沌的产生、周期运动、倍周期分岔、点吸引子、环吸引子、周期窗口的物理图像,并研究其费根鲍姆常数。最后,实验将两个蔡氏电路通过一个单相耦合系统连接并最终研究其混沌同步现象。

【实验目的】

1. 用 RLC 串联谐振电路,测量仪器提供的铁氧体介质电感在通过不同电流时的电感量。解释电感量变化的原因。
2. 用示波器观测 LC 振荡器产生的波形及经 RC 移相后的波形。
3. 用双踪示波器观测上述两个波形组成的相图(李萨如图)。
4. 改变 RC 移相器中可调电阻 R 的值,观察相图周期变化。记录倍周期分岔、阵发混沌、三倍周期、吸引子(周期混沌)和双吸引子(周期混沌)相图。
5. 测量由 LF353 双运放构成的有源非线性负阻"元件"的伏安特性,结合非线性电路的动力学方程,解释混沌产生的原因。

【实验仪器】

非线性电路混沌实验仪;双踪示波器;漆包铜线;铁氧体磁芯;低频信号发生器;电阻箱。

【实验背景】

长期以来,人们在认识和描述运动时,大多只局限于线性动力学描述方法,即确定的运动有一个完美确定的解析解。但在相当多情况下,非线性现象却起着很大的作用,非线性特性是自然界的基本特性和本质存在,最具代表性的就是混沌现象。法国数学家、物理学家亨利·庞加莱(1854—1912)在研究天体力学以及三体问题时发现了混沌现象。他在《科学的价值》一书中写道:"初始条件的微小差别在最后的现象中产生了极大的差别:前者的微小误差促成了后者的巨大误差,于是预言变得不可能了"。这些描述已蕴涵了"确定性系统具有内在的随机性"这一混沌现象的重要特征。说起混沌现象,人们还会联想起美国气象学家爱德华·诺顿·洛伦茨(1917—2008)。1979 年 12 月,他在美国科学促进会的一次讲演中提出了蝴蝶效应:"一只蝴蝶在巴西轻拍翅膀,可以导致一个月后德克萨斯州的一场龙卷风。"蝴蝶效应的提出,使得非线性动力学迅速发展,并成为有丰富内容的研究领域。该学科涉及非常广泛的科学范围,从电子学到物理学,从气象学到生态学,从数学到经济学等。混沌通常响应于不规则或非周期性,这是由非线性系统本质产生的。

【实验原理】

一、非线性电路与非线性动力学

实验电路如图 4-27-1 所示,图中只有一个非线性元件 R,它是一个有源非线性负阻器件。电感器 L 和电容器 C_2 组成一个损耗可以忽略的谐振回路;可变电阻 R_W 是由两个相差较大的电位器 W_1 和 W_2 组成,以实现粗调和细调;电容器 C_1 和 R_W 串联,可将振荡器产生的正弦信号移相输出。实验所用的非线性元件 R 是一个分段线性元件。图 4-27-2 所示的是该电阻的伏安特性曲线,可以看出加在此非线性元件上电压与通过它的电流极性是相反的。由于加在此元件上的电压增加时,通过它的电流却减小,因而将此元件称为非线性负阻元件。

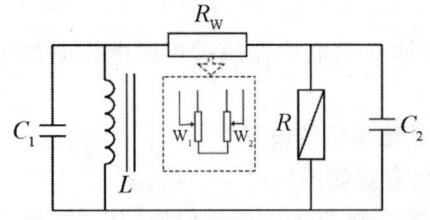

图 4-27-1 非线性动力学方程实验电路　　图 4-27-2 非线性元件伏安特性

图 4-27-1 所示电路的非线性动力学方程为:

$$\left. \begin{array}{l} C_1 \dfrac{\mathrm{d}U_{C_1}}{\mathrm{d}t} = G(U_{C_2} - U_{C_1}) - gU_{C_1}, \\[4pt] C_2 \dfrac{\mathrm{d}U_{C_2}}{\mathrm{d}t} = G(U_{C_1} - U_{C_2}) + i_L, \\[4pt] L \dfrac{\mathrm{d}i_L}{\mathrm{d}t} = -U_{C_2}。 \end{array} \right\} \quad (4\text{-}27\text{-}1)$$

式中,U_{C_1}、U_{C_2} 是 C_1、C_2 上的电压,i_L 是电感 L 上的电流,$G = \dfrac{1}{R_W}$ 是电导。在图 4-27-1 中,g 为 U 的函数,如果 R 是线性的,g 是常数,电路就是一般的振荡电路,得到的解是正弦函数。电阻 R_W 的作用是调节 C_1、C_2 的位相差,把 C_1 和 C_2 两端的电压分别输入到示波器的 X、Y 轴,则显示的图形是椭圆。如果 R 是非线性元件,则它的伏安特性如图 4-27-2 所示,是一个分段线性的电阻,整体呈现出非线性。gU_{C_1} 是一个分段线性函数。由于 g 总体是非线性函数,三元非线性方程组(4-27-1)没有解析解。若用计算机编程进行数据计算,当取适当电路参数时,可在显示屏上观察到模拟混沌现象。更直接的方法是用示波器观察。

二、有源非线性负阻元件的实现

有源非线性负阻元件实现的方法有多种,这里使用的是一种较简单的电路,采用 2 个运算放大器(1 个双运放 LF353)和 6 个配制电阻来实现,其电路如图 4-27-3 所示。双运算放大器中 2 个对称放大器各自的配置电阻相差 100 倍,这就使得 2 个放大器输出电流的总和,在不同的工作电压段,输出总电流随电压变化关系不相同(其中一个放大器达到电流饱和,另一个尚未饱和),因而出现了非线性伏安特性。实验所要研究的是该非线性元件对整个电路的影响,而非线性负阻元件的作用是使振动周期产生分岔和混沌等一系列非线性现象。

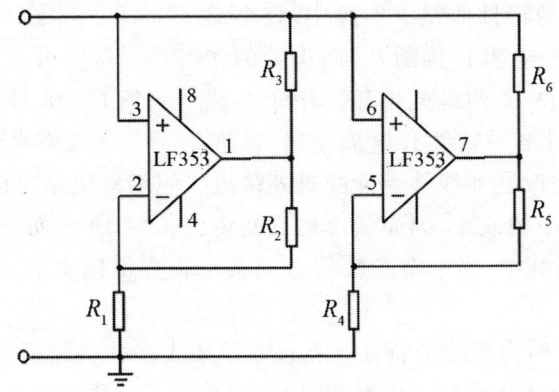

图 4-27-3 有源非线性器件

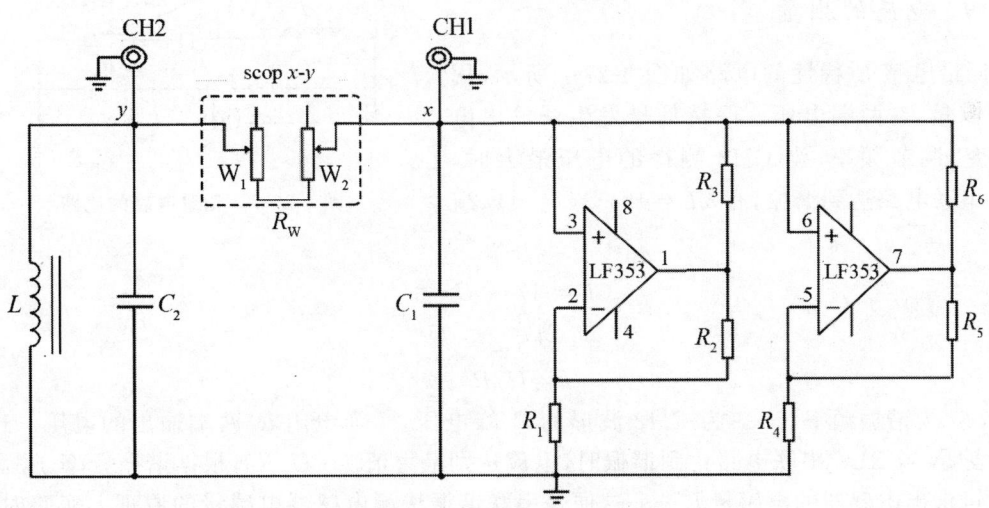

图 4-27-4 非线性电路混沌实验电路

实际非线性混沌实验电路如图 4-27-4 所示。电路中,L 与 C_2 并联构成振荡电路。R_W 的作用是分相,使 CH1 和 CH1 两处输入示波器的信号产生位相差,可得到 x、y 两个信号的合成图形。双运放 LF353 的前级和后级正、负反馈同时存在,正反馈的强弱与比值 R_3/R_W、R_6/R_W 有关,负反馈的强弱与比值 R_2/R_1、R_5/R_4 有关。当正反馈大于负反馈时,振荡电路才能维持振荡。若调节 R_W,正反馈就发生变化,LF353 处于振荡状态,表现出非线性。LF353 与 6 个电阻等效为一个非线性电阻,它的伏安特性大致如图 4-27-5 所示。

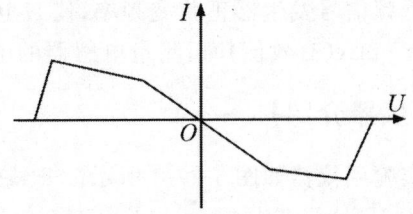

图 4-27-5 双运放非线性元件的伏安特性

三、有源非线性电阻的伏安特性测量

实验电路如图 4-27-6 所示。有源非线性负阻元件一般满足"蔡氏电路"的特性曲线。实验中,将电路的 LC 振荡部分与非线性电阻直接断开,面板上的伏特表用来测量非线性元件 R 两端的电压。由于非线性电阻是有源的,因此回路中始终有电流流过,R' 使

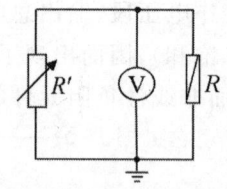

图 4-27-6　有源非线性负阻元件伏安特性原理图

用的是电阻箱,其作用是改变非线性元件的对外输出。使用电阻箱可以得到很精确的电阻,尤其可以对电阻值做微小的改变,因而微小地改变输出。

1. 分岔。在一族系统中,当一个参数值达到某一临界值以上时,系统长期行为的一个突然变化。

2. 混沌。表征一个动力系统的特征。在该系统中大多数轨道显示敏感依赖性,即完全混沌;在该系统中某些特殊轨道是非周期的,但大多数轨道是周期或准周期的,即有限混沌。

四、电感的测量

测量电感 L 特性的电路如图 4-27-7 所示,用 CH2 测量 R' 两端电压。保持信号发生器输出电压不变,调节频率,当 CH2 测得的电压最大时,RLC 串联电路达到谐振,有 $\omega L=1/\omega C$, $f_0=1/2\pi\sqrt{LC}$。故

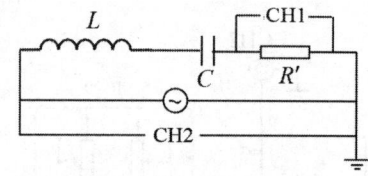

图 4-27-7　测量电感的电路

$$L=1/4\pi^2 C f_0^2;$$
$$U=U_{CH2}/2\sqrt{2},$$
$$I=U/R'.$$

其中,f_0 为谐振频率,U_{CH2} 为 CH2 波形的峰-峰电压,U 为电阻 R' 两端输出的电压。这些式子表明,当 RLC 串联电路达到谐振时,电流达到最大值 $I=U/R'$,根据谐振频率 f_0 和电容 C 可求出电感器的电感量 L——这便是串联谐振法测电感器电感量的原理。实验时,将自制电感器、电阻箱串联,并与低频信号发生器相接,用示波器测量电阻箱两端的电压 U。调节低频信号发生器正弦波频率,使 U 达到最大值,同时测量通过电阻箱的电流 I。要求达到 $I=5$ mA(有效值)时,测量电感器的电感量。

【仪器介绍】

实验用仪器如图 4-27-8 所示。非线性电路混沌实验仪由 4 位半数字电压表(量程 0~19.999 V,分辨率 1 mV)、-15 V$\sim$0$\sim$$+15$ V 稳压电源和非线性电路混沌实验线路板三部分组成。电感 $L=10$ mH;电容 $C_1=10$ nF,$C_2=100$ nF;电位器 W_1 最大值 2.2 kΩ,W_2 最大值 220 Ω。

作伏安特性曲线时,改变电流用电阻箱。观察倍周期分岔和混沌现象用双踪示波器。漆包铜线,铁氧体磁芯,低频信号发生器等供进阶与探究实验选用。

第四章 综合性实验

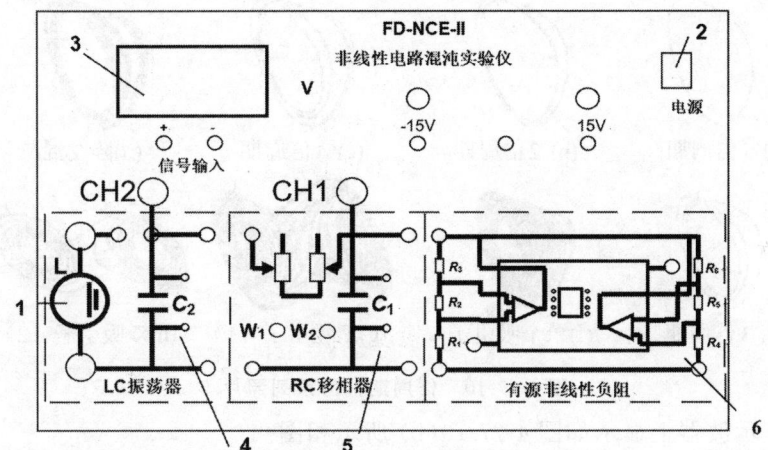

1—电感；2—电源开关；3—20 V数字电压表；4—LC震荡器；5—RC移相器；6—有源非线性负阻

图 4-27-8　实验用仪器

【实验内容】

一、观测非线性电路倍周期分岔和混沌现象

按图 4-27-9 接好电路，连接 CH1 和 CH2 与示波器的对应端口。调节电位器 W_1 和 W_2（一个粗调、一个细调），在示波器上观测相图（李萨如图）。调节 W_1 和 W_2 使 R_W（即方程 (4-27-1) 中的 $1/G$）由大至小变化，描绘相图周期的分岔混沌现象。将一个环形相图周期定为 P，要求观测并记录 $2P$、$4P$、阵发混沌、$3P$、单吸引子（混沌）、双吸引子（混沌）共 6 个相图和相应 CH1 和 CH2 两个输出波形（见如图 4-27-10）。

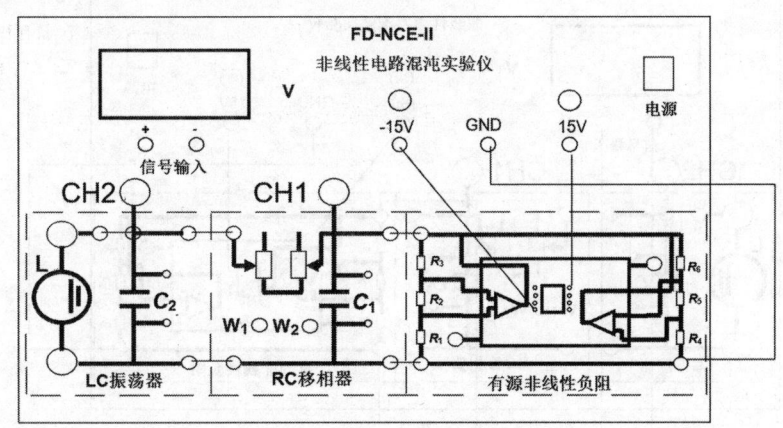

图 4-27-9　非线性电路

1. 将即 R_W 调节到较大值，直至示波器出现如图 4-27-10(a) 所示相图为止。
2. 逐步减小 R_W 值，将会出现两个"分列"的环图，出现了分岔现象，即由原来 1 倍周期

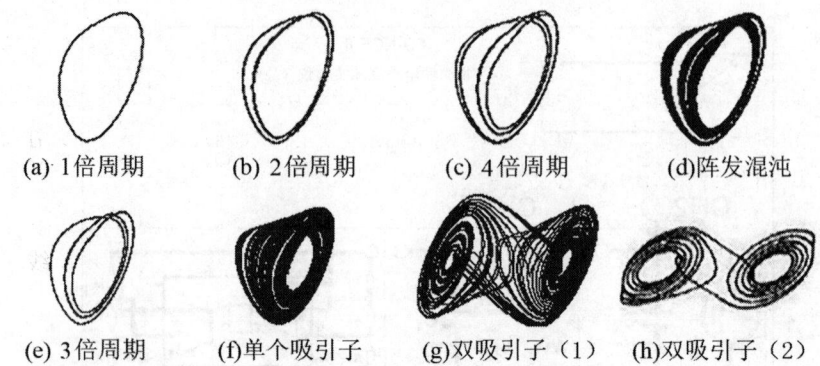

图 4-27-10 倍周期分岔系列照片

变为 2 倍周期,示波器上显示如图 4-27-10(b)所示相图。

3. 继续减小 R_W 值,将会出现 4 倍周期(如图 4-27-10(c)所示)、8 倍周期、16 倍周期与阵发混沌交替现象,阵发混沌见图 4-27-10(d)。

4. 再减小 R_W 值,出现了 3 倍周期,如图 4-27-10(e)所示,图像十分清楚稳定。根据 Yorke 的著名论断"周期 3 意味着混沌",说明电路即将出现混沌。

5. 继续减小 R_W,则出现单个吸引子,如图 4-27-10(f)所示。

6. 再减小 R_W,出现双吸引子,如图 4-27-10(g)所示。

二、测量有源非线性负阻元件的伏安特性

按图 4-27-11 接好电路,保持电压 $U<0$,电阻箱阻值从 600 Ω 逐渐改变到 32 000 Ω。改变量以能看出电流(电压)变化为宜。将数据记录在表 4-27-1 中,作 $I-U$ 关系图,并进行直线拟合。

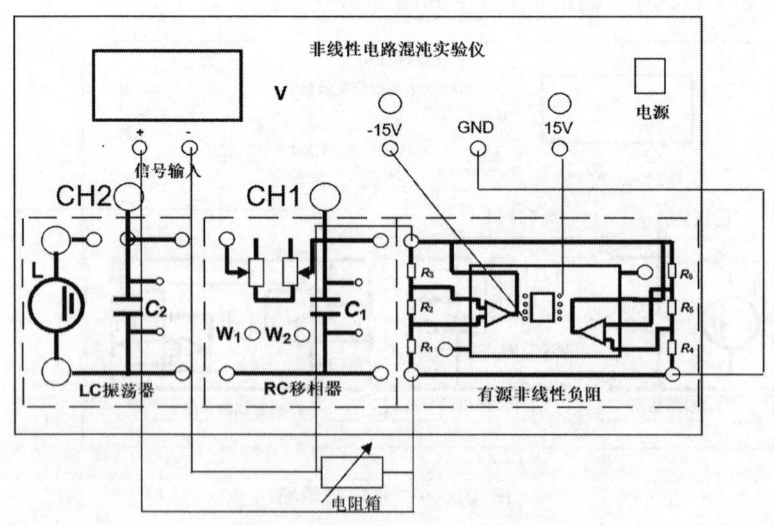

图 4-27-11 有源非线性电路

三、测量一个铁氧体电感器的电感量△

1. 电感器 L 用漆包铜线手工缠绕。可在线框上绕 70～75 圈,然后装上铁氧体磁芯,并把引出漆包线端点上的绝缘漆用刀片刮去,使两端点导电性能良好。也可以用仪器附带铁氧体电感器。电阻箱取 $R'=300.0\ \Omega$,电容取 $C=C_2=100\ \text{pF}$。

2. 改变信号发生器频率 f(从 3.00 kHz 到 3.60 kHz 连续变化,取大约 10 个值),观测电感 L 随电流 I 的变化情况。数据记录在表 4-27-2 中,绘制 $L-I$ 的关系曲线。总结电感量 L 随电流 I 变化的规律,分析产生的原因。

3. 改变信号发生器输出电压,观测出谐振频率 f_0 及电流 I,求出 L。数据记录在表 4-27-3 中,绘制电感值 L 与电流 I 关系曲线。总结电感 L 随电流 I 的变化规律,分析产生的原因。

注 电感中通过的电流越大,其磁环的磁导率 μ 的下降越大,所以电感量就会随之减小。由于在本实验中制作线圈时使用了磁芯,线圈的电感对电流的变化非常明显。以上测量到的数据可以很清楚地说明这一点,但因本实验对混沌现象只用于定性半定量的观察,故对实验影响并不大。

【数据记录与处理】

表 4-27-1 有源非线性负阻输出伏安特性测量

U/V	R/Ω	I/mA	U/V	R/Ω	I/mA
	600.0			……	
	……			32 000.0	

表 4-27-2 频率改变时,电感 L 随电流 I 变化的规律

f/kHz	I/mA	L/mH
3.00		
……		
3.60		

表 4-27-3 电压改变时,电感 L 随电流 I 变化的规律

U_{CH2}/V	I/mA	f_0/kHz	L/mH
12.0			
10.0			
……			
2.00			

【探索与思考】

1. 非线性负阻电路(元件),在本实验中的作用是什么?

2. 为什么要采用 RC 移相器,并且用相图来观测倍周期分岔等现象？如果不用移相器,可用哪些仪器或方法？

3. 实验中需自制铁氧体为介质的电感器,该电感器的电感量与哪些因素有关？此电感量可用哪些方法测量？

4. 通过做本实验请阐述倍周期分岔、混沌、奇怪吸引子等概念的物理含义。

5. 测出元件的伏安特性曲线有时候比较复杂,可采用分段线性拟合,会得到不同的规律,只要满足分段工作条件,即可利用这部分的特性。请将表 4-27-1 数据分三段拟合,总结规律。

实验 28　声速的测定

弹性介质中,频率从 20 Hz 到 20 kHz 的振动所激起的机械波称为声波,频率从 20 kHz 到 5×10^5 kHz 的振动所激起的机械波称为超声波。超声波具有波长短、易于定向发射、易被反射等优点,可以在短距离较精确地测出声速。

超声波在媒质中的传播速度与媒质的特性及状态等因素有关,因而通过媒质中声速的测定可以了解媒质的特性或状态变化。例如,测量氯气、蔗糖等气体或溶液的浓度,氯丁橡胶乳液的比重,以及输油管中不同油品的分界面等,这些问题都可以通过测定这些物质中的声速来解决。可见,声速测定在工业生产上具有一定的实用意义。

本实验用压电陶瓷超声换能器来测定超声波在空气中的传播速度,是非电量电测方法的一个实例。

【实验目的】

1. 了解超声波的发射和接收方法。
2. 加深对振动合成、波动干涉等理论知识的理解。
3. 学会用共振干涉法、相位比较法及时差法测量介质中的声速。
4. 了解声速与介质参数的关系。

【实验仪器】

SV-DH-3A 型声速测定仪段;双踪示波器;SVX-5 型声速测定信号源。

【实验原理】

超声波的发射和接收一般通过电磁振动与机械振动的相互转换来实现,最常见的方法是利用压电效应和磁致伸缩效应来实现的。本实验采用的是压电陶瓷制成的换能器(探头),这种压电陶瓷可以在机械振动与交流电压之间双向换能。

声波的传播速度 u 与其频率 f、波长 λ 的关系为

$$u = \lambda f \text{。} \tag{4-28-1}$$

由式(4-28-1)可知,测得声波的频率和波长,就可以得到声速。

同样,传播速度表示为

$$u = \frac{x}{t}, \tag{4-28-2}$$

若测得声波传播所经过的距离 x 和传播时间 t,也可获得声速 u。

本实验通过低频信号发生器控制换能器,信号发生器的输出频率就是声波频率。声波的波长用驻波法(共振干涉法)和行波法(相位比较法)测量。

一、共振干涉法(驻波法)

假设在无限声场中,仅有一个点声源 S_1(发射换能器)和一个接收平面(接收换能器 S_2)。当点声源发出声波后,在此声场中只有一个反射面(即接收换能器平面),并且只产生一次反射。

实验装置如图 4-28-1 所示,S_1、S_2 为压电陶瓷换能器。S_1 作为声波发射器,由信号源供给频率为数十 kHz 的交流电信号,由逆压电效应发出一平面超声波;而 S_2 作为声波的接收器,压电效应将接收到的声压转换成电信号。将电信号输入示波器,就可看到一组由声压信号产生的正弦波形。由于 S_2 在接收声波的同时还能反射一部分超声波,接收的声波、发射的声波振幅虽有差异,但二者周期相同且在同一线上沿相反方向传播,在 S_1 和 S_2 区域内产生了波的干涉,形成驻波。我们在示波器上观察到的实际上是这两个相干波合成后在声波接收器 S_2 处的振动情况。若固定 S_1,移动 S_2 位置(即改变电信号和 S_2 之间的距离),在示波器上就会发现,当 S_2 在某些位置时振幅有最小值。根据波的干涉理论可知,任何两个相邻的振幅最大值(或最小值)的位置之间的距离均为 $\lambda/2$。为了测量声波的波长,在观察示波器上声压振幅值的同时,缓慢地改变 S_1 与 S_2 之间的距离,就可以看到声振动幅值不断地由最大变到最小再变到最大,两个相邻的振幅最大值的位置之间的距离为 $\lambda/2$,S_2 移动过的距离亦为 $\lambda/2$。

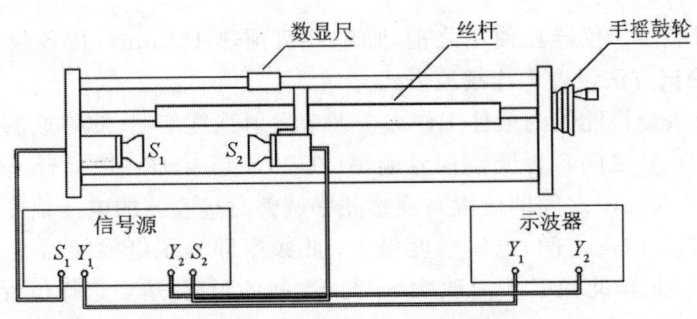

图 4-28-1 声速测试架外形示意图

由于散射和其他损耗,各级振幅值将随距离增大而逐渐减小。所以,只要测出与振幅最大值对应的接收器 S_2 的位置,就可测出波长。由信号源读出超声波的频率值后,即可由式(4-28-1)求得声速。

二、相位比较法

波是振动状态的传播,也可以说是相位的传播。相对于发射波束 $\xi_1 = A_1 \cos(\omega t - 2\pi x/\lambda)$,在经过 Δx 距离后,接收到的余弦波与原来位置处的相位差(相移)为 $\varphi = 2\pi \Delta x/\lambda$。沿波传播方向的任何两点同相位时,这两点间的距离就是波长的整数倍。利用这个原理,可以精确的测量波长。沿波的传播方向移动接收器 S_2,接收到的信号再次与发射器的位相相同时,接收换能器移动的距离等于与声波的波长。

实验中,输入示波器的是来自同一信号源的信号,它们的频率严格一致,所以李萨如图是椭圆,椭圆的倾斜与两信号的相位差有关,如图 4-28-2 所示,当两信号之间的相位差为 0 或 π 时,椭圆变成倾斜的直线。因此,能通过示波器,用李萨如图法观察测出声波的波长。

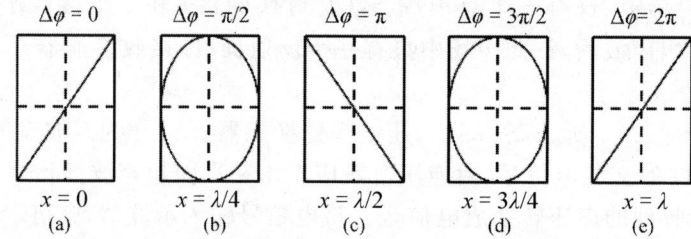

图 4-28-2 两个同频率简谐振动的李萨如图形的例图

三、时差法

采用上述实验装置还可以用时差法测量声速。由信号源提供一个脉冲信号,驱动 S_1 发出一个脉冲波;经过一段距离的传播后,该脉冲信号被 S_2 接收,再将该信号返回信号源;经信号源内部线路分析、比较处理后,输出脉冲信号在 S_1、S_2 之间的传播时间 t。传播距离 x 可以从游标卡尺上读出,采用式(4-28-2)即可计算出声速。

【实验内容】

1. 连接测量装置。仪器在使用之前,加电开机预热 15 min。待各仪器都正常工作以后,将信号源中测试方法设置为连续波方式。

2. 测定压电陶瓷换能器的最佳工作点。调节发射强度旋钮,使声速测试仪信号源输出合适的电压(8~10 V 之间),再调整信号频率(在 25~45 kHz);选择合适的示波器通道增益(一般为 0.2~1 V/div 之间的位置),观察频率调整时接收波的电压幅度变化。在某一频率点处(34.5~37.5 kHz 之间)电压幅度最大,此频率即是压电换能器 S_1、S_2 相匹配频率点。在表 4-28-1 中记录此频率 f_{Ni},改变 S_1 与 S_2 间的距离,适当选择位置,重新调整,再次测定工作频率。共测 5 次,求平均值,$\overline{f_N} = \dfrac{1}{5} \sum\limits_{i=1}^{5} f_{Ni}$。

3. 驻波法测量声速。观察示波器,找到接收波形的最大值,然后转动距离调节鼓轮。这时,波形的幅度会发生变化,记录幅度为最大时的距离 x_{i-1}。距离由数显尺或在机械刻度上读出。再向前或者向后(必须是一个方向)移动距离,当接收波经变小后再到最大时,在

第四章 综合性实验

表 4-28-2 中记录下此时的距离 x_i。则有

$$\lambda_i = 2\,|\,x_i - x_{i-1}\,|。$$

多次测定后,用逐差法处理数据。

4. 相位法/李萨如图法测量波长。将示波器打到"$X-Y$"方式,并选择合适的通道增益。转动距离调节鼓轮,观察波形为一定角度的斜线,记录下此时的距离 x_{i-1}。同样,距离由数显尺或机械刻度尺上读出。再向前或者向后(必须是一个方向)移动距离,使观察到的波形又回到前面所说的特定角度的斜线,在表 4-28-3 中记录下此时的距离 x_i。则有

$$\lambda_i = |\,x_i - x_{i-1}\,|。$$

多次测定后,用逐差法处理数据。

5. 时差法测量声速。将测试方法设置到脉冲波方式,将 S_1 和 S_2 之间的距离调到一定距离($\geqslant 50$ mm),再调节接收增益,使显示的时间差值读数稳定。此时,仪器内置的计时器工作在最佳状态,记录距离 x_{i-1} 和信号源计时器显示的时间 t_{i-1}。然后移动 S_2,如果计时器读数有跳字,则微调(距离增大时,顺时针调节;距离减小时,逆时针调节)接收增益,使计时器读数连续准确变化。在表 4-28-4 中记录此时的距离 x_i 和显示的时间 t_i。则声速

$$u_i = \frac{x_i - x_{i-1}}{t_i - t_{i-1}}。$$

【注意事项】

1. 严禁将液体(水)滴到数显尺杆和数显表头内,如果不慎将液体滴到数显尺杆和数显表头上。
2. 使用时应避免声速测试仪信号源的功率输出端短路。
3. 声速测量仪上的手轮只能向一个方向旋转,不然要出现空回误差。

【数据记录与处理】

表 4-28-1 换能器的共振频率测量值

i	1	2	3	4	5
f_{Ni}/kHz					

表 4-28-2 驻波法测波长测量值

$f_N = $ _____ kHz $\theta = $ _____ ℃

i	1	2	3	4	5	6	7	8	9	10
x_i/mm										

表 4-28-3 相位法测波长测量值

$\theta = $ _____ ℃

i	1	2	3	4	5	6	7	8	9	10
x_i/mm										

表 4-28-4　时差法测声速测量值

$\theta =$ _____ ℃

i	1	2	3	4	5	6
$t/\mu s$						
x/mm						

【探索与思考】

1. 固定两换能器的距离改变频率,以求声速,是否可行?
2. 各种气体中的声速是否相同,为什么?
3. 为什么换能器要在谐振频率条件下进行声速测定?
4. 要让声波在两个换能器之间产生共振必须满足那些条件?
5. 试举出三个超声波应用的例子,他们都是利用了超声波的那些特性?
6. 在时差法测量中,为何共振或接受增益过大会影响声速仪对接受点的判断?

实验 29　电表的改装与校正

王先生装修选择了电地暖,进户电表的电流额定电流 5 A,最大电流 40 A,意味着最大功率是 8.8 kW。而王先生家里地暖的最大功率就要 7 kW,肯定是不够了,所以必须去找电力公司将电表改装扩容。

【实验目的】

1. 掌握利用标准表测量表头量程和内阻的方法。
2. 学会将表头改装成电流表和电压表,并掌握校准的方法。

【实验仪器】

直流电表改装试验仪(FD-DME-A 型);导线若干。

【实验背景】

电表是测量电流、电压的仪表。对于电表的改装参数,需要掌握以下概念。

1. 标称误差。电表在构造上各种不完善因素和外界因素的变动,使得电表的读数与准确值存在差异。如果测得电表各个刻度的绝对误差,选取其中最大的绝对误差,除以量程、乘以 100% 得到的百分数就定义为该电表的标称误差。

2. 准确度等级。电表分为七个等级:0.1 级,0.2 级,0.5 级,1.0 级,1.5 级,2.5 级,5.0 级。根据标称误差的大小,即可定出被校电表的准确度等级。如标称误差为 0.2% ~ 0.5%,则该表就定为 0.5 级。实验所用电表为 1.0 级。

3. 标准表。当一个电表的准确度等级比被校表高 2 级以上时,该表就可称为标准表。

【实验原理】

一、表头量程和内阻

(一) 半偏法测内阻

如图 4-29-1 所示,闭合 K_2 为表头并上电阻箱。闭合 K_1,交替调节电阻箱阻值 R_p 和电源电压 E,达到标准表示值不变、表头半偏。此时,表头内阻 R_g 等于电阻箱的阻值 R_p。

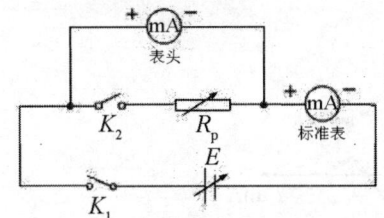

图 4-29-1　半偏法测电表内阻电路图

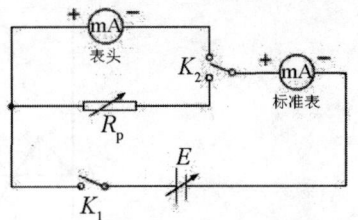

图 4-29-2　替代法测电表内阻电路图

(二) 替代法测内阻

如图 4-29-2 所示,闭合 K_1,K_2 接表头,调节电源电压 E 使得表头满偏。然后,K_2 接电阻箱,在 E 不变的情况下改变电阻箱阻值,使得标准表的值仍为原来的值。此时,表头内阻 R_g 等于电阻箱的阻值 R_p。

二、电流表改装

(一) 改装成大量程电流表

若要将量程为 I_g、内阻为 R_g 的表头改为量程为 I 的电流表,则需要在表头两边并联一个电阻(如图 4-29-3 所示),用于扩大量程。根据欧姆定律计算,并联的分流电阻

$$R_p = \frac{I_g R_g}{I - I_g}。 \tag{4-29-1}$$

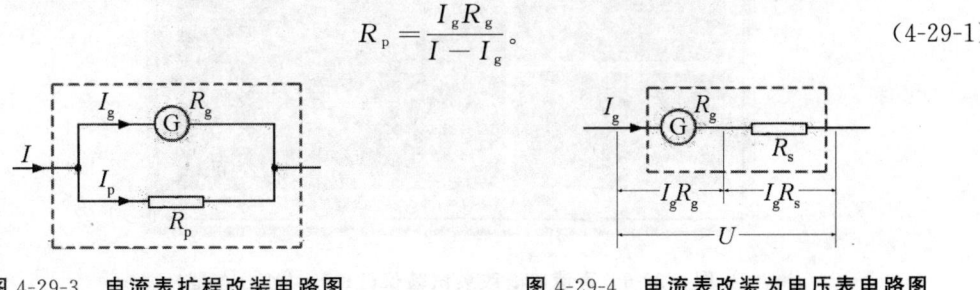

图 4-29-3　电流表扩程改装电路图　　　图 4-29-4　电流表改装为电压表电路图

(二) 改装成大量程电压表

如果要将原电流量程为 I_g、内阻为 R_g 的表头改装为量程为 U 的电压表,则需要串联一个分压电阻(如图 4-29-4 所示)。根据欧姆定律,串联的分压电阻

$$R_s = \frac{U}{I_g} - R_g。 \tag{4-29-2}$$

（三）电表的校准

1. 电表的校准。用改装表和标准表同时测量一定的电流或电压，从而得到一系列的对应值。

2. 校准的目的。一是根据标称误差的大小估算改装表的准确度等级；二是绘制校准曲线，以便对改装后的电表能准确读数。

测量出电表各个指示值 I_x 与标准电表对应的指示值 I_s，从而得到电表刻度的修正值 $\Delta I_x = I_s - I_x$ 或 $\Delta U_x = U_s - U_x$，做出校准曲线 $\Delta I_x - I_x$ 或 $\Delta U_x - U_x$（见图 4-29-5）。根据校准曲线可以修正电表的读数。

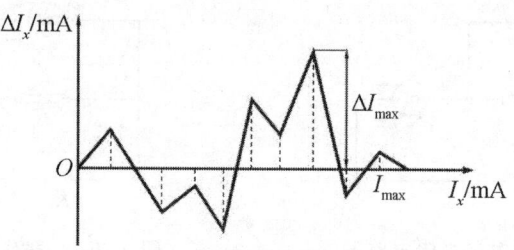

图 4-29-5　电流表改装的校准曲线

【仪器介绍】

直流电表改装试验仪（FD-DME-A 型），面板如图 4-29-6 所示。

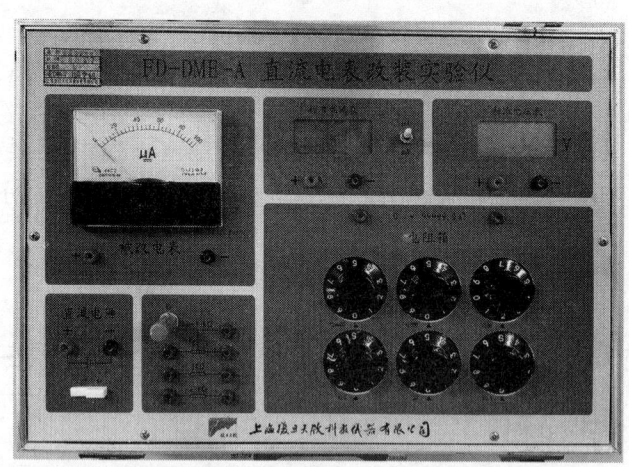

图 4-29-6　直流电表改装试验仪（FD-DME-A 型）

【实验内容】

1. 将量程为 1 mA 的电流表改装成量程为 10 mA 的电流表。根据测出的表头内阻 R_g 求出分流电阻 R_p（计算值）。自行设计实验进行改装并校准，参考如图 4-29-7 所示电路。

2. 将量程为 1 mA 的电流表改装成量程为 1 V 的电压表。根据测出的表头内阻 R_g，求

出分压电阻 R_s（计算值）。自行设计实验进行改装并校准，参考如图 4-29-8 所示电路。

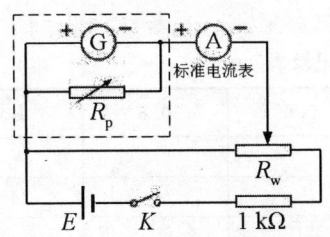

图 4-29-7　电流表改装电路图

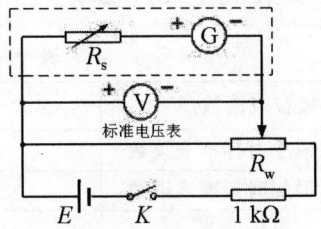

图 4-29-8　电压表改装电路图

3.△将 1 mA 的表头改成 5 mA 和 10 mA 两个量程的电流表。求其分流电阻，画出改装电路。

4.△将 1 mA 的表头改成 10 mA 和 1 V 量程的两用电表。求其分流、分压电阻，画出改装电路。

【注意事项】

1. 为防止表头过载，使用电源电压不宜过高，本实验 1 V 左右。
2. 用滑动变阻器分压，两个底脚接线柱接电源。滑动端和一个底脚接线与电路连接。绝对不可把滑动端接到电源上。
3. 用电阻箱调节电阻时要注意使阻值均匀变化。

【数据记录与处理】

一、电阻测量

1. 表头量程＝_____；
2. 半偏法测内阻，R_g ＝_____；
3. 替代法测内阻，R_g ＝_____。

二、改装成 1 mA 电流表

表 4-29-1　电流表改装数据记录表

被校表读数/mA	0.2	0.4	0.6	0.8	1.0
电流减小时标准表读数					
电流增加时标准表读数					
电流误差					

1. 标称误差 $K = \dfrac{\Delta I_{max}}{I_m} \times 100\% = $ _____。

2. 准确度等级是_____级。

3. 在坐标纸上绘出校准曲线。

三、改装成 1 V 电压表

表 4-29-2　电压表改装数据记录表

被校表读数/V	0.2	0.4	0.6	0.8	1.0
电压减小时标准表读数					
电压增加时标准表读数					
电压误差					

1. 标称误差 $K = \dfrac{\Delta U_{max}}{U_m} \times 100\% = $ ＿＿＿＿＿。
2. 准确度等级是＿＿＿＿＿级。
3. 在坐标纸上绘出校准曲线。

【探索与思考】

在校正电流表和电压表时发现改装表与标准表读数相比各点均偏高，是什么原因？应如何调节分流电阻和分压电阻？

实验 30　RLC 串联电路谐振特性研究

对于任何一个同时含有电感和电容的电路，在一定频率下可以呈现电阻特性，即整个电路的总电压和总电流同相位，这种现象称为谐振。本实验通过测试 RLC 串联电路的谐振曲线，从实践中认识 RLC 串联电路的谐振特性。

【实验目的】

1. RLC 串联电路的相频特性和幅频特性测试及理解。
2. 观察研究 RLC 电路的串联谐振现象，测量 RLC 电路的谐振频率。
3. 利用幅频特性曲线求出电路的品质因数 Q 值，并与理论值比较。

【实验器材】

信号源；九孔板；RLC 模块式元件盒；双踪示波器（或数字存储示波器）。

【实验背景】

RLC 串联谐振电路是在无线电接收设备中用来选择接收信号和在电子技术中用来获取高频高压的一种常用电路，如回旋加速器的加速极就是这样一个电路，用其谐振电压对粒子进行加速。在电力工程中一般应避免发生谐振，以防止电气设备被击穿；在通信工程中常常利用谐振来获得一个较高电压

RLC 串联谐振是一种受迫振动,是主观能动性(外界激励)和客观规律(RLC 电路的固有频率)协调一致时才能出现。分析品质因数时还要认清理想(理论 Q 值)和现实(测出 Q 值)的差距,并认真分析产生差距的原因。

【实验原理】

一、RLC 串联电路的组成及幅频特性和相频特性

如图 4-30-1 所示的是 RLC 串联电路。RLC 串联电路的阻抗和相位差可通过矢量图的方法计算。因为通过各元件的电流是共同的,取电流矢量 I 为水平基准,又由于各分电压与电流的相位差为

$$\varphi_R = 0, \quad \varphi_L = \frac{\pi}{2}, \quad \varphi_C = -\frac{\pi}{2},$$

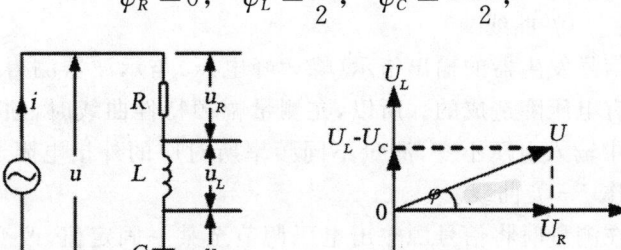

图 4-30-1 RLC 串联电路

所以各元件的电压有效值为

$$U_R = IZ = IR, \quad U_L = IZ_L = I\omega L, \quad U_C = IZ_C = I/\omega C. \tag{4-30-1}$$

则总电压、电阻总阻抗、总电流、信号电压与电流的相位差分别为:

$$U = \sqrt{U_R^2 + (U_L - U_C)^2} \quad \text{或} \quad U = I\sqrt{R^2 + \left(\omega L - \frac{1}{\omega C}\right)^2}, \tag{4-30-2}$$

$$Z = \sqrt{R^2 + \left(\omega L - \frac{1}{\omega C}\right)^2}, \tag{4-30-3}$$

$$I = \frac{U}{\sqrt{R^2 + \left(\omega L - \frac{1}{\omega C}\right)^2}}, \tag{4-30-4}$$

$$\varphi = \tan^{-1}\frac{U_L - U_C}{U_R} = \tan^{-1}\frac{\omega L - \frac{1}{\omega C}}{R}. \tag{4-30-5}$$

利用上述关系式,可以得到 RLC 串联电路的阻抗 Z、电流 I 和相位差 $\varphi = \varphi_u - \varphi_i$ 随频率变化的曲线。如图 4-30-2 所示,(a)、(b)用来表示 RLC 串联电路的幅频特性,(c)表示相频特性。因为阻抗难以测量,所以一般用 $I-f$ 曲线反映幅频特性,又叫作谐振曲线。

定性而言,$f < f_0$ 时,$1/\omega C > \omega L$,容抗大于感抗,$\varphi < 0$,此时总电压落后于电流,整个电

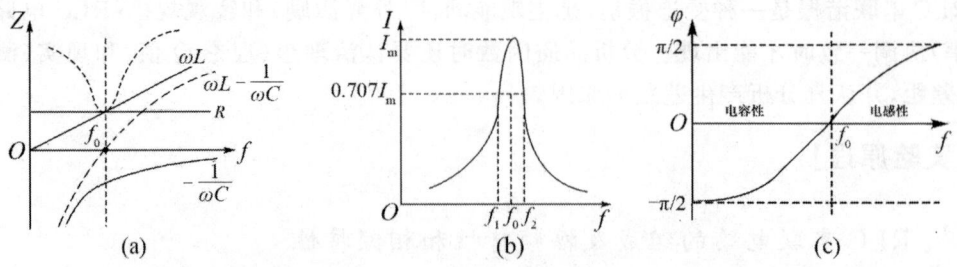

图 4-30-2　RLC 串联电路的谐振曲线以及相应各量随频率的变化

路呈电容性;谐振时,$\varphi=0$,整个电路呈电阻性;高频时 $f>f_0$,$\omega L>1/\omega C$,感抗大于容抗,$\varphi>0$,此时总电压超前于电流,整个电路呈电感性。

利用信号发生器、示波器,改变频率 f,测量回路中的电流、相位差随频率的变化,可以在作图纸上定量画出 $I-f$ 曲线。

值得注意的是,信号发生器的输出指示(峰—峰电压)与示波器测得的电压会有较大差别,这是信号源内部有电压降造成的。所以,在测量幅频特性曲线时,须时时调节信号源幅度来维持 RLC 回路中输入电压不变,测量不同频率所对应的外接电阻 R 外两端的电压值(可反映 I 的变化),作 $I-f$ 曲线。

另一种方法是,在测量时将信号源输出电压调节至某一固定值,改变频率 f,同时记录在该频率时 U_R、U 的值,作 $\dfrac{U_R}{U}-f$ 曲线,可推导得出,该曲线也是谐振曲线。

二、谐振现象

综上可知,当电压一定时,若电源频率满足 $\omega_0 L=\dfrac{1}{\omega_0 C}$ 或 $\omega_0=\dfrac{1}{\sqrt{LC}}$,则电路阻抗达到其极小值 $Z_0=R$,电路中,电流达到其极大值 $I_m=U/R$。这种现象,称为谐振现象,发生谐振时的频率 f_0 称为谐振频率。

$$f_0=\dfrac{1}{2\pi\sqrt{LC}}。 \tag{4-30-6}$$

三、谐振电路中的品质因数

(一) Q 值的定义和电压分配

电感器或电容器在谐振时产生的电抗功率与电阻器消耗的平均功率之比,称为谐振时的品质因数。有时也简称为谐振时电感上的电压 U_L 与总电压 U 的比值,称为谐振电路的品质因数,用 Q 表示,即

$$Q=\dfrac{P_L}{P_R}=\dfrac{I^2 X_L}{I^2 R}=\dfrac{U_L}{U}=\dfrac{\omega_0 L}{R}。 \tag{4-30-7}$$

利用式 $I_m=U/R$,可得串联谐振电路中电阻、电感和电容上的电压:

$$U_R=I_m R=U, \tag{4-30-8}$$

$$U_L = I_m Z_L = \frac{U}{R}\omega_0 L = QU, \tag{4-30-9}$$

$$U_C = I_m Z_C = \frac{U}{R} \cdot \frac{1}{\omega_0 C} = U_L = QU。 \tag{4-30-10}$$

Q 值的另一种表达式为：

$$Q = \frac{U_L}{U} = \frac{U_C}{U} = \frac{\omega_0 L}{R} = \frac{1}{\omega_0 CR} = \frac{1}{R}\sqrt{\frac{L}{C}}。 \tag{4-30-11}$$

这表明：谐振时，电阻 R 上的电压与外加电压相等，L 上的电压与 C 上的电压相等（相位差为 180°），且为激励电压的 Q 倍。品质因数 Q 只与电路本身元件 RLC 的参数有关。

当总电压一定时，Q 值越高，U_L 和 U_C 越大。Q 值是一个标志谐振电路性能好坏的物理量。

对于一般实用的串联谐振电路，R 很小且常用 L 的电阻（即电感线圈导线内阻）代替，Q 值很高，从几十到上千，谐振时电感和电容上的电压很高。如回旋加速器的加速极就是这样一个电路，Q 值很高，利用其谐振电压对粒子进行加速。

（二）通频带宽度

当不改变 L、C，只改变 R 时，可得一组幅频特性曲线，如图 4-30-3 所示。此时谐振频率 f_0 不变，变化的是 Q 值，当 R 越小，串联电路的 Q 值就越大，I、U_L 和 U_C 的谐振曲线越尖锐，或者说电路的频率选择性越高。

谐振电路在无线电技术中最重要的应用是选择讯号。为了定量地说明频率选择性的好坏程度，通常规定在谐振峰两边 $I = (1/\sqrt{2})I_m \approx$

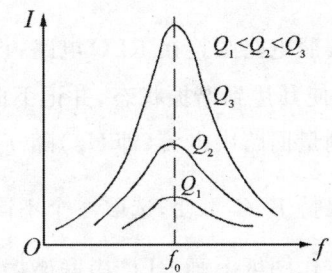

图 4-30-3　只改变 R 时的幅频特性曲线

$0.707 I_m$ 处的两个频率 f_1、f_2（称旁带频率、遏止频率或半功率频率）之差为通频带宽度（如图 4-30-2(b)所示）。有

$$\Delta f = f_2 - f_1, \tag{4-30-12}$$

$$I(f_1) = I(f_2) = \frac{I_m}{\sqrt{2}} \approx 0.7 I_m。 \tag{4-30-13}$$

可以证明，谐振电路的通频带宽度 Δf 反比于谐振电路的 Q 值，即

$$\Delta f = \frac{f_0}{Q}。 \tag{4-30-14}$$

Q 值越大，通频带宽度 Δf 越小，谐振峰越尖锐。因此 Q 值越大，谐振电路的频率选择性就改写越强。式(4-30-14)通常改写为

$$Q = \frac{f_0}{f_2 - f_1}。 \tag{4-30-15}$$

上式为测量一个振荡回路品质因数 Q 的实验原理。

注　在 $\dfrac{U_R}{U} - f$ 曲线中也可以进行上述讨论，结果是一样的。

归纳起来，RLC 串联电路谐振特性如下：

1. 回路电流最大，即 $I_0 = I_m$。

2. 电路阻抗最小，为纯电阻。即 $Z_0 = R, \omega_0 L - \dfrac{1}{\omega_0 C} = 0$。

3. 电路中电感上的电压 U_L 与电容上的电压 U_C 相等（相位相差 180°），且是激励电压 U 的 Q 倍。即 $U_L = U_C = QU$。

4. 电路对激励电压具有选择性。谐振频率 $f_0 = \dfrac{1}{2\pi\sqrt{LC}}$，通频带 $\Delta f = f_2 - f_1 = \dfrac{R}{2\pi L} = \dfrac{f_0}{Q}$。

【实验内容】

一、基础与提升

1. 按照电路图连接 RLC 电路，设定电源电压 $U_{pp} = 5$ V，自行选取 R、L、C 进行实验，调节电路使其达到谐振状态，并记下此时的频率 f_0。

2. 测量回路中电流（即 U_R）随 f 的变化。

3. 保持 L、C 不变，选取 3 个不同的 R 进行实验，测量 $\dfrac{U_R}{U} - f$ 曲线。

4. 在作图纸上画 RLC 串联谐振曲线。

二、进阶与高阶△

1. 测量 $\varphi = \varphi_u - \varphi_i$ 随 f 的变化。

2. 在作图纸上绘制频特性曲线。

3. 从图中求出半功率点频率 f_1、f_2 和谐振频率，用不同方法求 Q 值并作比较。

【探索与思考】

1. 测定 RLC 电路谐振频率的方法有哪些？

2. 电路 Q 值也可用 $Q = \dfrac{\omega_0 L}{R} = \dfrac{1}{R\omega_0 C}$ 求出，它与实际求出的 Q 是否相同？为什么？

3. 为什么在测量谐振曲线时，要维持谐振回路输入电压不变？

4. 为什么也可以用 $\dfrac{U_R}{U} - f$ 曲线表示谐振曲线？

5. 探索：假设所用的电容为标准电容（无损耗），测出电路中所用电感中的 r。

6. 探索：如果使用数字交流毫伏表来指示电路是否达到了谐振状态，请重做此实验，通过计算测量不确定度比较两种方法的差别。

实验 31　热敏电阻和集成电路温度传感器

热敏电阻器是敏感元件中的一类。由于热敏电阻对于温度的反应要比金属电阻灵敏得多,且体积也可以做得很小,故用它制成半导体温度计已广泛使用在自动控制和无线电子技术、遥控技术及测温技术等科学仪器中,在物理、化学和生物学研究等方面得到了广泛的应用。

随着集成电路制造工业的发展,各种新型的集成电路温度传感器器件不断涌现,其品种繁多应用广泛。这类集成电路测温器件有以下几个优点:①温度变化引起输出量的变化呈现良好的线性关系;②不像热电偶那样需要参考点;③抗干扰能力强;④互换性好,使用简单方便。因此,这类传感器已在科学研究、工业和家用电器温度传感器等方面被广泛使用于温度的精确测量和控制。本实验仅对电流型集成电路温度传感器的基本特性及应用作简要讨论。

【实验目的】

1. 研究热敏电阻的电阻温度特性,加深对热敏电阻的电阻温度特性的了解。
2. 用半导体热敏电阻设计一个半导体温度计。
3. 学习测量并掌握电流型集成电路温度传感器的输出电流与温度的关系。
4. 采用非平衡电桥法,组装一台数字式温度计。

【实验仪器】

FD-WTC-D 型恒温控制温度传感器实验仪;直流电流电源;热敏电阻;电阻箱;滑线变阻器;数字万用表;AD590 集成电路温度传感器;水银温度计,九孔接线板等。

【实验原理】

一、热敏电阻的温度特性原理

热敏电阻器的典型特点是对温度敏感,不同的温度下表现出不同的电阻值,按照电阻随温度变化的典型特性可分为三类热敏电阻,正温度系数热敏电阻器(PTC)和临界温度电阻器(CRT),负温度系数热敏电阻器(NTC)。正温度系数热敏电阻器(PTC)在温度越高时电阻值越大,负温度系数热敏电阻器(NTC)在温度越高时电阻值越低,它们同属于半导体器件。正温度系数热敏电阻器(PTC)和临界温度电阻器(CRT)在某些温度范围内(小于 450 ℃),电阻阻值会产生急剧变化,适用于某些狭窄温度范围内一些特殊应用,而负温度系数热敏电阻器(NTC)可用于较宽温度范围的测量。热敏电阻的电阻－温度特性曲线如图 4-31-1 所示。

半导体热敏电阻具有负电阻温度系数,在一定的温度范围内,电阻率 ρ 和温度 θ 之间有如下关系。实验表明,对于半导体有

$$\rho = a_0 e^{\frac{b}{\theta}}. \quad (4\text{-}31\text{-}1)$$

式中,a_0、b 为常数,与材料的物理性质有关,θ 为摄氏温度。对于一个固定的热敏电阻(半导体)有

$$R_\theta = \rho \frac{l}{S} = a_0 e^{\frac{b}{\theta}} \cdot \frac{l}{S} = a e^{\frac{b}{\theta}}. \quad (4\text{-}31\text{-}2)$$

当温度为 θ_0 时,电阻为 R_0,即

$$R_0 = a e^{\frac{b}{\theta_0}}. \quad (4\text{-}31\text{-}3)$$

由式(4-31-2)、式(4-31-3)得

图 4-31-1 NTC 电阻温度特性测试图

$$R_\theta = R_0 e^{b\left(\frac{1}{\theta} - \frac{1}{\theta_0}\right)}. \quad (4\text{-}31\text{-}4)$$

将上式两边取对数,则有

$$\ln R_\theta = \ln R_0 + b\left(\frac{1}{\theta} - \frac{1}{\theta_0}\right). \quad (4\text{-}31\text{-}5)$$

从式(4-31-5)看出,$\ln R_\theta$ 与 $1/\theta$ 呈线性关系,直线的斜率就是常数 b。

二、PN 结温度传感器特性

PN 结温度传感器是利用半导体材料和器件的某些性能参数的温度依赖性,实验对温度的检测,控制和补偿功能。实验表明,在一定的电流模式下,PN 结的正向电压与温度之间具有很好的线性关系。

如图 4-31-2 所示的 PN 结温度传感器实验电路中,PN 结的正向电压 U 和温度 θ 近似满足下列线性关系:

$$U = K\theta + U_{g0}.$$

式中,U_{g0} 为半导体材料参数,K 为 PN 结的结电压温度系数。

三、AD590 集成电路温度传感器

AD590 集成电路温度传感器是由多个参数相同的三极管和电阻组成。该器件的两端当加有某一定直流工作电压时(一般工作电压可在 4.5~20 V 范围内),它的输出电流与温度满足如下关系:

$$I = k\theta + I_0.$$

式中:I 为其输出电流,单位 μA;θ 为摄氏温度,k 为

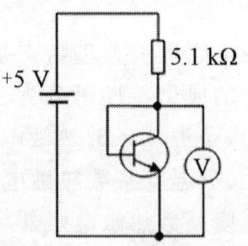

图 4-31-2 PN 结温度传感器实验电路

斜率(一般 AD590 的 $K=1$ μA/℃,即如果该温度传感器的温度升高或降低 1 ℃,那传感器的输出电流增加或减少 1 μA), I_0 为摄氏零度时的电流值,其值恰好与冰点的热力学温度 273 K 相对应(对市售一般 AD590,其 I_0 值从 273～278 μA 略有差异)。利用 AD590 集成电路温度传感器的上述特性,可以制成各种用途的温度计。采用非平衡电桥线路,可以制作一台数字式摄氏温度计,即 AD590 器件在 0 ℃时,数字电压显示值为"0",而当 AD590 器件处于 θ 时,数字电压表显示为"$\theta/$ ℃"值。

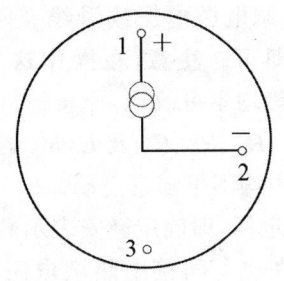

图 4-31-3 AD590 **管脚连接图**

AD590 为两端式集成电路温度传感器,它的管脚引出端有两个,如图 4-31-3 所示:序号 1 接电源正(+)端(红色引线)。序号 2 接电源负(-)端(黑色引线)。至于序号 3 连接外壳,它可以接地,有时也可以不用。AD590 工作电压 4～30 V,通常工作电压 6～15 V,但不能小于 4 V,小于 4 V 将出现非线性状况。

【实验内容】

1. 恒流源法测 NTC 热敏电阻温度特性。恒流源法电路原理图如图 4-31-4,根据串联电路原理,热敏电阻

$$R_\theta = \frac{U_{R_\theta}}{I_0} = \frac{U_{R_\theta}}{U_{R_1}} R_1。$$

用实验结果验证式(4-31-4)。

2. 设计一个测量温度范围是 30～100 ℃的半导体温度计。

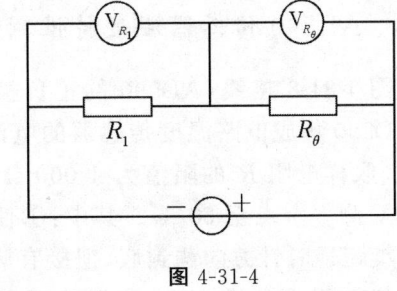

图 4-31-4

【方法提示】

一、半导体热敏电阻温度计的设计

1. 按图 4-31-5 接线,取 $R_1=R_2$(其取值标准可以参考高温电阻阻值和低温电阻阻值之和的一半), $E=3$ V 左右。

2. 通过测温下限来确定 R_0 的值。使热敏电阻处在 $\theta_1=30$ ℃环境中,调节 R_0,使微安表指零。此时的 R_0 就是要确定的值,以后就不能改动。

简便方法:在 AC 间接一个电阻箱,使其阻值 $R_N=R_{30}$,以代替调热敏电阻处在测温为 $\theta_1=30$ ℃的环境,调 R_0 使微安表指零即可。

3. 通过测温上限确定电源 E 的大小和限流电阻 R_p 的大小(位置)。使热敏电阻处在 $\theta_2=100$ ℃的环境,调电源电压或滑线变阻器,使微安表满偏。此时的电源 E 的大小和限流电阻 R_p 的大小(位置)就是要确定的组合。

简便方法:在 AC 间换一个电阻箱,使其阻值 $R_M=R_{100}$,以代替热敏电阻处在 $\theta_2=100$ ℃

的环境,调电源电压或滑线变阻器,使微安表满偏即可。注意,在操作这一步时,R_0、R_1、R_2等均不可改动。

注 R_0、R_1、R_2及E,R_p的组合在以后的设计中均不可随意更动。

4. 定标,即确定微安表示数与温度θ的关系。在AC间接上热敏电阻。把热敏电阻R_θ与温度计靠在一起放入水中,使得水温从100 ℃开始下降,直到温度计下限30 ℃,记录实验数据。

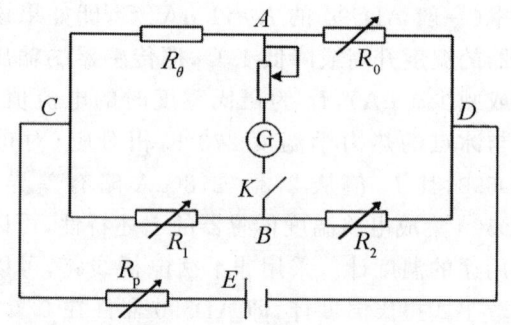

图4-31-5 半导体温度计电路图

简便方法:可以用一个电阻箱代替热敏电阻R_θ,参考已测量的数据,改变电阻箱的阻值,人为制造温度环境。具体做法,请实验者理解、操作。

5. 作定标曲线I_G-θ(I_G为横坐标,θ为纵坐标)。

6. 热学实验仪的热敏电阻接入电路,从热学实验仪面板上设定合适的温度,待温度稳定后,读电流表的读数,记下该读数,再根据定标曲线查出相应的温度值,与设定值比较。

注 ①热敏电阻只能在规定的温度范围内工作,否则会损害元件,导致其性能不稳定;②应尽量避免热敏电阻自身发热,因此在测量时流过热敏电阻的电流必须很小。

二、AD590传感器温度特性测量

按图4-31-6接线(AD590的正负极不能接错),测量AD590集成电路温度传感器的电流I与温度θ的关系,取样电阻R的阻值为1 000 Ω,从室温开始每隔2 ℃测一个点至50 ℃。其中:①使用前将电位器调节旋钮逆时针方向调到底,把接有测温接线端插头插在仪器后面的插座上,测温传感器的测温端和

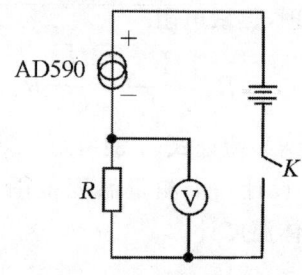

图4-31-6 数字式摄氏温度计

AD590传感器一起放入注有少量硅油的玻璃管内(直径16 mm);在2 000 mL大烧杯内注入1 600 mL的净水,放入搅拌器和加热器后盖上铝盖并固定。②接通电源后待温度显示值出现"B= = ="时可按"升温"键,设定所需的温度,再按"确定"键,加热指示灯发光,表示加热开始工作,同时显示"A = = = ="为当时水槽的初始温度,再按"确定"键显示"B = = ="表示原设定值,重复确定键可轮换显示A、B值;A为水温值,B设定值,另有"恢复"键可以重新开始。

实验时应注意AD590温度传感器为二端铜线引出,为防止极间短路,两铜线不可直接放在水中,应用一端封闭的薄玻璃管套保护,其中注入少量硅油,使之有良好热传递。

三、制作量程为0~50 ℃范围的数字温度计

把AD590、一只旋转式电阻箱、直流稳压电源、数字电压表和电阻按图4-31-6接好。将AD590放入冰点槽中,R_2和R_3均为1 000 Ω固定电阻,调节旋转式电阻箱R_4使数字电压

表示值为零。然后把 AD590 放入其他温度如室温的水中,用标准水银温度计进行读数对比(冰点槽中冰水混合物为湿冰霜状态才能真正达到 0 ℃ 温度)。

【数据记录与处理】

一、热敏电阻温度特性的研究

θ/℃	140	130	120	110	100	90	80	70	60	50	40	30	室温
$R_{\theta(金属)}$													
$R_{\theta(半导体)}$													

二、半导体热敏电阻温度计的设计

θ/℃	100	90	80	70	60	50	40	30
$I_G/\mu A$								

三、测量 AD590 传感器输出电流 I 和温度 θ 之间的关系

θ/℃							
U_R/V							
$I_\theta/\mu A$							

将数据在毫米坐标纸上作图,计算斜率 k、截距 I_0,写出 $I-\theta$ 的关系式。并用 CASIO-82 计算器进行最小二乘法拟合,求斜率 k、截距 I_0 和相关系数 γ。写出 $I-\theta$ 关系的经验公式。

四、制作量程为 0~50 ℃ 范围的数字摄氏温度计

记录数字电压表示值为零时,旋转式电阻箱 R_4 的阻值。并记录 AD590 与标准水银温度计同时放入室温水中的温度,计算百分误差。

【探索与思考】

1. 如果要设计一个测温范围为 0~100 ℃ 的半导体热敏电阻温度计,则如何操作?简要写出方法和过程。
2. 如何用 AD590 集成电路温度传感器制作一个热力学温度计,请画出电路图,说明调节方法。
3. 电流型集成电路温度传感器有哪些特性?它比半导体热敏电阻、热电偶有哪些优点?
4. 实验误差的主要来源是什么?

实验 32 铁磁材料动态磁滞回线的测定

铁磁材料在工程技术和科学研究中应用十分广泛。磁滞回线和基本磁化曲线反映了磁性材料的主要特征。通过本实验研究，不仅能掌握用示波器观察磁滞回线以及基本磁化曲线的基本测绘方法，而且能从理论和实际应用上加深对材料磁特性的认识。

工程技术中有许多仪器设备，从常用的永久磁铁、变压器铁芯到录音、录像、计算机存储用的磁带、磁盘等都采用磁性材料。铁磁材料分为硬磁和软磁两类。硬磁材料的磁滞回线宽，剩磁和矫顽磁力较大（120～20 000 A/m 以上），因而磁化后，它的磁感应强度能保持，适宜制作永久磁铁。软磁材料的磁滞回线窄，矫顽磁力小（一般小于 120 A/m），但它的磁导率和饱和磁感应强度大，容易磁化和去磁，故常用于制造电机、变压器和电磁铁。磁化曲线和磁滞回线是铁磁材料的重要特性，也是设计电磁机构作仪表的重要依据之一。测量磁性材料动态磁滞回线方法较多，用示波器法测动态磁滞回线的方法具有直观、方便、迅速以及能够在不同磁化状态下（交变磁化及脉冲磁化等）进行观察和测量的独特优点，所以在实验中被广泛利用。

本实验采用动态法测量磁滞回线。动态法测量的磁滞回线与静态磁滞回线不同。由于动态测量时除了磁滞损耗还有涡流损耗，因此动态磁滞回线的面积要比静态磁滞回线的面积要大一些。另外涡流损耗还与交变磁场的频率有关，所以测量的电源频率不同，得到的 $B-H$ 曲线是不同的，这可以在实验中清楚地从示波器上观察到。

【实验目的】

1. 掌握磁滞、磁滞回线和磁化曲线的概念，加深对铁磁材料的主要物理量：矫顽力、剩磁和磁导率的理解。
2. 学会用示波法测绘基本磁化曲线和磁滞回线。
3. 根据磁滞回线确定磁性材料的饱和磁感应强度 B_s、剩磁 B_r 和矫顽力 H_c 的数值。
4. 研究不同频率下动态磁滞回线的区别，并确定某一频率下的磁感应强度 B_s、剩磁 B_r 和矫顽力 H_c 数值。

【实验仪器】

HLD-ML-I 型磁性材料磁滞回线和磁化曲线测定仪；双踪示波器等。

【实验背景】

磁滞现象是强磁（铁磁和亚铁磁）物质的重要特征之一。1880 年，德国物理学家瓦尔堡（1846—1931）利用类似磁强计的方法研究铁丝受外加磁场作用时的磁性变化，最先发现了磁滞现象（当时称为"矫顽力作用"），发表在 1881 年的德国 *Annalen der Physik und*

Chemie 杂志上。之后,英国物理学家、美国电机工程师等进一步研究了铁磁材料铁和钢的磁滞现象(发现最初几次回线不闭合)、铁在弱磁场(瑞利区)下的磁滞现象、磁滞损耗(斯泰因梅茨定律)。19 世纪末,著名物理学家皮埃尔·居里(1859—1906)在自己的实验室里发现磁石的一个物理特性:当磁石加热到一定温度时,原来的磁性消失。后来,人们把这个温度叫作"居里点"。

【实验原理】

一、起始磁化曲线、基本磁化曲线和磁滞回线

取一块未磁化的铁磁材料,如以外面密绕线圈的钢圆环样品为例,如果流过线圈的磁化电流从零逐渐增大,则钢圆环中的磁感应强度 B 随磁场强度 H 的变化如图 4-32-1 中 Oa 段所示,这条曲线称为起始磁化曲线。继续增大磁化电流,即增加磁场强度 H 时,B 上升很缓慢。如果 H 逐渐减小,则 B 也相应减小。但并不沿 aO 段下降,而是沿另一条曲线 ab 下降。B 随 H 变化的全过程如下:当 H 按 $O \rightarrow H_m \rightarrow O \rightarrow -H_c \rightarrow -H_m \rightarrow O \rightarrow H_c \rightarrow H_m$ 的顺序变化时,B 相应沿 $O \rightarrow B_m \rightarrow B_r \rightarrow O \rightarrow -B_m \rightarrow -B_r \rightarrow O \rightarrow B_m$ 的顺序变化。

如图 4-32-1 所示,将上述变化过程的各点连接起来,就得到一条封闭曲线 $abcdefa$,这条曲线称为磁滞回线*。可以看出:

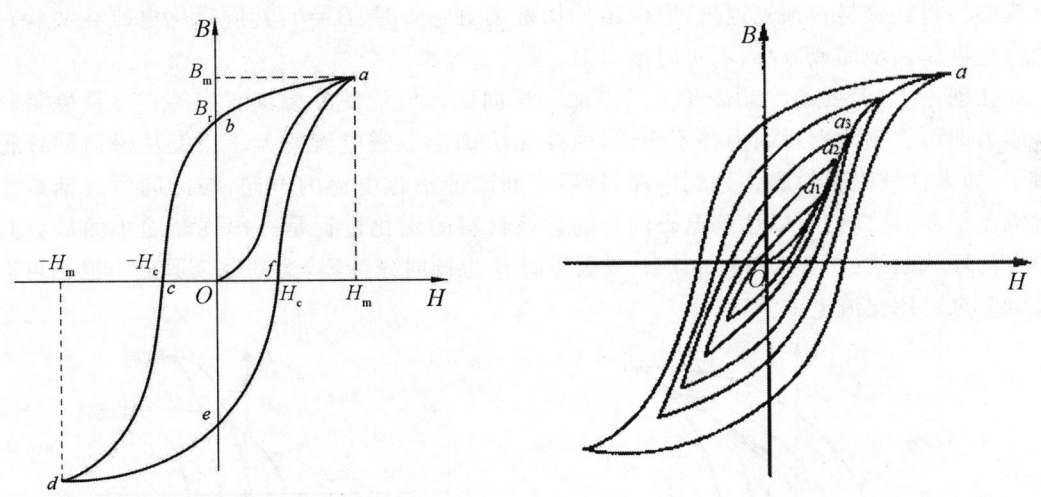

图 4-32-1 起始磁化曲线与磁滞回线　　图 4-32-2 基本磁化曲线

① 当 $H=0$ 时,B 不为零,铁磁材料还保留一定值的磁感应强度 B_r,通常称 B_r 为铁磁材料的剩磁。

---

* 严格地说,当磁场强度按 $H_m \rightarrow -H_m \rightarrow H_m$ 变化时,感应强度的相应变化为 $B_m \rightarrow -B'_m \rightarrow B''_m$。而 $B_m \neq B'_m \neq B''_m$,即不会构成闭合曲线。只有经过多次 $H_m \rightarrow -H_m \rightarrow H_m$ 的变化过程后,才能形成如图 4-32-1 的闭合磁滞回线。这种将磁场多次反向的过程称为磁锻炼,对于多数铁磁材料,上述的 B'_m、B''_m 与 B_m 在数值上非常接近,因此在特定场合下,为了简化测量手续,有时就省去磁锻炼这一步。

② 要消除剩磁 B_r，使 B 降为零。必须加一个反方向磁场 H_c，这个反向磁场强度 H_c 叫作该铁磁材料的矫顽磁力。

③ H 上升到某一个值和下降到同一数值时，铁磁材料内的 B 值并不相同，即磁化过程与铁磁材料过去的磁化经历有关。

对于同一铁磁材料，若开始时不带磁性，依次选取磁化电流为 $I_1, I_2, \cdots, I_m (I_1 < I_2 < \cdots < I_m)$，则相应的磁场强度为 $H_1, H_2, \cdots, H_m$。在每一个选定的磁场值下，使其方向发生两次变化（即 $H_1 \to -H_1 \to H_1, \cdots, H_m \to -H_m \to H_m$ 等），则可得到一组逐渐增大的磁滞回线（图 4-32-2）。把原点 O 和各个磁滞回线的顶点 $a_1, a_2, \cdots, a$ 所连成的曲线称为铁磁材料的基本磁化曲线。可以看出，铁磁材料的 B 和 H 不是直线，即铁磁材料的磁导率 $\mu = \dfrac{B}{H}$ 不是常数，如图 4-32-3 所示。

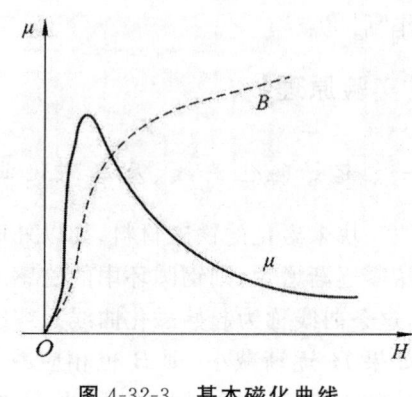

图 4-32-3 基本磁化曲线

由于铁磁材料磁化过程的不可逆性及具有剩磁的特点，在测定磁化曲线和磁滞回线时，首先必须将铁磁材料预先退磁，以保证外加磁场 $H=0$ 时，$B=0$；其次磁化电流在实验过程中只允许单调增加或减小，不可时增时减。

在理论上，若要消除剩磁 B_r，只需加一反向磁化电流使外磁场正好等于该铁磁材料的矫顽力即可。实际上矫顽力并不知道，因此无法确定退磁电流的大小。但从磁滞回线得到启示：如果使铁磁材料磁化达到饱和，然后不断改变磁化电流的方向，与此同时逐渐减小磁化电流至零，这样就可以达到退磁的目的。该材料的磁化过程是一串逐渐缩小而最终趋于原点的环状曲线（图 4-32-4）。当 H 减至零时 B 也同时减为零，达到完全退磁。退磁可以用直流电也可用交流电来实现。

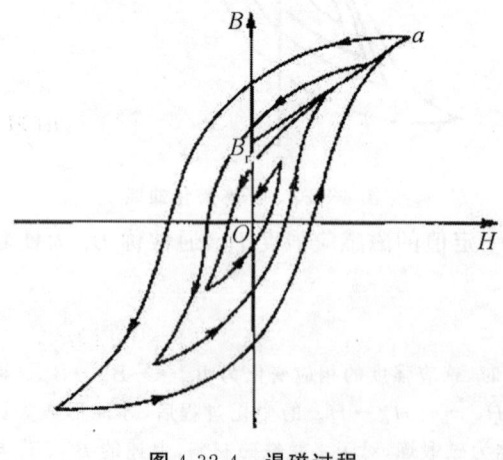

图 4-32-4 退磁过程

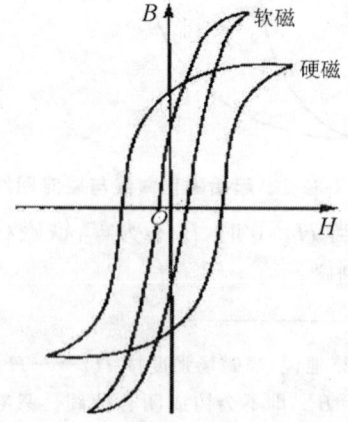

图 4-32-5 不同铁磁材料的磁滞回线

磁化曲线和磁滞回线是铁磁材料分类和选用的主要依据。图 4-32-5 所示为常用的两种典型的磁滞回线,其中软磁材料的磁滞回线狭长,矫顽力、剩磁和磁滞损耗均较小,是制造变压器、电机和交流磁铁的主要材料;而硬磁材料的磁滞回线较宽,矫顽力大,剩磁强,可用来制造永磁体。

二、示波器测绘磁滞回线原理

图 4-32-6 为示波器显示动态磁滞回线的电路。当绕在铁磁质样品芯上的原线圈 N 通以交变电流时,在铁芯内产生磁场 H,磁场强度 H 与交变电流的大小成正比,与原线圈串联的取样电阻 R_1 两端的电压 u_1 成正比

$$H = \frac{N}{L} \cdot \frac{u_1}{R_1}。 \tag{4-32-1}$$

其中,L 为铁芯的平均磁路长度。

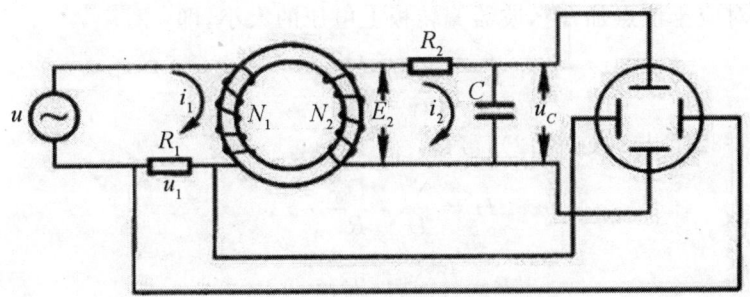

图 4-32-6　示波器显示动态磁滞回线的电路

根据法拉第电磁感应定律,在次级线圈中产生感应电动势,

$$E_2 = -\frac{d\varphi}{dt} = -N_2 S \frac{dB}{dt}, \tag{4-32-2}$$

$$E_2 = R_2 i_2 + u_C。 \tag{4-32-3}$$

若 $R_2 \gg \dfrac{1}{2\pi f C}$,则

$$u_C = \frac{q}{C} \approx 0。 \tag{4-32-4}$$

将 $i_2 = \dfrac{dq}{dt} = C \dfrac{du_C}{dt}$ 代入式(4-32-3),得

$$E_2 = R_2 C \frac{du_C}{dt}。 \tag{4-32-5}$$

不考虑其负号(在交流电中负号相当于相位差 $\pm\pi$),则

$$N_2 S \frac{dB}{dt} = R_2 C \frac{du_C}{dt}。 \tag{4-32-6}$$

对两边的时间积分,整理得

$$B = \frac{R_2 C}{N_2 S} u_C \text{。} \qquad (4\text{-}32\text{-}7)$$

对比式(4-32-1)和式(4-32-7)不难发现,当其他物理量不变时,H 与 u_1 成正比,B 与 u_C 成正比。将电阻 R_1 两端的电压 u_1 输入到示波器的 X 端,将电容两端的电压 u_2 输入到示波器的 Y 端,则示波器上显示出 u_C 随 u_1 的变化曲线。由于 $H \propto u_1$ 且 $B \propto u_2$,所以该曲线也就是 B 随 H 的变化曲线,即磁滞回线。

荧光屏上显示的图形实际是 u_C 随 u_1 的关系曲线,为了定量测绘出示波器上所显示的磁滞回线,首先要对坐标轴进行定标,可以用已知数值的信号或示波器本身提供的标准信号对 X 轴与 Y 轴分别进行定标,求出此时是电子束在 X 与 Y 方向偏 1 cm 所需要的外加电压 D_X 与 D_Y。示波器在定标过程中必须保持与测绘磁滞回线时 X 轴与 Y 轴的"增益"旋钮位置不变。

经过定标后,对磁滞回线就可以逐点测绘了。只要测出所要测量点偏离原点的距离 x 与 y,就可算出对应于该点加在示波器偏转板上电压的大小,即

$$u_1 = u_X = D_X \cdot x,$$
$$u_C = u_Y = D_Y \cdot y \text{。}$$

将它们代入式(4-32-1)与式(4-32-2),可得

$$H = \frac{N_1}{L} \cdot \frac{D_X}{R_1} \cdot x, \qquad (4\text{-}32\text{-}8)$$

$$B = \frac{R_2 C_2}{N_2 S} \cdot D_Y \cdot y \text{。} \qquad (4\text{-}32\text{-}9)$$

从零开始,由小到大调节励磁电流的输出电压,会得到一系列由小到大的磁滞回线,测读一系列的磁滞回线顶点处的 H 和 B 的极大值 H_m 及 B_m,以 H_m 为横轴 X,B_m 为纵轴 Y,则可绘出铁磁材料的起始磁化曲线。

【仪器介绍】

1. 磁滞回线实验仪

由励磁电源、试样、电路板组成,其中磁滞电源由 220 V、50 Hz 的市电经变压器隔离、降压后供试样磁化,其电源输出电压共 11 挡,即 0 V,0.5 V,…,2.8 V,3.0 V。各挡电压通过安置在电路板上的转换开关实现切换。试样分软磁、硬磁两种,样品 1 和样品 2 为尺寸(平均磁路长度 L 和截面积 S)相同而磁性不同的两只 EI 型铁芯,两者的励磁绕组匝数 N_1 和磁感应强度 B 的测量绕组匝数 N_2 亦相同。$N_1 = 50, N_2 = 150, L = 60$ mm,$S = 80$ mm^2。各种元器件均已通过电路板与其对应的锁紧插孔连接,只需采用专用导线,便可实现电路连接。

二、双踪示波器

1. 用示波器探头将信号接入通道 1(CH1):将探头上的开关设定为×10,并将示波器探头与通道 1 连接。

2. 设置探头衰减系数：按"CH1"功能键显示通道 1 的操作菜单，按与探头项目平行的 3 号菜单键，选择衰减系数为 10×。

【实验内容】

一、测绘磁滞回线

1. 按实验仪上的电路连接图连接电路，铁磁质选择为样品 1，选取 $R_1=2.5\ \Omega$，"U 选择"置于 0 位。U_H 和 U_B（即 U_1 和 U_2）分别接示波器的"X 输入"和"Y 输入"，示波器的"X 输入"和"Y 输入"的副接头与公共接地端插孔"⊥"相连接。

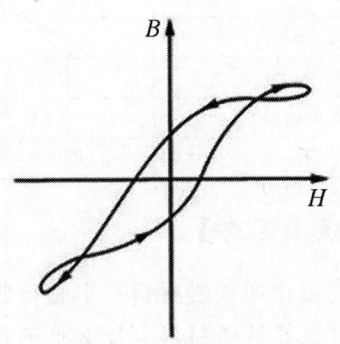

图 7-32-7　由相位差等因素引起的畸变

开启示波器电源，调节示波器，令光点位于荧光屏坐标网络中心。令 $U=2.2\ \text{V}$，按示波器的"AUTO"功能键，按水平控制区（HORIZONTAL）的"MENU"功能键，显示"TIME"菜单。切换"X-T"为"X-Y"显示模式，即可显示样品 1 的磁滞回线。分别调节示波器的水平"SCALE"和垂直"SCALE"旋钮，使显示屏上出现图形大小合适的磁滞回线（若图形顶部出现编织状的小环，如图 4-32-7 所示，这时可降低励磁电压 U 予以消除）。仔细观察磁滞回线并将其描绘下来。

2. 选择铁磁材质为样品 2，重复步骤 1 描绘出样品 2 的磁滞回线。

二、测绘起始磁化曲线

1. 选择铁磁质为样品 1，分别调节输入电压值（从 0 V，0.5 V，…，3.0 V），得到一系列由小到大的磁滞回线，如图 4-32-2 所示。分别记下各磁滞回线定点 $a_1, a_2, \cdots, a$ 坐标值填入表 1 中，记录示波器荧光屏底部的偏转因数 D_X、D_Y 并由式(4-32-8)、式(4-32-9)计算出各点的 H、B 值，绘出起始磁化曲线。

2. 选择铁磁质为样品 2，重复步骤 1 绘出样品 2 的起始磁化曲线。

【数据记录与处理】

测试条件：$R_1=$ ＿＿＿＿ Ω，$R_2=$ ＿＿＿＿ Ω；$C_2=$ ＿＿＿＿ μF；
$D_X=$ ＿＿＿＿ V/cm，$D_Y=$ ＿＿＿＿ V/cm。

表 4-32-1　样品 1 的磁滞回线和起始磁化曲线测绘数据

U/V	0.5	1.0	1.2	1.5	1.8	2.0	2.2	2.5	2.8	3.0
x/cm										
y/cm										
$H/(\text{A}\cdot\text{m}^{-1})$										
B/T										

表 4-32-2　样品 2 的磁滞回线和起始磁化曲线测绘数据

U/V	0.5	1.0	1.2	1.5	1.8	2.0	2.2	2.5	2.8	3.0
x/cm										
y/cm										
H/(A·m^{-1})										
B/T										

【探索与思考】

1. 简要说明铁磁材料基本磁化曲线和磁滞回线的主要特性。
2. 什么是软磁材料？什么是硬磁材料？举例说明软磁材料和硬磁材料的应用。

实验 33　非平衡电桥的原理与使用

直流电桥测量准确、灵敏度高，具有重要的应用价值，按使用的方式可分为平衡电桥和非平衡电桥。平衡电桥是通过平衡调节，把待测电阻与标准电阻进行比较直接得到待测电阻值。然而，平衡电桥只能用于测量具有相对稳定状态的物理量。但实际工程上和科学实验中，由于传感器的广泛应用，物理量往往是连续变化的，这些量只能采用非平衡电桥才能测量。非平衡电桥也称不平衡电桥或微差电桥，它的某一个臂或几个臂可以是传感元件，其阻值可随某一物理量的变化而相应改变。所以，用非平衡电桥可以直接测量电桥输出的电压与电流的变化，通过必要的运算处理最终得到电阻值。通过非平衡电可以测量一些变化的非电量，这就把电桥的应用范围扩展到很多领域。目前，在工程测量中非平衡电桥已经得到了广泛的应用。

【实验目的】

1. 掌握非平衡电桥的工作原理以及与平衡电桥的异同。
2. 掌握利用非平衡电桥的输出电压来测量变化电阻的原理和方法。
3. 学习与掌握根据不同被测对象灵活选择不同的桥路形式进行测量。
4. 掌握非平衡电桥测量温度的方法，并类推至测其他非电量。

【实验仪器】

DHQJ-3 型非平衡电桥；DHW 型多功能恒温实验仪。

【实验原理】

如图 4-33-1 所示，非平衡电桥在构成形式上与平衡电桥相似，但测量方法上有很大差别。平衡电桥是调节 R_3 使 $I_0=0$,从而得到 $R_x=\dfrac{R_1}{R_2}\cdot R_3$。非平衡电桥则是使 R_1、R_2、R_3 保持不变,R_x 变化时输出电压 U_0 变化。再根据 U_0 与 R_x 的函数关系,通过检测 U_0 的变化从而测得 R_x。由于可以检测连续变化的 U_0,故可以检测连续变化的 R_x,进而检测连续变化的非电量。

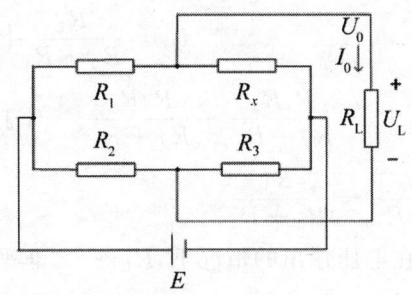

图 4-33-1　非平衡电桥的原理图

一、非平衡电桥的桥路形式

1. 等臂电桥。电桥的四个桥臂阻值相等,即 $R_1=R_2=R_3=R_{x0}$。其中,R_{x0} 是 R_x 的初始值。这时电桥处于平衡状态,$U_0=0$。

2. 卧式电桥,也称输出对称电桥。这时电桥的桥臂电阻对称于输出端,即 $R_1=R_{x0}$,$R_2=R_3$,但 $R_1\neq R_2$。

3. 立式电桥,也称电源对称电桥。这时从电桥的电源端看桥臂电阻对称相等,即 $R_1=R_2$,$R_{x0}=R_3$ 但 $R_1\neq R_3$。

4. 比例电桥。这时桥臂电阻成一定的比例关系,即 $R_1=kR_2$,$R_3=kR_0$ 或 $R_1=kR_3$,$R_2=kR_{x0}$,k 为比例系数。实际上这是一般形式的非平衡电桥。

二、非平衡电桥的输出

1. 输出端开路或负载电阻很大近似于开路,称为电压输出。如后接高内阻数字电压表或高输入阻抗运放等情况,实际使用中大多采用这种方式。

2. 输出端接有一定阻值的负载电阻,称为功率输出,简称功率电桥。

下面分析电压输出时,输出电压 U_0 与被测电阻 R_x 的变化关系。

输出阻抗就是一个信号源的内阻。对于一个理想的电压源(包括电源),内阻应该为 0,或理想电流源的阻抗应当为无穷大。输出阻抗在电路设计特别需要注意。现实中的电压源,则不能做到这一点。我们常用一个理想电压源 E 串联一个电阻 R_0 的方式来等效一个实际的电压源。这个与理想电压源串联的电阻 R_0,就是电源的内阻了。

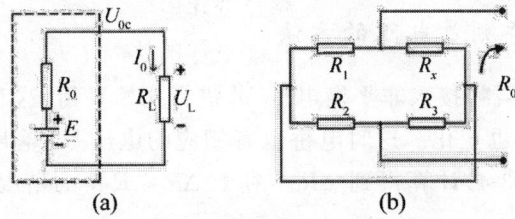

图 4-33-2　非平衡电桥等效电路

根据戴维南定理,图 4-33-1 所示的桥路可等效为图 4-33-2(a)所示的二端口网络。其中,U_{0c} 为输出端开路时的输出电压,R_0 为输出阻抗。由等效图 4-33-2(b)可见

$$U_0 = \frac{R_L}{R_0+R_L}\left(\frac{R_x}{R_1+R_x} - \frac{R_3}{R_2+R_3}\right) \cdot E。 \qquad (4\text{-}33\text{-}1)$$

其中，$R_0 = \frac{R_1 R_x}{R_1+R_x} + \frac{R_2 R_3}{R_2+R_3}$。对于电桥平衡时 R_x 的初始值 R_{x0}，有 $R_1 R_3 = R_2 R_{x0}$，$\frac{R_{x0}}{R_1+R_{x0}} = \frac{R_3}{R_2+R_3}$。

在电压输出的情况下，$R_L \to \infty$，非平衡时输出电压

$$U_0 = \left(\frac{R_x}{R_1+R_x} - \frac{R_3}{R_2+R_3}\right) \cdot E。 \qquad (4\text{-}33\text{-}2)$$

令 $R_x = R_{x0} + \Delta R$，R_x 为被测电阻，R_{x0} 为其初始值，ΔR 为电阻变化量。则式(4-33-1)、式(4-33-2)分别变为：

$$U_0 = \frac{R_L}{R_0+R_L} \cdot \left[\frac{\Delta R \cdot R_2}{(R_1+R_{x0}+\Delta R)(R_2+R_3)}\right] \cdot E, \qquad (4\text{-}33\text{-}3)$$

$$U_0 = \frac{R_1}{(R_1+R_{x0})^2} \cdot \frac{E}{1+\frac{\Delta R}{2R_{x0}}} \cdot \Delta R。 \qquad (4\text{-}33\text{-}4)$$

这是作为一般形式非平衡电桥的输出与被测电阻的函数关系。特殊地，对于等臂电桥和卧式电桥，式(4-33-3)简化为

$$U_0 = \frac{1}{4}\frac{E}{R_{x0}} \cdot \frac{1}{1+\frac{\Delta R}{2R_{x0}}} \cdot \Delta R。 \qquad (4\text{-}33\text{-}5)$$

立式电桥和比例电桥的输出与式(4-33-3)相同。被测电阻的 $\Delta R \ll R_{x0}$ 时，式(4-33-3)可简化为

$$U_0 = \frac{R_1}{(R_1+R_{x0})^2} \cdot E \cdot \Delta R。 \qquad (4\text{-}33\text{-}6)$$

式(4-33-4)可进一步简化为

$$U_0 = \frac{1}{4}\frac{E}{R_{x0}} \cdot \Delta R。 \qquad (4\text{-}33\text{-}7)$$

这时 U_0 与 ΔR 呈线性关系。

三、用非平衡电桥测量电阻的方法

1. 将被测电阻(传感器)接入非平衡电桥，并进行初始平衡，这时电桥输出为 0。改变被测的非电量，则被测电阻也变化。这时电桥也有相应的电压 U_0 输出。测出这个电压后，可根据式(4-33-3)或式(4-33-4)计算得到 ΔR。对于 $\Delta R \ll R_{x0}$ 的情况下可按式(4-33-5)或式(4-33-6)计算得到 ΔR。

2. 根据测量结果求得 $R_x = R_{x0} + \Delta R$，并可作 $U_0 - \Delta R$ 曲线，曲线的斜率就是电桥的测量灵敏度。根据所得曲线，可由 U_0 的值得到 ΔR 的值，也就是可根据电桥的输出 U_0 来测得被测电阻 R_x。

四、用非平衡电桥测温度方法$^\triangle$

（一）用线性电阻测温度

用线性电阻测温度，一般来说，金属的电阻随温度的变化为

$$R_x = R_{x0}(1+\alpha\theta) = R_{x0} + \alpha\theta R_{x0}。 \tag{4-33-8}$$

所以，$R = \alpha R_{x0} \Delta\theta$，代入式(4-33-3)有

$$U_0 = \frac{R_1}{(r_1+R_{x0})^2} \cdot \frac{E}{1+\dfrac{\alpha R_{x0} \cdot \Delta\theta}{R_1+R_{x0}}} \cdot \alpha R_{x0} \cdot \Delta\theta。 \tag{4-33-9}$$

式中的 αR_{x0} 值可由以下方法测得：取两个温度 θ_1、θ_2，测得 R_{x1}，R_{x2} 则

$$\alpha R_{x0} = \frac{R_{x2}-R_{x1}}{\theta_2-\theta_1}。$$

这样，可根据式(4-33-8)由电桥的 U_0 求得相应的温度变化量 $\Delta\theta$，从而求得 $\theta = \theta_0 + \Delta\theta$。

特殊地，当 $\Delta R \ll R_{x0}$ 时，式(4-33-8)可简化为

$$U_0 = \frac{R_1}{(R_1+R_{x0})^2} \cdot E \cdot \alpha R_{x0} \cdot \Delta\theta。 \tag{4-33-10}$$

这时 U_0 与 $\Delta\theta$ 呈线性关系。

（二）利用热敏电阻测温度

热敏电阻具有负的电阻温度系数，电阻值随温度升高而迅速下降。这是因为热敏电阻由一些金属氧化物如 Fe_3O_4、$MgCr_2O_4$ 等半导体制成，在这些半导体内部，自由电子数目随温度的升高增加得很快，导电能力很快增强；虽然原子振动也会加剧并阻碍电子的运动，但这种作用对导电性能的影响远小于电子被释放而改变导电性能的作用，所以温度上升会使电阻值迅速下降。

热敏电阻的电阻温度特性可以用下述指数函数来描述：

$$R_\Theta = A e^{\frac{B}{\Theta}}。 \tag{4-33-11}$$

式中，A 为常数，B 为与材料有关的常数，Θ 为绝对温度。

为了求得准确的 A 和 B，可将式(4-33-11)两边取对数选取不同的温度 Θ，得到相应的 R_Θ，并绘制 $\ln R_\Theta - 1/\Theta$ 曲线，即可求得 A 与 B。

常用半导体热敏电阻的 B 值约为 1 500～5 000 K 之间。

不同温度 Θ 时 R_Θ 有不同的值，电桥的 U_0 也会有相应的变化。可以根据 U_0 与 Θ 的函数关系，经标定后，用 U_0 测量温度 T，但这时 U_0 与 Θ 的关系是非线性的，显示和使用不是很方便。这就需要对热敏电阻进行线性化。线性化的方法很多，常见的有如下几种。

1. 串联法。通过选取一个合适的低温度系数的电阻与热敏电阻串联，就可使温度与电阻的倒数呈线性关系；再用恒压源构成测量电源，就可使测量电流与温度呈线性关系。

2. 串并联法。在热敏电阻两端串并联电阻。总电阻是温度的函数，在选定的温度点进行级数展开，并令展开式的二次项为 0，忽略高次项，从而求得串并联电阻的阻值，这样就可使总电阻与温度成正比，展开温度常为测量范围的中间温度。

3. 用运算放大的结合电阻网络进行转换,使输出电压与温度成一定的线性关系。

4. 非平衡电桥法。选择合适的电桥参数,可使电桥输出与温度在一定的范围内成近似的线性关系。

【仪器介绍】

非平衡电桥(DHQJ-3)与 DHW 型多功能恒温实验仪,如图 4-33-3 和图 4-33-4 所示。

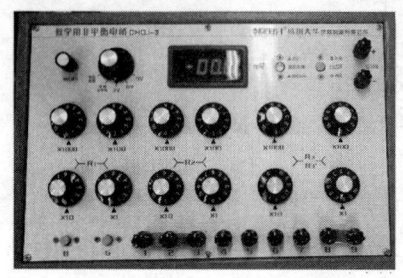 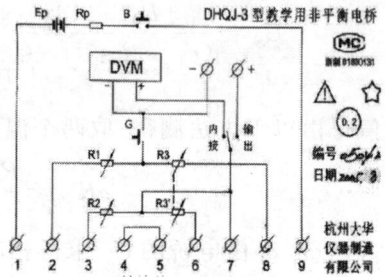

图 4-33-3 非平衡电桥(DHQJ-3)及其接线原理图

【实验内容】

一、用非平衡电桥测电阻温度系数

1. 接线。将 DHW 型多功能恒温实验仪的"铜电阻"端接到非平衡电桥输入端,然后连接好整个电路。

2. 预调电桥平衡。起始温度可以选室温或测量范围内的其他温度。任选一种桥路做一组 U、ΔR 数据。调节桥臂电阻,使 $U=0$,测出 R_{x0},并记下初始温度 θ_0。

3. 打开加热开关,加热电流选择合适的值,对铜电阻进行加热,根据 DHW 的显示温度,读取相应的输出电压 U_0,记录温度 θ 和相应的电压 U 的值。

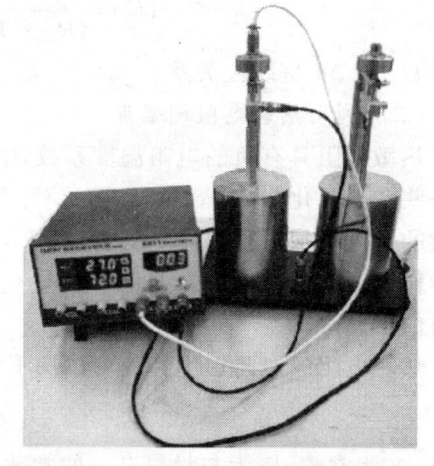

图 4-33-4 DHW 型多功能恒温实验仪

4. 根据选用的桥路形式,选择合适的公式计算出 ΔR 和 R_x 的数据。

5. 根据测量结果作 $R_x - \theta$ 曲线,由图求出曲线的斜率 k,那么金属电阻的温度系数 $\alpha = k/R_{x0}$,并作图求出 20 ℃的电阻值 R_x。

二、用非平衡电桥测电阻的温度△

请自行设计实验。

【注意事项】

1. 实验开始前,所有导线,特别是加热炉与温控仪之间的信号输入线应连接可靠。

2. 传热铜块与传感器组件,出厂时,已由生产厂家调节好,不能随意拆卸。

3. 电桥使用时,应避免将桥臂电阻同时调到零值附近测量,这样可能会出现较大的工作电流,测量精度也会下降。选择不同的桥路测量时,应注意选择合适的工作电源。

4. 温控仪机箱后部的熔丝管应选用 $1\sim1.5$ A。

5. 实验完毕后,应切断电源。

【数据记录与处理】

表 4-33-1　非平衡电桥实验数据

$\theta/℃$								
U_0/mV								
$\Delta R/\Omega$								
R_x/Ω								

【探索与思考】

1. 非平衡电桥的工作原理与平衡电桥的异同。
2. 如何根据不同被测对象选择不同桥路形式进行测量?

【补充资料】

铜电阻 Cu50 是线性电阻,具有正温度系数,其温度系数 $\alpha=0.004\,280$。

表 4-33-2　Cu50 的电阻-温度特性

电阻值/Ω＼温度端＼温度/℃	0	1	2	3	4	5	6	7	8	9
−50	39.242									
−40	41.000	41.184	40.969	40.753	40.537	40.322	40.106	39.890	39.674	39.458
−30	43.55	43.34	43.12	42.91	42.69	43.48	42.27	42.05	41.83	41.61
−20	45.70	45.49	45.27	45.06	44.84	44.63	44.41	44.20	43.98	43.77
−10	47.85	47.64	47.42	47.21	46.99	46.78	46.56	46.35	46.13	45.92
−0	50.00	49.78	49.52	49.35	49.14	48.92	48.71	48.50	48.28	48.07
0	50.00	50.21	50.43	50.64	50.86	51.07	51.28	51.50	51.81	51.93
10	52.14	52.36	52.57	52.78	53.00	53.21	53.43	53.64	53.86	54.07
20	54.28	54.50	54.71	54.92	55.14	55.35	55.57	55.78	56.00	56.21
30	56.42	56.64	56.85	57.07	57.28	57.49	57.71	57.92	58.14	58.35
40	58.565	58.779	58.993	59.207	59.421	59.635	59.848	60.062	60.276	60.490
50	60.704	60.918	61.132	61.345	61.559	61.773	61.987	62.201	62.415	62.628
60	62.842	63.056	63.270	63.484	63.698	63.911	64.125	64.339	64.553	64.767

实验 34　交流电桥实验

交流电桥与直流电桥相似,也是由四个桥臂组成,但组成桥臂的元件不单是电阻,还可包括电容、电感以及它们的组合。由于交流电桥的桥臂特性变化繁多,比之直流电桥有更多的功能,因而使用更广泛,除了可用来测量交流电阻、电感、电容外,还可测量电容器的介质损耗、两线圈间的互感及耦合系数、磁性材料的磁导率及饱和特性,并且当电桥的平衡条件与频率有关时,可用于测量频率,也可用于测量液体的电导等。

【实验目的】

1. 理解交流电桥的平衡原理,掌握调节交流电桥平衡的方法。
2. 用串联电容电桥电路测量电容器的容值及损耗因数。
3. 用并联电容电桥电路测量电容器的容值及损耗因数。
4. 用海氏电桥电路测量电感器的感值及品质因数。
5. 用麦克斯韦电桥电路测量电感器的感值及品质因数。

【实验仪器】

交流电桥综合实验仪(主要由交流电源、交流电压表、电阻箱 2 只、九孔板以及直插电阻、电容、电感器件组成)。

1. 交流电源。频率 1 000 Hz,有效值 0～2 V。
2. 交流电压表。显示有效值,分 3 挡:量程 0～1.999 V,分辨率 0.001 V;量程 0～199.9 mV,分辨率 0.1 mV;量程 0～19.99 mV,分辨率 0.01 mV。
3. 电阻箱。阻值范围 0～99 999.9 Ω,分辨率 0.1 Ω。
4. 九孔实验板。35 cm×30 cm,7×6 个节点。

【实验原理】

交流电桥的电路如图 4-34-1 所示,其中各桥臂 Z_1、Z_2、Z_3、Z_4 为复阻抗,用交流电源供电(如音频信号发生器、蜂鸣器等),探测器 D 可用耳机、晶体管毫伏表、示波器、振动式灵敏电流计或其他整流型交流放大器等,但它们均须在所用的电源频率范围内反应灵敏。当电桥平衡时,探测器支路的电压为零,即节点 1 与节点 2 的电位相等。所以,交流电桥的平衡方程为

$$Z_1 \cdot Z_4 = Z_2 \cdot Z_3 。 \tag{4-34-1}$$

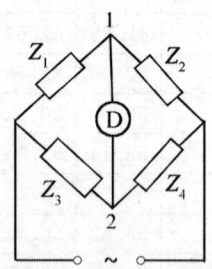

图 4-34-1　交流电桥电路

该结论在形式上与直流惠斯通电桥相同,但交流电桥的桥臂阻抗是一些复数阻抗,$Z=z\,e^{j\varphi}$,它们可以是容抗、感抗、电阻或者它们的组合。电桥平衡时,1、2 两点的电位在任一瞬间都相等。式(4-34-1)可变为

$$z_1\,z_4\,e^{j(\varphi_1+\varphi_4)}=z_2\,z_3\,e^{j(\varphi_2+\varphi_3)}。$$

上式相当于下列两个条件同时成立:

$$z_1\,z_4=z_2\,z_3, \tag{4-34-2}$$

$$\varphi_1+\varphi_4=\varphi_2+\varphi_3。 \tag{4-34-3}$$

复数的平衡意味着方程等号两边的实数与虚数部分应分别相等,所以式(4-34-1)中包含着两个平衡条件。只有当相对臂阻抗的幅值的乘积相等,同时它们的幅角之和也相等时,交流电桥才达到平衡,这是交流电桥和直流电桥不同之处。因此,调节电桥平衡时要求在桥路中要有两个可调元件(确切地说,惠斯通电桥只是交流电桥的特殊情况)。虽然有多种的桥臂阻抗的组合可满足平衡方程,但其中某些仅仅是理论上的,而不能在实际上加以应用。在介绍常用的电桥电路以前,先分析一下电容及电感的等效电路。

1. 电容器中一般含有介电常数为 ε 的介质。因此,电路中有一小部分电能在介质中耗损而转变为热能,这称为介质损耗。介质损耗与频率、温度、压力之间有比较复杂的关系,往往以实验方法来测定。由于存在着介质损耗,在正弦交流电路中电容两端电压 U 与流过电容器的电流 I 之间的位相差不再是 $\dfrac{\pi}{2}$(图 4-34-

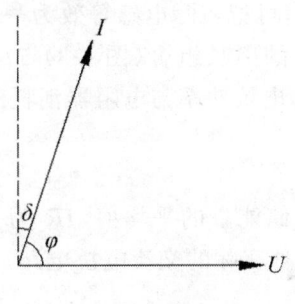

图 4-34-2　损耗角

2),设电压、电流矢量间的夹角为 φ,定义 $\delta=\dfrac{\pi}{2}-|\varphi|$ 为损耗角,而 $D=\mathrm{tg}\,\delta$ 为损耗因数。为了便于分析,可把实际电容等效为一个理想电容 C 和一个电阻(R 或 R')的组合(串联或并联)。

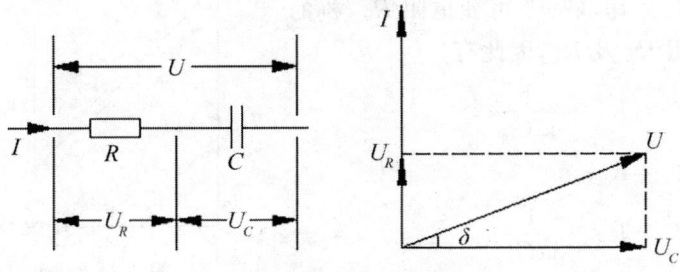

图 4-34-3　串联等效电

串联等效电路如图 4-34-3 所示,

$$\mathrm{tg}\,\delta=\frac{U_R}{U_C}=\omega CR。 \tag{4-34-4a}$$

其中 ω 为交流电角频率。$\omega=2\pi f$,f 为交流电源频率。

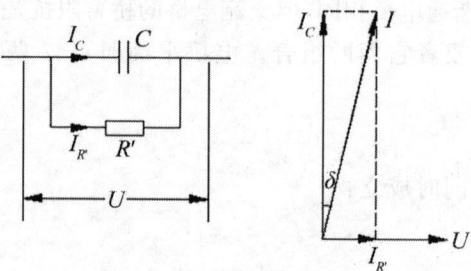

图 4-34-4　并联等效电

并联等效电路如图 4-34-4 所示,

$$\operatorname{tg}\delta = \frac{I_{R'}}{I_C} = \frac{1}{\omega CR'}。 \tag{4-34-4b}$$

在一般情况下,介质损耗较小(即电阻 R 很小或 R′很大)。

电感实际上是由导线绕制而成,也具有一定的电阻。所以,可把实际电感等效为一个理想电感 L 和一个电阻 R 的串联组合(图 4-34-5)。定义线圈的品质因数 Q 为电抗功率与电阻器消耗的平均功率之比:

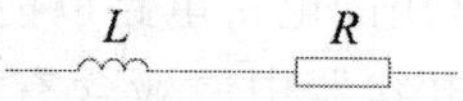

图 4-34-5　电感器等效电路

$$Q = \frac{\omega L}{R}。 \tag{4-34-5}$$

$I\omega L$ 为存储能量的平均值,IR 为平均消耗功率。Q 的大小表示电感线圈性能的好坏。下面介绍几种实际的交流电桥电路。

一、串联电容电桥

图 4-34-6 所示为串联电容电桥,被测电容 C_x 接到电桥的第一臂,它的损耗以等效串联电阻 R_x 表示,与被测电容相比较的标准电容 C_n 接入相邻的第三臂,同时与 C_n 串联一个可变电阻 R_n,桥的另外两臂为纯电阻 R_b 及 R_a,因此有

$$Z_1 = R_x + \frac{1}{j\omega C_x};$$
$$Z_2 = R_a;$$
$$Z_3 = R_n + \frac{1}{j\omega C_n};$$
$$Z_4 = R_b。$$

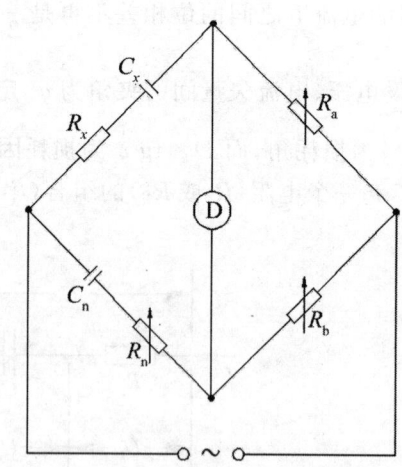

图 4-34-6　串联电容电桥

当电桥调到平衡时,有

$$\left(R_x + \frac{1}{j\omega C_x}\right) \cdot R_b = R_a \cdot \left(R_n + \frac{1}{j\omega C_n}\right)。 \tag{4-34-6}$$

根据复数相等,须虚部、实部分别相等,得

第四章 综合性实验

$$R_x = \frac{R_a}{R_b} R_n, \quad (4\text{-}34\text{-}7)$$

$$C_x = \frac{R_b}{R_a} C_n。 \quad (4\text{-}34\text{-}8)$$

要使电桥达到平衡,必须同时满足上面式(4-34-7)、式(4-34-8)两个条件,因此至少要调节两个参数。理论上讲,可以单独调节 R_n 和 C_n 互不影响地使电容电桥达到平衡,但通常标准电容都是做成固定的,因此 C_n 不能连续可变。这时,可以调节比值 R_b/R_a 使式(4-34-8)得到满足,但调节 R_b/R_a 时又影响到式(4-34-7)的平衡。因此,要使电桥同时满足两个平衡条件,必须对 R_n 和 R_b/R_a 等参数反复调节才能实现,因此使用交流电桥时,必须通过实际操作取得经验,才能迅速获得电桥的平衡。实际调节交流电桥时,总是先固定一个参量,调节另一个。在这样的调节过程中,每次只能使探测器 D 的电流达到新的最小值,反复调节,逐次逼近平衡。电桥达到平衡后,R_x 和 C_x 值可以分别按式(4-34-7)和式(4-34-8)计算,其被测电容的损耗因数

$$D = \text{tg}\,\delta = \omega C_x R_x = \omega C_n R_n。 \quad (4\text{-}34\text{-}9)$$

二、并联电容电桥

图 4-34-7 所示为并联电容电桥,根据电桥的平衡条件(推导过程略),得

$$C_x = \frac{R_b}{R_a} C_n, \quad (4\text{-}34\text{-}10)$$

$$R_x = \frac{R_a}{R_b} R_n。 \quad (4\text{-}34\text{-}11)$$

而损耗因数

$$D = \text{tg}\,\delta = \frac{1}{\omega C_x R_x} = \frac{1}{\omega C_n R_n}。 \quad (4\text{-}34\text{-}12)$$

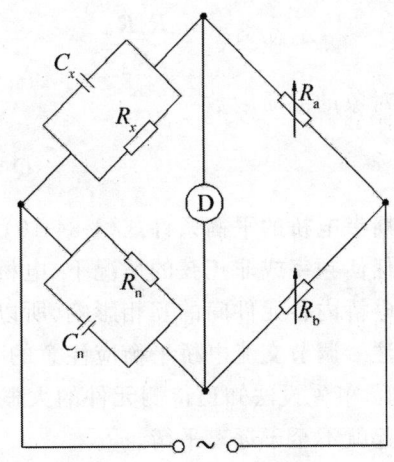

图 4-34-7 并联电容电桥

三、海氏电桥

海氏电桥的原理线路图如 4-34-8 所示。电桥平衡时,根据平衡条件(推导过程略),得

$$L_x = R_a R_b \frac{C_n}{1+(\omega C_n R_n)^2}, \quad (4\text{-}34\text{-}13)$$

$$R_x = R_a R_b \frac{R_n(\omega C_n)^2}{1+(\omega C_n R_n)^2}。 \quad (4\text{-}34\text{-}14)$$

由式(4-34-12)、式(4-34-13)可知,海氏电桥的平衡条件是与频率有关的。

用海氏电桥测量时,其品质因数

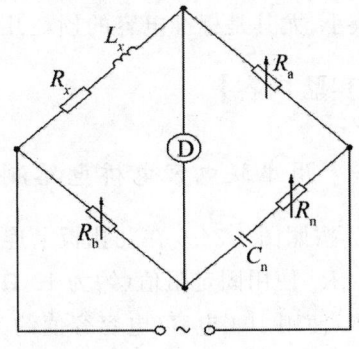

图 4-34-8 海氏电桥

$$Q = \frac{\omega L_x}{R_x} = \frac{1}{\omega C_n R_n}. \tag{4-34-15}$$

由式(4-34-15)可知,被测电感 Q 值越小,则要求标准电容 C_n 的值越大,此外,若被测电感的 Q 值过小,则海氏电桥的标准电容的桥臂中所串的 R_n 也必须很大,但当电桥中某个桥臂阻抗数值过大时,将会影响电桥的灵敏度。

四、麦克斯韦电桥

麦克斯韦电桥的原理线路如图 4-34-9 所示,它与海氏电桥所不同的是:标准电容的桥臂中的 C_n 和可变电阻 R_n 是并联的。

在电桥平衡时,有

$$L_x = R_a R_b C_n, \tag{4-34-16}$$

$$R_x = \frac{R_a R_b}{R_n}. \tag{4-34-17}$$

被测对象的品质因数

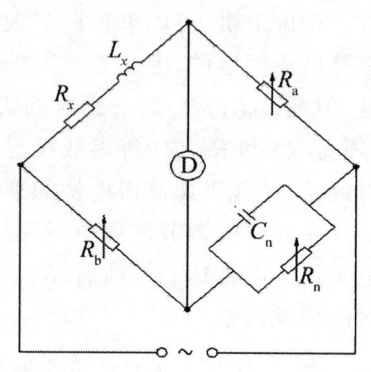

图 4-34-9 麦克斯韦电桥

$$Q = \frac{\omega L_x}{R_x} = \omega R_n C_n. \tag{4-34-18}$$

麦克斯韦电桥的平衡条件式(4-34-16)、式(4-34-17)表明,它的平衡是与频率无关的,即在电源为任何频率或非正弦的情况下,电桥都能平衡,所以该电桥的应用范围较广。但实际上,由于电桥内各元件间的互相影响,所以交流电桥的测量频率对测量精度仍有一定的影响。

注 调节交流电桥平衡应注意的几个问题:

1. 事先设法知道待测元件的大概数值,根据平衡公式选定调节参量的数值,使电桥从开始起就不至于远离平衡。

2. 用交流电桥时,往往总是分粗测和精测两步完成。粗测找到待测元件的大致范围,精测的目的是选择合适的元件与数值,确保各量的精度,从而保证最终结果的准确度。

3. 分步调,反复调,在每一步中抓住主要问题。例如测电容时,要注意一般电容的损耗都比较小,尤其是标准电容的损耗几乎为零这个特点。

【实验内容】

一、用串联电容电桥电路测量电容器的容值及损耗因数

1. 按照图 4-34-6 在九孔板上连接各元件。

2. R_a 使用固定阻值(约为 10 Ω、100 Ω、1 000 Ω)中的 1 个,R_b 与 R_n 使用电阻箱,标准电容 C_n 使用 104 电容(电容容值约为 100 nF),另有三个不同的电容作为待测元件(各元件的阻值、容值均已在插件外壳上给出参考值)。

3. 在确认电路连接无误后,打开主机电源使其输出交流信号。先用两个电阻箱配合主机上交流电压表的 2 V 挡位进行粗调,然后再使用 200 mV 及 20 mV 进行细调,直至交流

电压表的电压示值为最小。

4. 记录各元件参数,按公式进行计算 R_x、C_x 以及损耗因数 D,并可与参考值进行比较。

二、用并联电容电桥电路测量电容器的容值及损耗因数

按照图 4-34-7 在九孔板上连接各元件,给出一个未知电容器,求出 C_x、R_x 以及损耗因数 D。表格自拟。

三、用海氏电桥电路测量电感器的感值及品质因数$^{\triangle}$

按照图 4-34-8 在九孔板上连接各元件,给出一个未知电感器,求出 L_x、R_x、Q。表格自拟。

四、用麦克斯韦电桥电路测量电感器的感值及品质因数$^{\triangle}$

按照图 4-34-9 在九孔板上连接各元件,给出一个未知电感器,求出 L_x、R_x、Q。表格自拟。

【探索与思考】

1. 交流电桥平衡的条件是什么?
2. 实际电容、电感与理论电容、电感有何区别?电感线圈的品质因数如何定义?
3. 比较惠斯通电桥与交流电桥操作过程中的异同,调节交流电桥的平衡有何体会?根据你的体会再去实验,看看调节速度是不是加快了?
4. 探究电感的品质因数 Q 与损耗电阻的关系。

实验 35　光敏传感器光电特性实验

光敏传感器是将光信号转换为电信号的传感器,也称为光电式传感器。它可用于检测直接引起光强度变化的非电量,如光强、光照度、辐射测温、气体成分分析等,也可用来检测能转换成光强变化的其他非电量,如零件直径、表面粗糙度、位移、速度、加速度及物体形状、工作状态识别等。光敏传感器具有非接触、响应快、性能可靠等特点,因而在工业自动控制及智能机器人中得到广泛应用。

光敏传感器的物理基础是光电效应,即半导体材料的许多电学特性都因受到光的照射而发生变化。光电效应通常分为外光电效应和内光电效应两大类:外光电效应是指在光照射下,电子逸出物体表面的外发射的现象,也称光电发射效应。基于这种效应的光电器件有光电管、光电倍增管等。内光电效应是指入射的光强改变物质电导率的物理现象,称为光电导效应。几乎大多数光电控制应用的传感器都是此类,通常有光敏电阻、光敏二极管、光敏

三极管、硅光电池等。近年来新的光敏器件不断涌现，如：具有高速响应和放大功能的 APD 雪崩式光电二极管、半导体色敏传感器、光电闸流晶体管、光导摄像管、CCD 图像传感器等，为光电传感器进一步的应用开创了新的一页。

本实验主要是研究光敏电阻、硅光电池、光敏二极管、光敏三极管四种光敏传感器的基本特性。掌握光敏传感器基本特性的测量方法，为合理应用光敏传感器打好基础。

【实验目的】

1. 了解光敏电阻的基本特性，测出它的伏安特性曲线和光照特性曲线。
2. 了解硅光电池的基本特性，测出它的伏安特性曲线和光照特性曲线。
3. 了解硅光敏二极管的基本特性，测出它的伏安特性和光照特性曲线。
4. 了解硅光敏三极管的基本特性，测出它的伏安特性和光照特性曲线。

【实验仪器】

FD-LS-C 光敏传感器光电特性实验仪。

【实验原理】

一、光敏传感器的伏安特性

光敏传感器在一定的入射照度下，光敏元件的电流 I 与所加电压 U 之间的关系称为光敏器件的伏安特性。改变照度则可以得到一簇伏安特性曲线。它是传感器应用设计时选择电参数的重要依据。某种光敏电阻、硅光电池、光敏二极管、光敏三极管在某些照度 E_e 情况下的伏安特性典型曲线如图 4-35-1 所示。

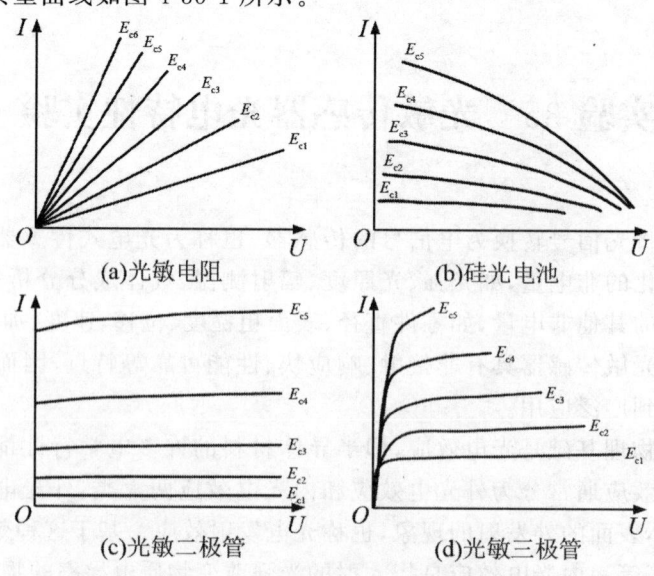

图 4-35-1　光敏传感器的伏安特性曲线

从四种光敏器件的伏安特性可以看出：光敏电阻类似一个纯电阻，其伏安特性线性良好，在一定照度下，电压越大光电流越大，但必须考虑光敏电阻的最大耗散功率，超过额定电压和最大电流都可能导致光敏电阻的永久性损坏。光敏二极管的伏安特性和光敏三极管的伏安特性类似，但光敏三极管的光电流比同类型的光敏二极管大好很多。零偏压时，光敏二极管有光电流输出，而光敏三极管则无光电流输出。硅光电池在零偏置时，流过 PN 结的电流 $I=I_p$（反向光电流），故硅光电池在零偏置无光照时，硅光电池输出电压 $\neq 0$，只有在硅光电池处于负偏置时，流过 PN 结的电流 $I=I_p-I_s$（反向饱和电流）$=0$ 时，才能使硅光电池的输出电压为零。在一定的光照度下，硅光电池的伏安特性呈非线性。

二、光敏传感器的光照特性

光敏传感器的光谱灵敏度与入射光强之间的关系称为光照特性。有时光敏传感器的输出电压或电流与入射光强之间的关系也称为光照特性，它也是光敏传感器应用设计时选择参数的重要依据之一。某种光敏电阻、硅光电池、光敏二极管、光敏三极管在某些工作电压 U 情况下的光照特性典型曲线如图 4-35-2 所示。

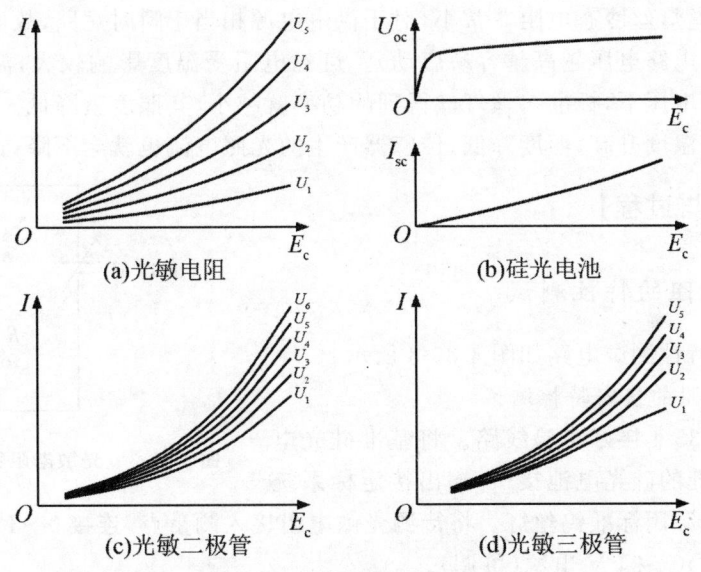

图 4-35-2　光敏传感器的光照特性曲线

从四种光敏器件的光照特性可以看出：光敏电阻、光敏二极管、光敏三极管的光照特性呈非线性，一般不适合作线性检测元件。硅光电池的开路电压也呈非线性且有饱和现象，其短路电流呈良好的线性，故以硅光电池作测量元件应用时，应该利用短路电流与光照度的良好线性关系。短路电流是指外接负载电阻远小于硅光电池内阻时的电流，一般负载在 50 Ω 以下时，其短路电流与光照度呈良好的线性，且负载越小，线性关系越好、线性范围越宽。

【仪器简介】

FD-LS-C 光敏传感器光电特性实验仪由光敏电阻、光敏二极管、光敏三极管、硅光电池等四种光敏传感器及直流可调稳压电源、可调光源、电阻箱、数字电压表等组成。

1. 电源电压。(220±22)V,(50±2.5)Hz,功耗<50 W。
2. 实验电源。DC $-12\sim +12$ V可调,0.3 A。
3. 光源照度。分为3挡,每挡内连续可调,最大照度≥1 500 lx。
4. 数字电压表(测量系统)。量程(三挡):$0\sim 200$ mV,$0\sim 2$ V,$0\sim 20$ V。分辨率:0.1 mV(200 mV),0.001 V(2 V),0.01 V(20 V)。
5. 数字电压表(定标系统)。量程:$0\sim 200$ mV。分辨率:0.1 mV。
6. 密闭光通路。200 mm。

所有光敏传感器的特性测量所用光源强度均为相对光照强度,待测传感器与定标传感器(硅光电池)装在同一平面,可同时得到相同的照度,利用硅光电池的短路电流与光照强度的线性关系来对比测量待测传感器的特性,实验设计的光照度为参考值。也可以用光照度计来测量标准照度(最大照度1 500 lx)。

不能长时间用最大照度实验,每做完一次大照度实验后必须将照度调至最小,以免传感器受温度影响引起测量误差及损坏。

由于标准钨丝灯丝冷态电阻非常小,对于供电电源相当于瞬时短路,故电源短路保护电路可能启动(保护电路电压越高越容易启动)。灯丝电阻受温度影响较大,温度越高灯丝电阻越大,即同样的电压下,标准钨丝灯丝得到的功率就越小,其照度就降低。实验时,随着实验时间增加,灯丝温度升高,照度降低,传感器产生的光照电流也就会下降,这是正常现象。

【实验内容与过程】

一、光敏电阻的特性测试

光敏电阻的特性测试电路如图 4-35-3 所示。

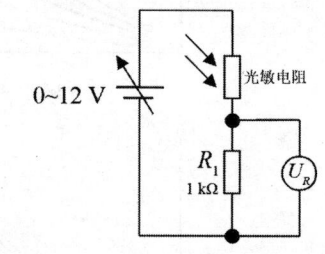

图 4-35-3　光敏电阻特性测试电路

(一) 光敏电阻的伏安特性测试

1. 按照图 4-35-4 接好实验线路。将基准硅光电池接入相对照度处的硅光电池接口,输出接定标系统的数字电压表,光源用标准钨丝灯。将待测光敏电阻接入测量点,连接 $0\sim 12$ V 电源。光源电压(即照度调节)$0\sim 24$ V 电源(可调)。

2. 使用面板右下的"照度调节"旋钮将相对光强 U_1(即"定标"电压表示值)调节至某一定值(例如 5 mV)。在一定的光照条件下,测出"光敏电阻"实验电路的总电压 U(即"+U"与"0"两端之间的电压,使用"正电源调节"旋钮调节)分别为 2 V、4 V、6 V、8 V、10 V 时串联电阻 $R_1=1$ kΩ 上相应的电压 U_R(即"U_0"与"0"两端之间的电压,需将先前连接"测量"电压表至"+U"的接线切换至"U_0")。计算 $I=U_R/1$ kΩ,光敏电阻两端电压 $U_c=U-U_R$,同时算出此时光敏电阻的阻值,即 $R_g=U_c/I$。

3. 改变相对光强 U_1 的电压值(如 5 mV、10 mV、15 mV、20 mV、25 mV、30 mV),同上述方式调节"光敏电阻"实验电路的总电压 U,测量 U_R,计算 I、U_c 与 R_g。

注　本实验仅利用硅光电池的短路电流与光照强度的线性关系来测量光敏元件的光照

第四章 综合性实验

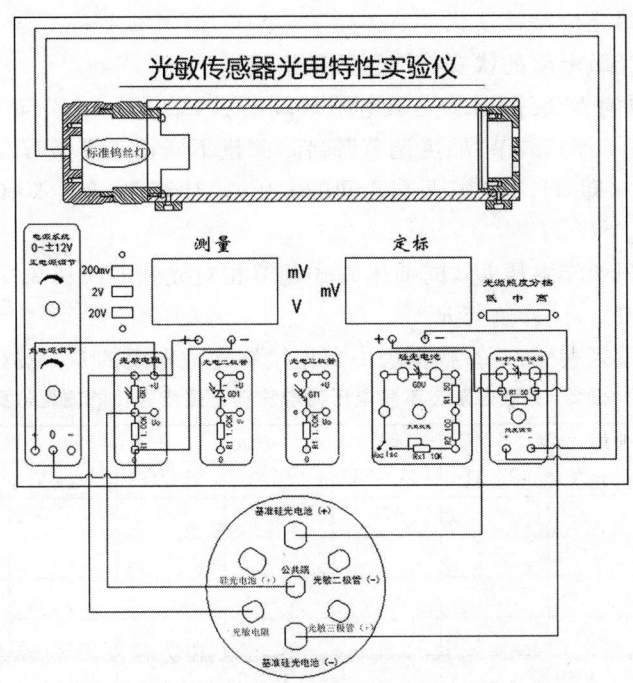

图 4-35-4 光敏电阻特性测试接线图

特性。因为硅光电池(内阻较大)串联了一个 50 Ω 的取样电阻,所以可用取样电阻两端电压 U_1 表示相对光照强度。文中所列光照强度仅供参考,实际光照度还需要使用专用照度计校准。

4. 将测算数据填入表 4-35-1,根据表中数据绘制光敏电阻的 U_c-I(伏安特性)曲线。

表 4-35-1 光敏电阻在不同光照度时电流随所加不同电压变化的测量数据

U/V	$U_1=5.0$ mV				$U_1=10.0$ mV				$U_1=15.0$ mV			
	U_R/V	U_c/V	I/mA	R_g/Ω	U_R/V	U_c/V	I/mA	R_g/Ω	U_R/V	U_c/V	I/mA	R_g/Ω
2.0												
4.0												
6.0												
8.0												
10.0												
U/V	$U_1=20.0$ mV				$U_1=25.0$ mV				$U_1=30.0$ mV			
	U_R/V	U_c/V	I/mA	R_g/Ω	U_R/V	U_c/V	I/mA	R_g/Ω	U_R/V	U_c/V	I/mA	R_g/Ω
2.0												
4.0												
6.0												
8.0												
10.0												

（二）光敏电阻的光照特性测试

1. 实验线路与光敏电阻的伏安特性测试基本相同。

2. 使用"正电源调节"旋钮调节光敏电阻两端电压 U_c（即"+U"与"U_0"两端之间的电压）至一定值（例如 0.5 V），调节"照度调节"旋钮，测量不同相对光强 U_1 下串联电阻 $R_1=1$ kΩ 上相应的电压 U_R（即"U_0"与"0"两端之间的电压）。计算 $I=U_R/1$ kΩ，同时算出此时光敏电阻的阻值，即 $R_g=U_c/I$。

3. 改变光敏电阻两端电压 U_c，同上述方式调节相对光强 U_1（从 3.0 mV 到 27.0 mV，间隔 3.0 mV），测量 U_R，计算 I 与 R_g。

4. 将测算数据填入表 4-35-2，根据表中数据绘制光敏电阻的 U_1-I（光照特性）曲线。

表 4-35-2　光敏电阻在不同电压时电流随光照度变化的测量数据

U_1/V	$U_c=0.5$ mV			$U_c=1.0$ mV			$U_c=1.5$ mV		
	U_R/V	I/mA	R_g/Ω	U_R/V	I/mA	R_g/Ω	U_R/V	I/mA	R_g/Ω
3.0									
6.0									
……									
27.0									

U_1/V	$U_c=2.0$ mV			$U_c=2.5$ mV					
	U_R/V	I/mA	R_g/Ω	U_R/V	I/mA	R_g/Ω	U_R/V	I/mA	R_g/Ω
3.0									
6.0									
……									
27.0									

二、硅光电池的特性测试

（一）硅光电池的伏安特性测试

硅光电池特性测试电路如图 4-35-5 所示。

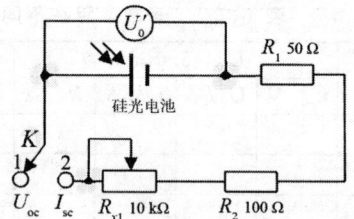

图 4-35-5　硅光电池特性测试电路

1. 按照 4-35-6 图接好实验线路。将基准硅光电池接入相对照度处的硅光电池接口，输出接定标系统的数字电压表，光源用标准钨丝灯。将待测的硅光电池接入测量点，光源电压 0~24 V（电源可调）。测伏安特性时调节可变电阻 R_{x1}（10 kΩ），利用检测已知电阻 R_1（50 Ω）上的电压间接测试负载电流。

2. 使用面板右下的"照度调节"旋钮改变相对光强 U_1（即"定标"电压表示值），从 0 开始到 30.0 mV 每次在一定的相对光强下，测出硅光电池的光电流 I 与光电压 U_0' 在不同的负载条件下的关系（150 Ω~10 kΩ）数据。其中，光电压 U_0' 为硅光电池两端电压，光电流 I 的值可通过测量串联电路上取样电阻 R_1（50 Ω）两端的电压 U_R，利用 $I=U_R/50$ Ω 计算得出，总负载 $R_负=U_0'/I$。

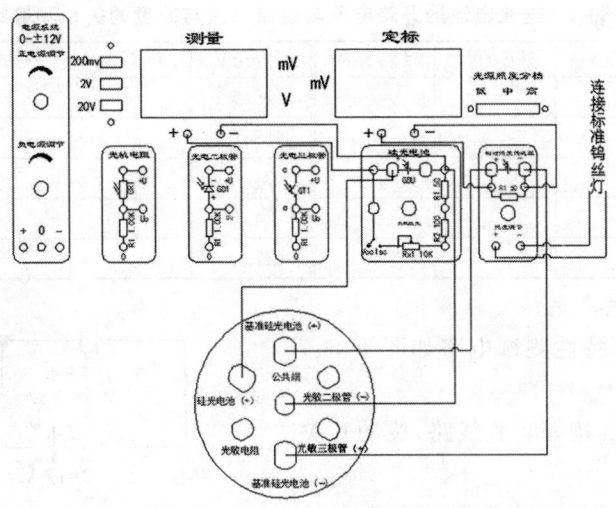

图 4-35-6　硅光电池特性测试接线图

3. 将测出数据填入表 4-35-3，根据表中数据绘制硅光电池的 $U_0'-I$（伏安特性）曲线。

表 4-35-3　硅光电池在不同的光照度时光电流与光电压在不同负载电阻时的关系测量数据

$U_1=5.0$ mV				$U_1=10.0$ mV				$U_1=15.0$ mV			
U_0'/V	U_R/V	I/mA	$R_负/\Omega$	U_0'/V	U_R/V	I/mA	$R_负/\Omega$	U_0'/V	U_R/V	I/mA	$R_负/\Omega$
……											

$U_1=20.0$ mV				$U_1=25.0$ mV			
U_0'/V	U_R/V	I/mA	$R_负/\Omega$	U_0'/V	U_R/V	I/mA	$R_负/\Omega$
……							

（二）硅光电池的光照度特性测试

1. 实验线路与硅光电池的伏安特性测试相同，并且将 R_{x1} 可变电阻（即"负载改变"旋钮）调至零，R_2 短接。

2. 使用面板右下的"照度调节"旋钮改变相对光强 U_1（即"定标"电压表示值），从 0 开始到 30.0 mV 每次在一定的相对光强下，测出硅光电池的开路电压 U_{oc} 和短路电流 I_{sc} 数据。其中，拨动开关拨至左侧 U_{oc} 时，电路断开，开路电压 U_{oc} 即为硅光电池两端电压；拨动开关拨至右侧 I_{sc} 时，通过测量串联电路上取样电阻 R_1（50 Ω）两端的电压 U_R，利用 $I_{sc}=U_R/50\ \Omega$ 计算得出。

3. 将测出数据填入表 4-35-4，根据表中数据绘制硅光电池的 U_1-U_{oc} 及 U_1-I_{sc}（光照特性）曲线。

表 4-35-4 硅光电池的开路电压与短路电流与照度的关系测量数据

U_1/mV	U_{oc}/V	U_R/V	I_{sc}/mA	U_1/mV	U_{oc}/V	U_R/V	I_{sc}/mA
0				15.0			
3.0				18.0			
6.0				21.0			
9.0				24.0			
12.0				27.0			

（三）硅光电池的负偏压特性测试

硅光电池负偏压特性测试电路如图 4-35-7 所示。

1. 按照图 4-35-8 接好实验线路，拨动开关拨至左侧 U_{oc}。

2. 使用"正电源调节"旋钮调节硅光电池两端电压 U_c 至一定值（例如 -2 V），调节"照度调节"旋钮，测量不同相对光强 U_1（从 3.0 mV 到 27.0 mV，间隔 3.0 mV）时串联电阻 $R_1 = 50\ \Omega$ 上相应的电压 U_R。计算 $I = U_R/50\ \Omega$。

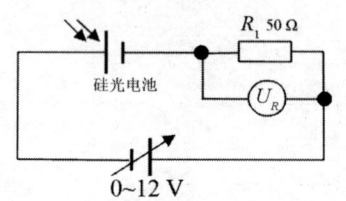

图 4-35-7 硅光电池负偏压特性测电路

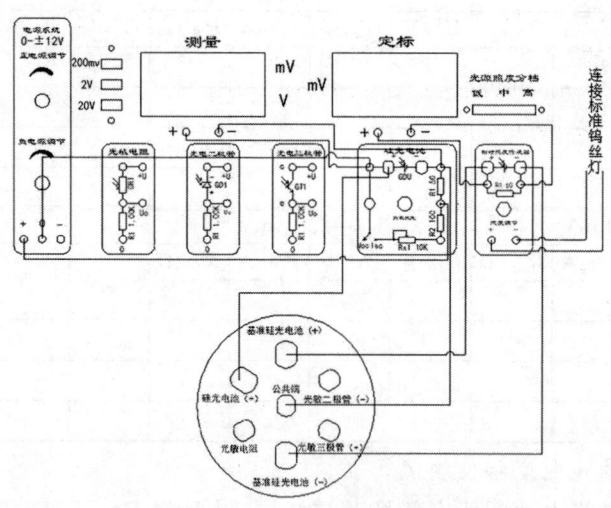

图 4-35-8 硅光电池负偏压特性测接线图

3. 改变硅光电池两端电压 U_c，同上述方式调节相对光强 U_1，测量 U_R，计算 I 与 U_0。

4. 将测算的数据填入表 4-35-5，根据表中数据绘制硅光电池的 U_1-I（负偏压特性）曲线。

三、光敏二极管的特性测试△

（一）光敏二极管的伏安特性测试

光敏二极管特性测试电路如图 4-35-9 所示。

表 4-35-5 硅光电池在不同偏置电压时电流随光照度变化的测量数据

U_1/V	$U_c=0$ mV		$U_c=-2$ mV		$U_c=-4$ mV	
	U_R/mV	I/mA	U_R/mV	I/mA	U_R/mV	I/mA
3.0						
6.0						
……						
27.0						

U_1/V	$U_c=-6$ mV		$U_c=-8$ mV		$U_c=-10$ mV	
	U_R/mV	I/mA	U_R/mV	I/mA	U_R/mV	I/mA
3.0						
6.0						
……						
27.0						

1. 按照图 4-35-10 接好实验线路。将基准硅光电池接入相对照度处的硅光电池接口，输出接定标系统的数字电压表，光源用标准钨丝灯。将待测的光敏二极管接入测量点，连接 0~12 V 电源。

2. 使用面板右下的"照度调节"旋钮将相对光强 U_1（即"定标"电压表示值）调节至某一定值（例如 3 mV）。在一定的光照条件下，测出光敏二极管上的偏置电压 U_c（即"+U"与"U_0"两端之间的电压，使用

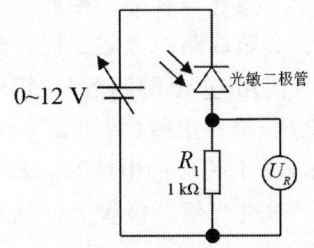

图 4-35-9 光敏二极管特性测试电路

"正电源调节"旋钮调节）分别为 0 V、2 V、4 V、6 V、8 V、10 V 时串联电阻 $R_1=1$ kΩ 上相应的电压 U_R（即"U_0"与"0"两端之间的电压），计算 $I=U_R/1$ kΩ。

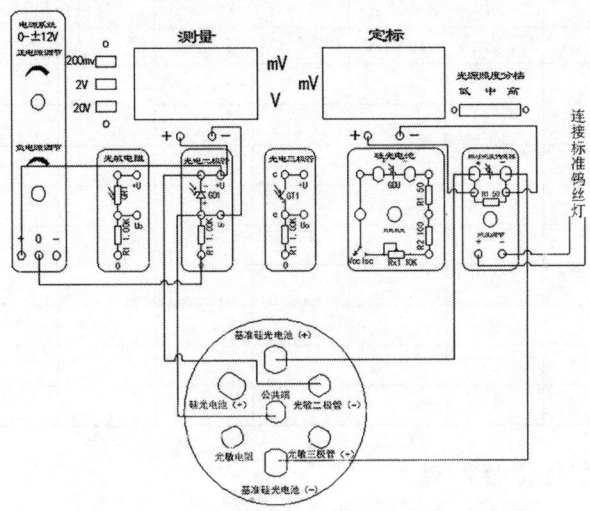

图 4-35-10 光敏二极管特性测试接线图

注 实验电路中的光敏二极管实际是在反向偏压(即负偏压)下工作的。

3. 改变相对光强 U_1 的电压值(如 3 mV、6 mV、9 mV、12 mV、15 mV、18 mV、21 mV、24 mV、27 mV),同上述方式调节光敏二极管上的偏置电压 U_c,测量 U_R,计算 I。

4. 将测出数据填入表 4-35-6,根据表中数据绘制光敏二极管的 U_c-I(伏安特性)曲线。

表 4-35-6　光敏二极管在一定照度下偏置电压与光电流的关系测量数据

U_c/V	$U_1=3.0$ mV		$U_1=6.0$ mV		……		$U_1=24.0$ mV		$U_1=27.0$ mV	
	U_R/mV	I/mA	U_R/mV	I/mA	U_R/mV	I/mA	U_R/mV	I/mA	U_R/mV	I/mA
0										
2.00										
4.00										
6.00										
8.00										
10.00										

(二) 光敏二极管的光照特性测试

1. 实验线路同光敏二极管的伏安特性测试。

2. 使用"正电源调节"旋钮调节光敏二极管上的偏置电压 U_c(即"+U"与"U_0"两端之间的电压)至一定值(例如 2 V),调节"照度调节"旋钮,测量不同相对光强 U_1 下串联电阻 $R_1=1$ kΩ 上相应的电压 U_R(即"U_0"与"0"两端之间的电压),计算 $I=U_R/1$ kΩ。

3. 改变光敏二极管上的偏置电压 U_c(每次增加 10 V,最大 10 V),同上述方式调节相对光强 U_1,测量 U_R,计算 I。

4. 将测出数据填入表 4-35-7,根据表中数据绘制光敏二极管的 U_1-I(光照特性)曲线。

表 4-35-7　光敏二极管在不同偏置电压时光照度与光电流的关系测量数据

U_1/mV	$U_c=0$ V		$U_c=2$ V		……		$U_c=8$ V		$U_c=10$ V	
	U_R/mV	I/mA	U_R/mV	I/mA	U_R/mV	I/mA	U_R/mV	I/mA	U_R/mV	I/mA
3.0										
6.0										
9.0										
12.0										
15.0										
18.0										
21.0										
24.0										
27.0										

四、光敏三极管的特性测试△

光敏三极管特性测试电路如图 4-35-11 所示。

（一）光敏三极管的伏安特性测试

1. 按照图 4-35-12 接好实验线路。将基准硅光电池接入相对照度处的硅光电池接口，输出接定标系统的数字电压表，光源用标准钨丝灯。将待测的光敏三极管接入测量点，连接 0~12 V 电源。

2. 使用面板右下的"照度调节"旋钮将相对光强 U_1（即"定标"电压表示值）调节至某一定值（例如 5 mV）。在一定的光照条件下，测出"光敏三极管"实验

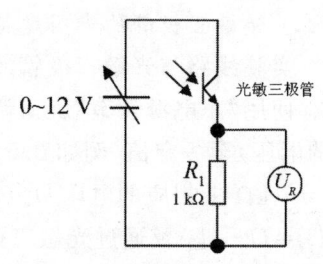

图 4-35-11　光敏三极管特性测试电路

电路总电压 U（即"+U"与"0"两端之间的电压，使用"正电源调节"旋钮调节）分别为 0、2 V、4 V、6 V、8 V、10 V 时串联电阻 $R_1 = 1\ \text{k}\Omega$ 上相应的电压 U_R（即"U_0"与"0"两端之间的电压），计算光敏三极管上的偏置电压 $U_C = U - U_R$ 及通过光敏三极管的电流 $I = U_R / 1\ \text{k}\Omega$。

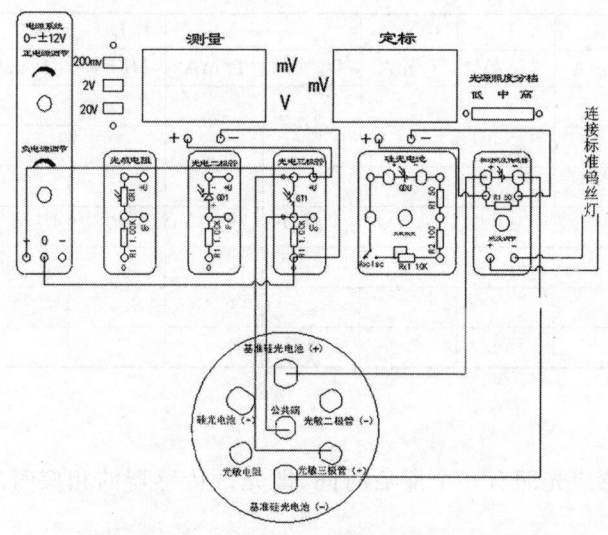

图 4-35-12　光敏三极管特性测试接线图

3. 改变相对光强的电压值（如 5 mV、10 mV、15 mV、20 mV、25 mV），同上述方式调节总电压 U，测量 U_R，计算 U_C 及 I。

4. 将测算数据填入表 4-35-8，根据表中数据绘制光敏三极管的 U_C - I（伏安特性）曲线。

表 4-35-8　光敏三极管在一定照度下偏置电压与光电流的关系测量数据

U/V	$U_1 = 5.0$ mV		$U_1 = 10.0$ mV		$U_1 = 15.0$ mV		$U_1 = 20.0$ mV		$U_1 = 25.0$ mV	
	U_c/V	I/mA	U_c/V	I/mA	U_c/V	I/mA	U_c/V	I/mA	U_c/V	I/mA
0										
2.00										
4.00										
6.00										
8.00										
10.00										

(二) 光敏三极管的光照度特性测试实验

1. 实验线路与光敏三极管的伏安特性测试基本相同。

2. 使用"正电源调节"旋钮调节"光敏三极管"实验电路总电压 U(即"+U"与"0"两端之间的电压)至一定值(例如 0.5 V),调节"照度调节"旋钮,测量不同相对光强 U_1 下串联电阻 $R_1=1$ kΩ 上相应的电压 U_R(即"U_0"与"0"两端之间的电压),计算光敏三极管上的偏置电压 $U_c=U-U_R$ 及通过光敏三极管的电流 $I=U_R/1$ kΩ。

3. 改变光敏三极管上的偏置电压 U_c,按每次增加 0.5 V,以上述方式调节相对光强 U_1,测量 U_R,计算 U_c 及 I。

4. 将测出的数据填入表 4-35-9,根据表中数据绘制光敏三极管的 U_1-I(光照特性)曲线。

表 4-35-9 光敏三极管在不同偏置电压时光照度与光电流的关系测量数据

U_1/mV	$U_c=0.5$ V		$U_c=1.0$ V		……		$U_c=2.0$ V		$U_c=2.5$ V	
	U_R/V	I/mA	U_R/V	I/mA	U_R/V	I/mA	U_R/V	I/mA	U_R/V	I/mA
3.0										
6.0										
9.0										
12.0										
15.0										
18.0										
21.0										

【探索与思考】

1. 光敏传感器感应光照有一个滞后时间,即光敏传感器的相应时间,如何来测光敏传感器的响应时间?

2. 验证光照强度与距离的平方成正比(把实验装置近似为点光源)。

3. 实验中光照强度的定标原理是什么?为何使用硅光电池定标?

4. 利用光敏传感器特性设计一个实际应用电路。

实验 36 周期电信号的傅里叶分解合成实验

任何一个周期电信号均可用傅里叶级数来表示。傅里叶级数的各项代表了不同频率的正弦或余弦信号,即任何波形的周期信号都可以看作是这些信号(谐波)的叠加。利用不同的方法,可以从周期信号中分解出它的各次谐波的幅值和相位,也可依据信号的傅里叶级数表达式的要求,将各次谐波叠加得到所期望的信号。用这种方法对信号进行分析处理,称为傅里叶分析。

第四章 综合性实验

傅里叶分析是一种最常用的分析电信号波形的方法，而对非电信号，一般总是将其转变为电信号进行测量和分析。信号分析在科学研究和工程技术中具有重要地位和广泛的应用。

【实验目的】

1. 用 RLC 串联谐振方法将方波和三角波分解成基波和各次谐波，分别测量它们的振幅与相位关系。
2. 学习用串联谐振法测量不同频率交流信号下电感的损耗电阻。
3. 利用几组可调振幅和相位的正弦波和加法器，实现方波和三角波的合成。
4. 了解傅里叶分析的物理含义和分析方法。

【实验器材】

FLY-Ⅰ 傅里叶分解合成仪；电感(0.1 H)；电源线；Q9 线 2 根（其中一根一头 Q9，一头香蕉叉）；机箱连接线 4 根；电容箱连接线(2 根长的，4 根短的)；示波器(技术指标见表 4-36-1、表 4-36-2)。

表 4-36-1　供做分解实验的示波器技术指标

	频率	误差	幅度
方波	1 000 Hz	<3%	0.4~1 V 连续可调
三角波	1 000 Hz	<3%	0.4~0.9 V 连续可调

表 4-36-2　供做傅里叶合成实验的示波器技术指标

	频率	误差	转换开关打至方波时，各正弦波幅度连续可调范围
正弦波	1 000 Hz	<3%	0~1.5 V
正弦波	3 000 Hz	<2%	0~1.0 V
正弦波	5 000 Hz	<1%	0~0.6 V
正弦波	7 000 Hz	<1%	0~0.6 V

【实验背景】

法国数学家和物理学家傅里叶(1768－1830)发现了用一系列三角函数之和来表示连续函数的方法，并在 1807 年向巴黎科学院呈交《固体上的热传导》(*On the Propagation of Heat in Solid Bodies*)中使用了这个方法。该方法提出一个重要的观点：任何连续周期性信号可以由常数与一组由基波及其多个高级谐波的正弦或余弦曲线的线性叠加来近似地表示。但论文经拉格朗日、拉普拉斯等审阅后被科学院拒绝，理由是在逻辑上无法用正弦曲线表示尖锐的棱角。然而，其中的傅里叶级数(即三角级数)展开、傅里叶分析等理论却影响深远，因为正余弦信号是最简单的信号形式，这能让信号的分析更简洁。1811 年，傅里叶又提交了经修改的论文，该文获科学院大奖，却未正式发表。1822 年，傅里叶出版的《热的解析理论》(Théorie analytique de la chaleur)使得傅立叶分析技术被广泛地利用,并深刻地影响了整个科学领域。傅里叶应用三角级数求解热传导方程,为了处理无穷区域的热传导问题又导出了当前所称的"傅里叶积分",这一切都极大地推动了偏微分方程边值问题的研究。然而,傅里叶的工作意义远不止此,它使学者对函数概念作修正、推广,特别是加深了对不连续函数的探讨。三角级数收敛性问题更激发了集合论的诞生。

傅里叶分析包括傅里叶级数展开和傅里叶变换,提供了一种将复杂时域信号转换为频域信号组合的分析办法,是进行复杂信号分析的简洁工具。虽然,最初傅里叶分析是作为热过程的分析工具而被提出的,但现在已经变成一种分析信号的方法。它可以分解信号,也可以合成信号。现在,傅里叶分析在电子与通信学科、声学、光学、海洋学、结构动力学、信号处理、图像处理、密码学等领域都有着广泛的应用。

【实验原理】

一、数学基础

任何具有周期 T 的波函数 $f(t)$ 都可以表示为三角函数所构成的级数之和,即

$$f(t) = \frac{1}{2}a_0 + \sum_{n=1}^{\infty}(a_n \cos n\omega t + b_n \sin n\omega t)。$$

式中,T 为周期,$\omega = \frac{2\pi}{T}$ 为角频率,第一项 $\frac{1}{2}a_0$ 为直流分量。

所谓周期性函数的傅里叶分解就是将周期性函数展开成直流分量、基波和所有 n 阶谐波的叠加。如图 4-36-1 所示的方波可以写成

$$f(t) = \begin{cases} h, & 0 \leqslant t < \frac{T}{2}; \\ -h, & -\frac{T}{2} \leqslant t < 0。 \end{cases}$$

此方波为奇函数,数学上可以证明此方波表示为

$$f(t) = \frac{4h}{\pi}\left(\sin \omega t + \frac{1}{3}\sin 3\omega t + \frac{1}{5}\sin 5\omega t + \frac{1}{7}\sin 7\omega t + \cdots\right) =$$
$$\frac{4h}{\pi}\sum_{n=1}^{\infty}\left[\frac{1}{2n-1}\sin(2n-1)\omega t\right],$$

它没有常数项。

同样,对于如图 4-36-2 所示的三角波也可以表示为

$$f(t) = \begin{cases} \frac{4h}{T}t, & -\frac{T}{4} \leqslant t < \frac{T}{4}; \\ 2h\left(1 - \frac{2t}{T}\right), & \frac{T}{4} \leqslant t < \frac{3T}{4}。 \end{cases}$$

$$f(t) = \frac{8h}{\pi^2}\left(\sin \omega t - \frac{1}{3^2}\sin 3\omega t + \frac{1}{5^2}\sin 5\omega t - \frac{1}{7^2}\sin 7\omega t + \cdots\right) =$$

第四章 综合性实验

$$\frac{8h}{\pi^2}\sum_{n=1}^{\infty}\left[\frac{(-1)^{n-1}}{(2n-1)^2}\sin(2n-1)\omega t\right].$$

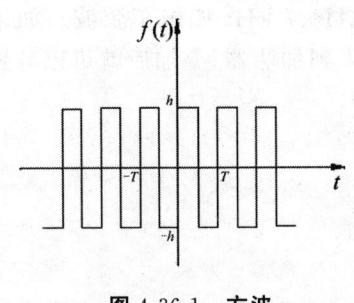

图 4-36-1 方波

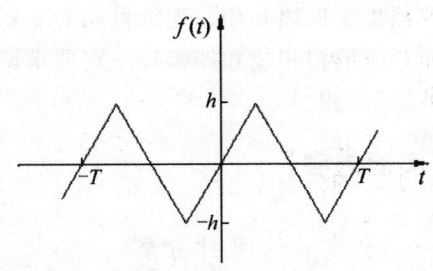

图 4-36-2 三角波

二、周期性波形傅里叶分解的选频电路

用 RLC 串联谐振电路作为选频电路,对方波或三角波进行频谱分解。在示波器上显示这些被分解的波形,测量它们的相对振幅。还可以用一参考正弦波与被分解出的波形构成李萨如图形,确定基波与各次谐波的初相位关系。

仪器可产生 1 kHz 的方波和三角波供做傅里叶分解实验。方波和三角波的输出阻抗低,可以保证顺利地完成分解实验。实验线路图如图 4-36-3 所示,这是一个简单的 RLC 电路,其中 C 是可变的。L 一般可取 0.1~1 H(本实验取 0.1 H)。

当输入信号的频率与电路的谐振频率相匹配时,此电路将有最大的响应。谐振频率 $\omega_0=\frac{1}{\sqrt{LC}}$,响应的频带宽度表示为 $Q=\frac{\omega_0 L}{R}$。当 Q

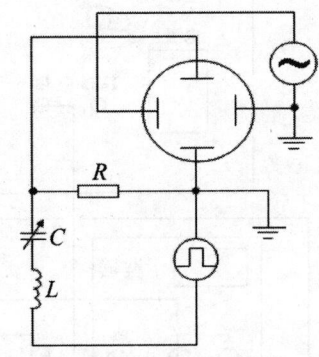

图 4-36-3 波形分解的 RLC 串联电路

值较大时,在 ω_0 附近的频带宽度较狭窄,所以实验中 Q 值应该选择得足够大,大到足够将基波与各次谐波分离出来。如果调节可变电容 C,在 $n\omega_0$ 频率谐振,我们将从此周期性波形中选择出这个单元。它的值为

$$U(t)=b_n\sin n\omega_0 t.$$

这时,电阻 R 两端的电压

$$U_R(t)=I_0 R\sin(n\omega_0 t+\varphi).$$

式中:$\varphi=\arctan\frac{X}{R}$,$X$ 为串联电路感抗和容抗之和;$I_0=\frac{b_n}{Z}$,Z 为串联电路的总阻抗。

在谐振状态 $X=0$。此时,阻抗 $Z=r+R+R_L+R_C\approx r+R+R_L$,其中 r 为方波(或三角波)电源的内阻、R 为取样电阻、R_L 为电感的损耗电阻、R_C 为标准电容的损耗电阻(R_C 值常因较小而忽略)。电感用良导体缠绕而成,由于趋肤效应,R_L 的数值将随频率的增加而增加。

三、傅里叶级数的合成

仪器提供振幅和相位连续可调的 1 kHz、3 kHz、5 kHz、7 kHz 四组正弦波。如果将这四组正弦波的初相位和振幅按一定要求调节好以后,输入到加法器,叠加后就可以分别合成出方波、三角波。

【实验内容】

一、方波的傅里叶分解

1. 电感为 0.1 H 时,确定正弦波频率分别为 1 kHz、3 kHz、5 kHz,RLC 串联电路产生谐振对应的电容值为 C_1、C_3、C_5。如图 4-36-4 所示,按原理图把 0.1 H 的电感和电容箱接入 RLC 串联电路中(有连续可调的电容箱更好)。

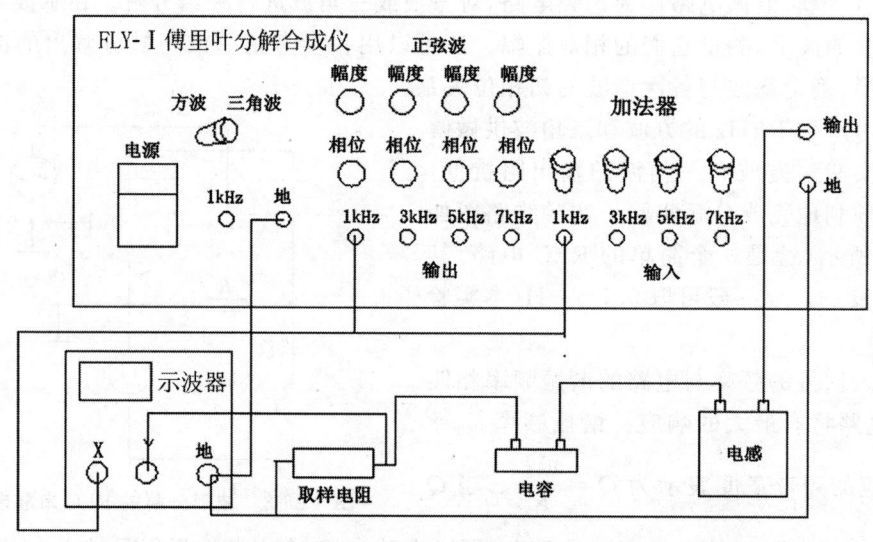

图 4-36-4 确定 RLC 电路谐振电容接线图

① 带两个红香蕉插头的 Q9 线接 1 kHz 信号源,地线接机箱左边的地;红黑双线中的红线将信号由机箱最右端的输出孔引到电感,黑线将信号从电阻一端引回机箱最右端的地;另一根普通 Q9 线接电阻。

② 拨通 1 kHz 正弦波开关;将示波器打到"X−Y",X 通道是电源总电压,Y 通道是电阻两端电压;改变电容箱数值,观察李萨如图形。如果李萨如图形变为一条直线,说明此时电路显示电阻性,达到了谐振点,记下该电容值。

③ 将 Q9 线换到 3 kHz 和 5 kHz 频率孔,分别测出谐振状态下的电容值。

④ 数据记录到表 4-36-1 中。

由于电感并非精确的 0.1 H,信号源频率有小于 3% 的误差,所以测出的谐振点电容值与理论值会存在差异。电感取 $L = 0.1$ H,频率分别取 1 kHz、3 kHz、5 kHz,理论值计算公

式为 $C_i = \dfrac{1}{\omega_i^2 L}$。

表 4-36-1　1 kHz、3 kHz、5 kHz 正弦波谐振时测得的电容值

谐振频率 f_i/Hz	1 000	3 000	5 000
$C_i/\mu F$ 实验值			
$C_i/\mu F$ 理论值			

二、1 kHz 方波进行频谱分解

测量基波和 n 阶谐波的相对振幅和相对相位,如图 4-36-5 所示接线。

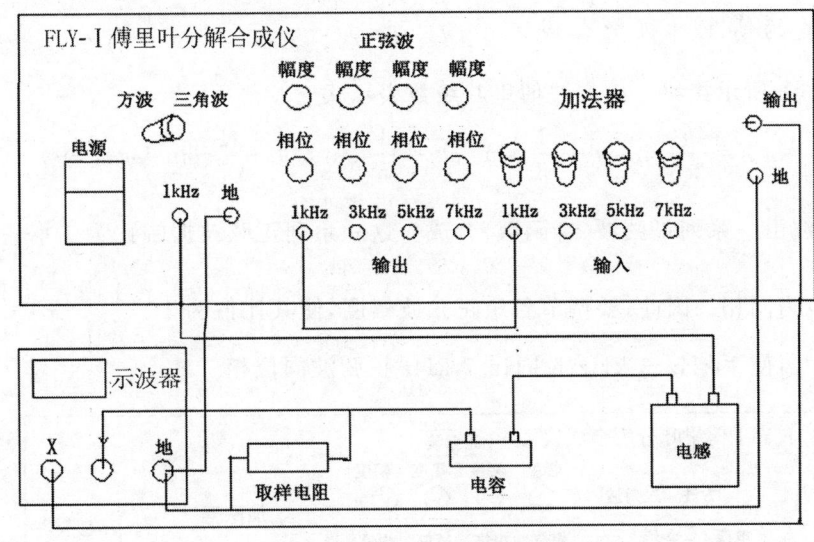

图 4-36-5　频谱分解接线图

1. 将 1 kHz 方波输入到 RLC 串联电路,然后调节电容值至 C_1、C_3、C_5,可以从示波器 Y 通道上看出:只有可变电容调在 C_1、C_3、C_5 时产生谐振,振幅最大,且可测得振幅分别为 b_1、b_3、b_5;而调节到其他电容值时,却没有谐振出现(注意这里只需要比较基波和各次谐波的振幅比,所以只要读出同一量程挡下示波器上的峰值高度即可,单位 cm)。

2. 以 1 kHz 正弦波为参考信号,将示波器拨到"X−Y",通过李萨如图形确定从 1 kHz 方波中分解出来的 1 kHz、3 kHz、5 kHz 正弦波的相位关系。

3. 实验数据填入表 4-36-2 中。

从一般的实验结果可以看出:

① 方波傅里叶分解时,只能得到 1 kHz、3 kHz、5 kHz 正弦波,而 2 kHz、4 kHz、6 kHz 等正弦波是不存在的。

② 电感用铜线缠绕,由于存在趋肤效应,其损耗电阻随频率升高而增加,因此使 3 kHz、5 kHz 谐波振幅数值比理论值偏小(基波和各次谐波理论振幅比值为 $1:\dfrac{1}{3}:\dfrac{1}{5}$),

此系统误差应进行校正。

③ 基波和各次谐波与同一参数正弦波(1 kHz)初相位关系均为 π,说明方波分解为基波和各次谐波初相位相同。

表 4-36-2　频谱分解实验数据记录

谐振时电容值 $C_i/\mu F$	0.247	C_1 和 C_3 之间	0.0274	C_3 和 C_5 之间	0.0099
谐振频率 f_i/kHz					
相对振幅/cm					
李萨如图					
与参考正弦波位相差					

三、方波的傅里叶级数合成

如图 4-36-6 所示接线。由方波傅里叶级数表示式

$$f(x) = \frac{4h}{\pi}\left(\sin \omega t + \frac{1}{3}\sin 3\omega t + \frac{1}{5}\sin 5\omega t + \frac{1}{7}\sin 7\omega t + \cdots\right)$$

可以看出,方波由一系列正弦波(奇函数)合成。这一系列正弦波振幅比为 $1:\frac{1}{3}:\frac{1}{5}:\frac{1}{7}$,它们的初相位为同相。因此,要调节各组正弦波幅度,使其比值为 $1:\frac{1}{3}:\frac{1}{5}:\frac{1}{7}$。要反复调节各组移相器使 1 kHz、3 kHz、5 kHz、7 kHz 正弦波同位相。

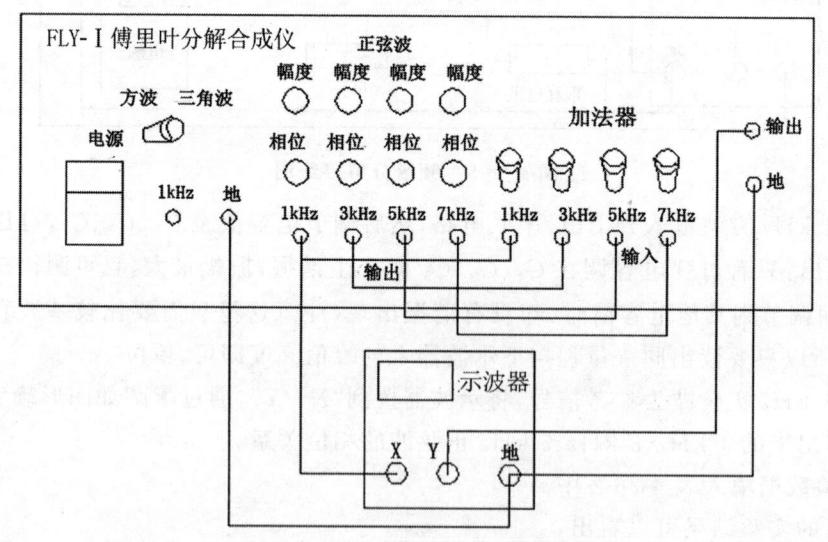

图 4-36-6　傅里叶级数合成接线图

1. 带两个红香蕉插头的 Q9 线接 1KHz 信号源,地线接机箱左边的地;另一根普通 Q9 线红香蕉插头连机箱最右端的输出孔,黑香蕉插头连机箱最右端的地。调节 1 kHz、3 kHz、5 kHz、7 kHz 正弦波振幅比为 $1:\frac{1}{3}:\frac{1}{5}:\frac{1}{7}$。以示波器 X 轴输入的 1 kHz 正弦波作为参

考信号，Y 轴分别输入 1 kHz、3 kHz、5 kHz、7 kHz 正弦波在示波器上显示如图 4-36-7 所示李萨如图形时，基波和各阶谐波初相位相同。

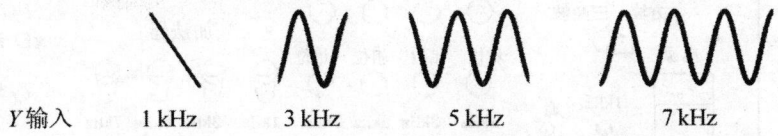

图 4-36-7　基波和各次谐波与参考信号相位差都为 π 时的李萨如图

2. 将 1 kHz、3 kHz、5 kHz、7 kHz 正弦波逐次输入加法器，观察合成波形变化，最后可看到近似方波图形。

从傅里叶级数叠加过程可以得出：

① 合成的方波的振幅与它的基波振幅比为 $1:\dfrac{4}{\pi}$；

② 基波上叠加谐波越多，越趋近于方波，合成方波前沿、后沿越陡直。

四、三角波的合成

三角波傅里叶级数表示式：

$$f(t)=\frac{8h}{\pi^2}\left(\frac{\sin\omega t}{1^2}-\frac{\sin 3\omega t}{3^2}+\frac{\sin 5\omega t}{5^2}-\frac{\sin 7\omega t}{7^2}+\cdots\right).$$

三角波合成步骤：

1. 接线同上，调节基波和各阶谐波振幅比为：$1:\dfrac{1}{3^2}:\dfrac{1}{5^2}:\dfrac{1}{7^2}$。

2. 李萨如图形应该如图 4-36-8 所示。

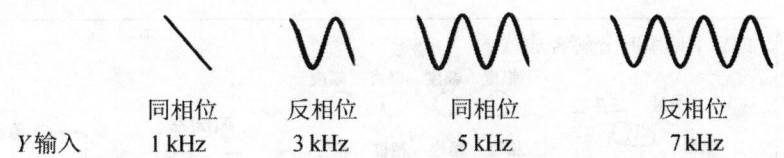

图 4-36-8　相邻谐波相位相差 π

3. 将基波和各阶谐波输入加法器，输出接示波器，可看到合成的三角波图形。

五、探究方波分解测量振幅时，系统误差的校正△

1. 测定方波信号源的内阻 r。如图 4-36-9 所示接线。方法：先直接将方波信号接入示波器，读出峰值；再将一电阻箱接入电路中，调节电阻箱，当示波器上的幅度减半时，记下电阻箱的值，此值即为 r。

2. 测定不同频率正弦电流下电感的损耗电阻。在图 4-36-10 中，实际电感被等效为理想电感 L 和损耗电阻 R_L 串联，实际电容被等效为理想电容 C 与损耗电阻 R_C 串联，R 为取样电阻，r 为信号源内阻。测量在谐振状态时，信号源输出电压 U_{ab} 和取样电阻 R 两端的电

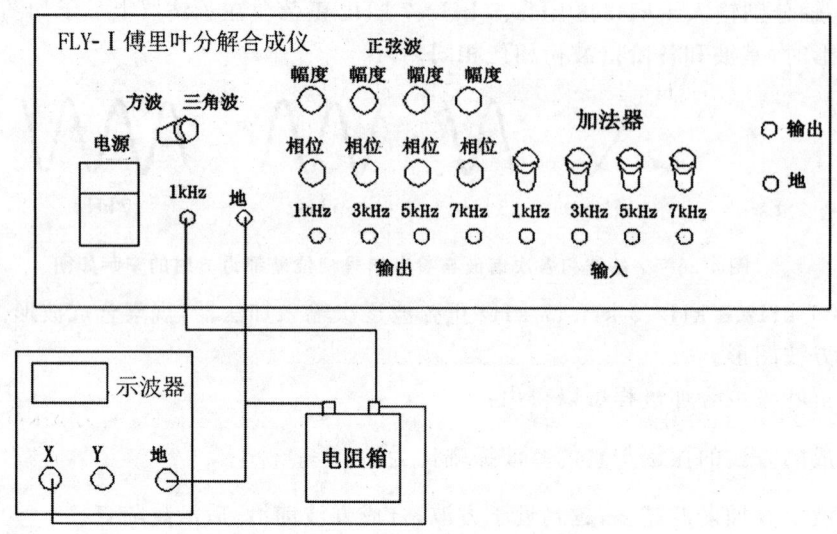

图 4-36-9 测量信号源内阻电路

压 U_R，可计算出 R_L+R_C 的值。R_C 为标准电容的损耗电阻，一般较小可忽略，所以 $R_L \approx R_L + R_C$。

如图 4-36-11 所示接线。拨通 1 kHz 开关，从示波器上读出谐振状态时信号源输出电压 U_{ab} 和取样电阻 R 两端的电压 U_R（用万用表测量更方便），用万用表量出取样电阻 R 阻值，则

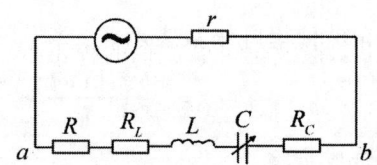

图 4-36-10 测量电感损耗电阻原理图

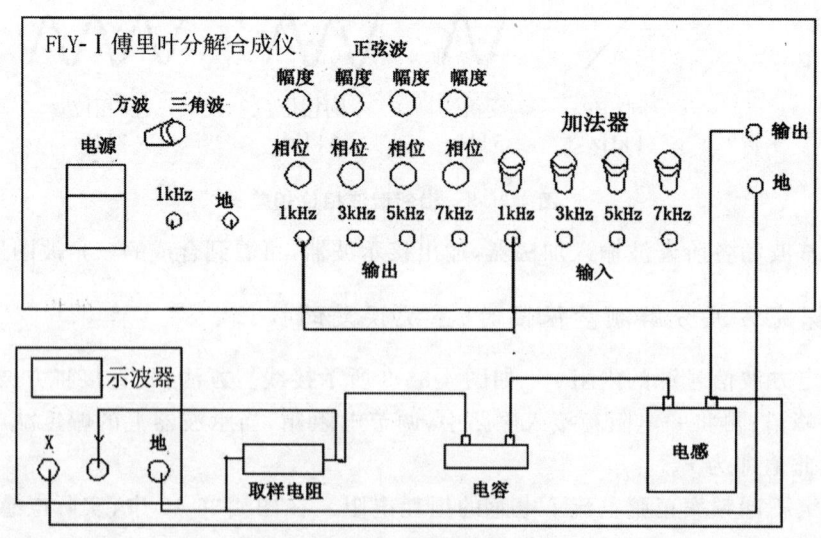

图 4-36-11 测量电感损耗电阻接线图

$$R_L \approx R_L + R_C = \left(\frac{U_{ab}}{U_R} - 1\right)R \text{。}$$

同理,测出 3 kHz、5 kHz 下电感的损耗电阻,记录于表 4-36-3 中。

表 4-36-3　电感损耗电阻实验数据记录

$R = 22.0\ \Omega,\quad r = 6.0\ \Omega$

使用频率 f/kHz	损耗电阻 R_L
1.00	
3.00	
5.00	

3. 校正系统误差,利用分压原理。若 b_3 为 3 kHz 谐波校正后振幅,b_3' 为 3 kHz 谐波未被校正时振幅,R_{L1} 为 1 kHz 使用频率时损耗电阻,R_{L3} 为 3 kHz 使用频率时损耗电阻。则

$$b_3 : b_3' = \frac{R}{R_{L1}+R+r} : \frac{R}{R_{L3}+R+r},$$

$$b_3 = b_3' \times \frac{R_{L3}+R+r}{R_{L1}+R+r} \text{。}$$

对 5 kHz,谐波也可做类似的校正。

记录校正后的数据,求出 b_1、b_3、b_5 的值,检验 b_1、b_3、b_5 的振幅是否满足 $1 : \frac{1}{3} : \frac{1}{5}$ 的理论比值。

注　三角波的傅里叶分解仿效方波的分解,要求学生独自完成。

【注意事项】

1. 分解时,观测各谐波相位关系,可用本机提供的 1 kHz 正弦波做参考。

2. 合成方波时,当发现调节 5 kHz 或 7 kHz 正弦波相位无法调节至同相位时,可以改变 1 kHz 或 3 kHz 正弦波相位,重新调节最终达到各谐波同相位。

【探索与思考】

1. 有意识增加串联电路中的电阻 R 的值,将 Q 值减小,观察电路的选频效果,从中理解 Q 值的物理意义。

2. 良导体的趋肤效应是怎样产生的?如何测量不同频率时,电感的损耗电阻?如何校正傅里叶分解中各次谐波振幅测量的系统误差?

3. 用傅里叶合成方波过程证明,方波的振幅与它的基波振幅之比为 $1 : \frac{4}{\pi}$。

4. 探究加分器原理。

实验 37　偏振光的观测与研究

光的干涉和衍射实验证明了光的波动性质，而偏振现象表明光是横波。光的偏振性使人们对光的传播（反射、折射、吸收和散射）规律有了新的认识，使偏振光在国防、科研和生产中有着广泛的应用。海防前线用于观望的偏光望远镜，立体电影中的偏光眼镜，分析化学和工业中用的偏振计和量糖计都与偏振光有关。激光光源是最强的偏振光源，高能物理中同步加速器是最好的 X 射线偏振源，液晶光开关是根据其偏振特性来完成光交换的技术，偏振镜是数码影像的基础。随着新概念的飞跃发展，偏振光成为研究光学晶体、表面物理的重要手段。

【实验目的】

1. 观察光的偏振现象，熟悉偏振的基本规律。
2. 学习偏振片的工作原理，研究偏振光的起偏和检测。
3. 了解 1/2 波片和 1/4 波片的用途。

【实验仪器】

起偏器；检偏器；1/4 波片，1/2 波片；光电转换装置，白屏，He-Ne 激光器等。

【实验背景】

光的偏振最早是牛顿在 1704－1706 年间引入光学的。1809 年，马吕斯在试验中发现了光的偏振现象，在进一步研究光的简单折射中的偏振时，他发现光在折射时是部分偏振的。因为惠更斯曾提出过光是一种纵波，而纵波不可能发生这样的偏振，光的偏振现象这一发现清楚地显示了光的横波性。1811 年，布儒斯特在研究光的偏振现象时发现了光的偏振现象的经验定律。麦克斯韦在 1865－1873 年间建立了光的电磁理论，从本质上说明了光的偏振现象。

【实验原理】

一、光的偏振状态

光波是一种电磁波，它的电矢量 E 和磁矢量 H 相互垂直，并垂直于光的传播方向 C。通常人们用电矢量 E 代表光的振动方向，并将电矢量 E 和光的传播方向 C 所构成的平面称为光的振动面。在与传播方向垂直的平面内，光波电矢量可能有各种各样的振动状态，称为光的偏振态。

（一）自然光

其电矢量在垂直于传播方向的平面内任意取向，各个方向的取向概率相等，所以在相当长的时间里（10～5 s 已足够了），各取向上电矢量的时间平均值是相等的，这样的光称为自然光，如图 4-37-1 所示。

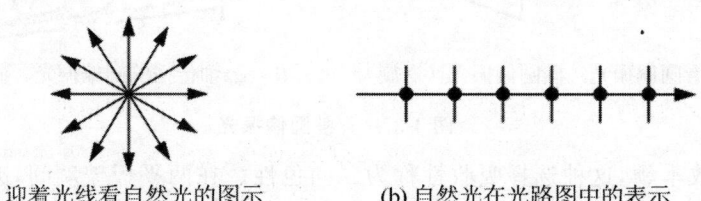

(a) 迎着光线看自然光的图示　　　(b) 自然光在光路图中的表示

图 4-37-1　自然光

（二）平面偏振光

电矢量只限于某一确定方向的光，因其电矢量和光线构成一个平面而称其为平面偏振光。如果迎着光线看，电矢量末端的轨迹为一直线，所以平面偏振光也称为线偏振光，如图 4-37-2 所示。

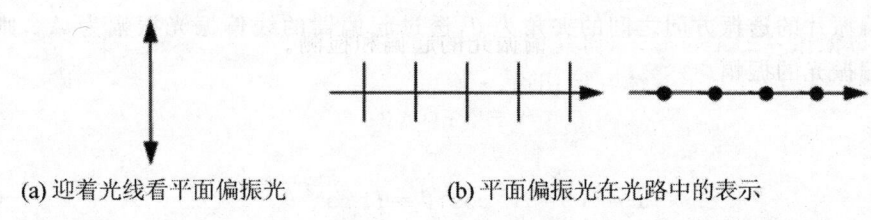

(a) 迎着光线看平面偏振光　　　(b) 平面偏振光在光路中的表示

图 4-37-2　平面偏振光

（三）部分偏振光

电矢量在某一确定方向上较强，而在和它正交的方向上较弱，这种光称为部分偏振光，如图 4-37-3 所示。部分偏振光可以看成是平面偏振光和自然光的混合。

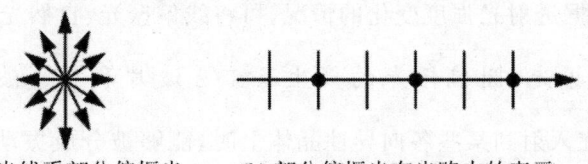

(a) 迎着光线看部分偏振光　　　(b) 部分偏振光在光路中的表示

图 4-37-3　部分偏振光

（四）圆偏振光和椭圆偏振光

迎着光线看，如果电矢量末端在垂直于传播方向的平面内轨迹呈圆或椭圆，这样的光称为圆偏振光或椭圆偏振光，如图 4-37-4 所示。圆偏振光和椭圆偏振光可以由两个电矢量互相垂直的、有恒定相位差的平面偏振光合成得到。

二、偏振片

有些晶体（如电气石）、长链分子晶体（如高碘硫酸奎宁），对两个相互垂直振动的电矢量

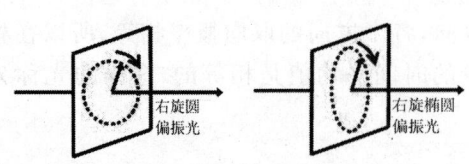 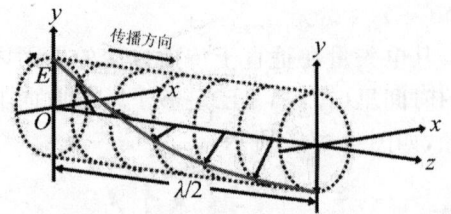

(a) 迎着光线看圆偏振光、椭圆偏振光（右旋）　　(b) 沿z轴传播的圆偏振光、椭圆偏振光（右旋）

图 4-37-4　椭圆偏振光

具有不同的吸收本领，这种选择吸收性称为二向色性。在两平板玻璃间，夹一层二向色性很强的物质就制成了偏振片。普通光源发出的自然光通过偏振片时，一个方向的电矢量几乎完全通过（该方向称为偏振片的偏振化方向），而与偏振化方向垂直的电矢量则几乎被完全吸收，因此透射光就成为线偏振光。根据这一特性，偏振片既可用来产生偏振光（起偏），也可用于检验光的偏振状态（检偏）。实际上，起偏器和检偏器是通用的。

三、马吕斯定律

设两偏振片的透振方向之间的夹角为 θ，透过起偏器的线偏振光振幅为 A_0，则透过检偏器的线偏振光的振幅

$$A = A_0 \cos \theta,$$

强度

$$I = A^2 = A_0^2 \cos^2 \theta = I_0 \cos^2 \theta。 \tag{4-37-1}$$

式中，I_0 为进入检偏器前（偏振片无吸收时）线偏振光的强度。式（4-37-1）是马吕斯于 1809 年在实验中发现，所以称马吕斯定律。

显然，以光线传播方向为轴，转动检偏器时，透射光强度 I 将发生周期变化。若入射光是部分偏振光或椭圆偏振光，则极小值不为 0。若光强完全不变化，则入射光是自然光或圆偏振光。这样，根据透射光强度变化的情况，可将线偏振光、自然光和部分偏振光区别开来。

四、椭圆偏振光、圆偏振光的产生及 1/2 波片和 1/4 波片的作用

一束自然光在入射到某些各向异性晶体上时，能够被分成振动方向相互垂直的两束线偏振光，分别称为 e 光和 o 光。它们以不同的速度、沿不同的方向在晶体内传播，如图 4-37-5 所示。这种现象称为双折射，这些晶体称为双折射晶体，如方解石、石英等。方解石 $n_e < n_o$，称"负晶体"，石英 $n_e > n_o$ 称"正晶体"。在双折射晶体内有一个被称为光轴的特殊方向。光线在晶体内沿光轴传播时，不发生双折射；平行于光轴传播时，e 光和 o 光沿同一方向传播不再分离，但传播速度仍是不同。

把双折射晶体沿光轴切割并磨制成平行平板，这就是波片。一束线偏振光垂直入射到波片表面，被分解成 e 光和 o 光。e 光的 E 矢量振动方向平行于光轴，o 光的 E 矢量振动方向垂直于光轴，入射时它们之间的光程差为零，相位差 $\Delta \varphi = 0$。因为 e 光和 o 光传播速度不同，当从波片的第二表面出射时，所以产生的光程差

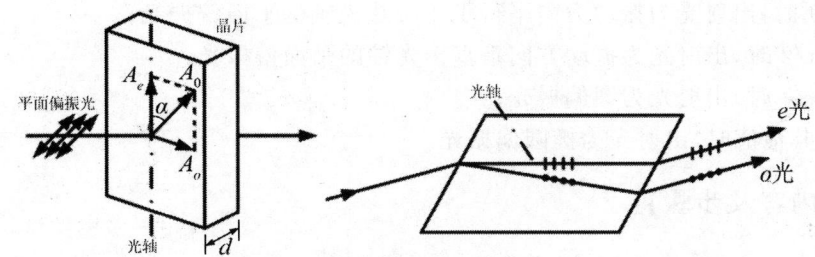

图 4-37-5 晶体的双折射现象

$$\Delta = d(n_e - n_o),$$

位相差
$$\delta = \frac{2\pi}{\lambda} d(n_e - n_o)。$$

式中，n_e 为 e 光的主折射率，n_o 为 o 光的主折射率（正晶体中 $\delta > 0$，在负晶体中 $\delta < 0$）。d 为晶体的厚度。当光刚刚穿过晶体时，此两光的振动可分别为：

$$\left. \begin{array}{l} E_x = A_o \cos \omega t, \\ E_y = A_e \cos(\omega t + \delta)。 \end{array} \right\} \tag{4-37-3}$$

式中，$A_e = A_0 \cos \alpha$，$A_o = A_0 \sin \alpha$。由两式消去 t，得轨迹方程

$$\frac{E_x^2}{A_o^2} + \frac{E_y^2}{A_e^2} - 2\frac{E_x E_y}{A_o A_e} \cos \delta = \sin^2 \delta。 \tag{4-37-4}$$

这是个一般的椭圆方程。当改变厚度 d 时，光程差 Δ 亦改变。

1. 当 $\Delta = k\lambda$，$k = 0, \pm 1, \pm 2, \cdots$，即 $\delta = 0$ 时，由式(4-37-4)可得

$$E_y = \frac{A_e}{A_o} E_x。 \tag{4-37-5}$$

这是直线方程，故出射光为平面偏振光，与原入射光振动方向相同，满足此条件之晶片称全波片。光通过全波片不发生振动状态的变化。

2. 当 $\Delta = (2k+1)\lambda/2$，$k = 0, \pm 1, \pm 2, \cdots$，即 $\delta = \pi$ 时，由式(4-37-4)可得

$$E_y = -\frac{A_e}{A_o} E_x。 \tag{4-37-6}$$

出射光也是平面偏振光，但与原入射光夹角为 2α（以入射平面为基准），满足此条件的晶片称 1/2 波片，或半波片，平面偏振光通过半波片后，振动面转过 2α 角，若 $\alpha = 45°$，则出射光的振动面与入射光的振动面垂直。

3. 当 $\Delta = (2k+1)\lambda/4$，$k = 0, \pm 1, \pm 2, \cdots$，即 $\delta = \pm \pi/2$ 时，由式(4-37-4)可得

$$\frac{E_x^2}{A_o^2} \pm \frac{E_y^2}{A_e^2} = 1。 \tag{4-37-7}$$

出射光为椭圆偏振光，椭圆的两轴分别与晶体的主截面平行及垂直，满足此条件的晶片称 1/4 波片。1/4 波片是作偏振光实验重要的常用元件。

若 $A_e = A_o = A$，则 $E_x^2 + E_y^2 = A^2$，出射光为圆偏振光。

由于 o 光和 e 光的振幅是 α 的函数，所以通过 1/4 波片后的合成偏振状态也将随角度 α 变化而不同。

当 $\alpha=0°$ 时,出射光为振动方向平行 1/4 波片光轴的平面偏振光;

当 $\alpha=\pi/2$ 时,出射光为振动方向垂直于光轴的平面偏振光;

当 $\alpha=\pi/4$ 时,出射光为圆偏振光;

当 α 为其他值时,出射光为椭圆偏振光。

【实验内容及步骤】

一、验证马吕斯定律

1. 搭建实验装置。

2. 转动检偏器(360°),用白屏观察出射光光强的变化。

3. 将检偏器设定至 90°,仔细调节起偏器至光电流计接收到的电流值最小,此时两偏振片呈正交状态,记录此时的光电流值。

4. 测量两偏振片夹角不同时的光电流值。测量范围:0~180°;测量间隔:6°。

5. 作 $I-\cos 2\theta$ 的关系曲线,验证马吕斯定律。

二、线偏振光通过 1/2 波片时的现象和 1/2 波片的作用

1. 调节检偏器使两偏振片呈正交状态,在两偏振片间放入 1/2 波片。

2. 转动 1/2 波片,观察出射光的光强变化。仔细调节波片至再次消光(即出射光最小),设定该位置为波片的初始角。

3. 将 1/2 波片从初始位置转过 10°,此时消光状态被破坏。然后调节检偏器至再次消光,记录检偏器所转过的角度。依次类推,测量每将转动 1/2 波片 10°,记下达到消光时检偏器转过的角度。

观察:若检偏片固定,将 1/2 波片转过 360°,能观察到几次消光? 若 1/2 波片固定,将检偏片转过 360°,能观察几次消光? 由此分析线偏振光通过 1/2 波片后,光的偏振状态是怎样的?

三、用 1/4 波片产生圆偏振光和椭圆偏振光

1. 使两偏振片呈消光状态,在两偏振片间放入 1/4 波片。

2. 仔细调节波片至再次消光(即出射光最小),设定该位置为波片的初始角。转动 1/4 波片,观察出射光的光强变化。

3. 波片在初始角状态时,测量检偏器不同角度时的出射光强。测量范围:0~360°;测量间隔:10°。

4. 将波片转过 20°、45°,重复第 3 步。

5. 将波片转过 70°,调节检偏器至出射光光电流极大,记录检偏器角度。

6. 用 ORIGIN 软件的极坐标系作检偏器角度 $\alpha-I$ 的关系图及标出 70°时光电流极大值的位置,并与 20°比较。

7. 将 45°时的实验结果与圆偏振光比较。

四、观察椭圆偏振光和圆偏振光△

1. 先使 P_1 和 P_2 的偏振轴垂直(即消光状态),在 P_1 和 P_2 之间插入 1/4 波片,转动波片,使光屏上仍处于消光状态,用硅光电池取代光屏。

2. 将 P_1 转过 20°,调节硅光电池使透过 P_2 的光全部进入硅光电池的接收孔内。转动 P_2 找到最大电流和最小电流,记下其数值。重复测量三次,算出平均值,求出椭圆偏振光长短轴之比 $A_1/A_2 = \sqrt{I_{max}/I_{min}}$,椭圆长轴的方位即为 I_{max} 的方位。

3. 再依次将 P_1 转过 30°、45°、60°、75°、90°,都将 P_2 转动 360°,从 P_2 透出光的强度变化情况在 P_1 转过 45°时,光强无变化(为圆偏振光),在 P_1 转过 90°时,出现消光 2 次(为线偏振光),P_1 转过呈线性关系其他角度时,光强强弱交替变化 2 次。

【数据记录与处理】

表 4-37-1 线偏振光通过 1/2 波片的数据记录表

1/2 波片转过角度	10°	20°	30°	40°	50°	60°	70°	80°	90°
检偏器转过角度									

表 4-37-2 椭圆偏振光的光强数据记录表

次数	I_{max}/mA	I_{min}/mA
1		
2		
3		
平均		

【探索与思考】

1. 在两块偏振片处于消光位置,再在它们之间插入第三块偏振片,且第三块偏振片的透光方向与第一块透光方向成 45°、30°,哪一次光强大一些? 原因是什么?

2. 产生线偏振光的方法有哪些? 将线偏振光变成圆偏振光或椭圆偏振光要用何种器件? 在什么状态下产生? 实验中如何判断线偏振光、圆偏振光和椭圆偏振光?

实验 38 迈克尔逊干涉仪的调整和使用

在物理学史上,迈克尔逊曾用自己发明的迈克尔逊干涉仪进行实验,精确地测量微小长度,否定了"以太"的存在。这个著名的实验为近代物理学的诞生和兴起开辟了道路,为此,迈克尔逊获 1907 年度诺贝尔物理奖。迈克尔逊干涉仪原理简明,构思巧妙,堪称精密光学仪器的典范。随着对仪器的不断改进,还能用于光谱线精细结构的研究和利用光波标定标准米尺等实验。目前,根据迈克尔逊干涉仪的基本原理,研制的各种精密仪器已广泛地应用于生产、生活和科技领域。

【实验目的】

1. 掌握迈克尔逊干涉仪的原理、结构。
2. 迈克尔逊干涉仪的调节和使用方法。
3. 应用迈克尔逊干涉仪测定 He-Ne 激光波长。

【实验仪器】

迈克尔逊干涉仪;He-Ne 激光器;扩束透镜;毛玻璃;接收屏。

【实验背景】

19 世纪,科学家们逐步发现光是一种波,而生活中的波大多需要传播介质(如声波的传递需要借助于空气、水波的传播借助于水等)。受传统力学思想影响,于是他们便假想宇宙到处都存在着一种称之为以太的物质,而正是这种物质在光的传播中起到了介质的作用。

按照当时的猜想,以太充满整个宇宙,电磁波可在其中传播。地球在围绕太阳公转,相对于以太具有一个速度 v,因此如果在地球上测量光速,在不同的方向上测得的数值应该是不同的,最大为 $c+v$,最小为 $c-v$(此时存在假设以太相对太阳参考系是静止的,但即使以太相对太阳参考系不是静止的,在不同的方向上测得的数值也应该是不同的)。但是 1881—1884 年,阿尔伯特·迈克尔逊和爱德华·莫雷为测量地球和以太的相对速度,进行了著名的迈克尔逊—莫雷实验,测量了不同方向上的光速。他们认为若地球绕太阳公转相对于以太运动时,其平行于地球运动方向和垂直地球运动方向上,光通过相等距离所需时间不同,因此在仪器转动 90°时,前后两次所产生的干涉必有 0.4 条条纹移动。1887 年他们继续改进仪器,光路增加到 11 m,花了整整 5 d 时间,仔细观察地球沿轨道与静止以太之间的相对运动,结果仍然是否定的。这实际上证明了光速不变原理,即真空中光速在任何参照系下具有相同的数值,与参照系的相对速度无关,以太其实并不存在。

以太说曾经在一段历史时期内在人们脑中根深蒂固,深刻地左右着物理学家的思想。著名物理学家洛伦兹推导出了符合电磁学协变条件的洛伦兹变换公式,但无法抛弃以太的观点。爱因斯坦则大胆抛弃了以太学说,认为光速不变是基本的原理,并以此为出发点之一创立了狭义相对论。虽然后来的事实证明确实不存在以太,不过以太假说仍然在我们的生活中留下了痕迹,如以太网(Ethernet)等。

迈克尔逊主要从事光学和光谱学方面的研究,他以毕生精力从事光速的精密测量,在他有生之年,一直是光速测定的国际中心人物。他发明的用以测定微小长度、折射率和光波波长的干涉仪(迈克尔逊干涉仪),在研究光谱线方面起着重要的作用。他和莫雷进行的实验是一个重大的否定性实验,动摇了经典物理学的基础。他研制出了高分辨率的光谱学仪器,经改进的衍射光栅和测距仪。他首倡用光波波长作为长度基准,提出在天文学中利用干涉效应的可能性,并且用自己设计的星体干涉仪测量了恒星参宿四的直径。

【实验原理】

迈克尔逊干涉仪是利用半透膜分光板的反射和透射,把来自同一光源的光线用分振幅法分成两束相干光,以实现光的干涉的一种仪器。它是用来测量长度或长度变化的精密光学仪器。

一、迈克尔逊干涉仪结构简介

迈克尔逊干涉仪的结构如图 4-38-1 所示,整个机械台面(包括导轨)固定在一个稳定的底座上,底座下有个调节螺钉,用以调节台面的水平。导轨内装有螺距为 1 mm 的精密丝杠,丝杠的一端与齿轮系统相连接。转动鼓轮或微调鼓轮都可使丝杠转动,从而带动滑块及固定在滑块上的反射镜 M_1 沿着导轨移动。反射镜 M_1 的位置读数由台面一侧的毫米标尺、度数窗内的鼓轮刻度盘的读数(最小刻度为 0.01 mm)及微调鼓轮刻度盘读数(最小分度为 0.000 1 mm)读出。反射镜 M_2 固定在导轨的一侧。M_1、M_2 两镜的背面各有 3 个调节螺钉,用以调节镜面的方位。M_2 镜台下还装有两个方向相互垂直的微调拉簧螺丝,其松紧使 M_2 镜台产生一极小的形变,从而可对 M_2 的倾斜度作细调。分光板 G_1 和补偿板 G_2 两者严格平行放置,其材料与厚度完全相同,G_1 的内表面为半反射面,从而使入射光分成振幅和光强基本相等的反射光束和透射光束,并且 G_1 与 M_1 和 M_2 两镜均呈 45°角。

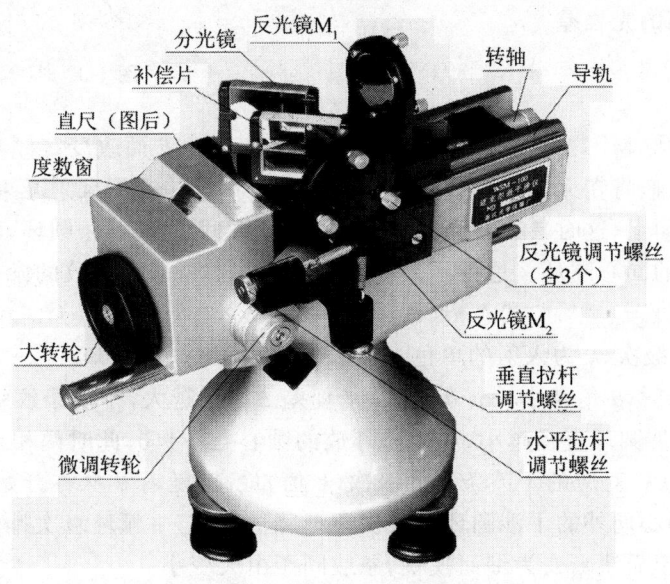

图 4-38-1

二、干涉花样及波长测量原理

迈克尔逊干涉仪的原理光路如图 4-38-2 所示,从光源 S 发出的一束光经分光板 G_1 半反半透分成相互垂直的反射光束 1 和透射光束 2,因 G_1 与 M_1 和 M_2 均成 45°角,所以这两束光分别垂直射到平面镜 M_1 和 M_2,再经 M_1 和 M_2 所反射后各自沿原路返回到 G_1,反射光 1 透过 G_1 而到达 O 处,透射光束 2 在 G_1 的后表面反射后到近 O 处,与光束 1 相遇而产生干涉。因为光束 2 在 G_1 中只通过一次,而光束 1 在 G_1 中共通过三次,由于 G_2 板的补偿作用使得两束光在玻璃中走的光程相等,因此计算两束光的光程差时,只需计算两束光在空气中的光程差。

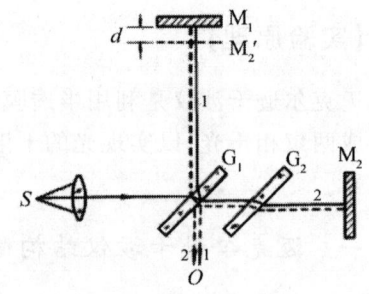

图 4-38-2 干涉光路

图 4-38-2 中的 M_2' 是 M_2 在半反射面 G_1 中的虚像,显然光线 2 经 M_2 反射到达 O 点的光程与它经 M_2' 反射到达 O 点的光程严格相等,因此干涉仪所产生的干涉条纹和由平面 M_1 与 M_2 之间的空气薄膜所产生的干涉条纹是完全一样的。故在 O 处观察到的干涉条纹即是从 M_1 与 M_2' 之间的空气层两表面的反射光叠加所产生的。并且 M_1 与 M_2' 之间所夹的空气层形状可以任意调节,若调节 M_1 与 M_2' 平行。不平行或相交时,则在 O 处可观察到不同的干涉条纹。下面讨论常出现的三种干涉现象。

(一) 等倾干涉图样

调节 M_1 与 M_2 垂直,即 M_1 与 M_2' 相平行(夹层为空气平板),如图 4-38-3 所示。若 M_1 与 M_2' 相距为 d,当入射光以 θ 角入射,经 M_1、M_2' 反射后成为 1、2 两束平行光,它们的光程差

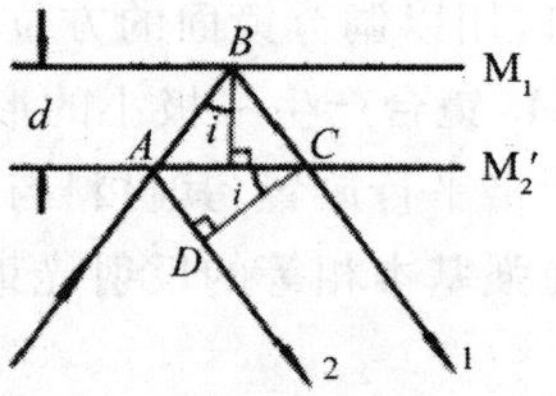

$$\Delta L = AB + BC - AD = 2d\cos\theta \text{。}$$

(4-38-1)

图 4-38-3 等倾干涉原理

上式表明,当 M_1 与 M_2' 之间距 d 一定时,光程差随入射角 θ 而改变。倾角相同的光束具有相同的光程差,它们将在无限远处形成干涉条纹。若用透镜会聚反射光束,则干涉条纹将形成在透镜的焦平面上,这时具有相同倾角 θ 的入射光相干形成一条圆环,而不同倾角的入射光形成明暗相间的同心圆环。这种干涉称为等倾干涉。形成亮条纹的条件为

$$2d\cos\theta = k\lambda, \quad k = 1,2,3,\cdots$$

(4-38-2)

式中,k 为条纹的级次,λ 为入射的单色光波长。从式(4-38-2)可知:

1. 当 d 一定时,θ 角越小,$\cos\theta$ 越大,光程差 ΔL 也越大,干涉条纹级次 k 也越高。但 θ 越小,形成的干涉圆环直径越小,在干涉环放的圆心处 $\theta = 0$,此时两相干光束的光程差最大,即 $\Delta L = 2d = k\lambda$,对应的干涉条纹的级次(k 值)最高,随着 θ 从零开始变大,k 值由最大值起变小,则从圆心向外的干涉圆环的级次逐渐降低(这与牛顿环级次排列正好相反),并且各级条纹分布由粗而清晰变为细而模糊,条纹间距由大变小。

2. 当 d 变化时,干涉圆环随之变化。当移动 M_1 使得 M_1 与 M_2' 之间的距离 d 变小时,观察干涉圆环中的某一级条纹 k_1,则有 $2d\cos\theta_1 = k_1\lambda$。为保持 $2d\cos\theta_1$ 为一常数,即条纹的级次不变(为 k_1 级),当 d 变小时,则 $\cos\theta$ 必须增大,故 θ 必须减小,随着 θ 减小而干涉圆环的直径同步减小。当 θ 小到接近 0 时,干涉圆环直径趋近于 0,从而逐渐"缩入"圆中心处,同时整体条纹变粗、变稀。反之,当 d 增大时,θ 也随之增大,则 $\cos\theta$ 变小,会看到干涉圆环自中心处不断"冒出",环纹向外扩张,整体条纹变细、变密。因此,随着 d 的增大或减

小,条纹从中心"冒出"或向中心"缩入",每变化一个条纹,相应的光程差改变了一个波长 λ,而 d 就改变 $\lambda/2$ 的距离,设 M_1 移动 Δd 时,k 的变化为 ΔN,则从式(4-38-2)得

$$\Delta d = \Delta N \cdot \frac{\lambda}{2}。 \tag{4-38-3}$$

可见,如果数出"缩入"或"冒出"的条纹数,由已知的波长 λ 就可计算出 Δd,这就是测量微小距离的变化原理。反之,由读出的 Δd 也可测定入射光的波长,这也是测定单色光波长的一种方法。

(二) 等厚干涉图样

当 M_1 与 M_2' 略偏离平行时,则 M_1 与 M_2' 的平面有一很小的夹角 θ,它们之间形成楔形空气层。如图 4-38-4 所示,这样的空气薄膜相当于楔形膜的作用,故在 M_1 镜的表面附近产生等厚干涉条纹。当 θ 角很小时,经 M_1、M_2' 反射的两束光的光程差近似为

$$\Delta L = 2d \cos i。 \tag{4-38-4}$$

式中,d 为观察点 B 处空气层的厚度,i 为入射角。在 M_1 与 M_2' 的相交处 $\Delta L=0$(因 $d=0$),即光程差为零,出现直线条纹,称为中央条纹。当入射角 i 足够小时,即在相交线附近 d 很小,$\cos i$ 近似为1,则光程差主要取决于 d 的变化,因而看到的干涉条纹是与中央条纹大体上平行的直条纹。由此可知:等厚干涉条纹只能出现在 i 接近于零区域。在远离相交线处,d 值逐渐增大,由于光线入射角 i 的变化对光程差 ΔL 的影响不能忽略,则干涉条纹变成弧线,故离中央条纹较远处干涉条纹将发生弯曲且凸向中央条纹。

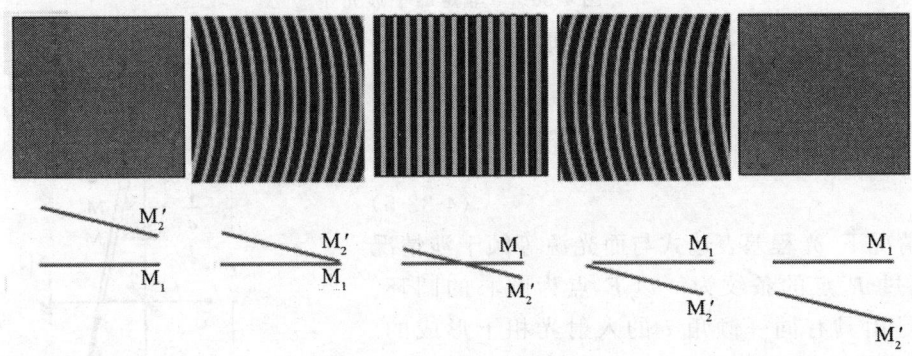

图 4-38-4 等厚干涉图样

(三) 点光源产生的非定域干涉图样

如图 4-38-5 所示,激光通过短焦距透镜会聚后是一个强度很高的点光源 S,强点光源经 M_1 与 M_2' 的反射产生的干涉现象,等效于沿轴向分布的两个虚点光源 S_1' 和 S_2' 发出的光的干涉。S_1' 和 S_2' 的距离为 M_1 与 M_2' 之间距 d 的2倍。因从虚点光源 S_1' 和 S_2' 发出的球面光波在相遇的空间处处相干,只要观察屏放在两点光源发出光波的重叠区域里就能看到干涉现象,故称这种干涉为非定域干涉。若将观察屏放在光波重叠区域的不同位置上,则可看到不同形状(圆,椭圆,双曲线及直线状条纹)的干涉条纹。因实验室中放屏空间是有限的,只有圆形、椭圆形干涉条纹容易观察得到,所以通常是将观察屏放于 S_1' 和 S_2' 连线上且垂直于连线轴,则屏上呈现出的干涉花样是一组同心的明暗相间的圆环。圆心在 S_1' 和 S_2'

连线与屏交点 E 上。

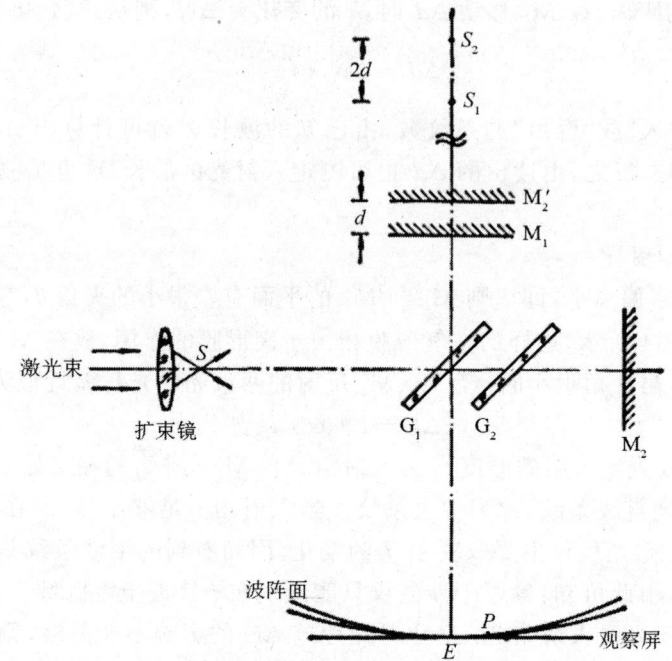

图 4-38-5 非定域干涉光路

如图 4-38-6 所示,在 $L \gg 2d$ 时,可以证明屏上任意点 P 的光程差

$$\Delta L = 2d \cos i [1 + \frac{d}{L} \sin^2 i] \approx 2d \cos i。$$

(4-38-5)

在这种情况下,光程差表达式与面光源等倾干涉情况相同,通过 P 点的条纹为一以 E 点为圆心的圆环。该圆环是由具有同一倾角 i 的入射光相干形成的。等倾干涉条纹相似,当 $i=0$ 时,即在圆环中心处光程差最大,$\Delta L = 2d = N\lambda$,当调节 M_1 使 d 增大或减小时,也可以看到条纹从中心"冒出"或向中心"缩入"。"冒出"或"缩入"一条,d 的相应改变也是半个波长 ($\lambda/2$),因此也可用以计量长度或测定波长。

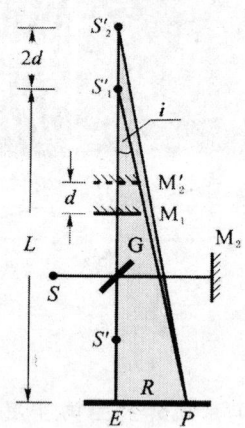

图 4-38-6 非定域干涉原理

三、测量钠光的双线波长差

由式(4-38-5)可知,因光源绝对单色(λ 一定),经 M_1、M_1' 反射及 G_1、G_2 透射后,得到一些因光程差相同的圆环,Δd 的改变仅是"涌出"或"陷入"的 N 在变化,而条纹清晰度不变。条纹清晰度即可见度

$$V = \frac{I_{\max} - I_{\min}}{I_{\max} + I_{\min}}. \tag{4-38-6}$$

当用 λ_1、λ_2 两相近的双线光源(如钠光)照射时,光程差

$$\delta_1 = k\lambda_1 \text{ 或 } \delta_1 = \left(k + \frac{1}{2}\right)\lambda_2. \tag{4-38-7}$$

当改变 Δd 时,光程差

$$\delta_2 = (k + m + \frac{1}{2})\lambda_1 \text{ 或 } \delta_2 = (k + m)\lambda_2. \tag{4-38-8}$$

式(4-38-7)和式(4-38-8)对应相减,得光程差变化量

$$\Delta l = \delta_2 - \delta_1 = (m + \frac{1}{2})\lambda_1 = (m - \frac{1}{2})\lambda_2. \tag{4-38-9}$$

由式(4-38-9)得

$$\frac{\lambda_2 - \lambda_1}{\lambda_1} = \frac{1}{m - \frac{1}{2}} = \frac{\lambda_2}{\Delta l}.$$

于是,钠光的双线波长差

$$\Delta\lambda = \frac{\lambda_1 \lambda_2}{\Delta l} \approx \frac{\bar{\lambda}^2}{\Delta l}. \tag{4-38-10}$$

式中,$\bar{\lambda} = \frac{\lambda_1 + \lambda_2}{2}$ 在视场中心处。当 M_1 在相继两次视见度为 0 时,移过 Δd 引起的光程差变化量 $\Delta l = 2\Delta d$,则

$$\Delta\lambda = \frac{\bar{\lambda}^2}{2\Delta d}. \tag{4-38-11}$$

从式(4-38-11)可知,只要知道两波长的平均值 $\bar{\lambda}$ 和 M_1 镜移动的距离 Δd,就可求出纳光的双线波长差 $\Delta\lambda$。

【实验内容及步骤】

一、调整迈克尔逊干涉仪

1. 调节 He-Ne 激光器光源,使激光束与分光板等高。使激光束水平地射向干涉仪的分光板 G_1。

2. 调整激光光束对分光板 G_1 的水平方向入射角为 45°。如果激光束对分光板 G_1 在水平方向的入射角为 45°,那么正好以 45°的反射角向动镜 M_1 垂直入射,原路返回,这个像斑重新进入激光器的发射孔。

调整时,先用一张纸片将定镜 M_2 遮住,以免 M_2 反射回来的像干扰视线,然后调整激光器或干涉仪的位置,使激光器发出的光束经 G_1 折射和 M_1 反射后,原路返回到激光出射口,这已表明激光束对分光板 G1 的水平方向入射角为 45°。

3. 调整定臂光路。将纸片从 M_2 上拿下,遮住 M_1 的镜面。发现从定镜 M_2 反射到激

光发射孔附近的光斑有4个,其中光强最强的那个光斑就是要调整的光斑。为了将此光斑调进发射孔内,应先调节 M_2 背面的三个螺钉,改变 M_2 的反射角。微小改变 M_2 的反射角度再调节水平拉簧螺钉和垂直拉簧螺钉,使 M_2 转过一微小的角度。

注 在未调 M_2 之前,这两个细调螺钉必须旋放在中间位置。

4. 拿掉 M_1 上的纸片后,要看到两个臂上的反射光斑都应进入激光器的发射孔,且在毛玻璃屏上的两组光斑完全重合,若无此现象,应按上述步骤反复调整。

5. 调粗调手轮,使 M_1 到分光板 G_1 的距离与 M_2 到 G_1 的距离接近相等。

6. 使 He-Ne 激光束基本上垂直于 M_2 时,在屏上即可看到两排激光光点。且每排都有几个光点,调节 M_2 背面的三个螺丝,使两排中两个最亮的光点重合,如果经调节两排最亮的难以重合,可略调一下 M_1 镜后的三个螺丝,直至完全重合为止。这时,M_1 与 M_2 处于相互垂直状态,则 M_1 与 M_2' 相互平行,至此干涉仪的光路系统调整完毕。

二、测量 He-Ne 激光的波长

1. 在 He-Ne 激光器前放置一扩束镜(短焦距凸透镜)形成点光源的发射光束,在屏上可看到干涉条纹。

2. 谨慎调节 M_2 背后的三个螺钉,使条纹变宽,趋向圆形。

3. 再仔细调节 M_1 镜的两个拉簧螺丝,直到把干涉环中心调到视场中央。

4. 旋转微调手轮,当干涉环刚要"冒出"或"缩入"时,记下 M_1 镜的初始位 d_0。

5. 沿上述转动方向继续转动手轮,数出每"冒出"或"缩进"50个干涉环记一次 M_1 镜的位置,d_{50},d_{100},d_{150},…连续记录 M_1 的位置6次(在此过程中微调手轮的转向不变)。将记录数据填入表 4-38-1,由 $\lambda = \dfrac{2\Delta d}{\Delta N}$ 利用逐差法计算出 He-Ne 激光的波长 $\bar{\lambda}$。

表 4-38-1 测量数据表

干涉环数 n	M_1 位置 Ⅰ d_n/mm	M_1 位置 Ⅱ d_{n+150}/mm	Δd	ΔN	λ	$\bar{\lambda}$
0						
50						
100						

6. He-Ne 激光的标准波长值为 $\lambda_0 = 632.8$ nm,可用测量最佳值 $\bar{\lambda}$ 与标准值 λ_0 比较求出相对误差:

$$E_r = \frac{|\bar{\lambda} - \lambda_0|}{\lambda_0} \times 100\%.$$

三、观察等厚干涉条纹$^{\triangle}$

当 M_1 与 M_2' 非常接近且使 M_1 与 M_2' 有一个非常小的夹角 θ 时,屏上可看到等厚干涉条纹。

1. 旋转微调手轮,当干涉环刚要"冒出"或"缩入"时,缓慢转动粗调手轮使 M_1 与 M_2' 非常接近,观察到屏上条纹由细变粗、由密变疏,并且呈等轴双曲线形状,表明 M_1 与 M_2' 已经非常接近。

2. 再调节 M_2 镜的两个微调拉簧螺丝,使 M_1 与 M_2' 之间有一很小的夹角,至屏上出现直线形平行干涉条纹为止,并且此干涉条纹的间距与夹角成反比。应注意,由于此干涉条纹的间距与夹角成反比,当夹角太大时,条纹将过于致密,难以区分,因此条纹间距取 1 mm 左右为宜。

四、测量钠光双线波长差△

1. 将激光器换位钠光源,并在钠光灯前加上毛玻璃,使形成均匀的扩束光源以便于加强条纹的亮度。在毛玻璃屏与分光镜 G1 之间放一叉线(或指针)。在 E 处沿 E、G_1、M_1 的方向进行观察。如果仪器未调好,则在视场中将见到叉丝(或指针)的双影。这时必须调节 M_1 或 M_2 镜后的螺丝,以改变 M_1 或 M_2 镜面的方位,直到双影完全重合。一般地说,这时即可出现干涉条纹,再仔细、慢慢地调节 M_2 镜旁的微调弹簧,使条纹成圆形。

2. 把圆形干涉条纹调好后,缓慢移动 M_1 镜,使视场中心的可见度最小,记下镜 M_1 的位置 d_1 再沿原来方向移动 M_1 镜,直到可见度最小,记下 M_1 镜的位置 d_2,即得到 $\Delta d = |d_2 - d_1|$。

3. 按上述步骤重复 3 次,求得 $\overline{\Delta d}$,代入式(4-38-11),计算出钠光的双线波长差 $\Delta \lambda$,取 $\overline{\lambda} = 589.3$ nm。

【注意事项】

1. 迈克尔逊干涉仪是精密光学仪器,使用前必须先熟悉使用方法,然后再动手调节。

2. 使用过程中绝对不允许用手触摸各镜面及光学玻璃器件,镜面若有浮尘,可用吹风球吹去。

3. 在调节和测量过程中,一定要非常细心,特别是转动粗、微调手轮时要缓慢、均匀。为了避免转动手轮时引起空程,须沿同一方向旋转手轮,不得中途倒转。

4. 实验前和实验结束后,所有调节螺丝均应处于放松状态,调节时应先使之处于中间状态,以便有双向调节的余地,调节动作要均匀缓慢。

【探索与思考】

1. 试根据迈克尔干涉仪的光路,说明各光学元件的作用,总结迈克尔逊干涉仪的调整要点及规律。

2. 简述本实验所用干涉仪的读数方法。

3. 在迈克尔逊干涉仪中是利用什么方法产生两束相干光的?

4. 调出等倾干涉和等厚干涉条纹的条件是什么?

5. 试比较并分析等倾干涉条纹和牛顿环干涉条纹的异同,使 M_1 和 M_2' 逐渐接近时等倾干涉条纹将越来越疏,试描述并说明在零光程处所观察到的现象。

6. 怎样利用干涉条纹的"涌出"和"陷入"来测定光波的波长?

实验 39 用双棱镜测光波波长

菲涅耳双棱镜干涉实验是一种分波阵面的干涉实验,实验装置简单,但设计思想巧妙。它通过测量毫米量级的长度,可以推算出小于微米量级的光波波长。

【实验目的】

1. 了解双棱镜干涉装置及光路调整方法。
2. 观察双棱镜干涉现象并用它测量光波波长。

【实验仪器】

钠光灯;双棱镜;可调狭缝;凸透镜;白屏;测微目镜;光具座,滑块等。

【实验背景】

1826 年,法国科学家菲涅耳(1788-1827)用双棱镜实验证明了光的干涉现象的存在。菲涅尔双棱镜由两个折射角很小的直角棱镜组成,且两个棱镜的底边连在一起,用它可实现分波前干涉。通过对其产生的干涉条纹间距等长度量(毫米量级)的测量,可推算出光波波长。不借助光的衍射而形成分波面干涉,用毫米级的测量得到纳米级的精度,其物理思想、实验方法与测量技巧至今仍然值得我们学习。

【实验原理】

菲涅耳双棱镜可以看作两块底面相接、棱角很小的直角棱镜合成的。如图 4-39-1 所示就是菲涅尔 1818 年设计的双棱镜干涉实验示意图,相当于杨氏干涉实验中的双狭缝被一个双棱镜所取代。当单色狭条光源 S_0 从棱镜正前方照射时,经双棱镜折射成为两束相重叠的光,它们相当于光源 S_0 的两个虚像 S_1、S_2 射出的光(相干光)。在两光束相交的区域放置观察屏,在 P_1、P_2 区间就可以观察到干涉条纹。也就是说,虚光源等效于双狭缝形成了光波的分波阵面干涉。这时简单介绍它们同干涉条纹分布之间的对应关系。

如图 4-39-2 所示,设两虚光源的间距为 d,它们到观察屏的距离为 L,观察点 P_x 的光强

$$I = 4I_0 \cos^2\left(\frac{\pi d}{\lambda} \sin \theta\right).$$

式中,λ 为入射光的波长,θ 为 d 的中点与 P_x 连线与光轴的夹角。

当 $d \sin \theta = \pm k\lambda$ 时,$I = 4I_0$,即干涉光强极大;当 $d \sin \theta = \pm(2k+1) + \frac{\lambda}{2}$ 时,$I=0$,即干涉光强极小。因此,在观察屏上可以看到明暗相间的干涉条纹。

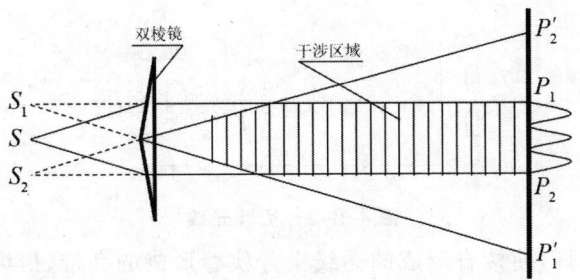

图 4-39-1 双棱镜干涉原理

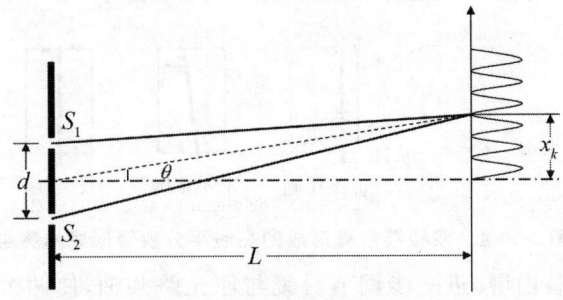

图 4-39-2 双棱镜干涉光路

因为 $d \ll L$，θ 角很小，有 $\sin\theta \approx \dfrac{x_k}{L}$。故对于亮条纹，$d\dfrac{x}{L} = \pm k\lambda$，即有 $x = \pm \dfrac{L}{d}\lambda$；对于暗条纹，$d\dfrac{x}{L} = \pm(2k+1)\dfrac{\lambda}{2}$，即有 $x = \pm(2k+1)\dfrac{L}{d}\dfrac{\lambda}{2}$。因此，相邻亮条纹（或暗条纹）的条纹间距

$$\Delta x = \dfrac{L}{d}\lambda。$$

所以，在实验中只要测得条纹间距 Δx，就可以计算出干涉光源的波长

$$\lambda = \Delta x\,\dfrac{d}{L}。$$

【实验内容及步骤】

一、实验光路及光路调节

1. 实验光路如图 4-39-3 所示，把凸透镜（图中虚线框内的）从光具座滑块上取下，使其离开光路。

2. 在光具座上放上钠光灯、狭缝、凸透镜及白屏。稍微增大狭缝，用凸透镜二次成像法调节狭缝、凸透镜高低、左右等高共轴。

3. 放入双棱镜，使其与凸透镜等高，并且调节支撑双棱镜的滑块的平移机构，使其沿 x 方向平移，并使棱镜棱脊形成的亮线竖直且在透镜 x 方向的中心线上。

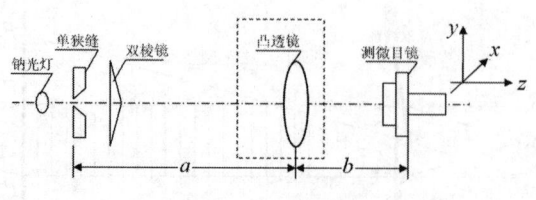

图 4-39-3　实验光路

4. 然后挪动钠光灯，使棱脊形成的亮线平分狭缝形成的亮带，最终达到图 4-39-4c 所示的状态。此时表明双棱镜棱脊位于狭缝正中且被对称照明。仔细调节钠光灯的位置，使白屏上出现的两个虚光源的像的光强基本相同，并尽可能地长。

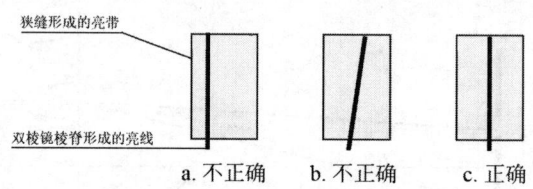

图 4-39-4　双棱镜棱脊形成的亮线平分狭缝形成的亮带

5. 以测微目镜代替白屏，进一步调节目镜与原光路共轴，使两个虚光源的像位于视野的中心部位。

6. 沿着 z 方向从测微目镜中观察狭缝像，逐渐减小单狭缝的缝宽，在视场中应当出现明暗相间的垂直干涉条纹。开始的时候干涉条纹可能比较模糊，这时应该再细致地微调狭缝的方向，使干涉条纹变得清晰。如果条纹偏向视场一侧，可以沿着 x 方向微调测微目镜；如果干涉条纹太细，可增加测微目镜到双棱镜的距离；如果条纹太少，可增加双棱镜到单狭缝的距离（条纹以 8～10 条为宜）。

7. 进一步精细地微调单狭缝在 xy 平面内的方向和自身的宽度，使干涉条纹的可见度（即对比度）和亮度都最好。

二、测量钠光灯的波长

1. 测量两个虚光源的间距。在本实验中，双狭缝是虚拟的，其距离 d 自然就无法直接测量，通过凸透镜成像的简单物像关系，间接测量得到 d。可以在双棱镜和测微目镜放上凸透镜（焦距为 f），使狭缝与测微目镜之间的距离 a 略大于 $4f$，移动透镜找到两个位置，使两虚光源在测微目镜处成实像。用测微目镜测得成大像 S_1' 和 S_2' 的间距 d' 和小像 S_1'' 和 S_2'' 的间距 d''，则有

$$\frac{d}{a}=\frac{d'}{b}, \quad \frac{d}{b}=\frac{d''}{a}。$$

从上两式中消去 a 与 b，可得两个虚光源 S_1 和 S_2 的间距

$$d=\sqrt{d'd''}。$$

重复测量 3 次，求出间距 d 的平均值 $\overline{d}$。

该方法省略了对 a、b 的直接测量，因此避免了虚光源和狭缝不共面引入的测量误差，

即 a、b 从狭缝量起的不准确性。至于 L，由于它本身的数值很大，仍可从狭缝处量起。

2. 测量干涉条纹的间距 Δx 和 L。保持狭缝与双棱镜的位置不变，而狭缝与测微目镜之间距离可以稍微增大（即 L 可以不等于 a），利用测微目镜里的十字叉丝，测量每组干涉条纹（即一条亮纹加一条暗纹）的宽度，为了提高测量精度，应当测量 8 组以上条纹的总宽度，然后再求出一组条纹的平均宽度，重复测量 3 次，求出其平均值，并及时测出狭缝到测微目镜叉丝平面的距离 L。

3. 根据公式 $\lambda = \Delta x \dfrac{d}{L}$，求得钠光的波长 λ。

二、以白炽灯作为光源的双棱镜实验$^{\triangle}$

用白炽灯取代钠灯作为光源，观察干涉条纹，记录所观察到的现象并作出相应的解释。

三、以氦氖激光器作为光源的双棱镜实验$^{\triangle}$

用氦氖激光器取代钠光源做双棱镜实验，可以带来如下方便：

1. 激光具有良好的空间相干性，利用扩束后的激光直接照射双棱镜，可省去狭缝 S。
2. 激光方向性好，能量集中，即使屏幕较远（例如 $D=4$ m），也可以用眼睛直接观察到屏幕上的干涉条纹。

注 具体实验光路请自行设计。由于激光直接照射眼睛会损伤视网膜，故不宜将测微目镜直接放在激光束中观察干涉条纹。为了观察和测量干涉条纹的间距，可在显微镜前放一毛玻璃屏，利用毛玻璃对激光束的散射来显著减弱光强，起到保护眼睛的作用。由于干涉条纹的分布范围较大，用读数显微镜取代测微目镜进行测量。

【注意事项】

1. 光源狭缝与双棱镜的棱脊必须位于整个系统的光轴上并平行，才能获得强度相等的两条光束，这是获得有较好可见度的干涉条纹的关键；其次，适当的狭缝宽度也是非常重要的——狭缝太宽，双棱镜所形成的双光束相干性太差，难于干涉；反之，光线的强度太弱也不利于观测。

2. 在测量缝宽时，由于光路调整的原因，理想的两根亮线可能变成两条亮带。此时可以对亮带的最亮的锐边的间距进行测量。

3. 注意有的测微目镜在转轮轴上没有毫米刻度，在它的视场里，可以读出黑色的毫米标尺，若观察时亮度不够，可用手电筒在前斜上方辅助照明。也可以直接利用光具座滑块上所附的 x 方向微调螺旋来进行测量。

【探索与思考】

1. 影响波长测量精度的主要环节是什么？
2. 影响干涉条纹宽度的因素是什么？
3. 若实验时光源改成白炽灯，将会看到怎样的干涉条纹？请分析。

实验 40　用旋光仪测定糖溶液的浓度

【实验目的】

1. 观察旋光现象，了解旋光物质的旋光性质。
2. 了解旋光仪的结构原理。
3. 学会用旋光仪测糖溶液的浓度(或旋光率)。

【实验仪器】

旋光仪；长、短试管各 1 支；已知和未知浓度葡萄糖溶液。

【实验原理】

一、旋光现象和旋光度

根据麦克斯韦的电磁场理论，光是一种电磁波，光的传播就是电场强度 E 和磁场强度 H 传播的过程，而 E 与 H 互相垂直，都垂直于光的传播方向。把 E 的振动称为光振动，E 与光波传播方向之间组成的平面称为振动面。根据振动方向和振幅，光大致分为自然光、部分偏振光、平面偏振光、圆偏振光和椭圆偏振光。普通光源发出的光，其光波在垂直于传播方向的一切方向上振动，这种光称为自然光或非偏振光。光振动始终在某一确定方向的光称为平面偏振光或偏振光。将自然光变成偏振光的过程称为起偏，起偏的装置称为起偏器。常用的起偏器有人工制造的偏振片、晶体起偏器，或者利用反射或多次透射(布儒斯特定律)而获得偏振光。鉴别光的偏振状态的过程称为检偏，检偏的装置称检偏器。实际上起偏器也就是检偏器，两者是通用的。

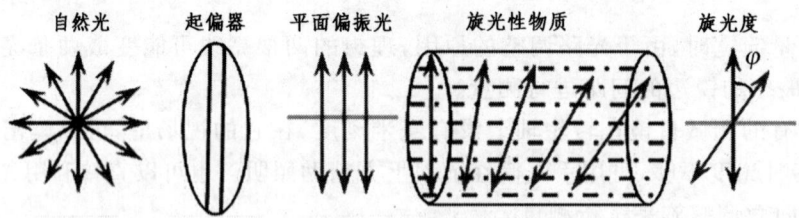

图 4-40-1　旋光现象

如图 4-10-1 所示，当一束平面偏振光通过某种物质时，其振动方向会发生改变，此时光的振动面旋转一定的角度。这种物质称为旋光物质，这种现象称为旋光现象。旋转的角度称为旋光角(或旋光度)。实验发现，如果迎着光的传播方向看，偏振光的振动面沿顺时针方向旋转，称为右旋物质。使偏振光的振动面沿逆时针方向旋转，称为左旋物质。

旋光性物质不仅限于像石英、朱砂等固体,还包括糖溶液、松节油等具有旋光性质的液体。而对于液体而言,除了厚度之外,还与溶液的质量浓度 ρ 成正比。实验证明,对某一旋光溶液,当入射光的波长给定时,旋光角 φ 与偏振光通过溶液的长度(或厚度)l 和溶液的质量浓度 ρ 成正比,即

$$\varphi = [\alpha]_\lambda^t \rho l。 \tag{4-40-1}$$

式中:ρ 的单位为 $g \cdot mL^{-1}$,φ 的单位为 $(°)$,l 的单位为 dm;$[\alpha]_\lambda^t$ 为旋光率(旋光度或旋光本领),它在数值上等于偏振光通过单位长度(dm)、单位浓度($g \cdot mL^{-1}$)的溶液后引起的振动面的旋转角度,其单位为 $(°) \cdot mL \cdot dm^{-1} \cdot g^{-1}$。

在溶液浓度已知的情况下,测出溶液试管的长度 l 和旋光角 φ,就可以计算出该溶液的旋光度,即

$$[\alpha]_\lambda^t = \frac{\varphi}{\rho l}。 \tag{4-40-2}$$

二、旋光角的测量方法

通过对旋光角的测定,可检验溶液的浓度、纯度和溶质的含量。下面简要介绍在医、药学中常用的两种分析方法,即比较法和间接测定法的基本原理。

(一)比较法

已知浓度为 ρ_A 的某种旋光性溶液,其厚度为 l_A,测出其旋光角 φ_A。要测同种未知浓度的溶液,保持测量条件不变,只要测定该溶液在厚度为 l_B 时的旋光角 φ_B,由式(4-40-1)就可计算出未知浓度 ρ_B,即 $\varphi_A = [\alpha]_\lambda^t \rho_A l_A$,$\varphi_B = [\alpha]_\lambda^t \rho_B l_B$,得

$$\rho_B = \frac{\varphi_2 l_A}{\varphi_A l_B} \rho_A。 \tag{4-40-3}$$

如果两溶液厚度相同,即 $l_A = l_B$,则

$$\rho_B = \frac{\varphi_B}{\varphi_A} \rho_A。 \tag{4-40-4}$$

(二)间接测定法

对于浓度 ρ_A、厚度 l_A 已知的某种旋光性溶液,测出其旋光角 φ_A,也可由式(4-40-2)算出旋光率 $[\alpha]_\lambda^t$,再测出厚度为 l_B 的同种旋光性溶液的旋光角 φ_B,再由式(4-40-3)或式(4-40-4)计算出未知浓度 ρ_B。

三、影响旋光度的因素

1. 溶剂的影响。旋光物质的旋光度主要取决于物质本身的结构。另外,还与光线透过物质的厚度,测量时所用光的波长和温度有关。如果被测物质是溶液,影响因素还包括物质的浓度,溶剂也有一定的影响。因此,旋光物质的旋光度,在不同的条件下,测定结果通常不一样。因此在测定旋光度时,应说明使用什么溶剂,如不说明一般指水为溶剂。

2. 温度的影响。温度升高会使旋光管膨胀而长度加长,从而导致待测液体的密度降低。另外,温度变化还会使待测物质分子间发生缔合或离解,使旋光度发生改变。

3. **浓度和旋光管长度对旋光度的影响。**在一定的实验条件下，常将旋光物质的旋光度与浓度视为成正比，因为将此旋光度作为常数。旋光度和溶液浓度之间并不是严格地呈线性关系。

【实验仪器】

测定物质旋光角的仪器叫作旋光仪，构造示意图 如图 4-40-2 所示。

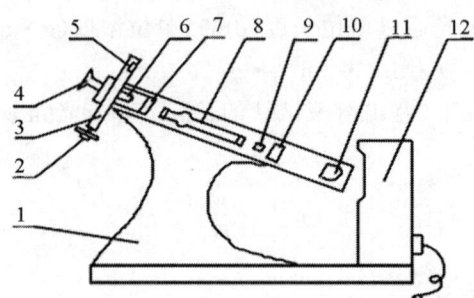

1—底座；2—度盘调节手轮；3—刻度盘；4—目镜；5—度盘游标；6—物镜；
7—检偏片；8—测试管；9—石英片；10—起偏片；11—会聚透镜；12—钠光灯光源

图 4-40-2　旋光仪的结构

仪器测量采用半荫法，钠光灯发出的光经起偏片后成为平面偏振光，在半波片（劳伦特石英片）处产生三分视场。检偏片与刻度盘连在一起，转动度盘调节手轮即转动检偏片，可以看到三分视场各部分的亮度变化情况，如图 4-40-3(a)、(c) 所示为大于或小于零度视场，如图 4-40-3(b) 所示为全暗视场，如图 4-40-3(d) 所示为全亮视场。由于人眼在一定范围内对弱光变化较为敏感，故实验中选定三部分弱照度相等的圆光斑（如图 4-40-3(b) 所示）作为零度视场的标准。找到零度视场，从度盘游标处装有放大镜的视窗读数。

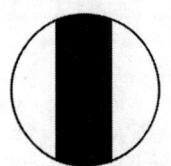   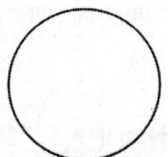

(a) 中间为暗区　　(b) 三分视界消　　(c) 中间为亮区　　(d) 三分视界消
　　两边为亮区　　　　失，视场较暗　　　　两边为暗区　　　　失，视场较亮

图 4-40-3　转动检偏镜手轮时，目镜中视场明暗变化

将装有一定浓度的某种溶液的试管放入旋光仪后，由于溶液具有旋光性，使平面偏振光旋转了一个角度，零度视场便发生了变化。转动度盘调节手轮，使再次出现亮度一致的零度视场，这时检偏片转过的角度就是溶液的旋光度，从视窗中的读数可求出其数值。

为了避免刻度盘的偏心差，在游标盘上相隔 180° 对称地装有左右两个游标。测量时两个游标都读数，取其平均值。度盘主尺分 60 格，每格为 1°，游标分为

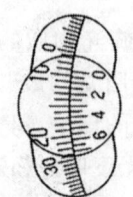 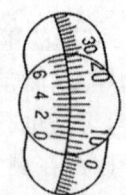

图 4-40-4　读数装置

20 格,其长度等于度盘上 9 格,用游标可直接读到 0.05°(如图 4-40-4 所示),度盘与检偏镜固定在一起,借助手轮能够进行粗、细调节,游标窗前有两块放大镜,供读数使用。

【实验内容和步骤】

一、调整旋光仪

1. 打开电源开关,预热钠光灯发光正常后就可以开始实验。
2. 调节旋光仪的目镜,使视场中 a、b 区域及分界线十分清晰;转动检偏器,观察并熟悉视场明暗变化的规律。
3. 熟悉角游标尺的读数方法,记录最大仪器误差。
4. 检查仪器零位是否准确,即在仪器未放试管时,将旋光仪调到图 4-40-3(b)所示的状态,看到视场两部分亮度均匀且较暗时,记下刻度盘上左右两游标窗口上的相应读数 φ_{0l}、φ_{0r}(有正负之分),代入 $\varphi_0 = \dfrac{\varphi_{0l} + \varphi_{0r}}{2}$ 求得旋光角。重复测量 3 次,将平均值 $\overline{\varphi_0} = \dfrac{1}{n}\sum_{n=1}^{3}\varphi_{0n}$ 作为零位读数。

二、测定旋光溶液的旋光率和浓度

1. 将盛满已知浓度 ρ_A 的糖溶液的试管依次放入仪器内,重调目镜使 a、b 区域分界线清晰,再旋转检偏器使视场亮度均匀且较暗(如图 4-40-3(b)所示的状态),从刻度盘上左右窗口记下对应的刻度值 φ_{Al} 和 φ_{Ar},$\varphi_A = \dfrac{\varphi_{Al} + \varphi_{Ar}}{2}$ 求得旋光角。重复 3 次,求平均值 $\overline{\varphi_A} = \dfrac{1}{n}\sum_{n=1}^{3}\varphi_{An}$。求出旋转光角 $\varphi_A = \overline{\varphi_A} - \overline{\varphi_0}$,由式(4-40-2)计算糖溶液的旋光率 $[\alpha]_\lambda^t$。
2. 由偏振光被旋转的方向确定物质的旋光性(左旋还是右旋)。
3. 将盛有未知浓度 ρ_B 的糖溶液的玻璃管放入旋光仪中,按上述步骤进行测量,求得旋转光角 φ_B。
①间接法计算:根据实验所得的 $[\alpha]_\lambda^t$ 和已知的 l_B 值,由式(4-40-1)计算 ρ_B。
②比较法计算:根据已知的 l_A、l_B 和 ρ_A,以及所测得的 φ_A、φ_B,由式(4-40-3)式计算 ρ_B。

【数据记录及处理】

表 4-40-1 测定零位误差

测量次数 n	φ_{0l}	φ_{0r}	φ_{0n}	$\overline{\varphi_0}/(°)$
1				
2				
3				

表 4-40-2　测定糖溶液的旋光率

室温_____℃　　钠黄光波长 λ = _____ nm

测量次数 n	φ_{Al}	φ_{Ar}	φ_{An}	$\overline{\varphi_A}/(°)$	$\varphi_A/(°)$	l_A/dm	$\rho_A/\text{g}\cdot\text{mL}^{-1}$	$[\alpha]_\lambda^t$
1								
2								
3								

表 4-40-3　测量糖溶液的浓度

测量次数 n	φ_{Bl}	φ_{Br}	φ_{Bn}	$\overline{\varphi_B}/(°)$	$\varphi_B/(°)$	l_B/dm	$\rho_B/\text{g}\cdot\text{mL}^{-1}$	
							间接法	比较法
1								
2								
3								

【注意事项】

1. 溶液注满试管,旋上螺帽,两端不能有气泡,螺帽不宜太紧,以免玻璃窗受力而发生双折射,引起误差;如果试管中有气泡,应使气泡处于试管凸起处。

2. 试管两端均应擦干净方可放入旋光仪。

3. 在测量中应维持溶液温度不变。

4. 试管中溶液不应有沉淀,否则应更换溶液。

5. 操作中注意将试管放妥,避免将其摔碎。

6. 仪器电源不要反复连续地开关,若钠光灯熄灭,需停几分钟后再开。

7. 只能在同一方向转动度盘手轮时读取始、末示值,决定旋光角。而不能在来回转动度盘手轮时读取示值,以免产生回程误差。

【探索与思考】

1. 旋光仪的最小分度值是多少?

2. 根据测量结果,试问糖溶液是左旋还是右旋?

3. 什么是旋光现象?物质的旋光度与哪些因素有关?物质的旋光率怎么定义?

实验 41　单色仪的定标

【实验目的】

1. 了解棱镜单色仪和光栅单色仪的构造原理和使用方法。

2. 以汞灯的主要谱线为基准,对单色仪在可见光区进行定标。

【实验仪器】

反射式棱镜单色仪;显微镜;汞灯。

【实验原理】

单色仪是一种分光仪器,它通过色散元件的分光作用,能够从复合光源中分解出一系列独立的、光谱区足够狭窄的、波长连续可调的单色光 的仪器。单色仪有多种,从不同的角度对它有不同的分类。按波长来分,有红外单色仪、紫外单色仪、可见光单色仪;按分光元件来分,有光栅单色仪和棱镜单色仪;在棱镜单色仪中按物镜的形式来分,有透射式单色仪和反射式单色仪。单色仪运用的光谱很广,从紫外、可见、近红外一直到远红外。对于不同的光谱区域,一般需换用不同的棱镜或光栅。例如,应用石英棱镜作为色散元件,则主要应用于紫外光谱区,并需用光电倍增管作为探测器;若棱镜材料用 NaCl(氯化钠),LiF(氟化锂)或 KBr(溴化钾)等,则可应用于广阔的红外光谱区,用真空温差电偶等作为光探测器。本实验所用玻璃棱镜单色仪仅适用于可见光区,用人眼或光电池作为光探测器。

一、棱镜单色仪

反射式棱镜单色仪的结构如图 4-41-1 所示,其外壳是圆形的,下方有驱动棱镜台转动的丝杆和读数鼓轮,外侧装有缝宽可调的入射狭缝 S_1 和出射狭缝 S_2。其光学系统由三部分组成。

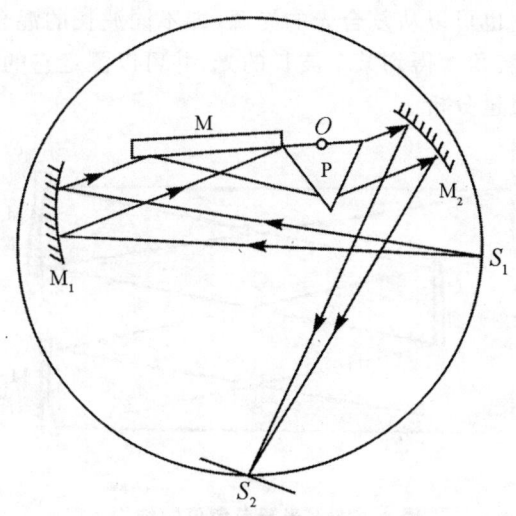

图 4-41-1　反射式棱镜单色仪的结构

1. 入射准直系统。由入射缝 S_1 和凹面镜 M_1 组成。因 S_1 固定在 M_1 的焦面上,它使 S_1 发出的入射光束成为平行光束。

2. 瓦兹渥斯(Wadsworth)色散系统。由玻璃棱镜 P 和平面镜 M 联合组装成一整体,安装在同一转台上,可以绕通过 O 点垂直于图面的轴线(棱镜顶角的等分面和底面的交线)

转动。该系统的特点是平行光束通过后,以最小偏向角出射的单色光仍平行于原入射光,即该系统为恒偏向色散装置。

3. 出射聚光系统。由凹面镜 M_2 和出射缝 S_2 组成,它将色散后沿不同方向传播的单色平行光经 M_2 反射后,会聚在 M_2 的焦面上,即出射缝 S_2 的平面上,因 S_2 缝宽较小,从 S_2 输出的是波段很窄的光,通常称为单色光。

随着棱镜台绕 O 轴转动,以最小偏向角通过棱镜的光束的波长也跟着改变,当最小偏向角由小变大时,从 S_2 输出的单色光的波长将依次由长变短。

单色仪能输出不同波长的单色光,是依赖于棱镜台的转动才得以实现的。棱镜台的位置是由鼓轮刻度标志的,而鼓轮刻度的每一数值都是和一定波长的单色光输出相对应。因此,必须制作单色仪的鼓轮读数和对应光波波长的关系曲线,即定标曲线(又称色散曲线),一旦鼓轮读数确定,便可从定标曲线上查知输出单色光的中心波长。

单色仪的机械部分包括狭缝和读数鼓轮。狭缝的调节要仔细,不要挤坏。读数鼓轮与万向接头转动杆及把手相连。转动把手,棱镜就转,输出光的波长就在变。读数鼓轮的数值与棱镜的位置相对应,也就是与出射光的波长相对应。

二、光栅单色仪

光栅光谱仪是利用光栅作为光学元件,用光栅衍射的方法获得单色光的仪器。光栅光谱仪具有比棱镜单色仪更高的分辨率和色散率,可以工作于数纳米至数百微米的整个光学波段,比色散棱镜的工作波长范围宽。此外在一定范围内,光栅产生的是均排光谱,比棱镜光谱的线性要好得多。它也可以从复合光的光源(即不同波长的混合光的光源)中提取单色光,即通过光栅一定的偏转角度得到某个波长的光,并可以测定它的数值和强度。因此可用以进行复合光源的光谱质量分析。

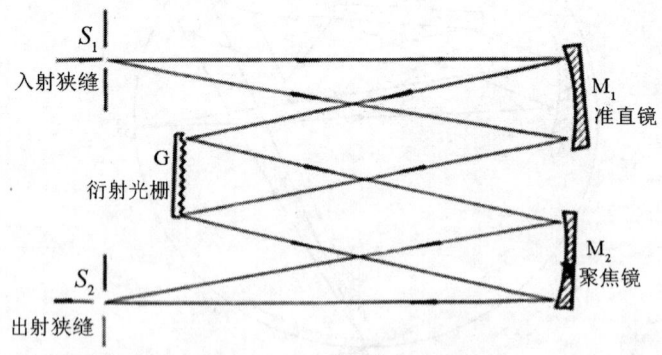

图 4-41-2　光栅单色仪的结构

典型光栅单色仪的结构如图 4-41-2 所示。光源或照明系统发出的光束均匀地照亮在入射狭缝 S_1 上,S_1 位于离轴抛物镜的焦平面上。光通过 M_1 变成平行光照射到光栅上,再经过光栅衍射返回到 M_1,经过 M_2 会聚到出射狭缝 S_2。由于光栅的分光作用,从 S_2 出射的光为单色光。当光栅转动时,从 S_2 出射的光由短波到长波依次出现。

光栅光谱仪(单色仪)可以研究诸如氢氖光谱、钠光谱等元素光谱(使用元素灯作为光源),也可以作为更为复杂的光谱仪器的后端分析设备,比如激光喇曼/荧光光谱仪。

单色仪出厂时,一般都附有定标曲线的数据或图表供查阅,但是经过长期使用或重新装调之后,其数据会发生改变,这就需要重新定标,以对原数据进行修正。

单色仪不是直接用波长分度定标而是用鼓轮读数来表示,因此在使用单色仪之前要定标:利用已知波长的光谱线标定鼓轮的读数,做出鼓轮读数与波长之间的关系曲线。这个过程称之为单色仪的定标。单色仪的定标要借助于已知波长的线光谱光源来进行。本实验用汞灯做已知光谱的光源,在可见光区域(400~760 nm)进行定标。在可见光波段,汞灯主要谱线的相对强度和波长如表 4-41-1 所示。

表 4-41-1 汞灯主要光谱线波长

颜色	波长/nm	强度	颜色	波长/nm	强度
紫色	404.66*	强	黄色	576.96*	强
	407.78*	中		579.07*	强
	410.81	弱		585.92	弱
	433.92	弱		589.02	弱
	434.75	中			
	435.84*	强	橙色	607.26	弱
蓝绿色	491.60*	强		612.33*	弱
	496.03*	中	红色	623.44*	中
绿色	535.41	强		671.62*	中
	536.51	弱	深红色	690.72*	中
	546.07*	强		708.19	弱
	567.59	弱			

【实验内容与步骤】

1. 汞灯光源与入射狭缝 S_1 之间放会聚透镜 L_1。调节光源与透镜的位置、高低和左右,使光源成像在 S_1 上。注意,S_1 的宽度已调好,实验时不准再动。

2. 出射狭缝 S_2 处直接用眼观察出射光,并转动鼓轮,可看到红、黄、蓝、紫色光依次通过。调节光源的高低、左右,使出射光位于 S_2 的中央。

3. 置显微镜于出射狭缝 S_2 处,调节显微镜的高低、左右和前后位置,对出射狭缝 S_2 聚焦,先清楚地看到出射狭缝 S_2,然后转动鼓轮再细调到出现细锐的光谱线,调节显微镜十字叉丝的竖线位于 S_2 缝中心,注意调好的显微镜位置不要再动。

4. 在正式测定校准曲线前,先定性观察过程,以便认准谱线,即转动鼓轮,从红光到紫光再从紫光到红光,观察汞灯所有的谱线,认准谱线(对照表 4-41-1,从颜色、强度、谱线间距等方面去辨认),然后再定量测量。

注 汞灯的谱线较丰富,不必全测。可将表一中标有*的那些谱线测出,注意不要认错谱线。

5. 测定校准曲线,以显微镜的竖丝为标准,缓慢转动鼓轮,使汞灯的各条谱线依次通过,记下鼓轮的读数 R 与其对应的波长 λ。在坐标纸上做出单色仪的 $R-\lambda$ 线。

【注意事项】

1. 单色仪上的入射狭缝 S_1 比较精密,已调好,不要乱动。
2. 不能用手摸狭缝 S_1、S_2 及镨钕玻璃片。

【探索与思考】

1. 对单色仪进行定标的目的是什么？试总结出制作单色仪校准曲线的关键。
2. 从单色仪出射狭缝 S_2 射出的光是真正的"单色光"吗？当 S_2 的宽度不变时,从 S_2 射出的红色光与紫色光所包含的波长范围 $\Delta\lambda$ 是否相同？

第五章　设计性实验

实验 42　望远镜与显微镜的组装及放大率的测定

　　显微镜和望远镜是近代科学技术的两项伟大发明，它们将人类的视觉延伸到了更加宽广的微观和宏观世界，具有划时代的意义。显微镜和望远镜是常用光学仪器，具有广泛的应用范围。它们的构造看似简单，却蕴含着极其丰富的理论知识。了解他们的构造原理，并自己动手设计、组装显微镜和望远镜，不仅有助于加深理解透镜成像规律，也有助于调整和使用其他光学仪器。

【实验目的】

1. 熟悉望远镜和显微镜的构造及其放大原理。
2. 掌握光学系统的共轴调节方法。
3. 学会望远镜、显微镜放大率的测量。

【实验器具】

光具座(或光学平台)；凸透镜若干；光源；箭孔屏；平面镜；光屏；米尺，透明标尺等。

【实验背景】

　　1847年，蔡司制造一种只用单片透镜的简易型显微镜，适合用于解剖工作。这批显微镜第一年卖了大约23台。他很快意识到需要有新的创新，开始研发复合式显微镜。1861年，他设计的显微镜在图林根州工业展览会上获得金牌，被认为是德国最佳的科学仪器。之后，他认识到要想在显微镜制作上取得更大的突破，必须要从显微成像的基本科学研究出发。同年，物理学家阿贝博士加入蔡司工作室，两人一同研究光学产品的基础科学原理。阿贝希望将他的新发现、新成果公布给所有人，但这与作为企业家蔡司的想法完全相反。尽管如此，蔡司正确地认识到与阿贝的合作所能带来的新发展与未来可能性，所以很快地就与阿贝建立起清晰的合作准则。1872年，阿贝的显微镜成像理论极大地提升了显微镜的质量。1875年5月15日，阿贝成为蔡司工厂的合伙人。

　　在上述那段时期，蔡司已经制作出了当时最优秀的透镜系统，但在理论上根据阿贝正弦条件还能够进一步改善光学系统品质，当时的问题在于没有相匹配性质的光学玻璃材料。

幸运的是,阿贝遇到了肖特——一位刚获得博士学位的玻璃学者。他们从1879年开始合作,到1886年已经能批量生产满足阿贝理论的新型玻璃。这种新型玻璃的出现铺平了通往高性能显微镜的道路——复消色差物镜。之后,肖特专门生产用于新型蔡司显微镜的玻璃,在1884年成立了肖特及合作伙伴玻璃技术实验室,所有权属于蔡司、阿贝和肖特三人。可以说,阿贝、肖特和蔡司之间在科学与利益上的合作与友谊,即便到现在也是难得一见的。

【实验原理】

我们在观察微小物体时,总是习惯上把物体移得离眼睛近一些,这样可以增大视角。但是这种方法有一定的限度,当物体移到近点以后,就不能再用这种方法来增大视角了。在观察比较远的物体时(例如宇宙天体),由于他们到人眼的距离是无法缩短的,因此上述方法也不再适用。人类要想观察到很小或很远的物体,为了增大视角,需要利用助视光学仪器来完成。显微镜主要用来帮助人们观察近处的微小物体,而望远镜则主要是帮助人们观察远处的目标,它们也常被组合在其他光学仪器中。为适应不同用途和性能的要求,望远镜和显微镜的种类很多,构造也各有差异,但是它们的基本光学系统都由一个物镜和一个目镜组成。

一、比较法测量望远镜的放大率

望远镜通常是由两个共轴光学系统组成,我们把它简化为两个凸透镜,其中长焦距的凸透镜作为物镜,短焦距的凸透镜作为目镜。物镜的作用是将远处物体发出的光经会聚后在目镜物方焦平面上生成一倒立的实像,而目镜起放大镜作用,把其物方焦平面上的倒立实像再放大成一虚像,供人眼观察。图 5-42-1 所示为开普勒望远镜的光路示意图,图中 L_O 为物镜,L_E 为目镜。用望远镜观察不同位置的物体时,只需调节物镜和目镜的相对位置,使物镜成的实像落在目镜物方焦平面上,这就是望远镜的"调焦"。

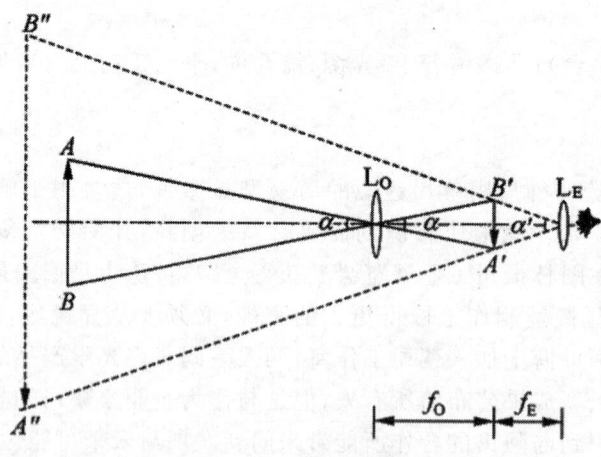

图 5-42-1　望远镜原理

望远镜的视角放大率定义为:通过目视仪器观察物体时,其物体的像(一般取在明视距离处 25 cm 处)对人眼张角(视角)α' 与人眼直接观看物体的视角 α 之比。用望远镜观察物体时,一般视角均甚小,因此视角之比可用正切之比代替,于是视角放大率可近似写成:

$$M = \frac{\alpha'}{\alpha} = \frac{f_O}{f_E}。$$

式中，f_O 为物镜的焦距，f_E 为目镜的焦距。

在实验中，为了把放大的虚像 l 与 l_0 直接比较，常用视角直接比较法来进行测量，如图 5-42-2 所示。设长为 l_0 的标尺（目的物）直接置于观察者的明视距离处，其视角为 α'，用一只眼睛直接观察标尺 A，另一只眼睛通过望远镜观看标尺 B（一般放置在距物镜大于 1.5 m 处）的虚像亦在明视距离处。设虚像的长度为 l，视角为 α。调节望远镜的目镜，使标尺 A 和标尺 B 的像重合且没有视差，读出标尺和标尺像重合区段内相对应的长度，即可得到望远镜的放大率：

$$M = \frac{\alpha'}{\alpha} = \frac{l_0}{l}。$$

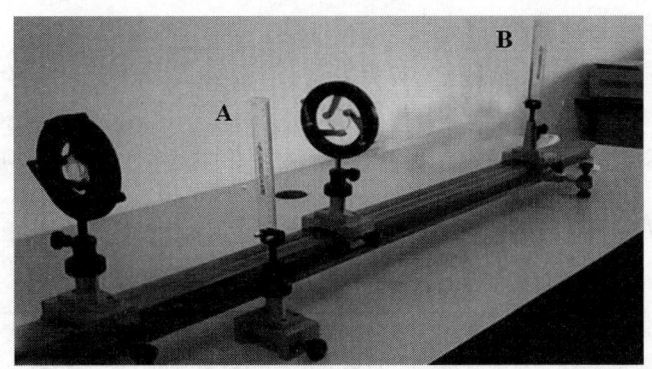

图 5-42-2　望远镜实验光路

二、比较法测显微镜的放大率

显微镜和望远镜的光学系统十分相似，都是由两个凸透镜共轴组成，其中：物镜的焦距很短，目镜的焦距较长。如图 5-42-3 所示，实物 AB 经物镜 L_O 成倒立实像 $P''Q''$ 于目镜 L_E

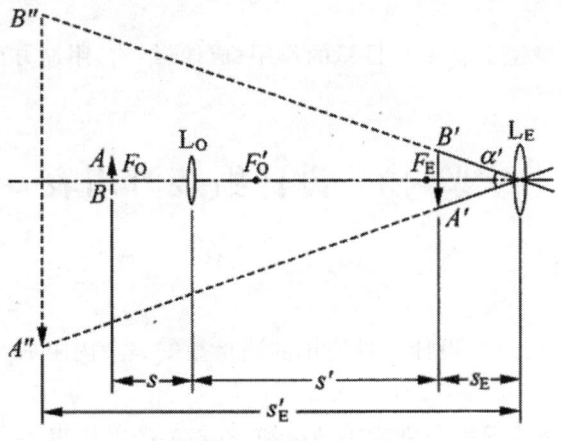

图 5-42-3　显微镜原理

的物方焦点 F_E 的内侧,再经目镜 L_E 成放大的虚像 $P''Q''$ 于人眼的明视距离处。理论计算可得显微镜的放大率为:

$$M = M_O M_E = -\frac{\Delta \cdot S_0}{f'_O f'_E}。$$

式中,M_O 是物镜的放大率,M_E 是目镜的放大率,Δ 是显微镜的光学间隔(通常为 17 cm 或 19 cm),$S_0 = 25$ cm 为明视距离。

在实验中,将两标尺置于明视距离处。一只眼睛直接观察标尺,另一只眼睛通过显微镜观看标尺的像。调节显微镜的目镜,使标尺和标尺的像重合且没有视差,读出标尺和标尺像重合区段内相对应的长度,即可得到显微镜的放大率。

【实验要求】

1. 学习或总结显微镜和望远镜的结构与特点。
2. 设计实验方案(包括实验理论、实验方法、测量公式、光路图、实验条件、主要操作步骤等)。
3. 选择两个透镜,测定透镜的焦距;组装显微镜和望远镜、并测定其放大率。

【实验数据与处理】

5-42-1　自组望远镜、显微镜放大率测定数据记录表

类型	透镜配置 /cm	物体位置 读数/cm	物镜位置 读数/cm	目镜位置 读数/cm	实测放大 倍数	理论放大 倍数
望远镜	$f_O=$ $f_E=$					
显微镜	$f_O=$ $f_E=$					

【探索与思考】

试比较望远镜、显微镜在物镜和目镜的作用、成像、结构、用途方面有何异同?

实验 43　设计组装万用表

【实验目的】

1. 利用给定的电路元件,设计一种简单的测量微安表头内阻 R_g 的电路,并实现对表头内阻的测量。
2. 将微安表头改装成量程分别为 1 mA 和 10 mA 的电流表。
3. 在 1 mA 电流表的基础上,设计并组装一个有 0~2 V 和 5 V 两挡的电压表。

4. 在 1 mA 电流表的基础上,设计并组装一个电动势为 E,量程为 ×1 Ω 的欧姆表。

5. 在内容 2、3 和 4 的基础上,设计一款简单的万用表。要求直流电流挡为 1 mA 和 10 mA,直流电压挡为 2 V 和 5 V,直流电阻挡为 ×1 Ω。

【实验仪器】

100μA 或 200 μA 表头 1 个;电阻箱 3 个;滑线变阻器 1 个;电池盒 1 个;直流稳压电源,万用表,导线,开关等。

【实验背景】

万用表是实验室和工程测量中最常备的"工具",它包含了分流、分压、整流等多种基本电路和电表改装的各种方法。万用表实际上是一种多用途电表,由一个高灵敏度的电流表配以不同的电路组成,可以测量交流和直流的电流、电压及电阻(有些还可测电感和电容)等。用作不同用途时,只需通过多挡转换开关,就可以组成不同测量用途的仪表。

【实验原理】

一、电流表的设计

设计万用表时,为了兼顾电压和电阻的测量,首先要将微安表头改制成电流、电压和电阻共用的电流表。通常采用如图 5-43-1 所示的电路,设计不同量程的电流表,再通过不同的抽头电路满足电流、电压和电阻所需的电路。用最小的电流挡作为万用表的公用挡,如本实验中的 0~1 mA 挡。根据所需量程的数值,可推导出此表头上并联的低值电阻

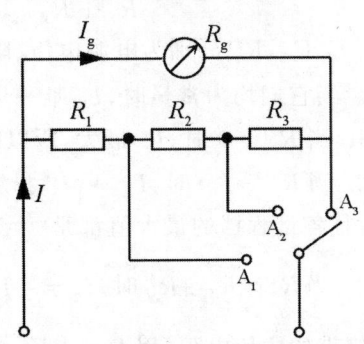

图 5-43-1 不同量程电流表的电路原理

$$R_s = \frac{I_g R_g}{I - I_g} = \frac{1}{n-1} R_g \text{。} \tag{5-43-1}$$

式中:$n = I/I_g$,为电表扩程的倍率;$R_s = R_1 + R_2 + R_3$,为不同电流量程时需并联的分流电阻。

二、直流电压表的设计

电压表是以 0~1 mA 挡的电流表为基础而设计的。此时在回路中串联一个高阻值的分压电阻,则可以扩大其测量电压的范围,其原理如图 5-43-2 所示。

设 0~1 mA 电流表的电压为 U'_g,需要达到的量程为 U,则分压电阻上的压降为 $U - U'_g$,分压电阻

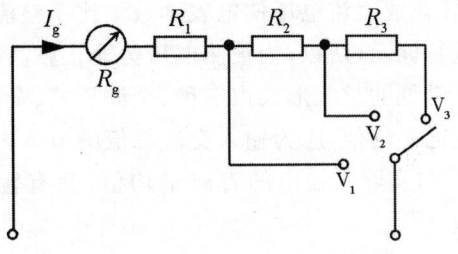

图 5-43-2 直流电压挡电路原理

$$R_{V_i} = \left(\frac{U_i}{U'_g} - 1\right) R'_g, \quad i = 1, 2, \cdots \tag{5-43-3}$$

式中，$R'_g = R_s + R_g$。对于不同的电压量程 V_i，可以计算出不同的串联电阻值 R_{V_i}。

三、电阻测量回路(欧姆表)的设计

电阻挡是在 $0 \sim 1$ mA 挡电流表的基础上设计的。它的基本原理是：在保持电源电压一定时，使通过被测电阻的电流大小唯一的取决于电阻本身的数值，使电流表直接指示被测电阻的大小。

图 5-54-3 为电阻测量回路示意图，流过被测电阻的电流

$$I_x = \frac{E}{R_\Omega + R'_g + R_x}, \tag{5-43-4}$$

$$R'_g = \frac{R_s R_g}{R_s + R_g}。 \tag{5-43-5}$$

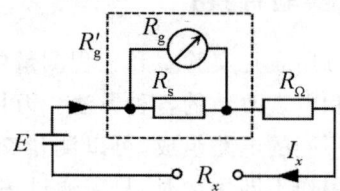

图 5-43-3　欧姆表的电路原理

式中，E、R_Ω、R'_g 分别为电源电压、限流电阻和电流表内阻。当它们均为常量时，I_x 唯一地取决于 R_x 的数值。欧姆表在测量上有如下特点：

1. 当 $R_x = 0$ 时，I_x 最大，所以欧姆表的"0"示值在表头满量程处。

2. 当 $R_x \to \infty$ 时，$I_x \to \infty$，指针几乎不偏转，所以欧姆表的最大示值在表头 $I = 0$ 的位置上，且各量程挡的最大值都是"∞"。

3. 当 $R_x = R_\Omega + R'_g$ 时，$I_x = \frac{1}{2} I'_g$ 表针正好指在电流表刻度尺的中点。因此，$R_\Omega + R'_g$ 称为欧姆表的中值电阻，用 $R_\text{中}$ 表示，它表征了欧姆表的测量范围。

4. I_x 与 R_x 虽有单值函数对应关系，但不是线性的比例关系，所以欧姆表的刻度尺是不均匀的，使用欧姆表时一般用其中间的刻度，以减小测量误差。

5. 限流电阻的阻值一般取 $R_\Omega = R_\text{中} - R'_g$。

四、交流电压挡的设计

如图 5-43-4 所示，交流挡的测量原理是把被测交流电压经整流器作全波或半波整流后，转化成直流电压使电表读数正比于整流后直流电压的平均值，但在刻度上以正弦波有效值进行标示(所以，当被测电压为非正弦波时，万用表读数不准确)。

常见的整流形式由三种、全波桥式、全波中心抽头式和半波并串式。全波桥式整流输出的直流平均值，应为输入交流峰值的 0.636 6 倍，为有效值的 0.900 5 倍。但由于整流效率小于 1，实际上输出的直流平均值，只有输入交流有效值的 0.878 倍，该数值称作整流总因数。

因为整流损失和平均值的差率，所以在共用直流电压挡的电路时，必须另配一个交流分流器来提升电路的灵敏度以作补偿。如图 5-43-4(b)，交流挡的扩程电阻 R，由式(5-43-1)改变为式(5-43-6)和式(5-43-7)决定：

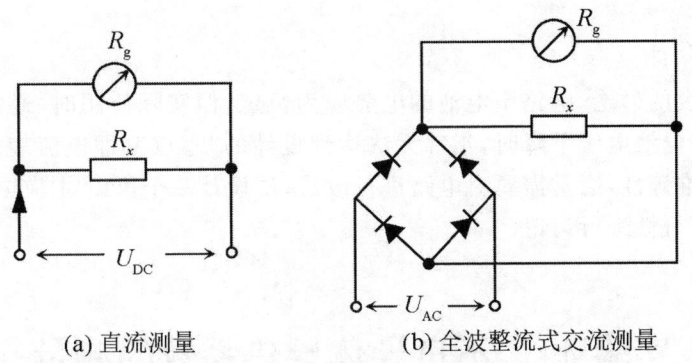

(a) 直流测量　　　　　　(b) 全波整流式交流测量

图 5-43-4　交流电压挡的电路原理

在全波整流时，

$$R_s = \frac{I_g}{0.878 I_{AC} - I_g} R_g; \tag{5-43-6}$$

在半波整流时，

$$R_s = \frac{I_g}{0.439 I_{AC} - I_g} R_g. \tag{5-43-7}$$

其中，I_{AC} 为整流测量电路中的满刻度电流。

二、简单万用表的设计与组装

试画出你所设计的万用表的总电路图。要求直流电流挡为 1 mA 和 10 mA，直流电压挡为 2 V 和 5 V，直流电阻挡为 ×1 Ω。要求画出电路图，并选择电路参数。可以用单刀多掷开关（波段开关）改变测量对象及量程。

【实验内容】

1. 画出设计电路图，确定电路元件，给出所用公式和电路参数。
2. 详细描述测量过程。
3. 利用数字万用表对改装后的电流表和电压表进行校准。对 1 mA 量程的电流表进行校准，选择 5 个等分点，并给出该表的准确度等级；对其他表的量程只要求对满量程点进行校准。
4. 欧姆表中使用的电池 E 为单节 1 号电池，实验前应首先对 E 的大小进行确认，再据此进行设计。组装后应对欧姆表的中值电阻和 0 Ω 刻度进行校准。
5. △利用各元件设计并组装一台简单万用表，并通过测量计算该万用表的测电流、电压和电阻的相对误差。

【数据记录与处理】

数据记录表格自拟，根据实验内容要求处理数据。

【探索与思考】

根据对欧姆表的讨论,电路中电池的电势应为恒定,但实际使用时,通常用1.5 V的干电池提供电压,当电池电压下降时,指针无法达到设计的"零点"(即电流表的满量程刻度)。为了保证测量的准确性,通常需要对电路进行改进,试设计一个可以对零点进行调节的改进电路,并对它的可行性进行讨论。

实验44 不良导体导热系数的测量

导热系数(又叫热导率)是反映材料热性能的重要物理量。热交换有三种基本形式:热传导、对流和辐射。热传导是工程热物理、材料科学、固体物理及能源、环保等各个领域的重要研究课题。材料的导热机理在很大程度上取决于它的微观结构,热量的传递依靠原子、分子围绕平衡位置的振动及自由电子的迁移。在金属中电子流起支配作用,在绝缘体和大部分半导体中则以晶格振动起主导作用。因此,某种材料的导热系数不仅与构成材料的物质种类密切相关,而且还与材料的微观结构、温度、压力及杂质含量相联系。在科学实验和工程设计中,所用材料的导热系数都需要用实验的方法精确测定。圆球法导热系数测定仪可用于准确测定颗粒状材料的导热系数。

【实验目的】

1. 在稳定状态条件下,利用圆球法测定粒状材料的平均导热系数。
2. 熟悉温度等热工基本量的测量方法。

【实验仪器】

YQF-1型圆球导热系数测定仪(由导热圆球、导热系数测定仪、专用电源三部分组成)。

导热系数测定仪的面板如图5-44-1所示。数显毫伏表为3.5位显示,量程:0~20 mV,测量精度:0.1%(±2字),温度补偿范围:−10~40 ℃,补偿精度:±0.5 ℃。

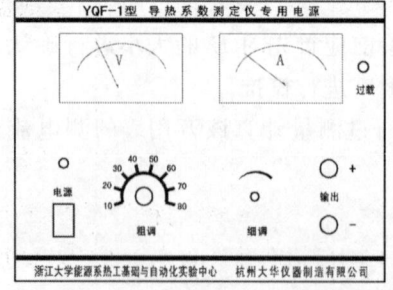

图5-44-1 导热系数测定仪面板图

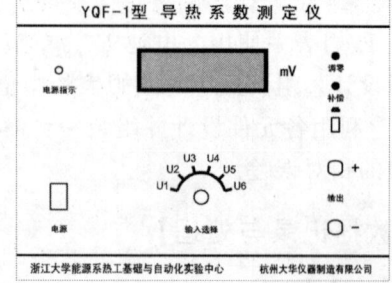

图5-44-2 专用直流稳压电源面板图

专用直流稳压电源的面板如图 5-44-2 所示:输出电压:0~80 V,输出电流:0~1 A,连续工作时间:>8 h。

测量系统如图 5-44-3 所示。圆球导热仪本体由两个壁很薄的空心同心圆球组成,内球直径 $d_i=80$ mm,外球直径 $d_o=160$ mm。内球内部装有电加热器,分别与电流表串接、与电压表并接,用以测量其发热量 Q 值。热量通过待测材料传给外球,然后通过外球表面与空气之间的对流而传给空气。内球表面均匀分布三对铜-康铜热电偶,可测内球壁温 t_{i1}、t_{i2}、t_{i3};外球内壁面设有与内球相对称的三对铜-康铜热电偶,可测外球壁温 t_{o1}、t_{o2}、t_{o3}。

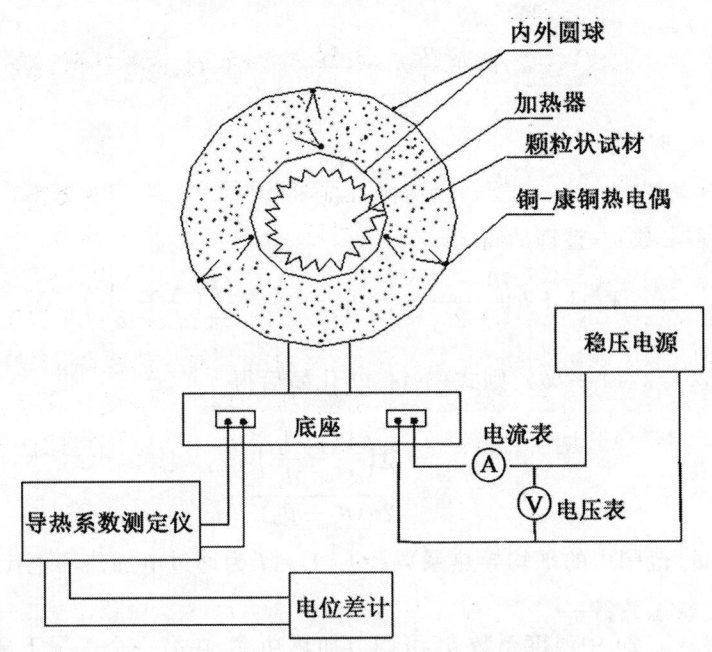

图 5-44-3　圆球导热仪本体及测量系统

【实验原理】

如图 5-44-3 所示的两个直径不同的空心圆球,壁都很薄,并且同心放置,之间充满了一定密度、需要测定的颗粒状材料。内球的内部装有一个电加热器,当电加热器通电加热时,其产生的热量 Q 将沿圆球表面法线方向通过颗粒状材料向外传递。假定内球壁面温度为 θ_i,外球壁面温度为 θ_o,球面各点温度均匀,且 $\theta_i > \theta_o$。当温度不随时间变化时,说明已达到稳定状态,根据球坐标下的稳定导热傅里叶定律,有

$$Q = -\lambda F \frac{d\theta}{dr} = -\lambda \cdot 4\pi r^2 \frac{d\theta}{dr}。 \tag{5-44-1}$$

其中,λ 为材料的导热系数,单位为 W/(m·K)。导热系数不仅与材料的种类结构、密度等因素有关,还与材料的温度有关。在不太大的温度范围内,大多数材料的导热系数与温度近似呈线性关系,即

$$\lambda = \lambda_0(1 + b\theta)。 \tag{5-44-2}$$

式中，λ_0 为 0 ℃时导热系数，b 为温度系数。将式(5-44-2)代入式(5-44-1)，得

$$Q = -\lambda_0(1+b\theta) \cdot 4\pi r^2 \frac{d\theta}{dr}。$$

分离变量后积分，得

$$\theta + \frac{b}{2}\theta^2 = \frac{Q}{4\pi\lambda_0} \cdot \frac{1}{r} + C。 \tag{5-44-3}$$

其中，常数 C 根据边界条件求得。

当 $r = \frac{d_i}{2}, \theta = \theta_i$ 时，有

$$\theta_i + \frac{b}{2}\theta_i^2 = \frac{Q}{4\pi\lambda_0} \cdot \frac{2}{d_i} + C；$$

当 $r = \frac{d_o}{2}, \theta = \theta_o$ 时，有

$$\theta_o + \frac{b}{2}\theta_o^2 = \frac{Q}{4\pi\lambda_0} \cdot \frac{2}{d_o} + C。$$

由以上两式消去常数 C，整理后得

$$\lambda_0 \left[1 + b\left(\frac{\theta_i + \theta_o}{2}\right)\right](\theta_i - \theta_o) = \frac{Q}{2\pi}\left(\frac{1}{d_i} - \frac{1}{d_o}\right)。 \tag{5-44-4}$$

令 $\bar{\theta} = \frac{\theta_i + \theta_o}{2}, \bar{\lambda} = \lambda_0(1 + b\bar{\theta})$，则式(5-44-4) 化简后得

$$\bar{\lambda} = \frac{Q\left(\dfrac{1}{d_i} - \dfrac{1}{d_o}\right)}{2\pi(\theta_i - \theta_o)}。 \tag{5-44-5}$$

其中：$\bar{\lambda}$ 为 $\theta_i \sim \theta_o$ 范围内的平均导热系数；$Q = UI$，I 为通过电加热器电流，U 为电加热器两端电压。

若要求式(5-44-2)中温度系数 b，可调节加热功率，在另一个工况下测定 θ_i 与 θ_o，以求得另一个平均导热系数 $\bar{\lambda}$ 值，再利用式(5-44-2)，解两组方程式求得。

【实验内容】

1. 按图 5-44-3 所示进行仪器的连接。稳压电源的输出通过电流表用专用插头接到圆球底盘上的插座。电源输出"＋"端串联电流表，电流表"－"与电源输出"－"端并接电压表。

2. 将信号线的一段插入圆球底座专用插座，另一端插到导热系数测定仪后面板上的信号线插座上。

3. 将稳压电源的输出调至最小位置，即粗调和细调均逆时针打到底。开启电源开关，指示灯亮。调节粗调和细调开关，改变输出电压，根据电压表和电流表的指示，调节加热功率至所需的电压和电流值。

4. 打开导热系数测定仪的电源开关，进行数显毫伏表的调零。将面板右下方的输出端短接，用小一字螺丝刀调节右上角的调零电位器，使毫伏表数显为零。若已为零则无须调节，去掉短接线就可进行测量。

5. 若想检查仪器内部的温度补偿是否正常，只需按下"补偿"键，则数显毫伏表显示的

值即为补偿电压。对照环境温度,查阅实验10【补充资料】中的表3-10-3中的对应的温差电动势,即可知道补偿电压是否正确。若不准确,可用小一字螺丝刀微调"补偿"按键上方的补偿电位器至准确的补偿值即可。再按"补偿"按键使它弹起即回到测量状态。

6. 观察加热圆球的温度变化情况。当数显毫伏表或电位差计(UJ36a型)的读数不再变化,则表示圆球内的温度场分布已达到稳定状态(因加热稳定需要5 h,所以实验前已调好)。这时用精密电压表和电流表测得U和I的值,即可计算得到加热功率。转动导热系数测定仪上的输入选择旋钮,进行内球、外球6个温度点测量。每隔5 min测量1次,测量3~4次,然后将最后一组数据取平均值。通过电位差计在导热系数测量仪输出端进行准确测量。根据所得的电势值查阅实验10【补充资料】中的表3-10-3,求得各点温度值。

7. 如果求温度系数b,调节稳压电源改变加热电流,重复上述步骤(由于稳定时间较长,求温度系数b值的实验可不做)。

8. 结束实验,切断圆球加热电源。

【注意事项】

1. 仪器及圆球的为外表应保持整洁干燥。
2. 圆球切勿倾斜,倒置。严禁碰撞,以避免外球、内球偏离圆心,或外球变形,影响测量精度。
3. 内球壁面温度不能大于180 ℃,否则将破坏内球热电偶测温结构。
4. 测量时应保持环境清洁干燥,避免阳光直射或环境风过大,以免影响测量精度。
5. 导热系数测定仪的"调零"和"补偿"电位器不能随意调节,否则会影响测量精度。

【数据记录与处理】

次数	θ_{i1}		θ_{i2}		θ_{i3}		$\bar{\theta}_i$	θ_{o1}		θ_{o2}		θ_{o3}		$\bar{\theta}_i$	加热功率	
	mV	℃	mV	℃	mV	℃	℃	mV	℃	mV	℃	mV	℃	℃	U/V	I/A
1																
2																
3																
4																
5																

【探索与思考】

1. 用什么方法来判断、检验球体导热过程已达到稳定状态?
2. 试分析内外圆球不同心,试材充填不均匀所产生的影响?
3. 圆球导热仪周围如果空气有扰动时会产生什么影响?
4. 为什么在内外圆球表面分别要测取三点温度?
5. 加热器电压波动会产生什么影响?

附　录

附录1　中华人民共和国法定计量单位

表1　SI 基本单位

量的名称	单位名称	单位符号
长度	米	m
质量	千克(公斤)	kg
时间	秒	s
电流	安[培]	A
热力学温度	开[尔文]	K
物质的量	摩[尔]	mol
发光强度	坎[德拉]	cd

注：
1. 圆括号中的名称，是其前面的名称的同义词。下同。
2. 无方括号的量的名称与单位名称均为全称。方括号中的字，在不致引起混淆、误解的情况下，可以省略。去掉方括号中的字，即为其名称的简称。下同。
3. 单位符号，除特殊指明外，均指我国法定计量单位中所规定的符号及国际符号。下同。

表2　包括 SI 辅助单位在内的具有专门名称的 SI 导出单位

量的名称	单位名称	单位符号	用 SI 基本单位和 SI 导出单位表示
[平面]角	弧度	rad	$1\ \text{rad}=1\ \text{m}/1\ \text{m}=1$
立体角	球面度	sr	$1\ \text{sr}=1\ \text{m}^2/1\ \text{m}^2=1$
频率	赫[兹]	Hz	$1\ \text{Hz}=1\ \text{s}^{-1}$
力	牛[顿]	N	$1\ \text{N}=1\ \text{kg}\cdot\text{m}/\text{s}^2$
压力、压强、应力	帕[斯卡]	Pa	$1\ \text{Pa}=1\ \text{N}/\text{m}^2$
能[量]、功、热	焦[耳]	J	$1\ \text{J}=1\ \text{N}\cdot\text{m}$
功率、辐[射能]通量	瓦[特]	W	$1\ \text{W}=1\ \text{J}/\text{s}$
电荷[量]	库[仑]	C	$1\ \text{C}=1\ \text{A}\cdot\text{s}$

续表 2

量的名称	单位名称	单位符号	用 SI 基本单位和 SI 导出单位表示
电压、电动势、电位、(电势)	伏[特]	V	1 V=1 W/A
电容	法[拉]	F	1 F=1 C/V
电阻	欧[姆]	Ω	1 Ω=1 V/A
电导	西[门子]	S	1 S=1 Ω^{-1}
磁通量	韦[伯]	Wb	1 Wb=1 V·s
磁感应强度、磁通密度	特[斯拉]	T	1 T=1 Wb/m^2
电感	亨[利]	H	1 H=1 Wb/A
摄氏温度	摄氏度	℃	1 ℃=1 K
光通量	流[明]	lm	1 lm=1 cd·sr
[光]照度	勒[克斯]	lx	1 lx=1 lm/m^2

表 3 由于人类健康安全防护组合形式的 SI 导出单位

量的名称	单位名称	单位符号	用 SI 基本单位和 SI 导出单位表示
[放射性]活度	贝可[勒尔]	Bq	1 Bq=1 s^{-1}
吸收剂量 比授[予]能 比释动能	戈[瑞]	Gy	1 Gr=1 J/kg
剂量当量	希[沃特]	Sv	1 Sv=1 J/kg

表 4 SI 词头

因数	名称	符号	因数	名称	符号
10^{24}	尧[它] yotta	Y	10^{-1}	分 deci	d
10^{21}	泽[它], zetta	Z	10^{-2}	厘, centi	c
10^{18}	艾[可萨], exa	E	10^{-3}	毫, milli	m
10^{15}	拍[它], peta	P	10^{-6}	微, micro	μ
10^{12}	太[拉], tera	T	10^{-9}	纳[诺], nano	n
10^{9}	吉[咖], giga	G	10^{-12}	皮[可], pico	p
10^{6}	兆, mega	M	10^{-15}	飞[母托], femto	f
10^{3}	千, kilo	k	10^{-18}	阿[托], atto	a
10^{2}	百, hecto	h	10^{-21}	仄[普托], zepto	z
10^{1}	十, deca	da	10^{-24}	幺[科托], yocto	y

注：词头用于构成倍数单位（十进制倍数或分数单位），但不得单独使用。

表 5　可以与 SI 单位并用的我国法定计量单位

量的名称	单位名称	单位符号	与 SI 单位的关系
时间	分	min	1 min=60 s
	[小]时	h	1 h=60 min=3 600 s
	(天)日	d	1 d=24 h=86 400 s
[平面]角	度	°	$1°=60'=(\pi/180)$ rad
	[角]分	′	$1'=(1/60)°=(\pi/10\ 800)$ rad
	[角]秒	″	$1''=(1/60)'=(\pi/648\ 000)$ rad
体积	升	L,(l)	$1\ L=1\ dm^3=10^{-3}\ m^3$
质量	吨	t	$1\ t=10^3\ kg$
	原子质量单位	u	$1\ u\approx 1.660\ 540\ 2\times 10^{-27}\ kg$
旋转速度	转每分	r/min	$1\ r/min=(1/60)\ s^{-1}$
长度	海里	n mile	1 n mile=1 852 m
速度	节	kn	1 kn=1 n mile/h=(1 852/3 600) m/s
能	电子伏	eV	$1\ eV\approx 1.602\ 177\times 10^{-19}\ J$
级差	分贝	dB	
线密度	特[克斯]	tex	$1\ tex=10^{-6}\ kg/m$
面积	公顷	hm^2	$1\ hm^2=10^4\ m^2$

注：
1. 平面角单位度、分、秒的符号，在组合单位中应采用(°)、(′)、(″)的形式。
2. 升的两个符号属同等地位，可任意选用。
3. 公顷的国际通用符号为 ha。

附录 2　常用物理数据

表 6　基本物理常量或常数

量的名称	符号	量　值
牛顿引力常数	G	$6.672\ 59(85)\times 10^{-11}\ N\cdot m^2\cdot kg^{-2}$
真空电导率	ε_0	$8.854\ 187\ 817\cdots\times 10^{-12}\ F\cdot m^{-1}$
真空磁导率	μ_0	$12.566\ 370\ 614\cdots\times 10^{-7}\ H\cdot m^{-1}$
真空中光速	c	$2.997\ 924\ 58\cdots\times 10^8\ m\cdot s^{-1}$
阿伏加德罗常量	N_A	$6.022\ 136\ 7(3\ 6)\times 10^{23}\ mol^{-1}$
理想气体的摩尔体积	V_{m0}	$0.022\ 414\ 10(19)\ m^3\cdot mol^{-1}$
波尔兹曼常量	k	$1.380\ 658(12)\times 10^{-23}\ J\cdot K^{-1}$
气体常量	R	$8.314\ 510(70)\ J\cdot mol\cdot K^{-1}$

续表 6

量的名称	符号	量值
质子质量	m_p	$1.672\ 623\ 1(1\ 0)\times 10^{-27}$ kg
电子质量	m_e	$9.109\ 389\ 7(5\ 4)\times 10^{-31}$ kg
基本电荷	e	$1.602\ 177\ 33(49)\times 10^{-19}$ C
普朗克常量	H	$6.626\ 075\ 5(4\ 0)\times 10^{-34}$ J·s
里德堡常量	R_∞	$1.097\ 373\ 153\ 4(1\ 3)\times 10^{-7}$ m^{-1}

注:本表根据最小二乘法平差得出,括号内的数字是给定值最后几位数的一个标准偏差的不确定度。

表7 20 ℃时一些物质的密度

物质	密度 $\rho/(\mathrm{kg\cdot m^{-3}})$	物质	密度 $\rho/(\mathrm{kg\cdot m^{-3}})$
铝	2 698.9	铂	21 450
锌	7 140	汽车用汽油	710~720
锡(白)	7 298	乙醇	789.4
铁	7 874	变压器油	840~890
钢	7 600~7 900	冰(0 ℃)	900
铜	8 960	纯水(4 ℃)	1 000
银	10 500	甘油	1 260
铅	11 350	硫酸	1 840
钨	19 300	水银(0 ℃)	13 595.5
金	19 320	空气(0 ℃)	1.293

表8 水在不同温度时的密度

温度/℃	密度/(kg·m^{-3})	温度/℃	密度/(kg·m^{-3})
0	999.87	45	990.25
3.98	1 000.00	50	988.07
5	999.99	55	985.73
10	999.73	60	983.24
15	999.13	65	980.59
18	998.62	70	977.81
20	993.23	75	974.89
25	997.07	80	971.83
30	995.67	85	968.65
35	994.06	90	965.34
38	992.99	95	961.92
40	992.24	100	958.38

表 9 不同纬度海平面上的重力加速度

纬度 $\varphi/(°)$	$g/(m·s^{-2})$	纬度 $\varphi/(°)$	$g/(m·s^{-2})$
0	9.780 49	50	9.810 89
5	9.780 88	55	9.815 15
10	9.782 04	60	9.819 24
15	9.783 94	65	9.822 94
20	9.786 52	70	9.926 14
25	9.789 69	75	9.828 73
30	9.793 38	80	9.830 65
35	9.797 46	85	9.831 82
40	9.801 80	90	9.832 21
45	9.806 29	—	—

注：地球任意地方重力加速度 $g = 9.78049(1 + 0.005\,288\sin^2\varphi - 0.000\,006\sin^2\varphi)$。

表 10 20 ℃时某些金属的杨氏弹性模量

金属	E/GPa	金属	E/GPa
铝	68～70	铁	190～210
金	81	镍	214
银	69～84	碳钢	200～210
锌	80	合金钢	210～220
铜	103～127	铬	235～245
康铜	160	钨	415

注：E 值与材料的结构、化学成分及其加工制造方法有关。因此，在某些情形下，E 值可能与表中所列的平均值不同。

表 11 某些液体的黏滞系数

液体	温度/℃	$\eta/(\mu\text{Pa·s})$	液体	温度/℃	$\eta/(\mu\text{Pa·s})$
水	0	1 787.9	汽油	0	1 788
	20	1 004.2		18	530
	100	282.5	变压器油	20	19 800
甲醇	0	817	蓖麻油	10	242×10⁴
	20	584	甘油	−20	134×10⁶
乙醇	−20	2 780		0	121×10⁵
	0	1 780		20	1 499×10³
	20	1 190		100	12 945
乙醚	0	296	鱼肝油	20	45 600
	20	243		80	4 600

续表 11

液体	温度/℃	$\eta/(\mu Pa \cdot s)$	液体	温度/℃	$\eta/(\mu Pa \cdot s)$
葵花子油	20	5 000	水银	−20	1 855
				0	1 685
蜂蜜	20	650×10^4		20	1 554
	80	100×10^3		100	1 224

表 12　在不同温度下与空气接触的水的表面张力系数

温度/℃	$\alpha/(10^{-3} N \cdot m^{-1})$	温度/℃	$\alpha/(10^{-3} N \cdot m^{-1})$
0	75.62	20	72.75
5	74.90	21	72.60
6	74.76	22	72.44
8	74.48	23	72.28
10	74.20	24	72.12
11	74.07	25	71.96
12	73.92	30	71.15
13	73.78	40	69.55
14	73.64	50	67.90
15	73.48	60	66.17
16	73.34	70	64.41
17	73.20	80	62.60
18	73.05	90	60.74
19	72.80	100	58.84

表 13　金属和合金的电导率及其温度系数

金属或合金	电阻率/$(k\Omega \cdot m)$	温度系数/℃$^{-1}$	金属或合金	电阻率/$(k\Omega \cdot m)$	温度系数/℃$^{-1}$
铝	28	42×10^{-4}	水银	958	10×10^{-4}
铜	17.2	43×10^{-4}	武德合金	520	37×10^{-4}
银	16	40×10^{-4}	钢（0.10%～0.15%碳)	100～140	6×10^{-4}
金	24	40×10^{-4}			
铁	98	60×10^{-4}			
铅	205	37×10^{-4}	康铜	47～510	$(-0.04 \sim 0.01) \times 10^{-3}$
铂	105	39×10^{-4}	铜锰锡合金	340～1 000	$(-0.03 \sim 0.02) \times 10^{-3}$
钨	55	48×10^{-4}	镍铬合金	980～1 100	$(0.03 \sim 0.41) \times 10^{-3}$
锡	120	40×10^{-4}	锌	59	42×10^{-4}

表 14　几种物质的绝对折射率和临界角

物质	折射率	临界角/(°)	物质	折射率	临界角/(°)
空气	1.000 291 9	88.5	甘油	1.47	42.9
水蒸气	1.025 5	77.2	麻油	1.47	42.9
二氧化碳	1.045 3	73.1	桐油	1.50	41.8
盐酸	1.25	53.1	苯	1.50	41.8
冰	1.31	49.8	轻冕牌玻璃	1.52	42.5
水	1.33	48.7	水晶	1.54	40.5
甲醇	1.33	48.7	岩盐	1.54	40.5
乙醚	1.35	47.8	加拿大树胶	1.54	40.5
酒精	1.36	47.3	二硫化碳	1.62	38.1
硝酸	1.40	45.6	溴	1.66	37.0
松节油	1.41	45.2	各种玻璃	1.4～2.0	45.6～30
硫酸	1.43	44.4	金刚石	2.44	24.6

表 15　常用光谱灯的可见谱线波长　　　　　　　　　　　　　　　　单位:nm

	低压汞灯	低压钠灯		低压汞灯	低压钠灯
蓝	404.506		黄	576.960	588.997
	407.780			579.066	589.593
	433.923		红	607.263	
	434.750			612.34	
	435.834			623.43	
草绿	546.073	567.58		690.707	
	567.580	568.28		708.200	
		568.83			

表 16　某些物质的比热容

物质	温度/℃	$c/(\mathrm{kJ \cdot kg^{-1} \cdot K^{-1}})$	物质	温度/℃	$c/(\mathrm{kJ \cdot kg^{-1} \cdot K^{-1}})$
铁	20	0.46	乙醇	0	2.30
钢	20	0.50		20	2.47
铝	20	0.88	乙醚	20	2.34
铅	20	0.130	冰	0	2.596
银	20	0.234	水	0	4.219
铜	20	0.389		20	4.175
甲醇	0	2.43	氟利昂-12	100	4.204
	20	2.47	(氟氯烷-12)	20	0.84

续表 16

物质	温度/℃	$c/(\mathrm{kJ \cdot kg^{-1} \cdot K^{-1}})$	物质	温度/℃	$c/(\mathrm{kJ \cdot kg^{-1} \cdot K^{-1}})$
变压器油	0~100	1.88	水银	0	0.1395
				20	0.1390
汽油	10	1.42	空气(定压)	20	1.00
	50	2.09	氢(定压)	20	14.25

表 17　固体导热系数

物质	温度/K	$\kappa/(\mathrm{W \cdot m^{-1} \cdot K^{-1}})$	物质	温度/K	$\kappa/(\mathrm{W \cdot m^{-1} \cdot K^{-1}})$
Ag	273	4.28×10^{-2}	黄铜	273	1.20×10^{-2}
Al	273	2.35×10^{-2}	锰铜	273	0.22×10^{-2}
Au	273	3.18×10^{-2}	康铜	273	0.22×10^{-2}
C 金刚石	273	6.60×10^{-2}	镍铬合金	273	0.11×10^{-2}
C 石墨⊥c	273	2.50×10^{-2}	硼硅酸玻璃	300	0.11×10^{-3}
Ca	273	0.98×10^{-2}	软木	300	0.42×10^{-5}
Cu	273	4.01×10^{-2}	耐火砖	500	0.21×10^{-4}
Fe	273	8.35×10^{-3}	混凝土	273	0.84×10^{-4}
Ni	273	0.91×10^{-2}	玻璃布	300	0.34×10^{-5}
Pb	273	0.35×10^{-2}	云母(黑)	373	0.54×10^{-4}
Pt	273	0.73×10^{-2}	花岗岩	300	0.16×10^{-3}
Si	273	1.70×10^{-2}	赛璐珞	303	0.02×10^{-4}
Sn	273	0.67×10^{-2}	橡胶(天然)	298	0.15×10^{-4}
水晶(//c)	273	0.12×10^{-2}	杉木	293	1.13×10^{-5}
水晶(⊥c)	273	0.68×10^{-3}	棉布	313	0.08×10^{-4}
石英玻璃	273	0.14×10^{-3}	呢绒	303	0.43×10^{-5}

表 18　固体的线胀系数

物质	温度/℃	$\alpha_l/(10^6 \mathrm{K^{-1}})$	物质	温度/℃	$\alpha_l/(10^6 \mathrm{K^{-1}})$
金	20	14.2	铅	20	28.7
银	20	19.0	铁	20	11.8
铜	20	16.7	镍	20	12.8
黄铜	20	18~19	碳素钢		约 11
殷铜	−250~100	−1.5~2.0	不锈钢	20~100	16.0
锰铜	—	18.1	镍钢(Ni10)	—	13
磷青铜	—	17	镍钢(Ni43)	16~38	7.9
铝	20	23	镍铬合金	100	13.0
锡	20	21			

续表 18

物质	温度/℃	$\alpha_l/(10^{-6}\text{K}^{-1})$	物质	温度/℃	$\alpha_l/(10^{-6}\text{K}^{-1})$
石英玻璃	20～100	0.4	电木板		21～33
玻璃	0～300	8～10	橡胶	16.7	77
陶瓷		3～6	硬橡胶		50～80
大理石	25～100	5～16	石蜡		130.3
花岗岩	20	8.3	聚乙烯	16～38	180
混凝土	−13～21	6.8～12.7	冰	0	52.7
木材(平行纤维)		3～5	冰	−50	45.6
木材(垂直纤维)		35～60	冰	−100	33.9